"十二五"普通高等教育本科国家级规划教材
电子信息科学与工程类专业系列教材

数字语音处理及 MATLAB 仿真

（第 2 版）

张雪英　主编
李凤莲　贾海蓉　李鸿燕　副主编

電子工業出版社
Publishing House of Electronics Industry
北京 · BEIJING

内 容 简 介

本书系统地阐述了语音信号处理的原理、方法、技术和应用，同时给出了部分内容对应的 MATLAB 仿真源程序。全书共 14 章，第 1～6 章是基本理论部分，包括语音信号的数字模型、语音信号的短时时域分析、频域分析及倒谱分析、语音信号线性预测分析和矢量量化；第 7～14 章是应用部分，包括语音编码、语音合成、语音识别、语音增强、小波分析、人工神经网络及独立分量分析及其在语音信号处理中的应用、语音质量评价和可懂度评价原理及实现。

本书内容全面，重点突出，原理阐述深入浅出，注重理论与实际应用的结合，可读性强。

本书可以作为高等院校通信工程、电子信息工程、自动化、计算机技术与应用等专业高年级本科生相关课程的教材，也可供从事语音信号处理研究的研究生和科研人员参考。

图书在版编目(CIP)数据

数字语音处理及 MATLAB 仿真 / 张雪英主编. —2 版. —北京：电子工业出版社，2016.4
电子信息科学与工程类专业规划教材
ISBN 978-7-121-28079-5

Ⅰ. ①数… Ⅱ. ①张… Ⅲ. ①语音数据处理－计算机仿真－Matlab 软件－高等学校－教材 Ⅳ. ①TN912.3

中国版本图书馆 CIP 数据核字(2016)第 011992 号

策划编辑：凌　毅
责任编辑：凌　毅
印　　刷：北京捷迅佳彩印刷有限公司
装　　订：北京捷迅佳彩印刷有限公司
出版发行：电子工业出版社
　　　　　北京市海淀区万寿路 173 信箱　邮编 100036
开　　本：787×1092　1/16　印张：20　字数：538 千字
版　　次：2010 年 7 月第 1 版
　　　　　2016 年 4 月第 2 版
印　　次：2025 年 1 月第 15 次印刷
定　　价：45.00 元

凡所购买电子工业出版社图书有缺损问题，请向购买书店调换。若书店售缺，请与本社发行部联系。联系及邮购电话：(010)88254888，88258888。

质量投诉请发邮件至 zlts@phei.com.cn，盗版侵权举报请发邮件至 dbqq@phei.com.cn。

本书咨询联系方式：(010)88254528，lingyi@phei.com.cn。

第 2 版前言

本书第 1 版于 2010 年 7 月出版，经过 5 年多的使用，编著者在教学过程中，不断跟踪总结教材使用效果，并结合近几年语音信号处理技术发展趋势，对该教材进行了修订和提升。本书第 2 版中适当增加了近几年新的前沿知识，增加习题，完善了实践内容，旨在进一步提升学生学习本课程的积极性，为培养具有创新实践能力的人才打下良好基础。该教材于 2014 年被评为"'十二五'普通高等教育本科国家级规划教材"，使用该教材的本科生课程"语音信号处理"是山西省精品资源共享课，对教材的进一步完善也是这门课程建设的内容之一。

在保持第 1 版教材优点基础上，第 2 版具有下列特点：

(1)内容更加全面，原理深入浅出，知识结构合理。

(2)更加突出新理论的应用案例呈现，不仅有基础的语音编码、合成、识别和增强的经典理论，而且进一步增加了用小波分析、神经网络、独立分量分析等近代信号处理新理论和方法对语音信号进行处理和应用，同时增加了语音评价的新理论。特别是新增的后几章内容，配有程序代码，既可以激发学生进一步深入学习的兴趣，又可以为社会培养语音信号处理人才打下坚实的基础。

(3)适用性更广泛。不仅适用于本科生作为教材，而且由于应用部分的加深，对于通信专业和信号处理方向的研究生也适宜作为教材和参考书。

本书主要以高年级本科生和初次学习语音信号处理知识的研究生为读者对象，注重语音信号处理基础知识及主要应用的描述，同时对本领域的最新成果也有介绍。全书共 14 章，第 1 章是绪论，第 2 章是语音信号的数字模型，第 3 章是语音信号的短时时域分析，第 4 章是语音信号的短时频域及倒谱分析，第 5 章是语音信号线性预测分析，第 6 章是矢量量化，第 7 章是语音编码原理及应用，第 8 章是语音合成原理及应用，第 9 章是语音识别基本原理与应用，第 10 章是语音增强原理及应用，第 11 章是小波分析及在语音信号处理中的应用，第 12 章是人工神经网络及在语音信号处理中的应用，第 13 章是独立分量分析及在语音信号处理中的应用，第 14 章是语音质量评价和可懂度评价原理及实现。附录 A 是本书中出现过的专业名词缩写、全称及中文解释，按照英文字母顺序排列，供大家学习时参考。本书第 1～6 章属于基本理论部分，所附的 MATLAB 程序较多，第 7～14 章是语音信号处理技术的应用，第 1 版这部分附的程序较少，第 2 版在增加新的研究方法基础上，进一步加大了这些方法在语音信号处理应用部分的 MATLAB 程序。为方便读者检索程序，附录 B 给出了本书所有程序的索引。

本书前 6 章内容可以用作工科高校相关专业 32～40 学时的课程教学，后 8 章内容可作为本科生选学内容或研究生课程内容。

本书配有**电子课件、MATLAB 源程序**等教学资源，读者可以登录华信教育资源网(www.hxedu.com.cn)免费下载。

本书由张雪英教授担任主编，李凤莲、贾海蓉和李鸿燕副教授担任副主编，程永强教授、马建芬教授、白静教授、孙颖博士、黄丽霞博士参编，具体分工是：第 1、2、3、4、6、8 章由张雪英编写，第 5 章和附录 A 由李凤莲编写，第 7 章由程永强编写，第 9 章由白静编写，第 10 章由贾海蓉编写，第 11 章由孙颖编写，第 12 章由黄丽霞编写，第 13 章由李鸿燕编写，第 14 章由马建芬编写。全书由张雪英教授统稿。在本书编写过程中，特别是MATLAB程序的调试过程中，得到了太原理工大学信息工程学院数字音视频技术研究中心的一些硕士生和博士生的帮助，在此表示衷心感谢。

由于编著者水平有限，书中难免存在错误之处，敬请读者批评指正。

编著者

2016年4月

目　录

第1章 绪 论

语言是人类交换信息最方便、最快捷的一种方式，语音则是语言的声学表现形式，语音信号处理是语音学与数字信号处理技术相结合产生的一门综合性较强的新兴交叉学科。它和认知科学、心理学、语言学、计算机科学、模式识别和人工智能等学科有着紧密的联系。语音信号处理的发展依赖并推动着这些学科的发展和进步。

在高度发达的信息社会中，用数字化的方法进行语音的传送、存储、识别、合成和增强等是整个数字化通信网中最重要、最基本的组成部分之一。数字电话通信、高音质的窄带语音通信系统、语言学习机、声控打字机、自动翻译机、智能机器人、新一代计算机语音智能终端及许多军事上的应用等，都要用到语音信号处理技术，随着集成电路和微电子技术的飞速发展，语音信号处理系统逐步走向实用化。

语音信号处理的目的是要得到某些语音特征参数以便高效地传输或存储；或者是通过某种处理运算以达到某种用途的要求，例如人工合成语音、辨识出讲话者、识别出讲话的内容等。

随着现代科学和计算机技术的发展，除了人与人之间的自然语言的通信方式之外，人机对话及智能机器等领域也开始使用语言。这些人工语言同样有词汇、语法、语法结构和语义内容等。控制论创始人维纳在 1950 年就曾指出过："通常，我们把语言仅仅看作人与人之间的通信手段，但是，要使人向机器、机器向人及机器向机器讲话，那也是完全办得到的"。通常认为，语音信息的交换大致上可以分为 3 大类：

① 人与人之间的语言通信：包括语音压缩与编码、语音增强等。

② 第一类人机语言通信问题，指的是机器讲话、人听话的研究，即语音合成。

③ 第二类人机语言通信问题，指的是人讲话、机器听话的情况，即语音识别和理解。

开展语音编码、语音识别及语音合成等应用领域的研究构成了语音信号处理技术的主要研究内容。

1.1 语音信号处理的发展

1.1.1 语音合成

语音合成的目的主要是让计算机能够产生高清晰度、高自然度的连续语音。计算机语音合成系统又称为文语转换（TTS）系统。其主要功能是把文本文件通过一定的软硬件转换后由计算机或其他语音系统输出语音，并尽量使合成的语音有较高的可理解度和自然度。

语音合成是智能人机语音交互领域的一个重要研究方向，国内外对语音合成技术的研究可追溯到 18 世纪，并经历了从机械装置合成、电子器件合成到基于计算机技术的语音合成的漫长发展过程。

1835 年由 W. von Kempelen 发明经 Weston 改进的机械式会讲话的机器，完全模仿人的发音生理过程，该机器分别用风箱、特别设计的哨和软管来模拟肺部的空气动力、模拟口腔。而最早的电子式语音合成器是 1939 年 Homer Dudley 发明的声码器，它不是简单地模拟人的生理过程，而是通过电子线路来实现基于语音产生的源-滤波器理论。

但真正具有实用意义的近代语音合成技术是随着计算机技术和数字信号处理技术的发展而发展起来的。在语音合成技术的发展中,早期的研究主要是采用参数合成方法。但是,由于准确提取语音共振峰参数比较困难,故整体合成语音的音质难以达到 TTS 系统的实用要求。

自 20 世纪 80 年代末期至今,语音合成技术有了新的进展,特别是 1990 年提出的基音同步叠加(PSOLA)方法,使基于时域波形拼接方法合成的语音的音色和自然度大大提高,且合成器结构简单,易于实时实现,有很大的商用前景。

20 世纪末期,一种基于大语料库的单元挑选与波形拼接合成技术的语音合成方法成为研究热点。该方法的优点是可以保持原始发音人的音质,实现高自然度的语音合成。但缺点是需要大规模的语音库支撑。随着语音信号统计建模方法的日益成熟,基于统计声学建模的语音合成方法被提出并逐渐成为近年来新的语音合成研究主流。它将参数语音合成技术推到了一个新的发展阶段。由于此方法可以实现系统的自动训练与构建,所以又被称为可训练的语音合成。

我国的汉语语音合成研究起步较晚,但从 20 世纪 80 年代初就基本上与国际研究同步发展。大致也经历了共振峰合成、LPC 合成到应用 PSOLA 技术的过程。在国家各种项目支持下,汉语文语转换系统研究近年来取得了令人瞩目的进展,其中不乏成功的例子,如 1993 年中国科学院声学所研制的 KX-PSOLA,1995 年研制的联想佳音;清华大学在 1993 年研制的 TH_SPEECH;1995 年中国科技大学研制的 KDTALK 等系统。这些系统基本上都采用基于 PSOLA 方法的时域波形拼接技术,其合成汉语普通话的可懂度、清晰度达到了很高的水平。然而同国外其他语种的文语转换系统一样,这些系统合成的句子及篇章语音机器味较浓,其自然度还不能达到用户可广泛接受的程度,从而制约了这项技术大规模进入市场。

目前语音合成的发展方向及研究热点主要体现在为了扩展合成语音的应用领域而研究不同言语风格的语音合成,为人机交互发展而提出的情感语音合成,以及为了进一步提高语音真实度和可感知度的发音器官合成与可视语音等方面。其中,可视语音(也称视觉语音)是指话语者发音过程中可视发音器官(如嘴唇、舌头、下腭、面部肌肉等)的动态变化过程。具有情感表现力的可视语音(简称情感可视语音)是指合成的可视语音能够同时反映话语者说话过程中所具有的情感状态。可视语音合成技术涉及计算机视觉、图形图像处理、自然语言处理、语音处理、统计数学和机器学习等多学科理论知识,是一项交叉性很强同时极具挑战性的研究课题。目前,虽然取得了一定研究成果,并且在人机交互、游戏娱乐、远程会议等领域也得到了应用,但从总体上讲,可视语音合成技术仍处于研究阶段。这主要是由于人们对语言、人脸结构、人脸表情“相当”熟悉,能够观察和感知到“非常”细微的非自然的人脸变化,对合成结果的逼真度、自然度和可懂度提出了更高的要求。

现阶段语音合成的最大进展是已经能够实时地将任意文本转换成连续可懂的自然语句输出。文语转换使得数据通信和语音通信在终端一级实现交融,人们将有望在获取 Internet 信息时,使短消息服务、电子邮件等多数以文本方式提供的信息也能用语音的方式输出。语音合成技术经历了从参数合成到拼接合成,再到两者的逐步结合,其不断发展的动力是人们认知水平和需求的提高。

1.1.2 语音编码

随着移动通信与互联网的飞速发展,语音通信技术也在不断地进行更新并与之相融合,频率资源也愈发显得宝贵。因此,压缩语音信号的传输带宽或降低电话信道的传输码率,一直是人们追求的目标,在实现这一目标中语音压缩编码技术扮演着重要角色。语音编码理论与技术在有线与无线电话的窄带语音信号、会议电视的宽带语音信号、数字高清电视和高保真音乐音频信号等领域已经有广泛的应用。语音编码算法研究是通信产业的重要支柱。

语音编码的目的就是在保证一定语音质量的前提下，尽可能降低编码比特率，以节省频率资源。语音编码技术的研究开始于1939年军事保密通信的需要，贝尔电话实验室的Homer Dudley提出并实现了在低带宽电话电报电缆上传输语音信号的通道声码器，成为语音编码技术的鼻祖。国际电联(ITU-T，原CCITT)于1972年发布了64kbit/s脉冲编码调制(PCM)语音编码算法的G.711建议，它被广泛应用于数字通信、数字交换机等领域，从而占据统治地位。1980年美国政府公布了一种2.4kbit/s的线性预测编码标准算法LPC-10，这使得在普通电话带宽中传输数字电话成为可能。ITU-T也于20世纪80年代初着手研究低于64kbit/s的非PCM编码算法，并于1984年通过了32kbit/s ADPCM语音编码G.721建议，它不仅可以达到与PCM相同的语音质量，而且具有更优良的抗误码性能。1988年美国又公布了一个4.8kbit/s的码激励线性预测(CELP)编码算法。与此同时，欧洲也推出了一个16kbit/s的规则脉冲激励线性预测(RPE-LPC)编码算法。这些算法的语音质量都能达到较高的水平，大大超过LPC声码器的质量。进入20世纪90年代，随着因特网在全球范围的兴起，人们对能在网络上传输语音的VoIP技术兴趣大增，由此，IP分组语音通信技术获得了突破性进展和实际应用。ITU-T于1992年公布了16kbit/s低延迟码激励线性预测编码(LD-CELP)的G.728建议。它以其较小的延迟、较低的速率、较高的性能在实际中得到广泛的应用，也成为分组化语音通信的可选算法之一。1996年ITU-T发布了码率为5.3/6.4kbit/s的G.723.1标准。在1995年11月ITU-T SG15全会上通过了共轭代数码激励线性预测(CS-ACELP)的8kbit/s语音编码G.729建议，并于1996年6月ITU-T SG15会议上通过G.729附件A：减少复杂度的8kbit/s CS-ACELP语音编解码器，正式成为国际标准。这几种语音编码算法也成为分组化语音通信的可选算法。

20世纪90年代中期到现在，移动通信技术逐渐成熟并走向商用，变速率语音编码和宽带语音编码得到了迅速的发展，不断有新的国际标准和地区标准公布。应用于第三代移动通信的变速率语音编码主要有可变速率码激励线性预测(QCELP)、增强型变速率编码器(EVRC)、自适应多速率(AMR)编码器、自适应多速率宽带(AMR-WB)编码器、可选模式声码器(SMV)和变速率多模式宽带(VMR-WB)编码器等。宽带语音的发展也经历了一个过程，1988年国际电联通过了第一个宽带语音编码器标准G.722，该标准基于子带自适应差分脉码调制(SB-ADPCM)编码原理，速率为64kbit/s、56kbit/s和48kbit/s。宽带语音编码器的合成语音更自然，非常适合应用到电视电话会议中。1999年ITU-T公布了新的宽带语音编码国际标准G.722.1，降低了编码速率(24kbit/s和32kbit/s)。2002年ITU-T在对以往宽带语音编码算法改进的基础上提出G.722.2标准，由9种速率的语音模式组成，编码速率较低，而且可以根据无线环境和本地容量需求动态选择。2006年又提出了一类应用于16kHz采样宽带信号的嵌入式语音编码算法，如ITU-T的G.729.1标准以及嵌入式宽带变速率语音编码G.EV-VBR的提案，G.EV-VBR提案已于2008年6月正式标准化并命名为G.718。G.718是宽带嵌入式变速率语音编码算法，可以处理8kHz及16kHz采样的语音信号及音频信号，码率范围在8kbit/s～32kbit/s。编码器由5层组成，高层比特流的丢失不会影响底层解码。编码器中核心层内嵌了AMR-WB12.65kbit/s编码模式。在低比特率时，可提供高性能的语音编码质量，且对主要编码速率的帧擦除以及包丢失提高了鲁棒性。在编码速率高时，可产生高质量的音频信号。

变速率语音编码理论上仍属于CELP，但在“变”上有了新的研究，由此引入了相关技术的研究，包括：用来检测语音通信时是否有语音存在的语音激活检测(VAD)技术、为突出“变”字而进行速率判决(RDA)的自适应技术、为避免语音帧丢失后带来负面效应的差错隐藏(ECU)技术、为克服背景噪声不连续的舒适背景噪声生成(CNG)技术等。这些相关技术的应用使变速率语音编码之后的语音合成效果几乎没有降低。随着移动通信的飞速发展,用变速率语音编码来提高频带的有效利用率,将是未来数字蜂窝和微蜂窝网的必然发展趋势。

1.1.3 语音识别

语音识别技术以语音信号为研究对象,涉及语言学、计算机科学、信号处理、生理学及心理学等诸多领域,是模式识别的重要分支。

与机器进行语音交流,让机器明白你说什么,这是人们长期以来梦寐以求的事情。而语音识别技术就是让机器通过识别和理解过程把语音信号转变为相应的文本或命令的技术。由于语音本身所固有的难度,让机器识别语音的困难在某种程度上就像一个外语不好的人听外国人讲话一样,它和不同的说话人、不同的说话速度、不同的说话内容及不同的环境条件有关。语音信号本身的特点造成了语音识别的困难,这些特点包括多变性、动态性、瞬时性和连续性等。根据在不同限制条件下的研究任务,产生了不同的研究领域。这些领域包括:①根据对说话人说话方式的要求,可以分为孤立字语音识别系统、连接字语音识别系统及连续语音识别系统;②根据对说话人的依赖程度可以分为特定人和非特定人语音识别系统;③根据词汇量大小,可以分为小词汇量、中等词汇量、大词汇量及无限词汇量语音识别系统。

语音识别的研究工作开始于20世纪50年代AT&T贝尔实验室的Audry系统,它是第一个可以识别10个英文数字的特定人孤立数字语音识别系统。

语音识别的研究真正取得实质性进展,并将其作为一个重要的课题开展则是在20世纪60年代末。这一方面是因为计算机的计算能力有了迅速的提高,能够提供实现复杂算法的软件、硬件环境;另一方面,数字信号处理理论和算法在当时有了蓬勃发展。这一时期,日本的东京无线电研究实验室、京都大学和NE实验室都制作了能够进行语音识别的专用硬件,对语音识别领域进行了开拓性的研究工作。而在世界范围内,有关语音识别的3个关键项目的启动,对以后语音识别的研究和发展都产生了深远的影响。首先是RCA实验室的Martin为解决语音事件时间尺度的非均匀性,以便能可靠地检测到语音的起始点和终止点,提出了一组基本的时间归一化方法,有效地减小了识别结果的可变性;其次是苏联的Vintsyuk提出了使用动态规划方法,对一组语音在时间上进行校准;最后是Carnegie Mellon大学的Reddy通过对音素的动态跟踪,对连续语音识别方法做了开创性的研究工作,并促成了一项后来获得巨大成功的连续语音研究计划。这段时期的重要成果除了前述提出的动态规划(DP)方法外,还有线性预测编码(LPC)分析技术,该技术较好地解决了语音信号产生模型的问题,对整个语音识别、语音合成、语音分析、语音编码的研究发展产生了深远影响。

20世纪70年代,语音识别领域取得了突破性进展。在理论上,LPC技术得到进一步发展,动态时间弯折(DTW)技术基本成熟,特别是提出了矢量量化(VQ)和隐马尔可夫模型(HMM)理论。在实践上,首先在孤立词识别方面,由日本学者Sakoe给出了使用动态规划方法(DP)进行语音识别的途径——DP算法。DP算法是把时间规整和距离测度计算结合起来的一种非线性规整技术,这是语音识别中一种非常成功的匹配算法,并在小词汇量中获得了成功,从而掀起了语音识别的研究热潮。另外,就是学者Itakura基于语音编码中广泛使用的LPC技术,通过定义基于LPC频谱参数的合适的距离测度,成功地将其应用到语音识别中。同时,以IBM为首的一些语音研究单位开始了有关大词汇量语音识别的长期的、庞大的研究计划,Bell实验室也开始进行了一系列旨在完成真正非特定人的识别系统的实验,这些项目开展过程中都获得了极具价值的研究成果。

在20世纪80年代初，Linda、Buzo、Gray等人解决了矢量量化码本生成的方法，并将矢量量化成功地应用到语音编码中，从此矢量量化技术很快被推广应用到其他领域。

同时，语音识别研究进一步走向深入，出现了大量的连续语音识别算法，如NEC公司提出的二层动态规划算法，Bell实验室的Myers，Rabiner和Lee等人提出的分层构造算法，以及帧同步分层构造算法等。在20世纪80年代中后期，语音识别研究所用的技术方法发生了变化：识别算法开始从模式匹配技术转向基于统计模型的技术，更多地追求从整体统计的角度来建立最佳的语音识别系统。HMM技术就是其中的一个典型技术。随着对HMM的深入研究和在语音识别中的需要，许多新的算法随之产生，如估计、平滑、外插、建立时间模型、话者自适应等，使得这一技术在语音识别中有了更深入的应用。到目前为止，HMM方法仍然是语音识别研究中的主流方法，并使得大词汇量连续语音识别系统的开发成为可能。在20世纪80年代末，由美国卡内基梅隆大学用VQ/HMM实现997个词的非特定人连续语音识别系统SPHINX成为世界上第一个高性能的非特定人、大词汇量、连续语音识别系统。这些研究开创了语音识别的新时代。

20世纪80年代中期重新开始的人工神经网络（ANN）研究，也给语音识别带来一片新的生机。由于ANN具有自组织和自动学习各种复杂分类边界的能力，以及很强的区分能力，使它特别适用于语音识别这一特殊的分类问题。人们将ANN和HMM在同一语音识别系统中结合使用，即由ANN完成静态的模式分类问题，而用HMM甚至传统的DP来完成时间对准问题。这种思想可行而且有效，并能使ANN比较容易地用于连续语音识别问题。

进入20世纪90年代，随着多媒体时代的来临，迫切要求语音识别系统从实验室走向实用。许多发达国家如美国、日本以及IBM、Apple、AT&T、NTT等著名公司都为语音识别系统的实用化开发研究投以巨资。在20世纪90年代初期，开始出现孤立语音的英文听写机系统，在1997年开始出现基于说话人自适应的连续语音听写系统，并达到一定的实用化程度。从语音识别的进展来看，国际上孤立词识别系统已经扩大到数万个，特定说话人或非特定说话人的连续语音识别系统已达到了很高的识别率。从研究领域来看，在连续语音中识别关键词的研究以及多种语言之间的自动翻译、语音检索等已成为比较热门的课题。随着网络技术和语音研究工作的迅速发展，出现了语种识别技术、基于语音的情感技术、嵌入式语音识别技术等一些新的研究方向。

在国内，语音识别的研究工作起步于20世纪50年代，但是除中科院声学所外，大多数单位是20世纪70年代末及80年代初才开始的。到20世纪80年代末，以汉语全音节识别为主攻方向的研究已经取得相当大的进展，一些汉语输入系统已向实用化迈进。20世纪90年代初，我国识别研究的步伐就逐渐紧追国际先进水平了，在"八五"、"九五"国家科技攻关计划、国家自然科学基金、国家863计划等项目的支持下，我国在中文语音技术的基础研究方面也取得了一系列成果。清华大学与中科院自动化所等单位在汉语听写机原理样机的研制方面开展了卓有成效的研究。北京大学在说话人识别方面也做了很好的研究。近些年，在我国科研人员长期艰苦努力下，我国在语音技术研究水平和原型系统开发方面达到了世界级的水平，作出了当之无愧的成果。在中国科学院自动化研究所模式识别国家重点实验室，汉语非特定人、连续语音听写机系统的普通话系统，其错误率可以控制在10%以内的水平，并具有非常好的自适应功能。尤其是在国内外首创研究开发了汉语自然口语的人机对话系统和汉语到日语、英语的直接语音翻译系统，为在未来发展民族化的语音产业打下了非常坚实的技术基础。近年来，我国语音识别技术的研究已取得令人瞩目的成绩，其基础研究涉及汉语语音学、听觉模型、人工神经网络、小波变换、分形维数和支持向量机等理论，其研究成果必将推动我国语音识别技术研究迈上新台阶。

语音情感识别作为语音识别领域的一个重要分支，目前仅 20 余年的发展历程，但已经取得了一些令人瞩目的成绩。进入 21 世纪，在芬兰召开的国际会议 ISCA Workshop on Speech and Emotion，首次将大批情感识别方向的研究者聚在一起，近年来，也逐渐涌现出与语音情感识别方向相关的主题会议和期刊。同时大批的国家大学和科研机构开始投身于语音情感的识别研究中，其中国外研究机构包括麻省理工大学以 R. Picard 为首的多媒体研究实验室；R. Cowie 和 E. Douglas. Cowie领导的贝尔法斯特女王大学的语音情感小组；慕尼黑工业大学 B. Schuller 建立的人机语音交互小组等。而国内对语音情感识别研究大约始于 21 世纪初，有 10 多年的发展历程，其中比较著名的研究机构包括清华大学、东南大学、浙江大学、太原理工大学和中国科学院的大批语音情感研究团队等。

语音情感识别的基本问题是寻找能有效表征语音中情感成分的特征参数并建立有效的特征参数和情感类别间的映射模型。语音情感提取特征大致归纳为韵律特征、音质特征和谱特征；语音情感识别网络包括隐马尔科夫模型 HMM、高斯混合模型 GMM、支持向量机 SVM、人工神经网络 ANN、贝叶斯网络等。基于语音情感特征选取及识别模型建立虽然已经取得了一系列的成果，但许多技术尚处于发展之中，有待更多的研究者在理论和实际应用上对其进一步的完善。

1.2 语音信号处理的应用

语音信号处理技术是计算机智能接口与人机交互的重要手段之一。从目前和整个信息社会发展趋势看，语音技术有很多的应用。语音技术包括语音识别、说话人的鉴别和确认、语种的鉴别和确认、关键词检测和确认、语音合成、语音编码等，但其中最具有挑战性和最富有应用前景的为语音识别技术。

语音识别技术有非常广阔的应用前景，比如：具有语音接口的计算机可以改变人们目前对计算机的操作方式，引起操作系统的革命，具有听写功能的计算机将给办公自动化带来重大的变革，同时也使某些非拼音文字（如汉语）的计算机输入不再是一种需要专门训练的技能；在通信方面则是实现两种语言间的直接通信，即通过“语音识别－机器翻译－语音合成”将一种语言直接转换成另一种语言；语音识别可以使用户通过语音直接检索数据库，既经济又迅速；在一些特殊行业，如飞机、汽车或者战车驾驶员在高速行驶中进行电话拨号或发布命令。基于语音识别技术的发音错误识别系统，可对受训者外语学习过程中的发音进行培训，为学生的硬件（如嘴）和软件（大脑）提供重新锻炼机会，使他们从汉语发音习惯到英语发音，并且纠正他们的发音，增强其说外语的能力和水准。21 世纪将是“数字化生存”的时代，语音识别技术将是数字化生存的重要标志之一，它将改变人们学习、工作和生活娱乐的方式。

首先对于说话人识别技术，近年来已经在安全加密、银行信息电话查询服务等方面得到了很好的应用。此外，说话人识别技术也在公安机关破案和法庭取证方面发挥着重要的作用。其次对于语音识别技术而言，在一些应用领域中正成为一个关键的具有竞争力的技术。例如，在声控应用中，计算机可识别输入的语音内容，并根据内容来执行相应的动作，这包括了声控电话转换、声控语音拨号系统、声控智能玩具、信息网络查询、家庭服务、宾馆服务、旅行社服务系统、医疗服务、股票查询服务和工业控制等。在电话与通信系统中，智能语音接口正在把电话机从一个单纯的服务工具变成为一个服务的“提供者”和生活“伙伴”；使用电话与通信网络，人们可以通过语音命令方便地从远端的数据库系统中查询与提取有关的信息；随着计算机的小型化，键盘已经成为移动平台的一个很大障碍，想象一下如果手机仅仅只有一个手表那么大，再用键盘进行拨号操作已经是不可能的。再者，语音信号处理还可用于自动口语分析，如声控打字机等。随着计算机和大规模集成电路技术的发展，这些复杂的语音识别系统也已经完全可以制成专用芯片，大量生产。在西方经济发达国家，大量的语音识别产品已经进入市场和服务领域。一些用户交换机、电话机、手机已经包含了语音识别拨号功能，还有语音记事本、语音智能玩具等产品也包含了语音识别与语音合成功能。人们可以通过电话网络用语音识别口语对话系统查询有关的机票、旅游、银行信息，并且取得很好的结果。

就语音合成而言，该技术已经在许多方面得到了实际的应用并发挥了很大的社会作用。这些用途中，其中最主要的是用于计算机口语输出，即制造一种会说话的机器，并最终与语音识别技术相结合形成全新的人机对话系统。例如，公交汽车上的自动报站、各种场合的自动报时、自动报警、智能手机查询服务和各种文本校对中的语音提示等。在电信声讯服务中的智能电话查询系统中，采用语音合成技术可以弥补以往通过电话进行静态查询的不足，满足海量数据和动态查询的需求，如网络语音电话、银行、售后服务、股票、车站查询等信息；在汽车导航中可用以提供实时的导航信息播报，此外还能够帮助语言沟通障碍人士，提供辅助沟通方式。也可用于基于微型机的办公、教学、考试录取查询、娱乐等智能多媒体软件，例如语言学习、教学软件、语音玩具、语音书籍等；也可与语音合成技术和机器翻译技术结合，实现语音翻译等。近年来，国内外厂商陆续研发成功了包括英语、日语、西班牙语和法语等语种的 TTS 多语种语音翻译系统。例如，微软开发的 SAPI SDK 语音应用开发工具包；IBM 公司采用自己的 TTS 技术开发的智能词典 2000；美国 AT&T 开发的真人 TTS 系统等。国内的炎黄新星网络科技有限公司在国内首创以时域合成方法实现的汉语 TTS 系统；金山公司出品的金山词霸中的朗读系统；万科数据电子出版社出版的汉语电子大百科；捷通华声公司研究出版的 TTS 掌上计算机；华建机器翻译有限公司出品的华建多语译通 V3.0 等。

对于语音编码而言，随着人类社会信息化进程的加快，语音编码技术也正在迅速发展，在移动通信、卫星通信、军事保密通信、信息高速公路和 IP 电话通信中得到了广泛的应用。例如低速率语音编码技术解决了信道容量问题。光纤通信技术使有线通信的信道容量得到了缓解，但对于信道价格昂贵的卫星通信及线路铺设艰难的边远山区通信，仍希望能在现有信道上得到更大的通信容量。再者由于数字加密技术具有高度可靠性，一般在军事保密通信中采用低速率语音编码器，以便对经过压缩编码后的语音数据进行加密处理，然后在窄带信道上进行传输。个人移动通信、语音存储、多媒体通信、数字数据网(DDN)中也用到语音通信技术。目前语音编码的算法发展较快，它可应用的范围也相当广泛，除了上述应用外，未来的 ISDN、卫星通信、移动通信、微波接力通信和信息高速公路以及保密电话等无一例外地都会采用低速率语音编码技术。

随着信息技术的不断发展，尤其是网络技术的日益普及和完善，语音信号处理技术正发挥着越来越重要的作用，并且出现了一些新的方向。

① 基于语音的信息检索。随着网络技术及数字图书馆技术的发展，针对于传统的基于文本信息的检索技术，基于语音识别的信息检索技术正成为当今的研究热点。

② 基于语音识别的广播新闻的自动文摘技术的研究。由于广播、电视中的发音较为标准规范，在识别中避免了说话人发音上的不规范，有利于语音识别系统性能的提高。

③ VoIP 技术。它是通过 TCP/IP 网络，而不是传统的电话网络来传输语音的新的通信方式，通常称为 IP 电话技术。它是在网络上对压缩的语音数据以数据包的形式进行传输和识别。随着手机、PDA 等移动电子设备的发展，嵌入式语音识别算法的研究已逐渐成为研究的热点。

④ 语音训练与校正技术也是近年来语音信号处理的一个重要方向。现在越来越多的人希

望掌握其他非母语语言，以便方便地进行交流。因此语言学习机已成为当今外语学习者的有利工具。

⑤ 语种识别。语种识别是近年来新出现的研究方向，它是通过分析处理一个语音片断来判别其所属语音的种类，本质上属于语音识别的研究范畴。

⑥ 基于语音的情感处理研究。在人与人的交流中，除了语音信息外，非语音信息也起着重要的作用。为了使人机交流更自然、更人性化，基于语音的情感处理研究也是非常必要的。

⑦ 基于压缩感知理论的语音信号处理技术研究。语音信号具有稀疏性或可压缩性，压缩感知理论的核心思想是边压缩边采样，基于压缩感知实现低速率无失真地采样，便于语音信号的采样、存储、传输和处理。语音压缩感知技术可用于语音编码、识别及语音增强等，是近年的研究热点。

1.3 语音信号处理的过程

在信号处理领域，信息加工和处理的一般流程如图 1.1 所示。

在语音信号的具体情况下，信息源就是说话的人，通过观察和测量得到的就是语音的波形。信号处理包括以下几个内容，首先根据一个给定的模型得到这一信号的表示；然后再用某种高级的变换把这一信号变成一种更加方便的形式；最后一步是信息的提取和使用，这一步可由听者来完成，也可由机器自动完成。

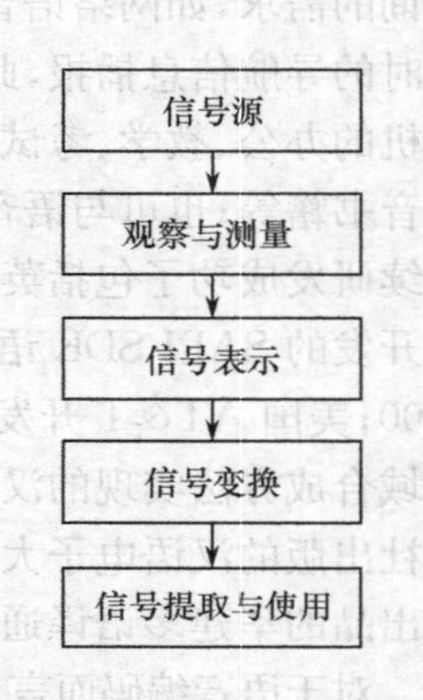

图 1.1　信号加工和处理的一般流程

所以，语音信号处理一般有两个任务：第一，它是一种工具，利用它可以得到语音信号的一般表示，这种表示可以用波形表示也可用参数形式表示；第二，把信号从一种形式变换到另一种形式，变换后的表示形式虽然从性质上讲它的普遍性可能小一些，但对某一特殊应用却是更加合适。由此从总体上来看，语音信号处理过程可以用统一的框架来表示，其基本的结构框图如图 1.2 所示。

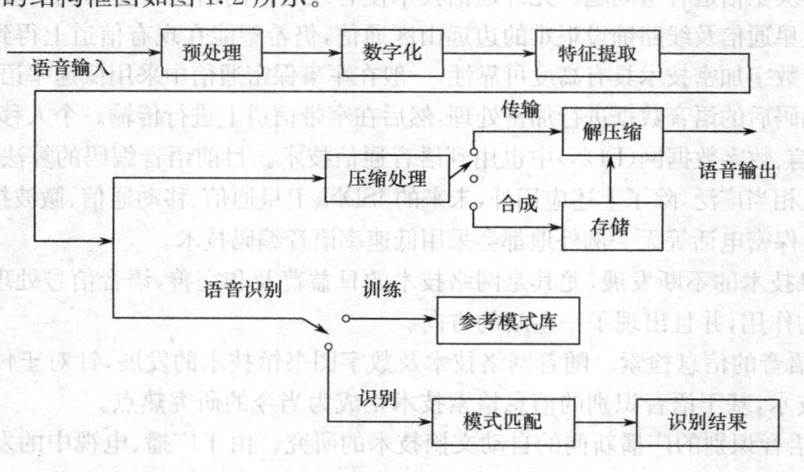

图 1.2　语音处理过程的结构框图

从图 1.2 可以看出：无论是语音识别还是语音编码与合成，对于输入的语音信号首先要进行预处理，对信号进行适当的放大和增益控制，并进行反混叠滤波来消除工频信号的干扰；然后进行数字化，将模拟信号转换为便于计算机处理的数字信号；随后对数字语音信号进行分析，提取一定的反映语音信息的参数；最后根据语音信号处理任务的不同，采用不同的处理方法。语音识别技术分为两个阶段：语音识别和训练阶段。在训练阶段，对用特定的参数形式表示的语音信号进行相应的处理，获得表示识别基本单元共性特点的标准数据，以此构成参考模板，并将所有能识别的基本单元的参考模板结合在一起，形成参考模式库；在识别阶段，将待识别的语音信号经特征提取后逐一与参考模式库中的各个模板按某种原则进行比较，找出最相似的参考模板所对应的发音，即为识别结果。对于语音编码技术来说，为了对语音信号进行有效的传输，需要对语音信号以某种算法进行编码，并在接收端进行解压缩。对于语音信号的合成，则是对编码后的信号进行存储。

1.4 MATLAB 在数字语音信号处理中的应用

数字语音信号处理是将数字信号处理与语音学相结合，用于解决现代通信领域中人与人、人与机器之间的信息交流的学科，是信号处理领域一个重要的学科分支。近几年来语音信号处理学科在世界范围内飞速发展，并取得了一系列重要的研究成果。MATLAB 是一种功能强大、效率高、交互性好的数值计算和可视化计算机高级语言，它将数值分析、信号处理和图形显示有机地融合一体，形成了一个极其方便、用户界面友好的操作环境。随着 MATLAB 的不断发展，其功能越来越强大，广泛应用于数字语音信号处理、数值图像处理、仿真、自动控制、小波分析和神经网络等领域。同时由于 MATLAB 具有大量的信号处理工具箱并能利用非线性动态系统分析工具 Simulink 等优点，所以近年来 MATLAB 已成为数字信号处理的有利工具，因此也成为学习语音信号处理并辅助开展相关研究工作的一款必备的仿真软件工具。

下面简要介绍 MATLAB 在数字语音信号中的几方面应用。

① 通过 MATLAB 可以对数字化的语音信号进行时频域分析。通过 MATLAB 可以方便地展现语音信号的时域及频域曲线，并且根据语音的特性对语音进行分析。例如，清浊音的幅度差别、语音信号的端点检测、信号在频域中的共振峰频率、加不同窗和不同窗长对信号的影响、LPC 分析、频谱分析及语谱图分析等。

② 通过 MATLAB 可以对数字化的语音信号进行估计和判别。例如，根据语音信号的短时参数，以及不同语音信号的短时参数的性质对一段给定的信号进行有无声和清浊音的判断、分析清浊音残差信号区别、对语音信号的基音周期进行估计等。

③ 通过利用 MATLAB 编程对语音信号进行处理。由于 MATLAB 是一种面向科学和工程计算的高级语言，允许用数学形式的语言编程，又有大量的库函数，所以编程简单、编程效率高、易学易懂。我们可以对信号进行加噪和去噪、滤波、截取语音等，也可进行语音编码、语音识别、语音合成的编程等。

本书中的程序实例均用 MATLAB 语言编写，供大家上机实践时参考。

习　题　1

1.1　语音信号处理主要研究哪几方面的内容？

1.2　简述语音编码在现实生活中的意义。

1.3　在人与 Siri 的对话中，体现了几种语音信号处理技术？

1.4　你所学的专业知识如何应用到语音处理中？

第2章　语音信号的数字模型

为了用数字信号处理方法对语音信号进行处理，首先需要建立语音信号产生的数字模型，因此，我们必须在对人的发声器官和发声机理进行研究的基础上，才能建立精确的模型。但是，由于人类语音产生过程的复杂性和语音信息的丰富性及多样性，迄今为止还没有找到一种能够精确描述语音产生过程和所有特征的理想模型。本章介绍的线性模型是一种经典的模拟语音信号产生过程比较成功的模型，它简单实用，是学习语音信号处理理论的基础。

作为接收语音信息的人耳听觉系统，其听觉机理也是很复杂的。听觉模型的精确建立对于语音识别和理解是非常重要的，但是，目前人们对听觉机理的了解比对发音机理的了解少得多。本章重点介绍语音信号产生的数字模型，对语音信号的特性和听觉特性做一般介绍。

2.1　语音的发声机理

2.1.1　人的发声器官

人类的语音是由人的发声器官在大脑控制下的生理运动产生的。人的发声器官由3部分组成：①肺和气管产生气源；②喉和声带组成声门；③由咽腔、口腔、鼻腔组成声道，见发声器官示意图2.1。

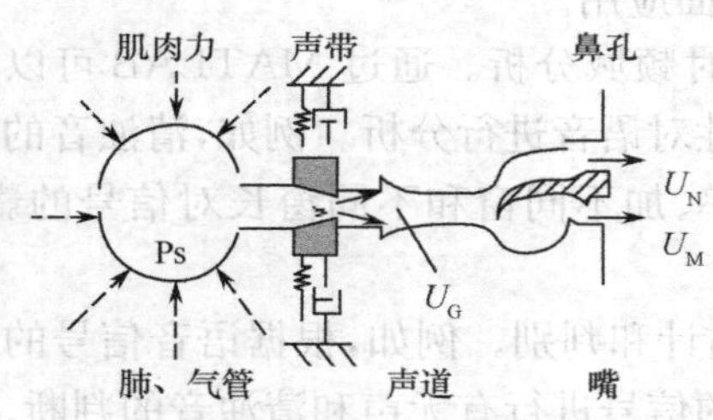

图2.1　发声器官机理模型

肺的发声功能主要是产生压缩气体，通过气管传送到声音生成系统。气管连接着肺和喉，它是肺与声道联系的通道。

喉是控制声带运动的软骨和肌肉的复杂系统，它主要包括：环状软骨、甲状软骨、杓状软骨和声带。其中声带是重要的发声器官，它是伸展在喉前、后端之间的褶肉，如图2.2所示，前端由甲状软骨支撑，后端由杓状软骨支撑，而杓状软骨又与环状软骨较高部分相联。这些软骨在环状软骨上的肌肉的控制下，能将两片声带合拢或分离。声带之间的间隙称为声门。声带的声学功能主要是产生激励。位于喉前端呈圆形的甲状软骨称为喉结。

声道是指声门至嘴唇的所有发声器官，其纵剖面图如图2.3所示。其中包括：咽喉、口腔和鼻腔。口腔包括上下唇、上下齿、上下齿龈、上下腭、舌和小舌等部分。上腭又分为硬腭和软腭两部分；舌又分为舌尖、舌面和舌根3部分。鼻腔在口腔上面，靠软腭和小舌将其与口腔隔开。当小舌下垂时，鼻腔和口腔便耦合起来，当小舌上抬时，口腔与鼻腔是不相通的。口腔和鼻腔都是发声时的共鸣器。口腔中各器官能够协同动作，使空气流通过时形成各种不同情况的阻碍并产生振动，从而发出

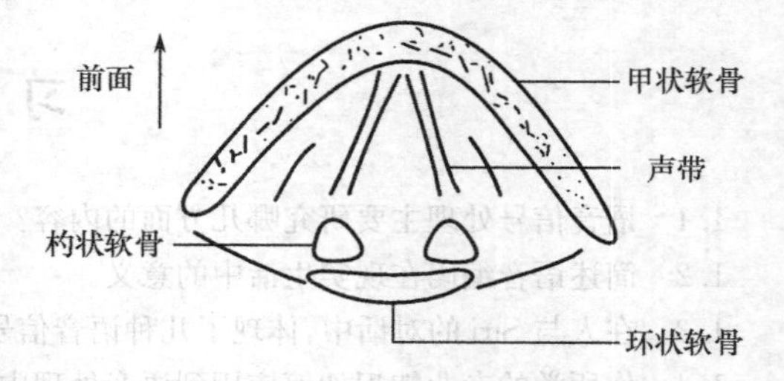

图2.2　喉的平面解剖示意图

不同的音来。声道可以看成是一根从声门一直延伸到嘴唇的具有非均匀截面的声管，其截面积主要取决于唇、舌、腭和小舌的形状和位置，最小截面积可以为零(对应于完全闭合的部位)，最大截面积可以达到约$20cm^2$。在产生语音的过程中，声道的非均匀截面又是随着时间在不断地变化的。成年男性的声道的平均长度约为17cm。当小舌下垂使鼻腔和口腔耦合时，将产生出鼻音来。

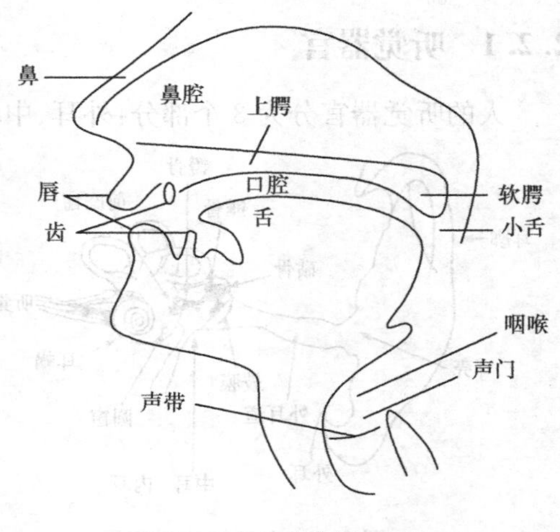

图2.3　声道纵剖面图

2.1.2　语音生成

图2.1为语音生成机理模型。空气由肺部排入喉部，经过声带进入声道，最后由嘴辐射出声波，这就形成了语音。在声门(声带)以左，称为“声门子系统”，它负责产生激励振动；右边是“声道系统”和“辐射系统”。当发不同性质的语音时，激励和声道的情况是不同的，它们对应的模型也是不同的。

1. 发浊音的情况

空气流经过声带时，如果声带是崩紧的，则声带将产生张弛振动，即声带将周期性地启开和闭合。声带启开时，空气流从声门喷射出来，形成一个脉冲，声带闭合时相应于脉冲序列的间隙期。因此，这种情况下在声门处产生出一个准周期脉冲状的空气流。该空气流经过声道后最终从嘴唇辐射出声波，这便是浊音语音。这个准周期脉冲的周期即为基音周期。声门处产生的准周期脉冲其周期、宽度以及形状与声带的长度、厚度及张力等参数有关。声带越短、厚度越薄、张力越大，则听起来感觉的音调就越高，也就是浊音的基音频率越高。因此，基音频率是由声带张开闭合的周期所决定的。男性的基音频率一般为50～250Hz，女性基音频率为100～500Hz。

2. 发清音的情况

空气流经过声带时，如果声带是完全舒展开来的，则肺部发出的空气流将不受影响地通过声门。空气流通过声门后，会遇到两种不同情况。一是如果声道的某个部位发生收缩形成了一个狭窄的通道，当空气流到达此处时被迫以高速冲过收缩区，并在附近产生出空气湍流，这种湍流空气通过声道后便形成所谓摩擦音或清音。另一种情况是，如果声道的某个部位完全闭合在一起，当空气流到达时便在此处建立起空气压力，闭合点突然开启便会让气压快速释放，经过声道后便形成所谓爆破音。这两种情况下发出的音称为清音。

当声音产生后，便沿着声道进行传播。声道可以看成一根具有非均匀截面的声管，在发声时起着共鸣器的作用。声音进入声道后，其频谱必定会受到声道的共振特性的影响，声道具有一组共振频率，称为共振峰频率或共振峰。声道的频谱特性便主要地反映出这些共振峰的不同位置以及各个峰的频带宽度。共振峰及其带宽取决于声道的形状和尺寸，因而不同的语音对应于一组不同的共振峰参数。

2.2　语音的听觉机理

听觉是接收声音并将其转换成神经脉冲的过程。大脑受到听觉神经脉冲的刺激感知为确定的含义是一个非常复杂的过程，至今尚不完全清楚。

2.2.1 听觉器官

人的听觉器官分为3个部分:外耳、中耳和内耳,如图2.4所示。

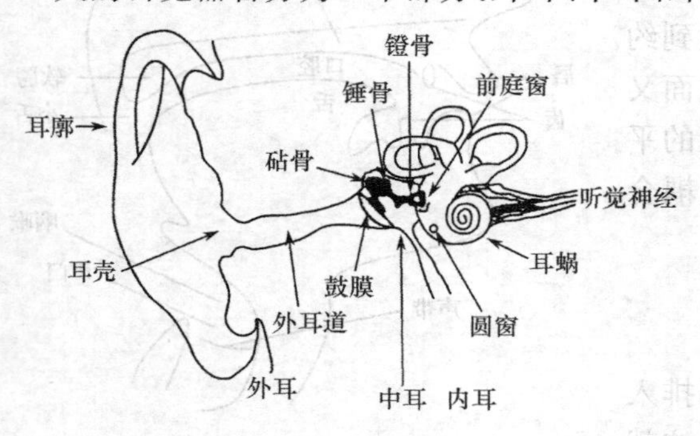

图2.4 人耳结构示意图

外耳由位于头颅两侧呈贝壳状和向内呈S状弯曲的外耳道组成,主要包括:耳廓、耳壳和外耳道组成,它的主要作用是收集声音、辨别声源,并对某些频率的声音有扩大作用。声音沿外耳道传送至鼓膜,外耳道有许多共振频率,恰好落在语音频率范围内。

中耳主要由鼓膜和听骨链组成。听骨链由3块听小骨组成,分别称为锤骨、砧骨和镫骨。其中锤骨柄与鼓膜相连,镫骨底板与耳蜗的前庭窗相连。声音经鼓膜至内耳的传输过程主要由听骨链来完成。由于鼓膜的面积比前庭窗大出许多倍(55∶3.2),听骨链有类似杠杆的作用,所以人的声音从鼓膜到达内耳时,能量扩大了20多倍,补充了声音在传播过程中的能量消耗。

由于中耳将气体运动高效地转为液体运动,所以它实际上起到一种声阻抗匹配的作用,由此可以看出,整个中耳的主要生理功能是传声,即将声音由外耳道高效地传入耳蜗。

从上述分析可以看出,中耳的主要功能是改变增益,还有就是对外耳和内耳进行匹配阻抗。

内耳是颅骨腔内的一个小而复杂的体系,由前庭窗、圆窗和耳蜗构成,前庭窗在听觉机制中不起什么作用,圆窗可以为不可压缩液体缓解压力,耳蜗是内耳的主要器官,它是听觉的受纳器,形似蜗牛壳,为螺旋样骨管。蜗底面向内耳道,耳蜗神经穿过此处许多小孔进入耳蜗。耳蜗中央有呈圆锥形骨质的蜗轴,从蜗轴有螺旋板伸入耳蜗管内,由耳蜗底盘旋上升,直到蜗顶。它由3个分隔的部分组成:鼓阶、中阶和前庭阶。鼓阶与中耳通过圆窗相连,前庭阶与中耳的镫骨由前庭窗的膜相连,鼓阶和前庭阶在耳蜗的顶端即蜗孔处是相通的。中阶的底膜称为基底膜(Basilar membrane),在基底膜之上是科蒂氏器官(Organ of Corti),它由耳蜗覆膜(Tectorial membrane)、外毛细胞(Outer hair cell)及内毛细胞(Inner hair cell)构成。图2.5给出了耳蜗未展开时的内耳。

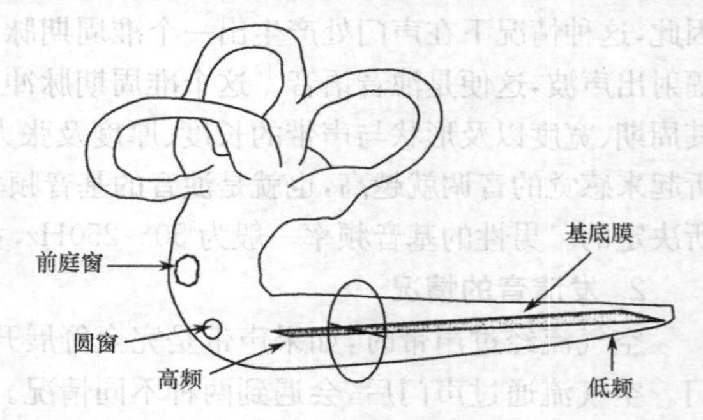

图2.5 耳蜗未展开时的内耳

2.2.2 听觉掩蔽效应

人耳听觉界限的频率范围为20Hz~20kHz。在频率范围低端,感觉声音变成低频脉冲串,在高端感觉声音减小直至完全听不到一点声响。语音感知的强度范围是0~130dB声压级(基准声压级为10^{-10} W/cm^2),声音强度太高,感到难以忍受,强度太低则感到寂静无声。语音的听觉感知是一个复杂的人脑—心理过程。对听觉感知的研究还很不成熟。听觉感知的试验主要还在测试响度、音高和掩蔽效应等。

1. 响度

这是频率和强度级的函数。通常用响度(单位为宋)和响度级(单位为方)来表示。

人耳刚刚可以听到的声音强度，称为“听阈”。此时响度级定为零方。测量表明听阈值是随频率变化的。通常，人们把 1kHz 纯音听阈值定为零方。此时声强为 10^{-16} W/cm^2，这样的声波振动几乎不能使鼓膜离开它的静止位置，可见人耳对声音是非常灵敏的。另一方面，加大声音的强度，使听起来令耳朵感到疼痛，这个阈值称为“痛阈”。测试表明对 1kHz 的纯音，当声强级大到 120dB 时，即声强为 10^{-4} W/cm^2 会达到痛阈。可见人耳的听觉范围相当宽，相差 10^{12} 倍。

响度与响度级是有区别的。60 方响度级比 30 方响度级的声音要响，但没有响了一倍。响度是刻划数量关系的。2 宋响度要比 1 宋响度的声音响一倍。1 宋响度被定义为 1kHz 纯音在声强级为 40dB 时（声强为 10^{-12} W/cm^2）的响度。

2. 音高

音高也称基音。物理单位为赫兹，主观感觉的音高单位是美(Mel)。当声强级为 40dB(或响度级为 40 方)、频率为 1kHz 时，设定的音高为 1000 美。

响度与音高之间具有互为补充的关系。例如，可以用频率补充声强使人们感觉到响度相同，也可以用声强补充频率使人感觉音高相同。

3. 掩蔽效应

人耳能感受的频率范围为 20Hz～20kHz，其对于频率的分辨能力是非均匀的，在 100～500Hz 范围内，可分辨的两个纯音的频率之差为 $\Delta f \approx 1.8$Hz，而在 500Hz～16kHz 范围内，相对频率分辨率几乎恒定，$\Delta f/f \approx 3.5\%$，因此，20Hz～20kHz 的频率范围总共有 620 个频率间隔。当然人耳对于频率的分辨能力是受声强影响的，对于太强或太弱的声音，频率分辨率都会降低。人耳对声音的时间分辨力可以短至 2ms，这是用两个紧接着的高低不同的声音进行测听，看能否说出是两个音而测得的结果。

两个响度不等的声音作用于人耳时，则响度较高的频率成分的存在会影响到对响度较低的频率成分的感受，使其变得不易察觉，这种现象称为掩蔽效应。由于频率较低的声音在内耳耳蜗基底膜上行波传递的距离大于频率较高的声音，故一般说来，低音容易掩蔽高音，而高音掩蔽低音较难。掩蔽会造成因一个声音的存在，而使另一个声音的听阈上升。

基于上面两点，可以将真实的声音频率映射到“感知”频率尺度上，即 Bark 尺度对应的临界带宽，于是就引出了临界带宽的概念。

2.2.3 临界带宽与频率群

用一中心频率为 f，带宽为 Δf 的白噪声来掩蔽一频率为 f 的纯音，先将这个白噪声的强度调节到使被掩蔽纯音恰好听不见为止。然后将 Δf 由大到小逐渐变化，而保持单位频率的噪声强度(即噪声谱密度)不变，起初这个纯音一直是听不见的，但当 Δf 小到某个临界值时，这个纯音就突然可以听见了。如果再进一步减小 Δf，被掩蔽音 f 就会越来越清晰。这里刚刚开始能听到被掩蔽声时的 Δf 宽的频带，称为频率 f 处的临界带。当掩蔽噪声的带宽窄于临界带的带宽时，能掩蔽住纯音 f 的强度是随噪声的带宽的增加而增加的，但当掩蔽噪声的带宽达到临界带后，继续增加噪声带宽就不再引起掩蔽量的提高了。临界带宽是随中心频率而变的，被掩蔽纯音的频率(即临界带的中心频率)越高，临界带宽也越宽。不过二者的变化关系不是一种线性关系。前面已经提到基底膜具有与频谱分析器相似的作用，耳蜗的一个重要功能就是频率分解，不同的频率在沿基底膜的不同位置上集中响应，那么临界频带也可定义为：一个给定的正弦纯音在基底膜上能够产生谐振反应的那一部分。一个频率群的划分相应于基底膜分成许多很小的部分，每一部分对应一个频率群。掩蔽效应就在这些部分内发生，对应同一基底膜的那些频率的声音，在大脑中似乎是叠加在一起进行评价的，如果它们同时发声，可以互相掩蔽，因此，频率群与临界带之间存在密切的联系。一个临界带的单位用巴克(Bark)表示。

2.2.4 耳蜗的信号处理机制

当声音经外耳传入中耳时,镫骨的运动引起耳蜗内流体压强的变化,从而引起行波沿基底膜的传播。图 2.6 是流体波的简单表示。在耳蜗的底部基底膜的硬度很高,流体波传播得很快。随着波的传播,膜的硬度变得越来越小,波的传播也逐渐变缓。不同频率的声音产生不同的行波,而峰值出现在基底膜的不同位置上。频率较低时,基底膜振动的幅度峰值出现在基底膜的顶部附近;相反,频率较高时,基底膜振动的幅度峰值出现在基底膜的基部附近(靠近镫骨)。如果信号是一个多频率信号,则产生的行波将沿着基底膜在不同的位置产生最大的幅度如图 2.7 所示。从这个意义上讲,耳蜗就像一个频谱分析仪,将复杂的信号分解成各种频率分量。

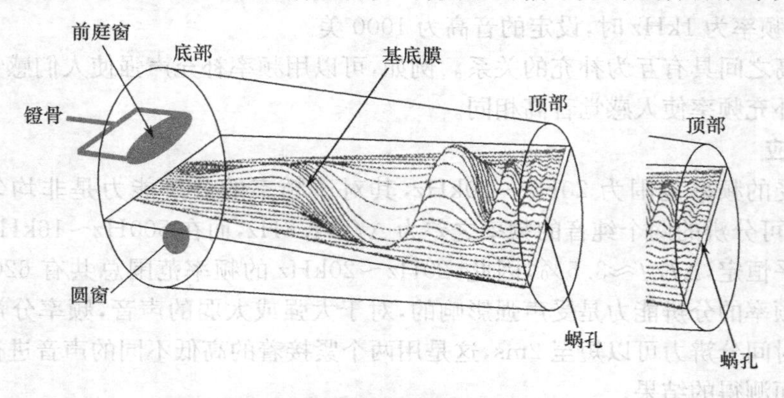

图 2.6 耳蜗内流体波的简单表示

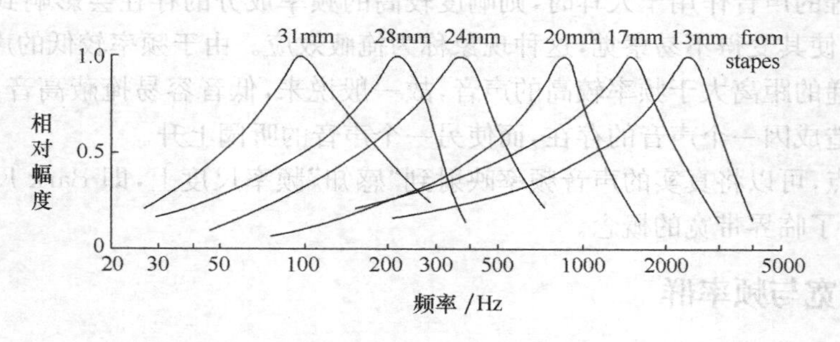

图 2.7 基底膜上 6 个不同点的频率响应

基底膜的振动引起毛细胞的运动,使得毛细胞上的绒毛发生弯曲。绒毛向一个方向的弯曲会使细胞产生去极化,即开启离子通道产生向内的离子流,从而使传入神经开放增加。而绒毛向另一个方向弯曲时,则会引起毛细胞的超极化,即增加细胞膜电位,从而导致抑制效应。因此,内毛细胞对于流体运动速度而言,就像一个自动回零的半波整流器。在基底膜不同部位的毛细胞具有不同的电学与力学特征。在耳蜗的基部,基底膜宽而柔和,毛细胞及其绒毛也较长而柔和。正是由于这种结构上的差异,因此它们具有不同的机械谐振特性和电谐振特性。有学者认为这种差异可能是确定频率选择性的最重要的因素。外毛细胞可在中枢神经系统的控制下调节科尔蒂器官的力学特性,内毛细胞则负责声音检测并激励传入神经发放,而内外毛细胞通过将其绒毛插入共同的耳蜗覆膜而耦合。这样,外毛细胞性质的变化可以调节内毛细胞的调谐,使整个耳蜗的动态功能处于大脑控制之下。

对于听神经如何表达声音信息,目前有两种流行的解释,一种是“发放率-位置表达”,另一种则是“时间-位置表达”，即听神经纤维与刺激同步发放。但这两种解释尚不能完满地解释对不同复杂声音刺激的神经响应，因此，对于听神经如何向上层传递声音信息的机理还是当前继续研究的课题。

2.2.5 语音信号听觉模型

听觉系统的研究主要集中在3个方面：听觉系统的实验研究、听觉系统的建模和听觉模型的应用。听觉系统的实验研究主要是指听觉系统在医学、生理学及心理学方面的研究。由于耳蜗深植于颅骨中，尺寸极小（如蜗管的直径只有1mm），所以耳蜗的实验研究是一项非常艰巨和复杂的工作。

耳蜗建模主要集中在基底膜的振动上，而耳蜗的听觉感受实际上是通过基底膜的振动和毛细胞的转换才能最后变成神经纤维的脉冲发放。然而，建立基底膜的振动模型是耳蜗建模的首要任务，它又被称为耳蜗的宏观力学模型。

目前工程上用得较多的是一种耳蜗的计算模型，它与数学模型不同，它主要是一种算法。其优点是：许多难以在数学模型中得以描述的听觉特性在计算模型中很容易表现出来，它是一种面向应用的耳蜗模型。这里介绍一种计算模型，是1982年由美国Fairchild人工智能研究室Lyon提出的，由3部分组成。第一部分是基底膜的振动模型，它由许多二阶网络组成的串、并联滤波器组构成。由滤波器的总输入到每个滤波器的输出，其传递函数为带通函数，且各相邻滤波器的频率特性高度重叠。这一部分的功能主要是将输入的声音信号在频域上分解，从而在某一部分滤波器的输出端可得到较高信噪比的被分解了的信号输出。第二部分是毛细胞模型，用一个半波整流器加上一个低通滤波器来模拟单个毛细胞的检测功能。半波整流器是用来模拟毛细胞的单向开关特性，由于所采用的是理想半波整流器，所以其后必须用一低通滤波器来消除整流后的高频分量。第三部分是神经纤维模型，这里认为耳蜗神经纤维具有非线性压缩特性，因此，用一种压缩网络模拟神经纤维的这一特点。整个模型共有64个通道，系统的输出是一种类似于语谱图的信号。由此得到了听觉模型常用结构图，如图2.8所示。

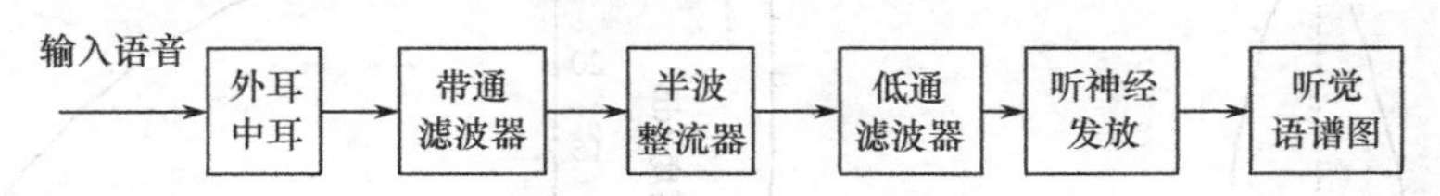

图2.8 语音信号听觉模型的一般原理框图

后来人们在这些模型的基础上不断改进，也提出了许多其他模型。但即便如此，到目前为止模拟人类的听觉系统仍然很困难，已知的机理知识仍不足以满足工程模型的细节建模要求。由于听觉模型通常包括多级非线性传输级，分析处理变得十分困难，而且大多数模型都依赖于实验数据。因此关于模拟人类的听觉模型进行语音信号的分析依然是一个研究的热点课题。

2.3 语音信号的线性模型

由2.2节介绍的发音机理和发声机理模型图可知，语音生成系统包含3部分：由声门产生的激励函数$G(z)$、由声道产生的调制函数$V(z)$和由嘴唇产生的辐射函数$R(z)$。语音生成系统的传递函数由这3个函数级联而成，即

$$H(z)=G(z)V(z)R(z) \tag{2.1}$$

下面我们将建立这3个函数的数学表达，从而建立起语音信号数字模型。

2.3.1 激励模型

发浊音时，由于声门不断开启和关闭，产生间隙的脉冲。经仪器测试它类似于斜三角形的脉冲。也就是说，这时的激励波是一个以基音周期为周期的斜三角脉冲串。

如图 2.9 所示为三角波及其频谱图，由程序 2.1 生成。单个三角波的数学表达式为

$$g(n)=\begin{cases}\frac{1}{2}\left[1-\cos\frac{n\pi}{N_1}\right] & 0\leqslant n\leqslant N_1\\ \cos\left[\frac{n-N_1}{2N_2}\pi\right] & N_1\leqslant n\leqslant N_1+N_2\\ 0 & \text{其他}\end{cases}\tag{2.2}$$

式中，N_1 为斜三角波的上升时间，N_2 为其下降时间，由图 2.9 可以看出单个斜三角波的频谱 $G(e^{j\omega})$ 表现出一个低通滤波器的特性。可以把它表示成 z 变换的全极点形式

$$G(z)=\frac{1}{(1-e^{-cT}\cdot z^{-1})^2}\tag{2.3}$$

式中，c 是一个常数，$T=N_1+N_2$。显然上式表示一个二极点模型。因此，作为激励的斜三角波串可以用一串加了权的单位脉冲序列去激励上述单位斜三角波模型实现。这个单位脉冲串和幅值因子可以表示成下面的 z 变换形式

$$E(z)=\frac{A_v}{1-z^{-1}}\tag{2.4}$$

所以整个激励模型可表示为

$$U(z)=\frac{A_v}{1-z^{-1}}\cdot\frac{1}{(1-e^{-cT}z^{-1})^2}\tag{2.5}$$

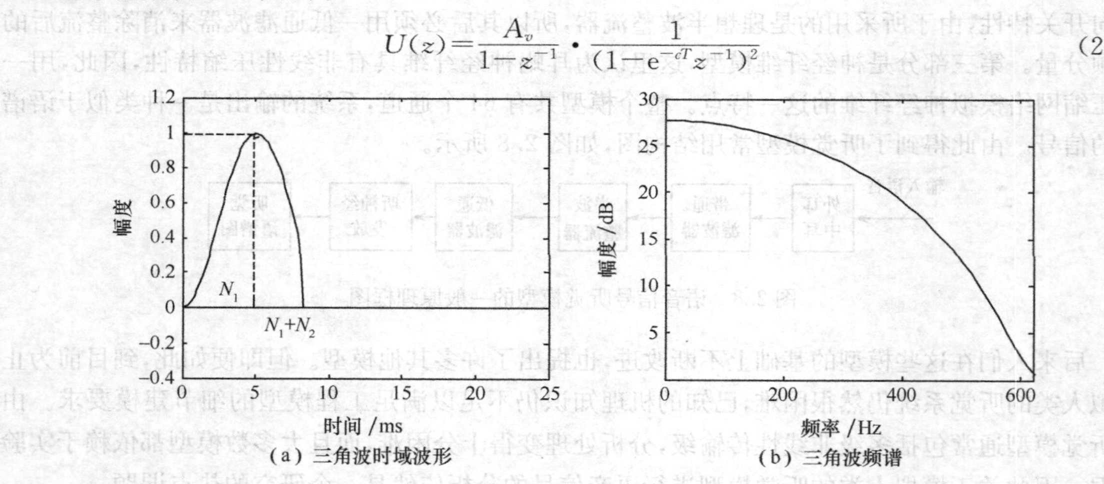

（a）三角波时域波形　（b）三角波频谱

图 2.9　三角波及其频谱图

在发清音的场合，声道被阻碍形成湍流，所以可以模拟成随机白噪声。

【程序 2.1】sanjiaobopinpu.m

```
%三角波及其频谱
n=linspace(0,25,125);
g=zeros(1,length(n));
i=0;
for i=0:40
    if n(i+1)<=5
        g(i+1)=0.5*(1-cos(n(i+1)*pi/5));
```

```
        else
            g(i+1)=cos((n(i+1)-5) * pi/8);
        end
    end
    figure(1)
    subplot(121)
    plot(n,g)
    xlabel('时间/ms')
    ylabel('幅度')
    gtext('N1')
    gtext('N1+N2')
    axis([0,25,-0.4,1.2])

    r=fft(g,1024);                       %对信号 g 进行 1024 点傅里叶变换
    r1=abs(r);                           %对 r 取绝对值 r1 表示频谱的幅度值
    yuanlai=20 * log10(r1);              %对幅值取对数
    signal(1:64)=yuanlai(1:64);          %取 64 个点,目的是画图的时候,维数一致
    pinlv=(0:1:63) * 8000/512;           %点和频率的对应关系
    subplot(122)
    plot(pinlv,signal);
    xlabel('频率/Hz')
    ylabel('幅度/dB')
    axis([0,620,0,30])
```

2.3.2 声道模型

典型的声道模型有两种,即无损声管模型和共振峰模型。通过两种方法得到的数字模型本质上没有区别。无损声管模型比较复杂,故本节只介绍共振峰模型,关于无损声管模型可参考其他书籍。

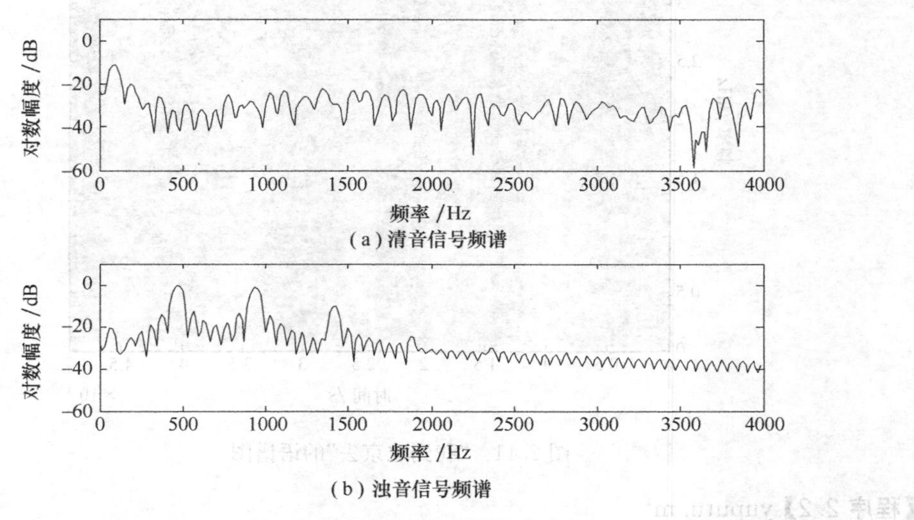

图 2.10　语音信号的频谱

当声波通过声道时,受到声腔共振的影响,在某些频率附近形成谐振。反映在信号频谱图上,在谐振频率处其谱线包络产生峰值,一般把它称做共振峰,如图 2.10 所示。图 2.10(a)为清音的频谱图;图 2.10(b)为浊音的频谱图,具有明显的峰起,即为共振峰,一般元音可以有 3～5

个共振峰。

从物理声学可以容易推导出均匀断面的共振峰频率。例如,对成人声道 $L=17\text{cm}$ 长,其共振频率计算公式为:$F_i=c(2i-1)/4L\ i=1,2,3,\cdots,i$ 是共振频率的序号,$c=340\text{m/s}$ 为声速。按此算出前 3 个共振频率为:$F_1=500\text{Hz}$,$F_2=1500\text{Hz}$,$F_3=2500\text{Hz}$。由于发音时,声道的形状很少是均匀断面的。因此必须通过语音信号来计算共振峰。

一个二阶谐振器的传输函数可以写成

$$V_i(z)=\frac{A_i}{1-B_iz^{-1}-C_iz^{-2}} \tag{2.6}$$

实践表明,用前 3 个共振峰代表一个元音足够了。对于较复杂的辅音或鼻音共振峰的个数要到 5 个以上。多个 V_i 叠加可以得到声道的共振峰模型为

$$V(z)=\sum_{i=1}^{M}V_i(z)=\sum_{i=1}^{M}\frac{A_i}{1-B_iz^{-1}-C_iz^{-2}}=\frac{\sum_{r=0}^{R}b_iz^{-r}}{1-\sum_{k=1}^{N}a_kz^{-k}} \tag{2.7}$$

通常 $N>R$,且分子与分母无公共因子及分母无重根。可见,声道模型的传递函数是一个零极点模型,即 ARMA 过程。

语音信号随时间变化的频谱特性可以用语谱图直观地表示。语谱图的纵轴对应于频率,横轴对应于时间,而图像的黑白度对应于信号的能量。所以,声道的谐振频率在图上就表示成为黑带,浊音部分则以出现条纹图形为其特征,这是因为此时的时域波形有周期性,而在浊音的时间间隔内图形显得很致密。图 2.11 为"我到北京去"的语谱图,程序 2.2 为其 MATLAB 仿真实现。

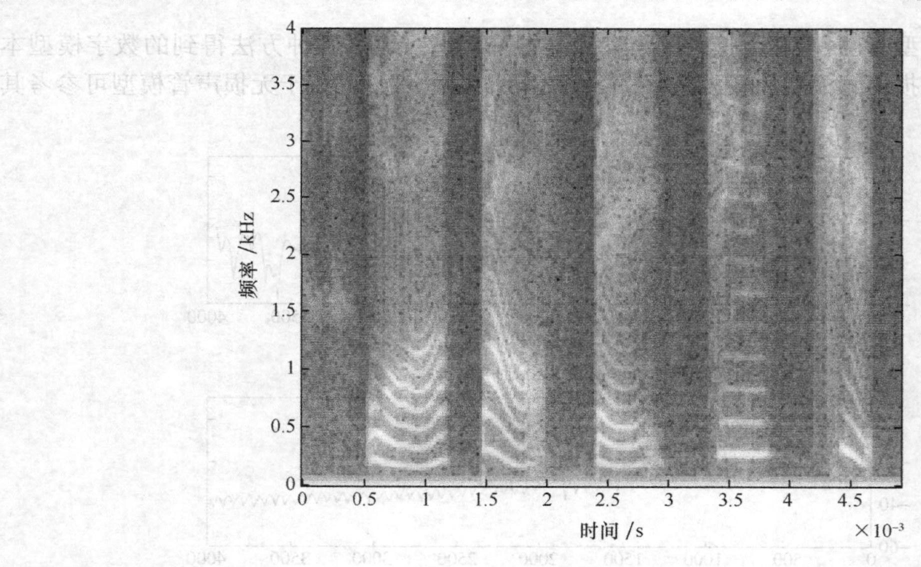

图 2.11 "我到北京去"的语谱图

【程序 2.2】yuputu. m

```
clear all;
[x,sr]=wavread('Beijing. wav');          %sr 为采样频率
if (size(x,1)>size(x,2))                 %size(x,1)为 x 的行数,size(x,2)为 x 的列数
    x=x';
end
s=length(x);
```

```
w=round(44 * sr/1000);                    %窗长,取离 44 * sr/100 最近的整数
n=w;                                      %fft 的点数
ov=w/2;                                   %50%的重叠
h=w-ov;
% win=hanning(n)';                        %汉宁窗
win=hamming(n)';                          %汉明窗
c=1;
ncols=1+fix((s-n)/h);                     %fix 函数是将(s-n)/h 的小数舍去
d=zeros((1+n/2),ncols);
for b=0:h:(s-n)
    u=win. * x((b+1):(b+n));
    t=fft(u);
    d(:,c)=t(1:(1+n/2))';
    c=c+1;
end
tt=[0:h:(s-n)]/sr;
ff=[0:(n/2)] * sr/n;
imagesc(tt/1000,ff/1000,20 * log10(abs(d)));
colormap(gray);
axis xy
xlabel('时间/s');
ylabel('频率/kHz');
```

2.3.3 辐射模型

从声道模型输出的是速度波,而语音信号是声压波。二者倒比称为辐射阻抗 Z_l,它表征口唇的辐射效应。如果认为口唇张开的面积远远小于头部的表面积,利用单板开槽辐射的处理方法,可以得到辐射阻抗

$$Z_l(\Omega)=\frac{\mathrm{j}\Omega L_r R_r}{R_r+\mathrm{j}\Omega L_r}=R_0(1-z^{-1}) \tag{2.8}$$

式中

$$R_r=\frac{128}{9\pi^2},\quad L_r=\frac{8a}{3\pi c} \tag{2.9}$$

这里 a 是口唇张开的半径,c 是声波传播速度。由辐射引起的能量损耗正比于辐射阻抗的实部,其频响曲线表现出一阶高通滤波器的特性。在实际信号分析时,常用所谓预加重技术,即在取样之后加入一个一阶高通滤波器。这样,模型只剩下声道部分,对参数分析就方便了。在语音合成时再进行解加重处理。常用的预加重因子为$\left[1-\frac{R(1)}{R(0)}z^{-1}\right]$,这里 $R(n)$是信号 $s(n)$的自相关函数,对浊音 $R(1)/R(0)\approx 1$,对清音该值可取得很小。

2.3.4 语音信号数字模型

前面我们分别得到了语音信号激励模型 $G(z)$,辐射模型 $R(z)$和声道模型 $V(z)$,并且知道它们的级联组合形式为 ARMA 模型。这说明语音信号数字模型的传递函数为

$$H(z)=G(z)V(z)R(z)=\frac{\sum_{i=0}^{M}b_i z^{-i}}{\sum_{j=0}^{N}a_j z^{-j}} \tag{2.10}$$

一般情况下，极点个数取 8～12 个，零点个数取 3～5 个，在采样率为 8kHz 或 10kHz 时，$H(z)$在 10～20ms 范围内可以很好地反映语音信号的特征。

根据随机过程理论，一个零点可以用若干极点来近似。因此，适当选取极点个数 p，可以用全极点模型即 AR(p)过程来表达语音信号

$$H(z)=\frac{G}{1-\sum_{i=1}^{p}a_i z^{-i}} \tag{2.11}$$

在早期 LPC 二元激励模型下，极点个数 p 一般选为 10。对于延时较短或采用后向滤波时，对模型要求较严，必须加入零点或增加极点个数。实际上，对于男声来说，取 20 个极点已经足够了，考虑女声后，阶数可以加大到 30 阶。语音信号产生的二元激励模型如图 2.12 所示。

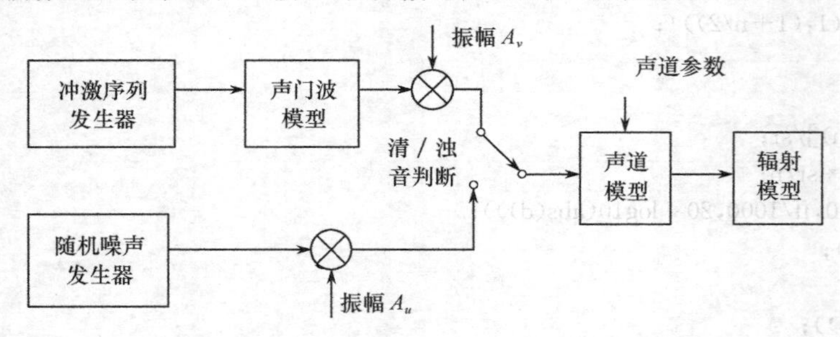

图 2.12　语音信号产生的二元激励模型

声道的传输函数具有全极点的性质，这对于元音和大多数辅音来说是比较符合实际的，但对于鼻音和阻塞音来说，由于出现了零点，这种模型就不够准确了。

一种解决问题的方案是在 $V(z)$中引入若干零点，但这将使模型复杂化；另一种方案是适当提高阶数 p，使得全极点模型能更好地逼近具有此种零点的传输函数。数字模型的基本思想是认为任何语音都是由一个适当的激励源作用于声道而产生的，这意味着激励源与声道系统是互相独立的。上述假定对于大多数语音是合适的，但在有些情况下，例如某些瞬变音，实际上声门和声道是互相耦合的，这便形成了这些语音的非线性特性。

并非任何语音都能够明显地按清音和浊音来划分，有的音甚至也不是清音和浊音的简单叠加。这种将语音信号截然分为周期脉冲激励和噪声激励两种情况的“二元激励”法在高质语音的合成中是不适用的。但二元激励模型，由于其简单性，在早期的语音信号处理研究中使用了许多年。直到 20 世纪 80 年代中期开始，新的激励模型才开始取代二元激励模型。

20 世纪 80 年代中期，人们开始在一个基音周期内采用多个脉冲来构造激励模型。新的激励方法本质上可以归结为存储器模型。就是说将可能的各种激励预先放在存储器内，通过某种判据决定哪一种激励是当前信号的最佳激励，并把这个最佳激励的存储地址作为激励的表征。例如，码激励模型或矢量激励模型等，存储器内容随时间变化的部分称为自适应码书。自适应码书的搜索等价于基音检测。

2.4　语音信号的非线性模型

传统的语音信号处理中，主要采用线性自回归模型来描述语音信号。事实上，语音信号的产生是一个非线性过程，其中存在着混沌的机制，其表现形式包括：发浊音时，声门处的非线性振动，形成非线性振荡声门波；发清音时，受声道挤压约束的气流处于湍流状态，而湍流本身是已经被证明

了的非线性混沌形象;同时,在声音的传播过程中,由于声道的截面既是随传播距离变化的,也是时变的,声道壁也是非线性的。此外,20 世纪 80 年代,Teager 等人研究发现语音的产生是涡流与平面波共同形成的,是非线性的。基于上述的这些非线性现象,仅用线性模型来描述语音信号在理论上是不合适的,必须提出一个更精确的模型来描述语音信号的产生过程。随着非线性理论的发展,以及小波、混沌、分形和神经网络等非线性技术在语音信号处理中的成功应用,都为语音信号非线性特性的研究提供了理论基础。本节将详细介绍语音信号的几种非线性模型。

2.4.1 线性模型局限性

早期的语音信号处理方法大多是基于语音信号具有短时平稳性理论,当语音信号分帧处理足够小时,语音信号可以当作近似线性信号来处理。通常,基于确定性线性系统理论的短时处理技术分为时域和频域两种。在时域内,包括短时能量、短时平均过零率及短时自相关函数等计算;在频域内,包括短时频谱分析、倒谱技术、同态处理等。虽然这些分析方法得到了广泛的应用,但同时也存在着很大的局限性,主要表现在语音编码、语音识别等方面的性能难以进一步提高。

2.4.2 几种非线性模型

1. 调频-调幅模型

调频-调幅模型的依据是语音由声道共振产生的理论。在这个模型中,语音信号中的单个共振峰的输出,相当于以该共振峰频率为载波频率进行频率调制和幅值调制的结果,进一步假定语音信号是由若干个共振峰经过这样调制结果叠加而成的。这样,就可以用能量分离算法将每个共振峰相对应的瞬时频率从语音信号中分离出来。利用这个瞬时频率,就可以得到描述语音信号特性的特征。

在调频一调幅模型中,假定语音信号是由若干个共振峰的幅值调制和频率调制叠加的结果。对于一个载波频率为 f_c,频率调制信号为 $q(t)$,由 $a(t)$来控制幅值的调制信号可以表示为

$$r(t)=a(t)\cos(2\pi\left[f_c t+\int_0^t q(\tau)\mathrm{d}\tau\right]+\theta) \tag{2.12}$$

这里的载波频率与每个共振峰频率对应,$2\pi\left[f_c t+\int_0^t q(\tau)\mathrm{d}\tau\right]+\theta$ 为 t 时刻的瞬时相位。可以将瞬时频率定义为瞬时相位的变化率,即 $f(t)=f_c+q(t)$,反映了在载波频率附近的频率是按照频率调制信号来变化的。这样可以将语音信号看作由若干个共振峰调制信号叠加而成的,可以表示为

$$v(t)=\sum_{k=1}^{K}r_k(t) \tag{2.13}$$

式中,K 为总的共振峰数目,$r_k(t)$ 为用第 k 个共振峰作为载波频率调制和幅度调制后的信号。

2. Teager 能量算子

Teager 能量算子在连续域和离散域中有两种形式。连续域中,这个算子可以表示为信号 $v(t)$ 的一阶和二阶导数的函数。对于有限连续信号 $v(t)$,$v(t)=\mathrm{d}v/\mathrm{d}t$,Teager 能量算子可以表示为

$$\Psi_{\mathrm{d}}[v(t)]=v^2(t)-v(t+1)*v(t-1) \tag{2.14}$$

对于有限离散信号 $v(n)$,Teager 能量算子可以近似表示为

$$\Psi_{\mathrm{d}}[v(n)]=v^2(n)-v(n+1)*v(n-1) \tag{2.15}$$

设宽带稳态随机信号为 $v(n)$,其方差为

$$E\{\Psi[v(n)]\} = E\{v^2(n)\} - E\{v(n+1) * v(n-1)\} \tag{2.16}$$

或

$$E\{\Psi[v(n)]\} = R_v(0) - R_v(2) \tag{2.17}$$

式(2.17)中，$R_v(k)$ 是 $v(n)$ 的自相关函数。

在有噪声的语音信号中，带噪语音信号 $v(n)$ 为纯语音信号 $s(n)$ 与噪声（零均值加性噪声）$w(n)$ 之和，则其 Teager 能量算子为

$$\Psi[v(n)] = \Psi[s(n)] + \Psi[w(n)] + 2\Psi[s(n), w(n)] \tag{2.18}$$

式中，$\Psi[s(n), w(n)]$ 是 $s(n)$ 与 $w(n)$ 的互 Teager 能量，为

$$\Psi[s(n), w(n)] = s(n)w(n) - 0.5s(n-1)w(n+1) - 0.5s(n+1)w(n-1) \tag{2.19}$$

因为 $s(n)$ 与 $w(n)$ 相互独立且均值为零，故 $\Psi[s(n), w(n)]$ 的期望值为零，可以推导出

$$E\{\Psi[v(n)]\} = E\{\Psi[s(n)]\} - E\{\Psi[w(n)]\} \tag{2.20}$$

式(2.20)中，$E\{\Psi[w(n)]\}$ 相对于 $E\{\Psi[s(n)]\}$ 可以忽略不计，则可以得到

$$E\{\Psi[v(n)]\} \approx E\{\Psi[s(n)]\} \tag{2.21}$$

最后，Teager 能量算子在离散域的表示形式为

$$\Psi[x(n)] = x^2(n) - x(n-1)x(n+1) \tag{2.22}$$

其中，$x(n)$、$x(n-1)$、$x(n+1)$ 分别是当前样点、前一个样点和下一个样点值。从式(2.22)可以看出，计算能量算子在第 n 点处的输出值，只需知道该样点和它前后时刻的值，计算量小的同时也保证了能量算子输出后的信号依然与原始信号具有相似性。此外，从上面的推导还可以得出，Teager 能量算子具有消除零均值噪声和语音增强的能力。

3. 能量分离法

能量分离算法(Energy Separation Algorithm，ESA)使用非线性能量算子跟踪语音信号，将只包含单个共振峰的语音信号分离成频率分量和幅值分量。其中，单个共振峰的调制信号表示为

$$r(n) = a(n)\cos[\phi(n)] = a(n)\cos\left(f_c(n) + \int_0^n q(k)\,\mathrm{d}k + \theta\right) \tag{2.23}$$

其中瞬时频率为 $f(n) = f_c + q(n)$，表示在中心频率 f_c 附近按照调制信号频率 $q(n)$ 来变化的频率。对这样的信号进行能量算子操作可得

$$\psi[r(n)] = |a(n)|^2 \sin^2(f(n)) \approx |a(n)|^2 f^2(n) \tag{2.24}$$

从式(2.24)可以看出，$r(n)$的能量算子输出由两部分组成：一是频率调制后的瞬时频率；二是幅值调制后的幅值包络。这个结果显示了该算子的能量跟踪能力，因此将该算子称为能量算子。可以看出，$r(n)$的能量算子是幅值包络$|a(n)|$和瞬时频率 $f(n)$构成的函数，可以反映出幅值与频率的变化。当幅值包络不变时，信号的能量算子就可以反映出频率的变化。

上述 3 种语音非线性产生模型中，语音信号的能量算子输出都是幅值包络与瞬时频率的函数，因此根据这两个输出可以分别求出瞬时频率和幅值包络，构建语音非线性模型。

2.4.3 非线性动力学模型

非线性动力学理论是解决语音非线性建模问题的新理论，基本思想是依据语音信号的混沌特性及非线性时间序列分析技术，从定量的角度对语音的非线性动力学特性进行研究。非线性时间序列分析方法大致可以分为两步：①对一维语音数字信号数据序列进行空间重构，将一维时间序列映射到高维空间中。这是因为混沌是不能存在于单变量的相空间，只有把单变量的时间序列经过相空间重构张开到三维或其以上的相空间中去，才能把混沌时间序列中的多维动力学信息充分提取出来。②对重构后的语音信号进行特性分析。语音信号非线性动力学模型首先将语音信号看作一维时间序列[$x(1), x(2), \cdots, x(N)$]进行处理。Taken's 嵌入定理指出：选取合

适的最小延迟时间 τ 和嵌入维数 m，就可以将一维语音信号映射到高维空间实现相空间重构，且重构后高维空间与原始空间等价。重构后的语音信号变为 $\boldsymbol{X}_i=[x(i),x(i+1),\cdots,x(i+(m-1)\times t)]$，$i=1,2,\cdots,N-(m-1)\tau$。在高维空间里分析语音信号，进一步提取语音动力学模型下的非线性特征。

下面介绍计算最小延迟时间 τ 和嵌入维数 m 的方法。本书采用经典的 C-C 方法计算上述两个参数。该 C-C 方法计算量小、对小数据组可靠且具有较强的抗噪声能力，可以在计算最小延迟时间的同时得到相对应的嵌入维数，便于实现一维语音信号的相空间重构，计算方法如下。

① 将时间序列 $\{X_i,i=1,2,\cdots,N\}$ 分成 t 个不相交的时间序列，每个子序列的长度为 $\frac{N}{t}$，形式为 $\{(X_i,X_{i+t},X_{2i+t},\cdots\},i=1,2,\cdots,t\}$。

② 定义每个子序列 $S_{(m,N,r,t)}$ 为

$$S_{(m,N,r,t)}=\frac{1}{t}\sum_{s=1}^{t}[C(m,r)-C(1,r)] \tag{2.25}$$

其中，$C(m,r)$ 为关联积分函数。

③ 计算以下 3 个量

$$S_t=\frac{1}{16}\sum_{m=2}^{5}\sum_{j=1}^{4}S(m,N,r_j,t) \tag{2.26}$$

$$\Delta S_t=\frac{1}{4}\sum_{m=2}^{5}\Delta S_{(m,N,t)} \tag{2.27}$$

$$S_{\text{cor}}(t)=\Delta S_t+|S_t| \tag{2.28}$$

其中 $\Delta S_{(m,N,t)}=\max S(m,N,r_j,t)-\min S(m,N,r_j,t),r_j=\frac{j\sigma}{2}$，$\sigma$ 为时间序列的标准方差。根据上面式子，我们寻找 S_t 的第一个零点，或根据 ΔS_t 第一个极小值寻找时间延迟 τ；寻找 $S_{\text{cor}}(t)$ 最小值即为窗口延迟时间 τ_w，由 $\tau_w=(m-1)*\tau$ 得到嵌入维数 $m=\frac{\tau_w}{\tau}+1$。

2.4.4 非线性模型在语音信号处理中的应用及 MATLAB 实现

本实验所用的语音样本来自柏林语音库，采样率为 16kHz。程序 2.3 实现的是将该语音样本从二维空间中映射到高维空间的过程，实现相空间重构。

【程序 2.3】yingshe. m

```
clear all;
[data,fs,nbits]=wavread('btest.wav');                %读入 btest 语音
N=length (data);
max_d=10;                                            %延迟时间最大值
sigma=std(data);
for t=1:max_d
s_t=0; delt_s_s=0;
for m=2:5
s_t1=0;
for j=1:4
r=sigma*j/2;
data_d=disjoint (data,N,t);                          %将时间序列分解成 t 个不相交的时间序列
[11,N_d]=size (data_d);
s_t3=0;
for i=1:t
Y=data_d(i,:);
C_1(i)=correlation_integral (Y,N_d,r);               %计算关联积分
```

```
X=reconstitution(Y,N_d,m,t);                              %相空间重构
N_r=N_d-(m-1)*t;
C_I(i)=correlation_integral(X,N_r,r);                     %计算 C_I(m,N_r,r,t)
s_t3=s_t3+(C_I(i)-C_1(i)^m);                              %对 t 个不相关的时间序列求和
end
s_t2(j)=s_t3/t;
s_t1=s_t1+s_t2(j);
end
delt_s_m(m)=max(s_t2)-min(s_t2);                          %求 delt_S(m,t)
delt_s_s=delt_s_s+delt_s_m(m);                            %delt_S(m,t)对 m 求和
s_t0(m)=s_t1;
s_t=s_t+s_t0(m);                                          %S 对 m 求和
end
s(t)=s_t/16;
delt_s(t)=delt_s_s/4;
s_cor(t)=delt_s(t)+abs(s(t));
end
t=1:max_d;
for i=1:length(s_cor(t))
if s_cor(i)==min(s_cor)
tw=i;
break;
end
end
for i=2:length(delt_s(t))-1
if delt_s(i)<delt_s(i-1)&delt_s(i)<delt_s(i+1)
tau=i;
break;
end
end
figure(1);
subplot(2,1,1);
plot(t,delt_s,''r.');
xlabel('t');
ylabel('delt_s');
subplot(2,1,2);
plot(t,s_cor,'*');
xlabel('t');
ylabel('s_cor');
m=round(tw/tau+1);
X=reconstitution(data,N,3,tau);
subplot(2,1,1)
plot(data)
xlabel('样点数'), ylabel('幅度');
x=X(1,:);y=X(2,:);z=X(3,:);
subplot(2,1,2);
plot3(x,y,z);
xlabel('data(n)'), ylabel('data(n+\tau)');zlabel('data(n+2\tau)');
axis([-0.1 0.1 -0.1 0.1 -0.1 0.1]);
```

其中,disjoint()为分解时间序列函数,correlation_integra()为关联积分函数,reconstitution()为相空间重构函数,其 MATLAB 程序分别如下:

```
% disjoint.m
function data_d=disjoint(data,N,t)
for i=1:t
for j=1:(N/t)
data_d(i,j)=data(i+(j-1)*t);
end
end
% correlation_integra.m
function C_I=correlation_integral(X,M,r)
sum_H=0;
for i=1:M
for j=i+1:M
d=norm((X(:,i)-X(:,j)),inf);                    %计算相空间中两点距离
sita=heaviside(r,d);
sum_H=sum_H+sita;
end
end
C_I=2*sum_H/(M*(M-1));
% reconstitution.m
function X=reconstitution(data,N,m,tau)
M=N-(m-1)*tau;
X=zeros(m,M);
for j=1:M
for i=1:m
X(i,j)=data((i-1)*tau+j);
end
end
% heaviside.m
function sita=heaviside(r,d)
if (r-d)<0
    sita=0;
else sita=1;
end
```

程序运行结果如图 2.13 所示。

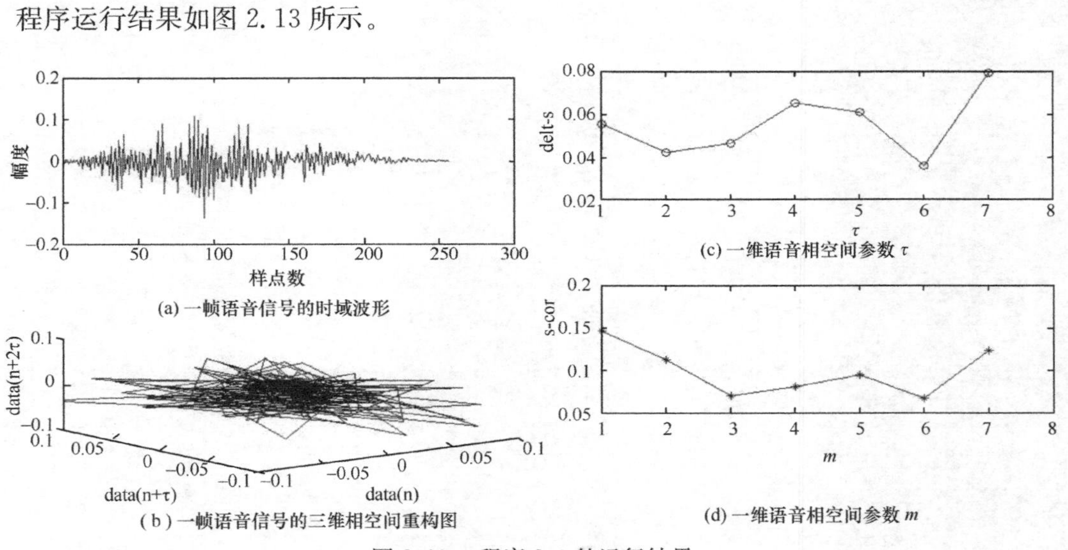

图 2.13　程序 2.3 的运行结果

习　题　2

2.1　分别给出响度、音高、掩蔽效应、临界带宽与频率群的定义。

2.2　写出声道共振峰模型传递函数的表示式，并根据共振峰模型传递函数的表示式计算语音信号前3个共振峰对应的频率。

2.3　解释用全极点二元激励模型作为语音产生模型的局限性，并找出解决的方法。

2.4　简述语音信号的非线性动力学特性原理。

2.5　试证明：若 $a<1$，则

$$1-az^{-1}=\frac{1}{\sum_{n=0}^{\infty}a^{n}z^{-n}}$$

因而可以用多个极点的办法按要求精确地逼近一个零点。

2.6　如果声门脉冲的近似表达式为

$$g(n)=\begin{cases}na^{n}, & n\geqslant 0\\ 0, & n\leqslant 0\end{cases}$$

(1)求出 $g(n)$ 的 Z 变换。

(2)用 MATLAB 画出 ω 函数的傅里叶变换 $G(\mathrm{e}^{\mathrm{j}\omega})$。

(3)说明如何选择 a 才能使

$$20\log_{10}|G(\mathrm{e}^{\mathrm{j}0})|-20\log_{10}|G(\mathrm{e}^{\mathrm{j}\pi})|=60\mathrm{dB}$$

第3章　语音信号的短时时域分析

语音信号是一种非平稳的时变信号，它携带着各种信息。在语音编码、语音合成、语音识别和语音增强等语音处理中都需要提取语音中包含的各种信息。一般而言语音处理的目的有两种：一种是对语音信号进行分析，提取特征参数，用于后续处理；另一种是加工语音信号，例如在语音增强中对含噪语音进行背景噪声抑制，以获得相对“干净”的语音；在语音合成中需要对分段语音进行拼接平滑，获得主观音质较高的合成语音，这方面的应用同样是建立在分析并提取语音信号信息的基础上的。总之，语音信号分析的目的就在于方便有效地提取并表示语音信号所携带的信息。

根据所分析的参数类型，语音信号分析可以分成时域分析和变换域（频域、倒谱域）分析。其中时域分析方法是最简单、最直观的方法，它直接对语音信号的时域波形进行分析，提取的特征参数主要有语音的短时能量和平均幅度、短时平均过零率、短时自相关函数和短时平均幅度差函数等。本章将介绍这几种时域参数，以及它们在语音信号处理的端点检测和基音周期估值中的应用。

3.1　语音信号的预处理

实际的语音信号是模拟信号，因此在对语音信号进行数字处理之前，首先要将模拟语音信号 $s(t)$ 以采样周期 T 采样，将其离散化为 $s(n)$，采样周期的选取应根据模拟语音信号的带宽（依奈奎斯特采样定理）来确定，以避免信号的频域混叠失真。在对离散后的语音信号进行量化处理过程中会带来一定的量化噪声和失真。实际中获得数字语音的途径一般有两种，正式的和非正式的。正式的是指大公司或语音研究机构发布的被大家认可的语音数据库，非正式的则是研究者个人用录音软件或硬件电路加麦克风随时随地录制的一些发音或语句。通常作为初学者，可使用多媒体计算机，安装相关的音频处理软件即可获得语音数据文件。语音信号的频率范围通常是 300～3400Hz，一般情况下取采样率为 8kHz 即可。本书的数字语音处理对象为语音数据文件，是已经数字化了的语音。

有了语音数据文件后，对语音的预处理包括：预加重和加窗分帧等。

3.1.1　语音信号的预加重处理

对输入的数字语音信号进行预加重，其目的是为了对语音的高频部分进行加重，去除口唇辐射的影响，增加语音的高频分辨率。一般通过传递函数为 $H(z)=1-\alpha z^{-1}$ 的一阶 FIR 高通数字滤波器来实现预加重，其中 α 为预加重系数，$0.9<\alpha<1.0$。设 n 时刻的语音采样值为 $x(n)$，经过预加重处理后的结果为 $y(n)=x(n)-\alpha x(n-1)$，这里取 $\alpha=0.98$。图 3.1 为该高通滤波器的幅频特性和相频特性。图 3.2 中分别给出了预加重前和预加重后的一段浊音信号及频谱，可以看出，预加重后的频谱在高频部分的幅度得到了提升。程序 3.1 为实现高频提升的 MATLAB 程序。

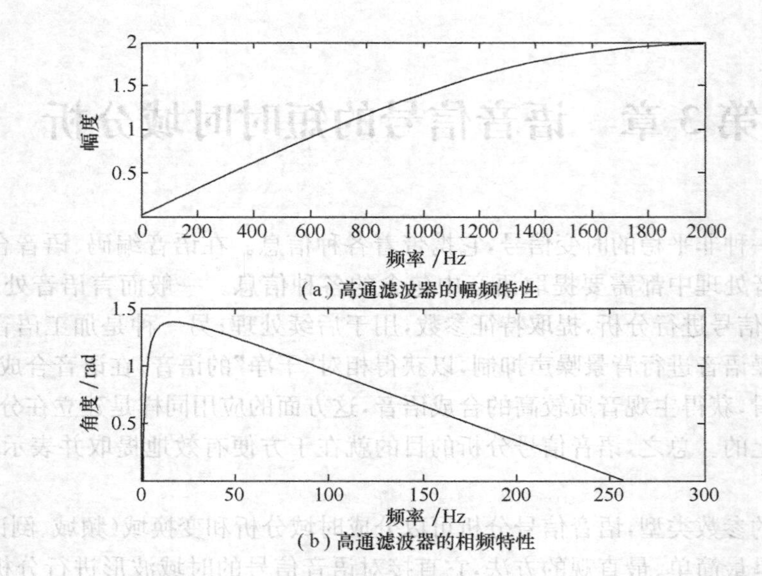

图 3.1　预加重滤波器的幅频特性和相频特性

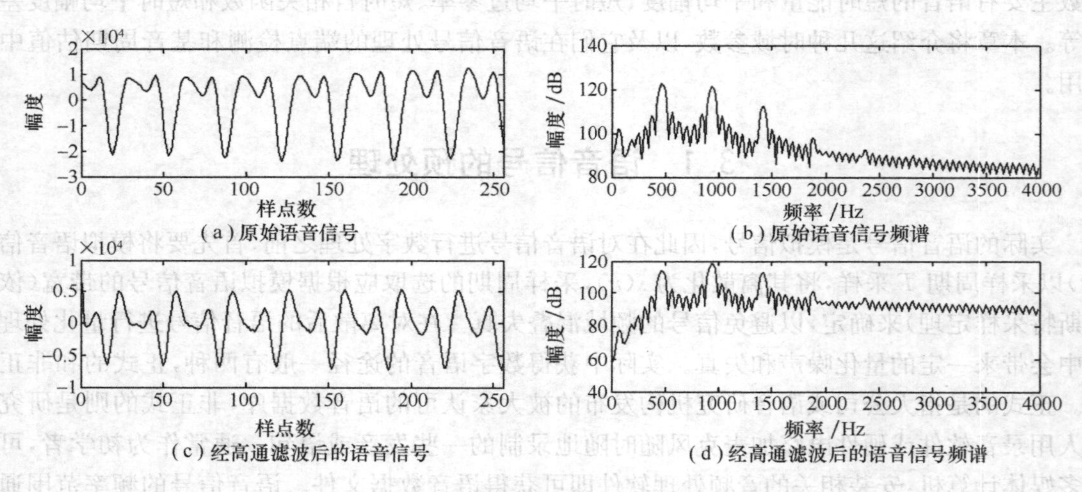

图 3.2　预加重前和预加重后的一段浊音信号及频谱

【程序 3.1】gaopintisheng.m

```
fid=fopen('voice2.txt','rt')                       %打开文件
e=fscanf(fid,'%f');                                 %读数据
ee=e(200:455);                                      %选取原始文件 e 的第 200～455 点的语音,
                                                    %也可选其他样点
r=fft(ee,1024);                                     %对信号 ee 进行 1024 点傅里叶变换
r1=abs(r);                                          %对 r 取绝对值 r1 表示频谱的幅度值
pinlv=(0:1:255)*8000/512                            %点和频率的对应关系
yuanlai=20*log10(r1)                                %对幅值取对数
signal(1:256)=yuanlai(1:256);                       %取 256 个点,目的是画图的时候,维数一致
[h1,f1]=freqz([1,-0.98],[1],256,4000);              %高通滤波器
pha=angle(h1);                                      %高通滤波器的相位
H1=abs(h1);                                         %高通滤波器的幅值
r2(1:256)=r(1:256)
u=r2.*h1'                                           % 将信号频域与高通滤波器频域相乘相当于在时域
                                                      的卷积
```

```
u2=abs(u)                                          %取幅度绝对值
u3=20 * log10(u2)                                  %对幅值取对数
un=filter([1,-0.98],[1],ee)                        %un为经过高频提升后的时域信号
figure(1);subplot(211);
plot(f1,H1);
xlabel('频率/Hz');ylabel('幅度');
subplot(212);plot(pha);
xlabel('频率/Hz');ylabel('幅度/dB');
figure(2);subplot(211);plot(ee);
xlabel('样点数');ylabel('幅度');
axis([0 256 -3 * 10^4 2 * 10^4]);
subplot(212);plot(real(un));
axis([0 256 -1 * 10^4 1 * 10^4]);
xlabel('样点数');ylabel('幅度');
figure(3);subplot(211);plot(pinlv,signal);
xlabel('频率/Hz');ylabel('幅度/dB');
subplot(212);plot(pinlv,u3);
xlabel('频率/Hz');ylabel('幅度/dB');
```

3.1.2 语音信号的加窗处理

进行预加重数字滤波处理后，接下来进行加窗分帧处理。语音信号是一种随时间而变化的信号，主要分为浊音和清音两大类。浊音的基音周期、清浊音信号幅度和声道参数等都随时间而缓慢变化。由于发声器官的惯性运动，可以认为在一小段时间里（一般为10～30ms）语音信号近似不变，即语音信号具有短时平稳性。这样，可以把语音信号分为一些短段（称为分析帧）来进行处理。语音信号的分帧是采用可移动的有限长度窗口进行加权的方法来实现的。一般每秒的帧数为33～100帧，视实际情况而定。分帧虽然可以采用连续分段的方法，但一般要采用图3.3所示的交叠分段的方法，这是为了使帧与帧之间平滑过渡，保持其连续性。前一帧和后一帧的交叠部分称为帧移，帧移与帧长的比值一般取为0～1/2，图3.3给出了帧移与帧长示意图。

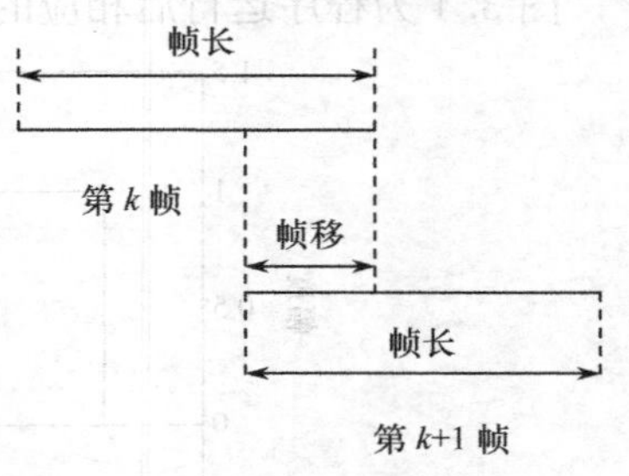

图3.3 语音信号分帧

常用的窗有两种，一种是矩形窗，窗函数为

$$w(n)=\begin{cases}1, & 0\leqslant n\leqslant N-1\\ 0, & \text{其他}\end{cases} \tag{3.1}$$

另一种是汉明(Hamming)窗，窗函数为

$$w(n)=\begin{cases}0.54-0.46\cos[2\pi n/(N-1)], & 0\leqslant n\leqslant N\\ 0, & \text{其他}\end{cases} \tag{3.2}$$

这两种窗的时域和频域波形可用MATLAB程序实现，程序3.2为矩形窗及其频谱的MATLAB程序，程序3.3为汉明窗及其频谱的MATLAB程序。

1. 矩形窗时域和频域波形，窗长 $N=61$

【程序3.2】juxing.m

```
x=linspace(0,100,10001);                %在0～100的横坐标间取10001个值
h=zeros(10001,1);                       %为矩阵h赋0值
```

```
h(1:2001)=0;                          %前 2000 个值取为 0 值
h(2002:8003)=1;                       %窗长,窗内值取为 1
h(8004:10001)=0;                      %后 2000 个值取为 0 值
figure(1);                            %定义图号
subplot(1,2,1)                        %画第一个子图
plot(x,h,'k');                        %画波形,横坐标为 x,纵坐标为 h,k 表示黑色
xlabel('样点数');                      %横坐标名称
ylabel('幅度');                        %纵坐标名称
axis([0,100,-0.5,1.5])                %限定横、纵坐标范围
line([0,100],[0,0])                   %画出 x 轴
w1=linspace(0,61,61);                 %取窗长内的 61 个点
w1(1:61)=1;                           %赋值 1,相当于矩形窗
w2=fft(w1,1024);                      %对时域信号进行 1024 点的傅里叶变换
w3=w2/w2(1)                           %幅度归一化
w4=20*log10(abs(w3));                 %对归一化幅度取对数
w=2*[0:1023]/1024;                    %频率归一化
subplot(1,2,2);                       %画第二个子图
plot(w,w4,'k')                        %画幅度特性图
axis([0,1,-100,0])                    %限定横、纵坐标范围
xlabel('归一化频率 f/fs');              %横坐标名称
ylabel('幅度/dB');                     %纵坐标名称
```

图 3.4 为程序运行后相应的矩形窗时域波形和幅频特性图。

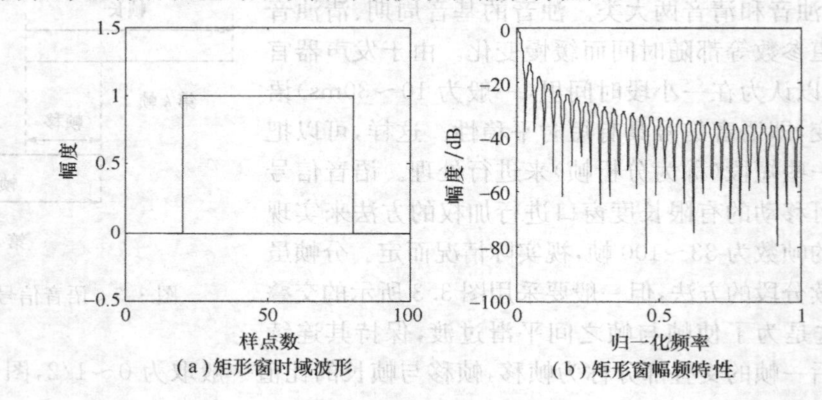

图 3.4 矩形窗及其频谱

2. 汉明(Hamming)窗时域和频域波形,窗长 $N=61$

【程序 3.3】hamming.m

```
x=linspace(20,80,61);                 %在 20～80 的横坐标间取 61 个值作为横坐标点
h=hamming(61);                        %取 61 个点的汉明窗值为纵坐标值
figure(1);                            %画图
subplot(1,2,1);                       %第一个子图
plot(x,h,'k');                        %横坐标为 x,纵坐标为 h,k 表示黑色
xlabel('样点数'); ylabel('幅度');       %横纵坐标名称
w1=linspace(0,61,61);                 %取窗长内的 61 个点
w1(1:61)=hamming(61);                 %加汉明窗
w2=fft(w1,1024);                      %对时域信号进行 1024 点傅里叶变换
w3=w2/w2(1);                          %幅度归一化
w4=20*log10(abs(w3))                  %对归一化幅度取对数
w=2*[0:1023]/1024;                    %频率归一化
```

```
subplot(1,2,2)                              %画第二个子图
plot(w,w4,'k')                              %画幅度特性图
axis([0,1,-100,0])                          %限定横、纵坐标范围
xlabel('归一化频率'); ylabel('幅度/dB');    %横纵坐标名称
```

图 3.5 为程序运行后相应的汉明窗时域波形和幅频特性。

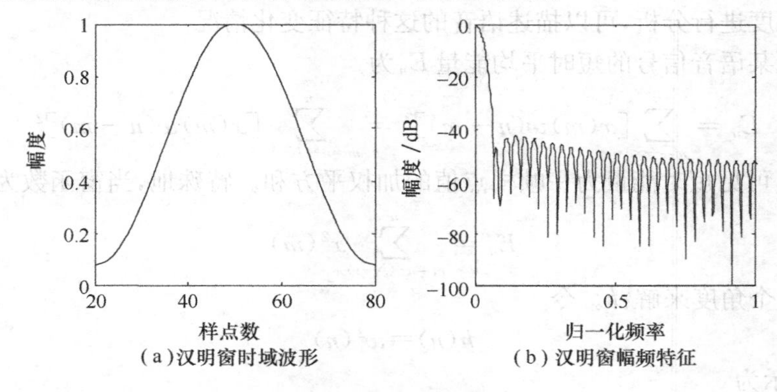

(a)汉明窗时域波形　　(b)汉明窗幅频特征

图 3.5　汉明窗及其频谱

对比图 3.4 与图 3.5 可以看出，矩形窗的主瓣宽度小于汉明窗，具有较高的频谱分辨率，但是矩形窗的旁瓣峰值较大，因此其频谱泄漏比较严重。相比较，虽然汉明窗的主瓣宽度较宽，约大于矩形窗的一倍，但是它的旁瓣衰减较大，具有更平滑的低通特性，能够在较高的程度上反映短时信号的频率特性。

图 3.6 说明了加窗方法，其中窗序列沿着语音样点值序列 $x(n)$ 逐帧从左向右移动，窗 $w(n)$ 长度为 N。

在确定了窗函数以后，对语音信号的分帧处理，实际上就是对各帧进行某种变换或运算。设这种变换或运算用 $T[\ ]$ 表示，$x(n)$ 为输入语音信号，$w(n)$ 为窗序列，$h(n)$ 是与 $w(n)$ 有关的滤波器，则各帧经处理后的输出可以表示为

$$Q_n = \sum_{m=-\infty}^{\infty} T[x(m)]h(n-m) \tag{3.3}$$

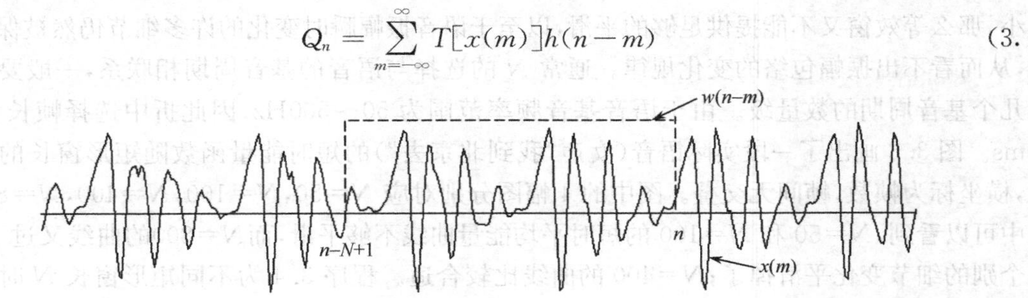

图 3.6　加窗方法示意图

几种常见的短时处理方法是：

① $T[x(m)]=x^2(m)$，$h(n)=w^2(n)$，Q_n 对应于能量；

② $T[x(m)]=|\mathrm{sgn}[x(m)]-\mathrm{sgn}[x(m-1)]|$，$h(n)=w(n)$，$Q_n$ 对应于平均过零率；

③ $T[x(m)]=x(m)x(m+k)$，$h(n)=w(n)w(n+k)$，Q_n 对应于自相关函数。

3.2 短时平均能量

由于语音信号的能量随时间而变化，清音和浊音之间的能量差别相当显著。因此对短时能量和短时平均幅度进行分析，可以描述语音的这种特征变化情况。

定义 n 时刻某语音信号的短时平均能量 E_n 为

$$E_n = \sum_{m=-\infty}^{+\infty} [x(m)w(n-m)]^2 = \sum_{m=n-(N-1)}^{n} [x(m)w(n-m)]^2 \tag{3.4}$$

式中，N 为窗长，可见短时能量为一帧样点值的加权平方和。特殊地，当窗函数为矩形窗时，有

$$E_n = \sum_{m=n-(N-1)}^{n} x^2(m) \tag{3.5}$$

也可以从另外一个角度来解释。令

$$h(n) = w^2(n) \tag{3.6}$$

式(3.4)可以表示为

$$E_n = \sum_{m=-\infty}^{+\infty} x^2(m)h(n-m) = x^2(n) * h(n) \tag{3.7}$$

式(3.7)可以理解为：首先语音信号各个样点值平方，然后通过一个冲激响应为 $h(n)$ 的滤波器，输出为由短时能量构成的时间序列，如图 3.7 所示。

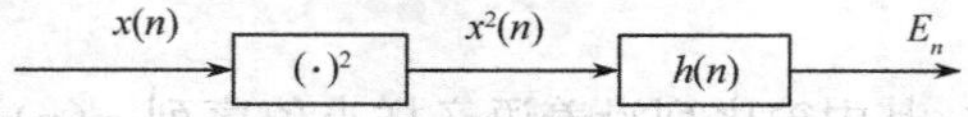

$x(n)$ → $(\cdot)^2$ → $x^2(n)$ → $h(n)$ → E_n

图 3.7 语音信号的短时平均能量实现框图

冲激响应 $h(n)$ 的选择或者说窗函数的选择直接影响着短时能量的计算。若 $h(n)$ 幅度恒定，其序列长度 N(即窗长)很长，这样的窗等效为很窄的低通滤波器，此时 $h(n)$ 对 $x^2(n)$ 的平滑作用非常显著，使得短时能量几乎没多大变化，无法反映语音的时变特性。反之，若 $h(n)$ 序列长度 N 过小，那么等效窗又不能提供足够的平滑，以至于语音振幅瞬时变化的许多细节仍然被保留了下来，从而看不出振幅包络的变化规律。通常 N 的选择与语音的基音周期相联系，一般要求窗长为几个基音周期的数量级。由于语音基音频率范围为 50～500Hz，因此折中选择帧长为 10～20ms。图 3.8 画出了一段实际语音(女声"我到北京去")的短时能量函数随矩形窗长的变化曲线，横坐标为帧数，帧间无交叠。图中的 4 幅图分别对应 $N=50$，$N=100$，$N=400$，$N=800$。从图中可以看到，$N=50$ 和 $N=100$ 的短时平均能量曲线不够平滑，而 $N=800$ 的曲线又过于平滑，将个别的细节变化平滑掉了；$N=400$ 的曲线比较合适。程序 3.4 为不同矩形窗长 N 时的短时能量函数的 MATLAB 程序。

将读入的语音 wav 文件保存为 txt 文件，设置采样率为 8kHz，16 位，单声道。

【程序 3.4】 nengliang.m

```
fid=fopen('zqq.txt','rt');                    %读入语音文件
x=fscanf(fid,'%f');
fclose(fid);
%计算 N=50,帧移=0 时的语音能量
s=fra(50,50,x)                                %对输入的语音信号进行分帧,其中帧长 50,帧移 0
s2=s.^2;                                      %一帧内各样点的能量
energy=sum(s2,2)                              %求一帧能量
subplot(2,2,1)                                %定义画图数量和布局
```

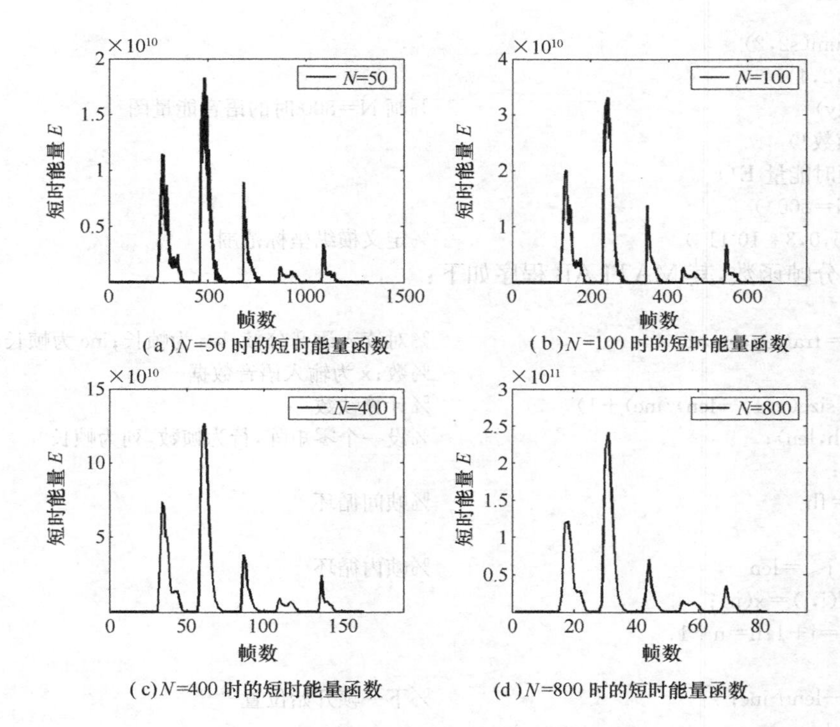

图 3.8 不同矩形窗长 N 时的短时能量函数

```
plot(energy)                                    %画 N=50 时的语音能量图
xlabel('帧数')                                  %横坐标
ylabel('短时能量 E')                            %纵坐标
legend('N=50')                                  %曲线标识
axis([0,1500,0,2*10^10])                        %定义横纵坐标范围
%计算 N=100,帧移=0 时的语音能量
s=fra(100,100,x)
s2=s.^2;
energy=sum(s2,2)
subplot(2,2,2)
plot(energy)                                    %画 N=100 时的语音能量图
xlabel('帧数')
ylabel('短时能量 E')
legend('N=100')
axis([0,750,0,4*10^10])                         %定义横纵坐标范围
%计算 N=400,帧移=0 时的语音能量
s=fra(400,400,x)
s2=s.^2;
energy=sum(s2,2)
subplot(2,2,3)
plot(energy)                                    %画 N=400 时的语音能量图
xlabel('帧数')
ylabel('短时能量 E')
legend('N=400')
axis([0,190,0,1.5*10^11])                       %定义横纵坐标范围
%计算 N=800,帧移=0 时的语音能量
s=fra(800,800,x)
s2=s.^2;
```

```
energy=sum(s2,2)
subplot(2,2,4)
plot(energy)                              %画 N=800 时的语音能量图
xlabel('帧数')
ylabel('短时能量 E')
legend('N=800')
axis([0,95,0,3*10^11])                    %定义横纵坐标范围
```

其中,fra()为分帧函数,其 MATLAB 程序如下:

```
% fra.m
function f=fra(len,inc,x)                 %对读入语音分帧,len 为帧长;inc 为帧长-帧移
                                          %数;x 为输入语音数据
fh=fix(((size(x,1)-len)/inc)+1)           %计算帧数
f=zeros(fh,len);                          %设一个零矩阵,行为帧数,列为帧长
i=1;n=1;
while i<=fh                               %帧间循环
    j=1;
    while j<=len                          %帧内循环
        f(i,j)=x(n);
        j=j+1;n=n+1;
    end
    n=n-len+inc;                          %下一帧开始位置
    i=i+1;
    end
```

短时平均能量的主要用途如下:

① 可以作为区分清音和浊音的特征参数。实验结果表明浊音的能量明显高于清音。通过设置一个能量门限值,可以大致判定浊音变为清音或者清音变为浊音的时刻,同时可以大致划分浊音区间和清音区间。

② 在信噪比较高的情况下,短时能量还可以作为区分有声和无声的依据。

③ 可以作为辅助的特征参数用于语音识别中。

3.3 短时平均幅度函数

短时能量的一个主要问题是 E_n 对信号电平值过于敏感。由于需要计算信号样值的平方和,在定点实现时很容易产生溢出。为了克服这个缺点,可以定义一个短时平均幅度函数 M_n 来衡量语音幅度的变化,即

$$M_n = \sum_{m=-\infty}^{+\infty} |x(m)| w(n-m) = \sum_{m=n-N+1}^{n} |x(n)| w(n-m) \tag{3.8}$$

式(3.8)可以理解为 $w(n)$ 对 $|x(n)|$ 的线性滤波运算,实现框图如图 3.9 所示。与短时能量比较,短时平均幅度相当于用绝对值之和代替了平方和,简化了运算。

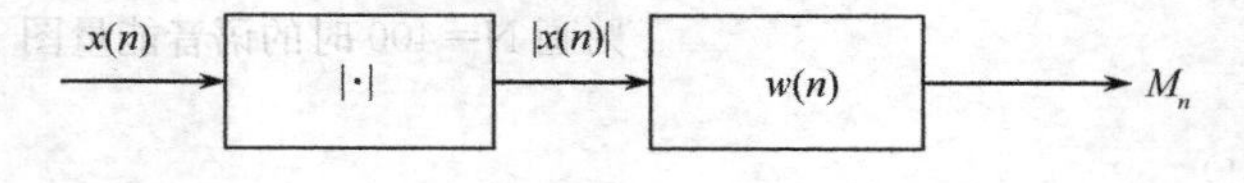

图 3.9 短时平均幅度实现框图

图 3.10 画出了短时平均幅度函数随矩形窗窗长 N 变化的情况,帧间无交叠。比较图 3.8 和图 3.10,窗长 N 对平均幅度函数的影响与短时能量的分析结论是完全一致的。但由于平均幅

度函数没有平方运算，因此其动态范围（最大值与最小值之差）要比短时能量小，接近于标准能量计算的动态范围的平方根。所以，尽管短时平均幅度也可以用来区分清音和浊音、无声和有声，但是二者之间的幅度差就不如短时能量那么明显。

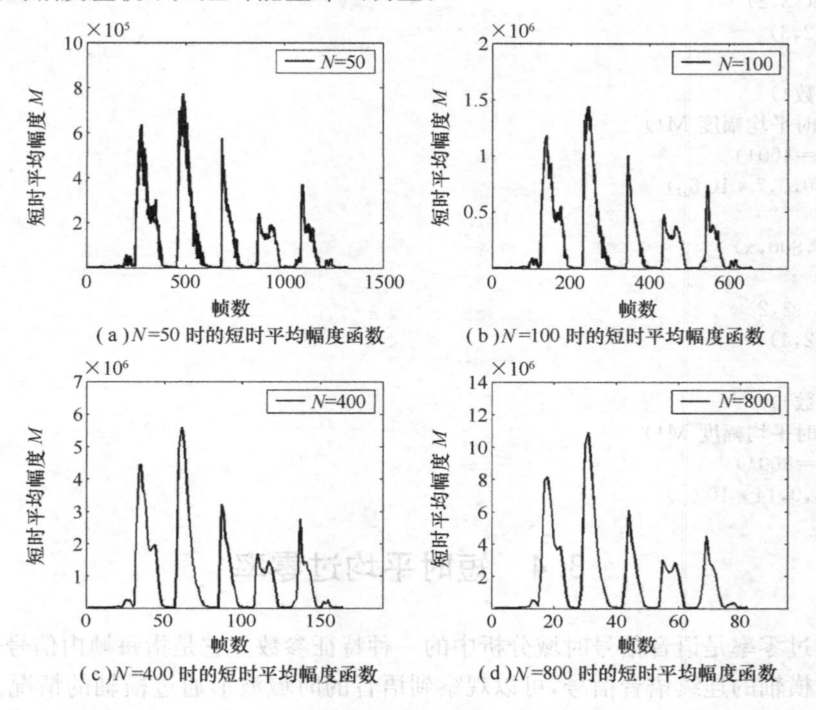

图 3.10　不同矩形窗长 N 时的短时平均幅度函数

程序 3.5 为不同矩形窗长 N 时的短时平均幅度函数的 MATLAB 程序，其中每行程序的意义可参见短时平均能量的解释。

【程序 3.5】fudu.m

```
fid=fopen('zqq.txt','rt')                      %读入语音文件
x=fscanf(fid,'%f')
fclose(fid)

s=fra(50,50,x)                                 %语音短时平均幅度图
s3=abs(s)
avap=sum(s3,2)
subplot(2,2,1)
plot(avap)
xlabel('帧数')
ylabel('短时平均幅度 M')
legend('N=50')
axis([0,1500,0,10*10^5])
s=fra(100,100,x)
s3=abs(s)
avap=sum(s3,2)
subplot(2,2,2)
plot(avap)
xlabel('帧数')
ylabel('短时平均幅度 M')
legend('N=100')
```

```
axis([0,750,0,2*10^6])
s=fra(400,400,x)
s3=abs(s)
avap=sum(s3,2)
subplot(2,2,3)
plot(avap)
xlabel('帧数')
ylabel('短时平均幅度 M')
legend('N=400')
axis([0,190,0,7*10^6])

s=fra(800,800,x)
s3=abs(s)
avap=sum(s3,2)
subplot(2,2,4)
plot(avap)
xlabel('帧数')
ylabel('短时平均幅度 M')
legend('N=800')
axis([0,95,0,14*10^6])
```

3.4 短时平均过零率

短时平均过零率是语音信号时域分析中的一种特征参数。它是指每帧内信号通过零值的次数。对有时间横轴的连续语音信号,可以观察到语音的时域波形通过横轴的情况。在离散时间语音信号情况下,如果相邻的采样具有不同的代数符号就称为发生了过零,因此可以计算过零的次数。单位时间内过零的次数就称为过零率。一段长时间内的过零率称为平均过零率。如果是正弦信号,其平均过零率就是信号频率的两倍除以采样频率,而采样频率是固定的。因此过零率在一定程度上可以反映信号的频率信息。语音信号不是简单的正弦序列,所以平均过零率的表示方法就不那么确切。但由于语音是一种短时平稳信号,采用短时平均过零率仍然可以在一定程度上反映其频谱性质,由此可获得谱特性的一种粗略估计。短时平均过零率的定义为

$$\begin{aligned} Z_n &= \sum_{m=-\infty}^{+\infty} \left| \operatorname{sgn}[x(m)] - \operatorname{sgn}[x(m-1)] \right| w(n-m) \\ &= \left| \operatorname{sgn}[x(n)] - \operatorname{sgn}[x(n-1)] \right| * w(n) \end{aligned} \tag{3.9}$$

其中,sgn[ ]为符号函数,即

$$\operatorname{sgn}[x(n)]=\begin{cases}1, & x(n)\geqslant 0 \\ -1, & x(n)<0\end{cases} \tag{3.10}$$

$w(n)$为窗函数,计算时常采用矩形窗,窗长为 N。可以这样理解:当相邻两个样点符号相同时,$|\operatorname{sgn}[x(m)]-\operatorname{sgn}[x(m-1)]|=0$,没有产生过零;当相邻两个样点符号相反时,$|\operatorname{sgn}[x(m)]-\operatorname{sgn}[x(m-1)]|=2$,为过零次数的 2 倍。因此在统计一帧($N$ 点)的短时平均过零率时,求和后必须要除以 $2N$。这样就可以将窗函数 $w(n)$表示为

$$w(n)=\begin{cases}\dfrac{1}{2N}, & 0\leqslant n\leqslant N-1 \\ 0, & \text{其他}\end{cases} \tag{3.11}$$

在矩形窗条件下，式(3.11)可以简化为

$$Z_n = \frac{1}{2N}\sum_{m=n-(N-1)}^{n} |\operatorname{sgn}[x(m)] - \operatorname{sgn}[x(m-1)]| \tag{3.12}$$

按照式(3.9)，可得出实现短时平均过零率的运算图，如图 3.11 所示。

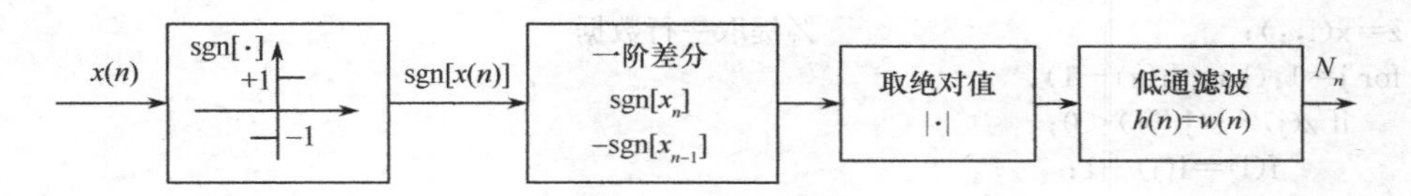

图 3.11　语音信号的短时平均过零率

图 3.12 画出了语音(女声“我到北京去”)的短时平均过零次数的变化曲线，图中窗长 $N=220$，帧重叠 50%。从图中可以看出清音与浊音的短时过零率区别还是比较明显的。

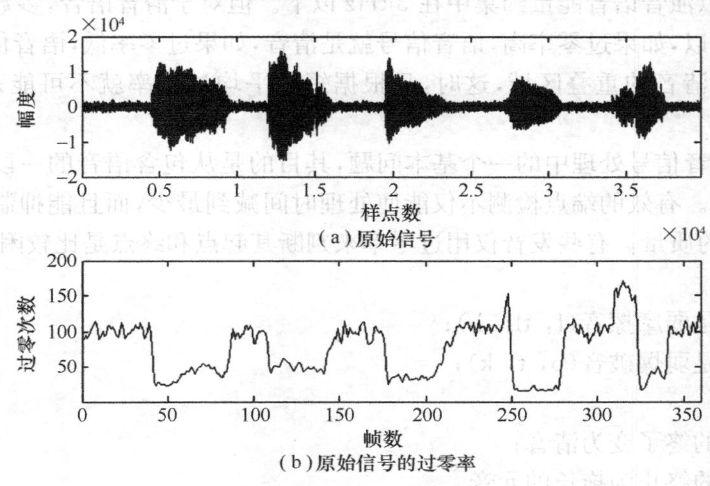

图 3.12　一句语音的短时平均过零率

程序 3.6 为一句语音的短时平均过零率的 MATLAB 程序。

【程序 3.6】 guoling.m

```
clear all
fid=fopen('beijing.txt','rt')
x1=fscanf(fid,'%f');
fclose(fid);
x=awgn(x1,15,'measured');                 %加入 15dB 的噪声
s=fra(220,110,x);                          %分帧，帧移 110
zcr=zcro(s);                               %求过零率
figure(1);
subplot(2,1,1)
plot(x);
xlabel('样点数');
ylabel('幅度');
axis([0,39760,-2*10^4,2*10^4]);
subplot(2,1,2)
plot(zcr);
xlabel('帧数');
ylabel('过零次数');
```

```
    axis([0,360,0,200]);
```

其中，zcro( )为求过零率的函数，其MATLAB程序如下：

```
    %zcro.m
    function f=zcro(x)
    f=zeros(size(x,1),1);                    %生成全零矩阵
    for i=1:size(x,1)
        z=x(i,:);                            %提取一行数据
        for j=1:(length(z)-1);
            if z(j)*z(j+1)<0;
                f(i)=f(i)+1;
            end
        end
    end
```

短时平均过零率可以用于语音信号清、浊音的判断。语音产生模型表明，由于声门波引起了谱的高频跌落，所以浊音语音能量约集中在3kHz以下。但对于清音语音，多数能量却是出现在较高的频率上。所以，如果过零率高，语音信号就是清音，如果过零率低，语音信号就是浊音。但有的音位于浊音和清音的重叠区域，这时，只根据短时平均过零率就不可能来明确地判别清、浊音。

端点检测是语音信号处理中的一个基本问题，其目的是从包含语音的一段信号中确定出语音的起点及结束点。有效的端点检测不仅能使处理时间减到最少，而且能抑制无声段的噪声干扰，提高语音处理的质量。有些发音仅用过零率来判断其起点和终点是比较困难的，包括下面几种情况：

- 开始和末尾是弱摩擦音(f, th, h)；
- 开始和末尾是弱爆破音(p, t, k)；
- 末尾是鼻音；
- 浊擦音在字的终了变为清音；
- 在一个发音的终止为拖长的元音。

当遇到上述情况时，端点检测发生困难，这时可把短时能量和过零率结合起来使用，也可以使用其他改进方法。

3.5 短时自相关分析

3.5.1 短时自相关函数

自相关函数用于衡量信号自身时间波形的相似性。由前面的讨论可知，清音和浊音的发声机理不同，因而在波形上也存在着较大的差异。浊音的时间波形呈现出一定的周期性，波形之间相似性较好；清音的时间波形呈现出随机噪声的特性，杂乱无章，样点间的相似性较差。这样，可以用短时自相关函数来测定语音的相似特性。

时域离散确定信号的自相关函数定义为

$$R(k)=\sum_{m=-\infty}^{+\infty}x(m)x(m+k) \tag{3.13}$$

时域离散随机信号的自相关函数定义为

$$R(k)=\lim_{N\to\infty}\frac{1}{2N+1}\sum_{m=-N}^{N}x(m)x(m+k) \tag{3.14}$$

若信号为一周期信号，周期为 P，则

$$R(k)=R(k+P) \tag{3.15}$$

式(3.15)说明，周期信号的自相关函数也是一个同样周期的周期信号，自相关函数具有下述性质：

① 对称性 $R(k)=R(-k)$；

② 在 $k=0$ 处为最大值，即对于所有 k 来说，$|R(k)|\leqslant R(0)$；

③ 对于确定信号，值 $R(0)$ 对应于能量，而对于随机信号，$R(0)$ 对应于平均功率。

在上述的第②个性质中，如果是一个周期为 P 的信号，则在取样 $0,\pm P,\pm 2P,\cdots$ 处，其自相关函数也是最大值，因此可以根据自相关函数的最大值的位置来估计周期信号的周期值。

3.5.2 语音信号的短时自相关函数

对于语音来说，采用短时分析方法，可以定义短时自相关函数为

$$R_n(k)=\sum_{m=-\infty}^{+\infty} x(m)w(n-m)x(m+k)w(n-k-m) \tag{3.16}$$

因为 $R_n(-k)=R_n(k)$，所以

$$R_n(k)=R_n(-k)=\sum_{m=-\infty}^{+\infty}[x(m)x(m-k)][w(n-m)w(n-m+k)] \tag{3.17}$$

定义

$$h_k(n)=w(n)w(n+k) \tag{3.18}$$

那么式(3.16)可以写成

$$R_n(k)=\sum_{m=-\infty}^{+\infty} x(m)x(m-k)h_k(n-m) \tag{3.19}$$

式(3.19)表明，序列 $x(n)x(n-k)$ 经过一个冲激响应为 $h_k(n)$ 的数字滤波器滤波即得到短时自相关函数 $R_n(k)$，如图3.13所示。

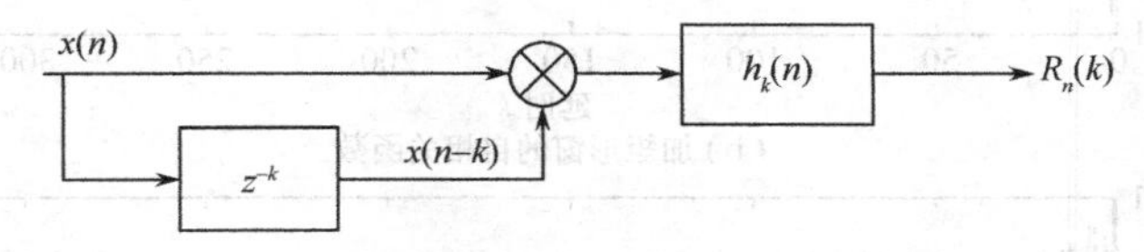

图3.13 短时自相关函数的框图表示

也可采用直接运算的方法，令 $m=n+m'$，代入式(3.16)中，且令 $w(-m)=w'(m)$，则可得

$$\begin{aligned}R_n(k)&=\sum_{m'=-\infty}^{+\infty}[x(n+m')w(-m')][x(n+m'+k)w'(k+m')]\\&=\sum_{m=-\infty}^{+\infty}[x(n+m)w'(m)][x(n+m+k)w'(k+m)]\end{aligned} \tag{3.20}$$

注意： 当 $0\leqslant m\leqslant N-1$ 时，$w'(m)$ 为非零值；当 $0\leqslant k+m\leqslant N-1$ 或 $-k\leqslant m\leqslant N-1-k$ 时，$w'(k+m)$ 为非零值，故 $w'(m)$ 和 $w'(k+m)$ 均为非零值时，则为 $0\leqslant m\leqslant N-1-k$，故式(3.20)可以写成

$$R_n(k)=\sum_{m=0}^{N-1-k}[x(n+m)w'(m)][x(n+m+k)w'(k+m)] \tag{3.21}$$

式(3.21)这种直接计算 $R_n(k)$ 的运算量较大，可用FFT法来减小运算量。

图 3.14 和图 3.15 分别给出了浊音和清音的短时自相关函数曲线，分别画出了时域波形、加矩形窗和加汉明窗后用式(3.21)计算短时自相关归一化后的结果。语音的抽样频率为 8kHz，窗长为 320。

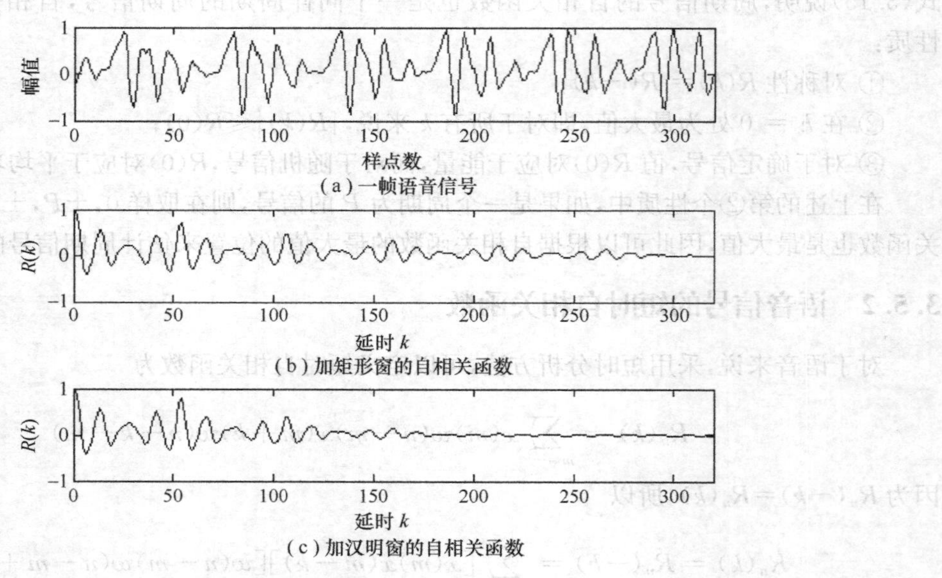

(a) 一帧语音信号

(b) 加矩形窗的自相关函数

(c) 加汉明窗的自相关函数

图 3.14 浊音的短时自相关函数

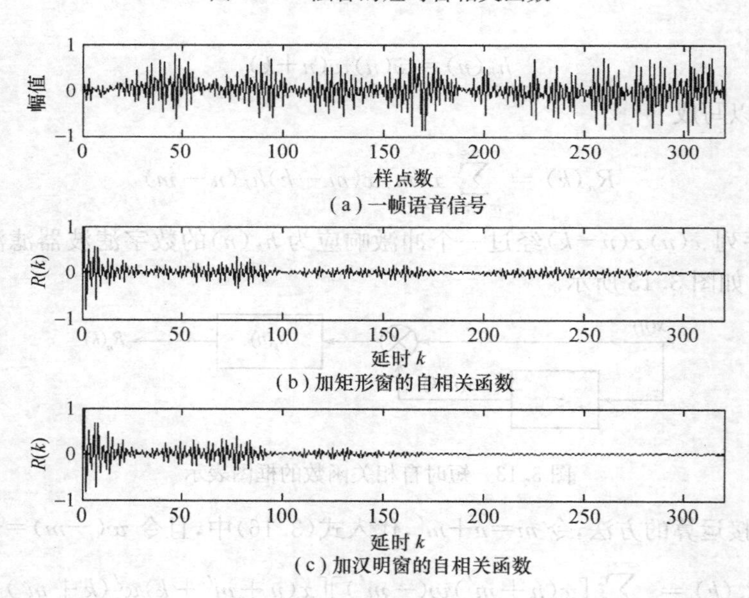

(a) 一帧语音信号

(b) 加矩形窗的自相关函数

(c) 加汉明窗的自相关函数

图 3.15 清音的短时自相关函数

程序 3.7 为浊音的短时自相关函数的 MATLAB 程序。

【程序 3.7】zhuoyinzixiangguan.m

```
fid=fopen('voice.txt','rt')
x=fscanf(fid,'%f');
fclose(fid);

s1=x(1:320);                          %选择一段 320 点的语音段
N=320;                                %选择的窗长
```

```
A=[];                                         %加 N=320 的矩形窗
for k=1:320;
sum=0;
for m=1:N-k+1;
sum=sum+s1(m) * s1(m+k-1);                    %计算自相关
end
A(k)=sum;
end
for k=1:320
A1(k)=A(k)/A(1);                              %归一化 A(k);
end
f=zeros(1,320);                               %加 N=320 的汉明窗
n=1;j=1;
  while j<=320
      f(1,j)=x(n) * [0.54-0.46 * cos(2 * pi * n/319)];
      j=j+1;n=n+1;
  end
B=[];
for k=1:320;
sum=0;
for m=1:N-k+1;
sum=sum+f(m) * f(m+k-1);
end
B(k)=sum;
end
for k=1:320
B1(k)=B(k)/B(1);                              %归一化 B(k)
end
s2=s1/max(s1);
figure(1)
subplot(3,1,1)
plot(s2)
xlabel('样点数')
ylabel('幅值')
axis([0,320,-1,1]);
subplot(3,1,2)
plot(A1);
xlabel('延时 k')
ylabel('R(k)')
axis([0,320,-1,1]);
subplot(3,1,3)
plot(B1);
xlabel('延时 k')
ylabel('R(k)')
axis([0,320,-1,1]);
```

清音的短时自相关函数 MATLAB 程序的实现与浊音的基本一致，需要改动的地方只是文件名及显示图形时浊音波形的动态范围，故这里不再给出详细程序。

从图 3.14 和图 3.15 中，可以看出浊音和清音的短时自相关函数有如下几个特点：

① 短时自相关函数可以很明显地反映出浊音信号的周期性。

② 清音的短时自相关函数没有周期性，也不具有明显突出的峰值，其性质类似于噪声。

③ 不同的窗对短时自相关函数结果有一定的影响。采用矩形窗时，浊音自相关曲线的周期性显示出比用汉明窗时更明显的周期性。其主要原因是加汉明窗后，语音段两端的幅度逐渐下降，从而模糊了信号的周期性。

窗长对浊音的短时自相关性有着直接的影响。一方面，由于语音信号的特性是变化的，因此要求 N 应尽量小。但与之相矛盾的另一方面是为了充分反映语音的周期性，又必须选择足够宽的窗，以使得选出的语音段包含两个以上的基音周期。由于基音频率的分布在50～500Hz的范围内，8kHz 采样时对应于 16～160 点，那么窗长 N 的选择要求 $N \geqslant 320$。如图 3.16所示，分别用 $N=320$，$N=160$，$N=70$ 的矩形窗对图 3.14 的浊音段加窗。当$N=70$时由于窗长不足两个基音周期，所以将不能正确检测基音周期。从图 3.16 也可看到，采用式(3.21)计算出来的短时自相关函数，其幅度是一个逐渐衰减的曲线。这是由于在计算短时自相关时，窗选语音段为有限长度 N，而求和上限为 $N-1-k$，因此当 k 增加时可用于计算的数据就越来越少了，从而导致 k 增加时自相关函数的幅度减小。

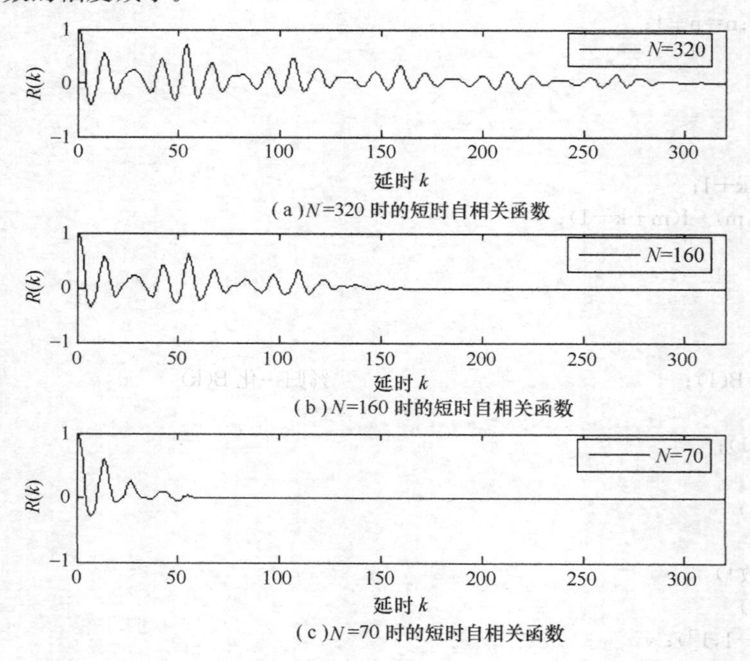

图 3.16 不同矩形窗长时的短时自相关函数

程序 3.8 为不同矩形窗长时的短时自相关函数的 MATLAB 程序。

【程序 3.8】 duanshizixiangguan. m

```
fid=fopen('voice.txt','rt')
x=fscanf(fid,'%f');
fclose(fid);
s1=x(1:320);
N=320;                                    %选择的窗长，加 N=320 的矩形窗
A=[];
for k=1:320;
sum=0;
for m=1:N-(k-1);
sum=sum+s1(m)*s1(m+k-1);                  %计算自相关
```

```
end
A(k)=sum;
end
for k=1:320
A1(k)=A(k)/A(1);                      %归一化 A(k)
end
N=160;                                %选择的窗长，加 N=160 的矩形窗
B=[];
for k=1:320;
sum=0;
for m=1:N-(k-1);
sum=sum+s1(m)*s1(m+k-1);              %计算自相关
end
B(k)=sum;
end
for k=1:320
B1(k)=B(k)/B(1);                      %归一化 B(k)
end
N=70;                                 %选择的窗长，加 N=70 的矩形窗
C=[];
for k=1:320;
sum=0;
for m=1:N-(k-1);
sum=sum+s1(m)*s1(m+k-1);              %计算自相关
end
C(k)=sum;
end
for k=1:320
C1(k)=C(k)/C(1);                      %归一化 C(k);
end
figure(1)
subplot(3,1,1)
plot(A1)
xlabel('延时 k')
ylabel('R(k)')
axis([0,320,-1,1]);
legend('N=320')
subplot(3,1,2)
plot(B1);
xlabel('延时 k')
ylabel('R(k)')
axis([0,320,-1,1]);
legend('N=160')
subplot(3,1,3)
plot(C1);
xlabel('延时 k')
ylabel('R(k)')
axis([0,320,-1,1]);
legend('N=70')
```

根据上面的分析，如果长基音周期用窄的窗，将得不到预期的基音周期；但是如果是短的基音周期用长的窗，自相关函数将对多个基音周期作平均计算，从而模糊语音的短时特性，这是不

希望的。最理想的方法是让窗长自适应于基音周期的变化，但这样会增加计算复杂度。为了解决这个问题，可以采用修正的短时自相关函数，这种方法可以采用较窄的窗，同时避免了短时自相关函数随 k 增加而衰减的不足。

3.5.3 修正的短时自相关函数

修正的短时自相关函数，其定义为

$$\hat{R}_n(k)=\sum_{m=-\infty}^{+\infty}x(m)w_1(n-m)x(m+k)w_2(n-m-k) \tag{3.22}$$

若令 $m=n+m'$，代入式(3.22)中，可得

$$\hat{R}_n(k)=\sum_{m'=-\infty}^{+\infty}x(n+m')w_1(-m')x(n+m'+k)w_2(-m'-k) \tag{3.23}$$

定义

$$\begin{cases}\hat{w}_1(m)=w_1(-m)\\ \hat{w}_2(m)=w_2(-m)\end{cases}$$

则有

$$\hat{R}_n(k)=\sum_{m=-\infty}^{+\infty}x(n+m)\hat{w}_1(m)x(n+m+k)\hat{w}_2(m+k) \tag{3.24}$$

$$\hat{w}_1(m)=\begin{cases}1, & 0\leqslant n\leqslant N-1\\ 0, & \text{其他}\end{cases}$$
$$\hat{w}_2(m)=\begin{cases}1, & 0\leqslant n\leqslant N-1+K\\ 0, & \text{其他}\end{cases} \tag{3.25}$$

式中，K 为 k 的最大值，即 $0\leqslant k\leqslant K$。

由式(3.25)可知，要使 $\hat{w}_2(m+k)$ 为非零值，必须使 $m+k\leqslant N-1+K$，考虑到 $k\leqslant K$，可得 $m\leqslant N-1$，故式(3.24)可以写成

$$\hat{R}_n(k)=\sum_{m=0}^{N-1}x(n+m)x(n+m+k) \tag{3.26}$$

程序 3.9 为不同矩形窗长时的修正短时自相关函数的 MATLAB 程序。

【程序 3.9】 xiuzhengzixiangguan.m

```
fid=fopen('voice.txt','rt')
b=fscanf(fid,'%f');

b1=b(1:640);
N=320;                                    %选择的窗长
A=[];
for k=1:320;
sum=0;
for m=1:N;
sum=sum+b1(m)*b1(m+k-1);
end
A(k)=sum;
end
for k=1:320
A1(k)=A(k)/A(1);                          %归一化
end
```

```
figure(1)
subplot(3,1,1)
plot(A1);
xlabel('延时 k')
ylabel('R(k)')
legend('N=320')
axis([0,320,-0.5,1]);

b2=b(1:320);
N=160;                                          %选择的窗长
B=[];
for k=1:160;
sum=0;
for m=1:N;
sum=sum+b2(m) * b2(m+k-1);
end
B(k)=sum;
end
for k=1:160
B1(k)=B(k)/B(1);                                %归一化 B(k)
end
figure(1)
subplot(3,1,2)
plot(B1);
xlabel('延时 k')
ylabel('R(k)')
legend('N=160')
axis([0,320,- 0.5,1]);

b3=b(1:140);                                    %选择的语音起始点
N=70;                                           %选择的窗长
C=[];
for k=1:70;
sum=0;
for m=1:N;
sum=sum+b3(m) * b3(m+k-1);
end
C(k)=sum;
end
for k=1:70
C1(k)=C(k)/C(1);                                %归一化 C(k)
end
figure(1)
subplot(3,1,3)
plot(C1);
xlabel('延时 k')
ylabel('R(k)')
legend('N=70')
axis([0,320,- 0.5,1]);
```

因为求和上限是 $N-1$，与 k 无关，故当 k 增加时，$\hat{R}_n(k)$ 值不下降。与图 3.16 对应的修正自相关函数示于图 3.17 中。可以看到，自相关函数相关峰值下降很小。式(3.24)可以看作两个不同的有限长度段 $x(n+m)\hat{w}_1(m)$ 与 $x(n+m)\hat{w}_2(m)$ 的互相关函数。故 $\hat{R}_n(k)$ 有互相关函数的性质，而不具备自相关函数的性质，即 $\hat{R}_n(k)=\hat{R}_n(-k)$ 等，但这个 $\hat{R}_n(k)$ 的最近的第二个最大值点仍代表了基音周期的位置，而使 N 的长度压缩到最小，K 值可以做到大于 N 值。

计算短时自相关函数需要很大的运算量，有时为简化运算，常使用一种与自相关函数有相似作用的另一参量，即短时平均幅度差函数(AMDF)。

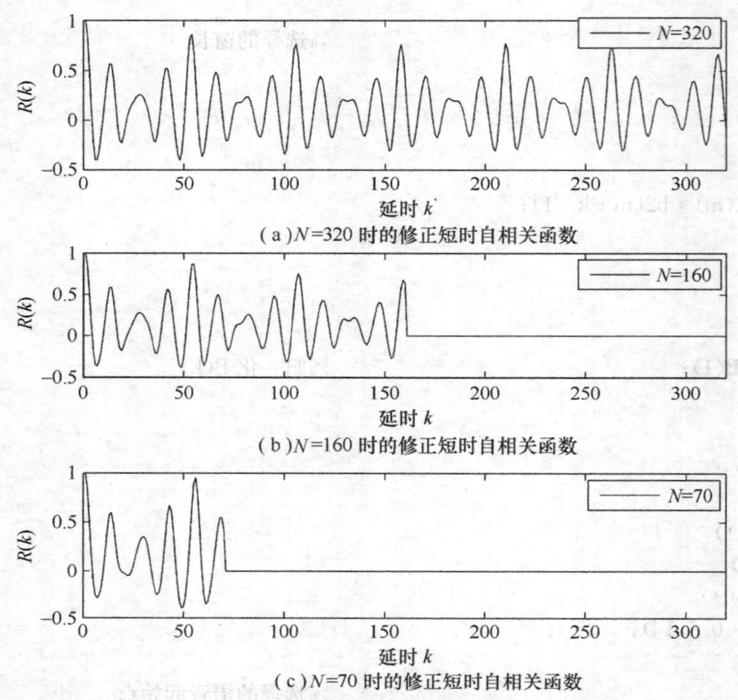

(a) N=320 时的修正短时自相关函数

(b) N=160 时的修正短时自相关函数

(c) N=70 时的修正短时自相关函数

图 3.17　不同矩形窗长时的修正短时自相关函数

3.5.4　短时平均幅度差函数

对一个周期为 P 的周期信号 $x(n)$ 来说，在 $k=0,\pm P,\pm 2P,\cdots$ 时，$d(n)=x(n)-x(n-k)=0$ $(k=0,\pm P,\pm 2P,\cdots)$。对于浊音语音，在基音周期的整数倍上，$d(n)$ 总是很小，但不是零，因此，可以定义短时平均幅度差函数 AMDF 为

$$r_n(k)=\sum_{m=-\infty}^{+\infty}|x(n+m)w_1(m)-x(n+m-k)w_2(m-k)| \tag{3.27}$$

显然，如果 $x(n)$ 具有周期 P，则当 $k=P,\pm 2P,\cdots$ 时，$r_n(k)$ 具有最小值。应该注意的是，取矩形窗是很合适的。如果 $w_1(n)$ 和 $w_2(n)$ 有同样的宽度，可得到类似于式(3.27)的幅度差函数；如果两个窗口长度不同，则将得到类似于修正自相关函数的函数。使用矩形窗时，短时平均幅度差函数可写成

$$r_n(k)=\sum_{n=0}^{N-1}|x(n)-x(n+k)|,k=0,1,\cdots,N-1 \tag{3.28}$$

$r_n(k)$ 与 $\hat{R}_n(k)$ 之间的关系为

$$r_n(k)\approx\sqrt{2}\beta(k)[\hat{R}_n(0)-\hat{R}_n(k)]^{1/2} \tag{3.29}$$

式中，$\beta(k)$对不同语音段可在0.6～1.0之间变化，但对于一个特定的语音段，它随k值的变化并不明显。

3.6 基于能量和过零率的语音端点检测

在复杂的应用环境下，从信号流中分辨出语音信号和非语音信号，是语音处理的一个基本问题。语音端点检测就是指从包含语音的一段信号中确定出语音的起始点和结束点。正确的端点检测对于语音识别和语音编码系统都有重要的意义，它可以使采集的数据真正是语音信号的数据，从而减少数据量和运算量并减少处理时间。

判别语音段的起始点和终止点的问题主要归结为区别语音和噪声的问题。如果能够保证系统的输入信噪比很高（即使最低电平的语音的能量也比噪声能量要高），那么只要计算输入信号的短时能量就基本能够把语音段和噪声背景区别开来。但是，在实际应用中很难保证这么高的信噪比，仅仅根据能量来判断是比较粗糙的。因此，还需进一步利用短时平均过零率进行判断，因为清音和噪声的短时平均过零率比背景噪声的平均过零率要高出好几倍。本节介绍基于能量和过零率的语音端点检测方法——两级判决法及程序实现。

两级判决法采用双门限比较法，可以用图3.18来说明。

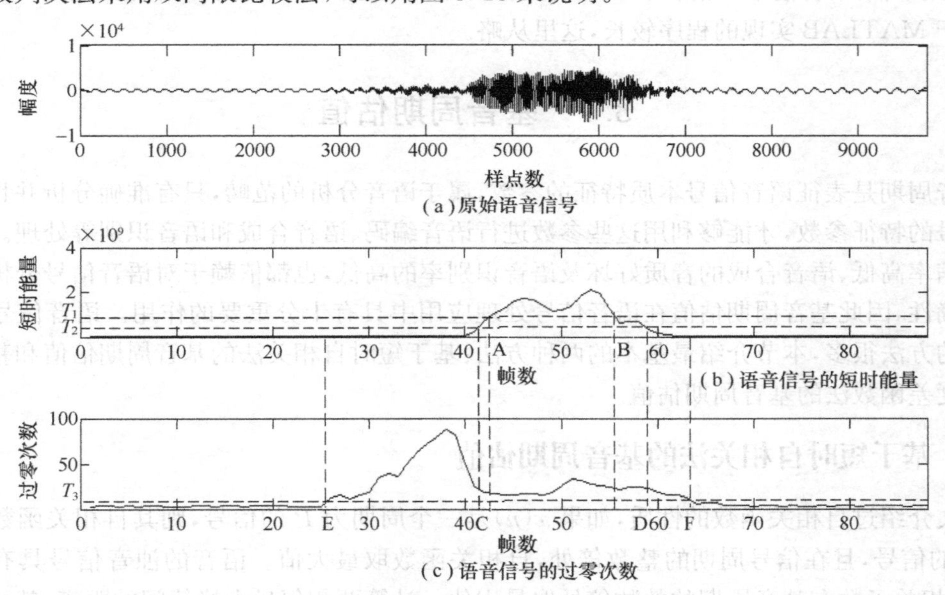

图3.18 利用能量和过零率进行语音端点检测的两级判决法示意图

1. 第一级判决

① 先根据语音短时能量的轮廓选取一个较高的门限T_1，进行一次粗判：语音起止点位于该门限与短时能量包络交点所对应的时间间隔之外（即AB段之外）。

② 根据背景噪声的平均能量确定一个较低的门限T_2，并从A点往左、从B点往右搜索，分别找到短时能量包络与门限T_2相交的两个点C和D，于是CD段就是用双门限方法根据短时能量所判定的语音段。

2. 第二级判决

以短时平均过零率为标准，从C点往左和从D点往右搜索，找到短时平均过零率低于某个门限T_3的两点E和F，这便是语音段的起止点。门限T_3是由背景噪声的平均过零率所确定的。

这里要注意，门限 T_2，T_3 都是由背景噪声特性确定的，因此，在进行起止点判决前，通常都要采集若干帧背景噪声并计算其平均短时能量和平均过零率，作为选择 T_2 和 T_3 的依据。当然，T_1，T_2，T_3，三个门限值的确定还应当通过多次实验。

基于 MATLAB 程序实现能量与过零率的端点检测算法步骤如下：

① 语音信号 $x(n)$ 进行分帧处理，每一帧记为 $s_i(n)$，$n=1,2,\cdots,N$，n 为离散语音信号时间序列，N 为帧长，i 表示帧数。

② 计算每一帧语音的短时能量，得到语音的短时帧能量：$E_i=\sum_{n=1}^{N} s_i^2(n)$。

③ 计算每一帧语音的过零率，得到短时帧过零率：$Z_i=\sum_{n=1}^{N} |\operatorname{sgn}[s_i(n)]-\operatorname{sgn}[s_i(n-1)]|$。其中

$$\operatorname{sgn}[s_i(n)]=\begin{cases}1, & s_i(n)\geqslant 0\\ 0, & s_i(n)<0\end{cases}$$

④考察语音的平均能量设置一个较高的门限 T_1，用以确定语音开始，然后再根据背景噪声的平均能量确定一个稍低的门限 T_2，用以确定第一级中的语音结束点。$T_2=\alpha_1 E_N$，E_N 为噪声段能量的平均值。完成第一级判决。第二级判决同样根据背景噪声的平均过零率 Z_N，设置一个门限 T_3，用于判断语音前端的清音和后端的尾音。α_1 为经过大量实验得到的经验值。

由于 MATLAB 实现的程序较长，这里从略。

3.7 基音周期估值

基音周期是表征语音信号本质特征的参数，属于语音分析的范畴，只有准确分析并且提取出语音信号的特征参数，才能够利用这些参数进行语音编码、语音合成和语音识别等处理。语音编码的压缩率高低、语音合成的音质好坏及语音识别率的高低，也都依赖于对语音信号分析的准确性和精确性，因此基音周期估值在语音信号处理应用中具有十分重要的作用。语音信号基音周期估值的方法很多，本节介绍最基本的两种方法：基于短时自相关法的基音周期估值和基于短时平均幅度差函数法的基音周期估值。

3.7.1 基于短时自相关法的基音周期估值

前文介绍过自相关函数的性质，如果 $x(n)$ 是一个周期为 P 的信号，则其自相关函数也是周期为 P 的信号，且在信号周期的整数倍处，自相关函数取最大值。语音的浊音信号具有准周期性，其自相关函数在基音周期的整数倍处取最大值。计算两相邻最大峰值间的距离，就可以估计出基音周期。观察浊音信号的自相关函数图，其中真正反映基音周期的只是其中少数几个峰，而其余大多数峰都是由于声道的共振特性引起的。因此为了突出反映基音周期的信息，同时压缩其他无关信息，减小运算量，有必要对语音信号进行适当预处理后再进行自相关计算以获得基音周期。

第一种方法是先对语音信号进行低通滤波，再进行自相关计算。因为语音信号包含十分丰富的谐波分量，基音频率的范围分布在 50～500Hz，即使女高音升 C 调最高也不会超过 1kHz，所以采用 1kHz 的低通滤波器先对语音信号进行滤波，保留基音频率；再用 2kHz 采样频率进行采样；最后用 2～20ms 的滞后时间计算短时自相关，帧长取 10～20ms，即可估计出基音周期。

第二种方法是先对语音信号进行中心削波处理，再进行自相关计算。常用的有两种削波函数，下面分别介绍。

1. 中心削波

中心削波函数如式(3.30)所示，其对应波形如图3.19所示。

$$f(x)=\begin{cases}x-x_{\mathrm{L}} & (x>x_{\mathrm{L}})\\ 0 & (-x_{\mathrm{L}}\leqslant x\leqslant x_{\mathrm{L}})\\ x+x_{\mathrm{L}} & (x<-x_{\mathrm{L}})\end{cases}\tag{3.30}$$

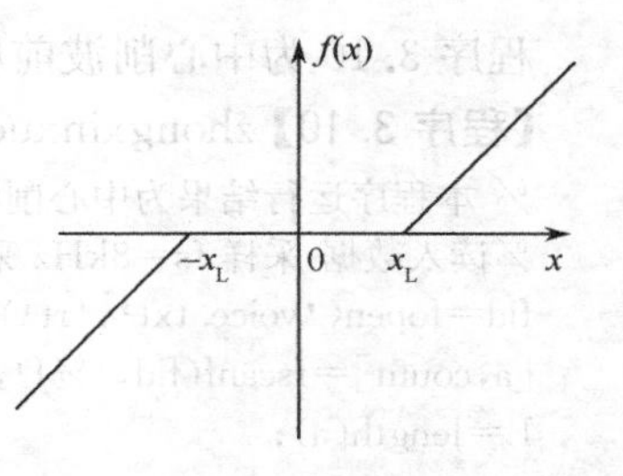

图3.19 中心削波函数

一般削波电平 x_{L} 取本帧语音最大幅度的60%～70%。将削波后的序列 $f(x)$ 用短时自相关函数估计基音周期，在基音周期位置的峰值更加尖锐，可以有效减少倍频或半频错误。如图3.20和图3.21分别给出了削波前后语音信号对比图及修正自相关对比图。

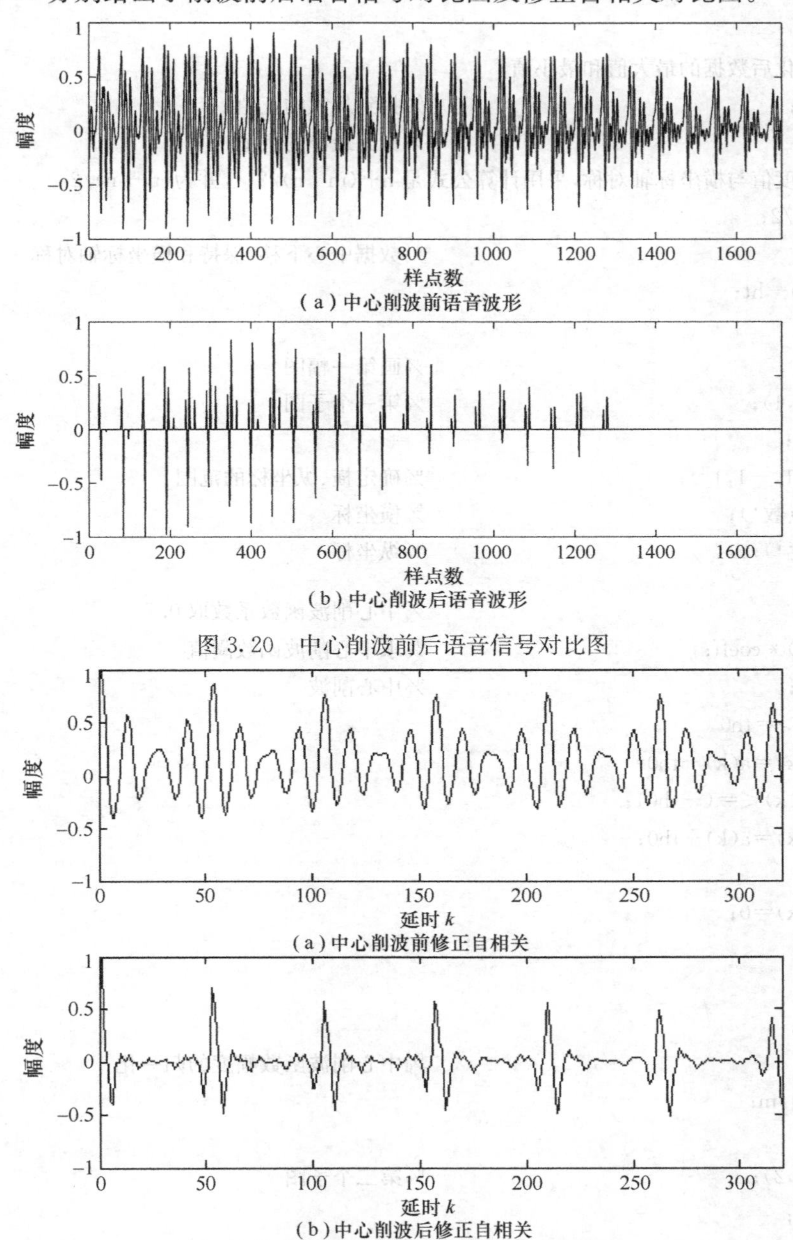

图3.20 中心削波前后语音信号对比图

图3.21 中心削波前后修正自相关对比图

程序 3.10 为中心削波前后修正自相关对比的 MATLAB 程序。

【程序 3.10】 zhongxinxuebo.m

```
% 本程序运行结果为中心削波前后的语音波形,以及削波前后的自相关波形
%读入数据 采样 fs=8kHz 采样位数 16bit 长度 320 样点
fid=fopen('voice.txt','rt');                    %打开语音文件
[a,count]=fscanf(fid,'%f',[1,inf]);             %读语音文件
L=length(a);                                    %测定语音的长度
m=max(a);
for i=1:L
  a(i)=a(i)/m;                                  %数据归一化
end

%找到归一化后数据的最大值和最小值
m=max(a);                                       %找到最大的正值
n=min(a);                                       %找到最小的负值
%为保证幅度值与横坐标轴对称,采用计算公式是 n+(m-n)/2,合并为(m+n)/2
ht=(m+n)/2;
for i=1:L;                                      %数据中心下移,保持和横坐标轴对称
  a(i)=a(i)-ht;
end
figure(1);                                      %画第一幅图
subplot(2,1,1);                                 %第一个子图
plot(a,'k');
axis([0,1711,-1,1]);                            %确定横、纵坐标的范围
xlabel('样点数');                               %横坐标
ylabel('幅度');                                 %纵坐标

coeff=0.7;                                      %中心削波函数系数取 0.7
th0=max(a)*coeff;                               %求中心削波函数阈值
for k=1:L ;                                     %中心削波
    if a(k)>=th0
        a(k)=a(k)-th0;
    elseif a(k)<=(-th0);
        a(k)=a(k)+th0;
    else
        a(k)=0;
    end
end
m=max(a);
for i=1:L;                                      %中心削波函数幅度的归一化
  a(i)=a(i)/m;
end
subplot(2,1,2);                                 %第二个子图
plot(a,'k');
axis([0,1711,-1,1]);                            %确定横、纵坐标的范围
xlabel('样点数');                               %横坐标
```

```
ylabel('幅度');                          %纵坐标
fclose(fid);                             %关闭文件

%没有经过中心削波的修正自相关计算
fid=fopen('voice.txt','rt');
[b,count]=fscanf(fid,'%f',[1,inf]);
fclose(fid);
N=320;                                   %选择的窗长
A=[];
for k=1:320;                             %选择延迟长度
sum=0;
for m=1:N;
  sum=sum+b(m)*b(m+k-1);                 %计算自相关
end
A(k)=sum;
end
for k=1:320
    B(k)=A(k)/A(1);                      %自相关归一化
end
figure(2);                               %画第二幅图
subplot(2,1,1);                          %第一个子图
plot(B,'k');
xlabel('延时 k');                        %横坐标
ylabel('幅度');                          %纵坐标
axis([0,320,-1,1]);

%中心削波函数和修正的自相关方法结合
N=320;                                   %选择的窗长
A=[];
for k=1:320;                             %选择延迟长度
sum=0;
for m=1:N;
  sum=sum+a(m)*a(m+k-1);                 %对削波后的函数计算自相关
end
A(k)=sum;
end
for k=1:320
    C(k)=A(k)/A(1);                      %自相关归一化
end

subplot(2,1,2);                          %第二个子图
plot(C,'k');
xlabel('延时 k');                        %横坐标
ylabel('幅度');                          %纵坐标
axis([0,320,-1,1]);
```

2. 三电平削波

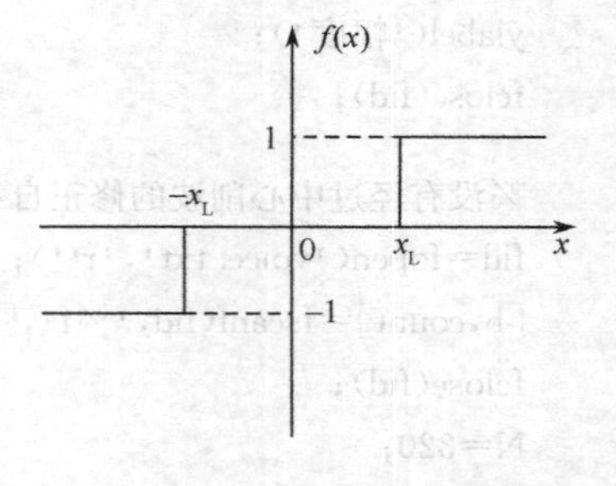

图 3.22　三电平削波函数

为了克服短时自相关函数计算量大的问题，在中心削波法的基础上，还可以采用三电平削波法，削波函数如式(3.31)所示，其波形表示如图 3.22 所示。

$$f(x)=\begin{cases}1 & x>x_L \\ 0 & -x_L\leqslant x\leqslant x_L \\ -1 & x<-x_L\end{cases} \tag{3.31}$$

经削波后的取样值仅有 3 种可能情况，即＋1，0，－1。显然，这种信号的短时自相关函数的计算实际上不需要乘法运算，这就大大节省了计算时间。如图 3.23和图 3.24 分别画出了削波前后语音信号对比图及修正自相关对比图。由于实现程序与中心削波程序相似，这里不再给出。

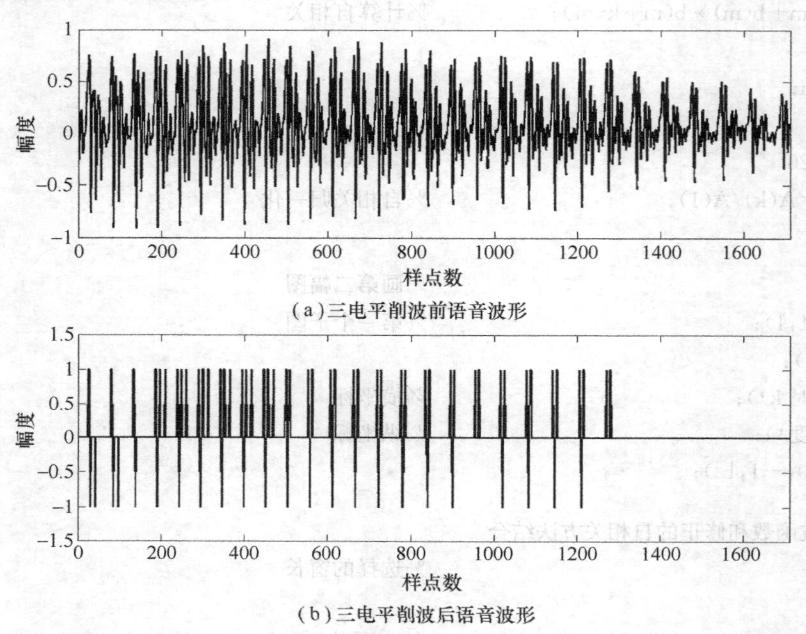

图 3.23　三电平削波前后语音信号对比图

3.7.2　基于短时平均幅度差函数 AMDF 法的基音周期估值

根据 3.5.4 节关于短时平均幅度差函数的介绍可知：如果信号 $x(n)$是标准的周期信号，则相距为周期的整数倍的样点上的幅度值是相等的，二者差值为零。对于浊音语音，在基音周期的整数倍上，该差值不是零，但总是很小，因此，可以通过计算短时平均幅度差函数中两相邻谷值间的距离来进行基音周期估值。这里使用修正的短时平均幅度差函数并加矩形窗，得

$$r_n(k)=\sum_{n=0}^{N-1}|x(n)-x(n+k)|, k=0,1,\cdots,N-1 \tag{3.32}$$

显然，如果 $x(n)$具有周期 P，则当 $k=\pm P,\pm 2P,\cdots$时，$r_n(k)$具有最小值。图 3.25 给出了一段浊音信号及其 AMDF 函数的波形。与短时自相关函数的不同是：自相关函数进行基音周期估计时寻找的是最大峰值点的位置，而 AMDF 寻找的是它的最小谷值点的位置。由于清音没有周期性，所以它的自相关函数和平均幅度差函数均不具有准周期性的峰值或谷值。程序 3.11 为一段浊音信号及其 AMDF 函数的 MATLAB 程序。

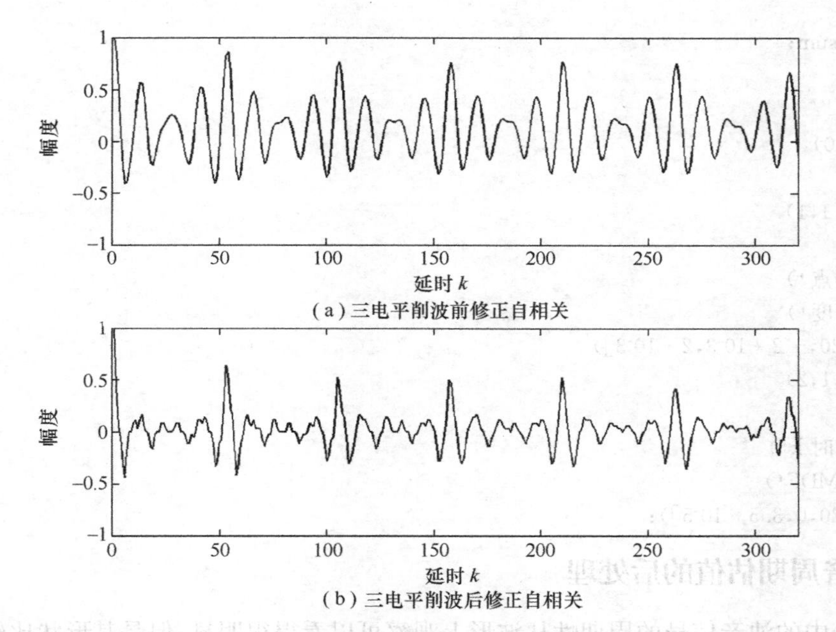

(a) 三电平削波前修正自相关

(b) 三电平削波后修正自相关

图 3.24　三电平削波前后修正自相关对比图

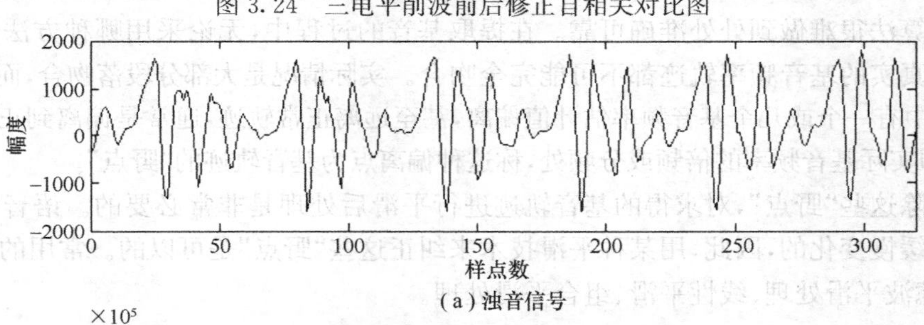

(a) 浊音信号

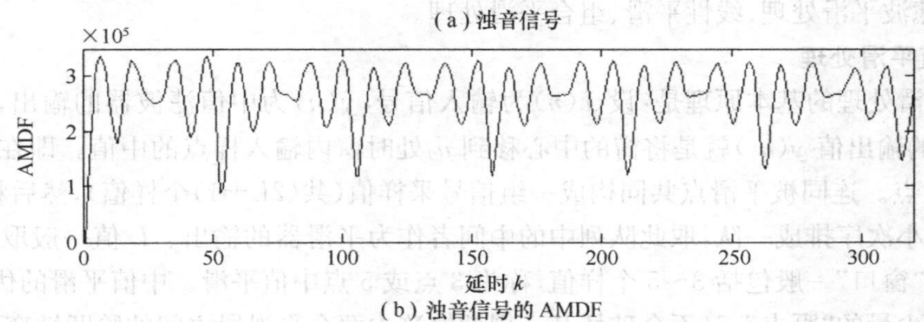

(b) 浊音信号的 AMDF

图 3.25　一段浊音信号及其 AMDF 函数

【程序 3.11】 AMDF. m

```
fid=fopen('voice.txt','rt')
[b,count]=fscanf(fid,'%f',[1,inf]);
fclose(fid);

b1=b(1:640);
N=320;                                    %选择的窗长
A=[];
for k=1:320;
    sum=0;
    for m=1:N;
    sum=sum+abs(b1(m)-b1(m+k-1));
    end
```

```
  A(k)=sum;
end

s=b(1:320)
figure(1)
subplot(2,1,1)
plot(s);
xlabel('样点')
ylabel('幅度')
axis([0,320,-2*10^-3,2*10^-3])
subplot(2,1,2)
plot(A);
xlabel('延时 k')
ylabel('AMDF')
axis([0,320,0,3.5*10^-5]);
```

3.7.3 基音周期估值的后处理

语音信号中的浊音信号的周期性从波形上观察可以看得很明显,但是其形状比较复杂,这使得基音检测算法很难做到处处准确可靠。在提取基音的过程中,无论采用哪种方法提取的基音频率轨迹与真实的基音频率轨迹都不可能完全吻合。实际情况是大部分段落吻合,而在一些局部段落和区域中有一个或几个基音频率估计值偏离,甚至远离正常轨迹,通常是偏离到正常值的2倍或1/2处,即实际基音频率的倍频或分频处,称这种偏离点为基音轨迹的"野点"。

为了去除这些"野点",对求得的基音轨迹进行平滑后处理是非常必要的。语音信号的基频通常是连续缓慢变化的,因此,用某种平滑技术来纠正这些"野点"是可以的。常用的平滑技术主要有:中值滤波平滑处理、线性平滑、组合平滑处理。

1. 中值平滑处理

中值平滑处理的基本原理是:设 $x(n)$ 为输入信号,$y(n)$ 为中值滤波器的输出,采用一滑动窗,则 n_0 处的输出值 $y(n_0)$ 就是将窗的中心移到 n_0 处时窗内输入样点的中值。即在 n_0 点的左右各取 L 个样点。连同被平滑点共同构成一组信号采样值(共$(2L+1)$个样值),然后将这$(2L+1)$个样值按大小次序排成一队,取此队列中的中间者作为平滑器的输出。L 值一般取为1或2,即中值平滑的"窗口"一般包括3~5个样值,称为3点或5点中值平滑。中值平滑的优点是既可以有效地去除少量的"野点",又不会破坏基音周期轨迹中两个平滑段之间的阶跃性变化。

2. 线性平滑处理

线性平滑是用滑动窗进行线性滤波处理,即

$$y(n) = \sum_{m=-L}^{L} x(n-m)w(m) \tag{3.33}$$

其中,$\{w(m), m=-L, -L+1, \cdots, 0, 1, 2, \cdots, L\}$ 为 $2L+1$ 点平滑窗,满足

$$\sum_{m=-L}^{L} w(m) = 1 \tag{3.34}$$

例如,三点窗的权值可取为{0.25,0.5,0.25}。线性平滑在纠正输入信号中不平滑样点值的同时,也使附近各样点的值做了修改。所以窗的长度加大虽然可以增加平滑的效果,但同时也可能导致两个平滑段之间阶跃的模糊程度加重。将以上两种平滑技术结合起来使用可以克服各自的不足。

3. 组合平滑处理

为了改善平滑的效果可以将两个中值平滑串接，图 3.26(a)所示是将一个 5 点中值平滑和一个 3 点中值平滑串接。另一种方法是将中值平滑和线性平滑组合，如图 3.26(b)所示。为了使平滑的基音轨迹更为贴近，还可以采用二次平滑的算法。设所要平滑的信号为 $T_P(n)$，经过一次组合得到的信号为 $\tau_P(n)$。那么首先应求出两者的差值信号 $\Delta T_P(n)=T_P(n)-\tau_P(n)$，再对 $\Delta T_P(n)$进行组合平滑，得到 $\Delta\tau_P(n)$，则输出等于 $\tau_P(n)+\Delta\tau_P(n)$，就可以得到更好的基音周期估计轨迹。全部算法的框图如图 3.26(c)所示。由于中值平滑和线性平滑都会引入延时，所以在实现上述方案时应考虑到它的影响。图 3.26(d)是一个采用补偿延时的可实现二次平滑方案。其中的延时大小可由中值平滑的点数和线性平滑的点数来决定。例如，一个 5 点的中值平滑引入 2 点延时，一个 3 点平滑引入 1 点延时，那么采用此两者完成组合平滑时，补偿延时的点数应等于 3。

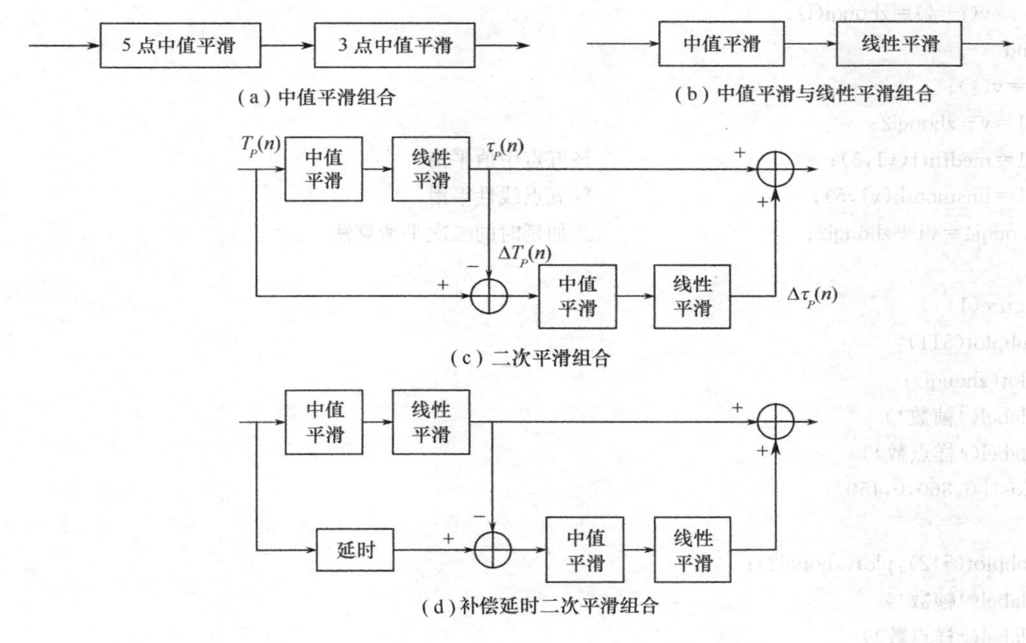

图 3.26　各种组合平滑算法

3.7.4　基音周期估值后处理的 MATLAB 实现

本实验所用的语音样本是用 Cooledit 在普通室内环境下录制的女声“我到北京去”，采样频率为 8kHz，单声道，将语音信号分为若干帧，每帧长 220 个样点，相邻帧交叠 110 个样点，采用基于能量的基音周期检测算法求出基音周期，并将原始基音周期保存为“zhouqi. txt”文件，程序 3. 12为各种组合平滑算法的 MATLAB 程序。

【程序 3. 12】zuhepinghua. m

```
fid=fopen('zhouqi. txt','rt');                %读入语音文件
zhouqi=fscanf(fid,'%f');
fclose(fid);
zhouqi0=medfilt1(zhouqi,5);                   %五点中值平滑
zhouqi1=medfilt1(zhouqi0,3);                  %三点中值平滑，zhouqi1 为五点中值平滑和三点中值平滑
                                               组合
```

```
zhouqi2=linsmooth(zhouqi0,5);                %五点线性平滑,zhouqi2 为五点中值平滑和五点线性平滑
                                              组合
w=[];
w=zhouqi;
w1=w-zhouqi2;
w1=medfilt1(w1,5);                           %五点中值平滑
w1=linsmooth(w1,5);                          %五点线性平滑
zhouqi3=w1+zhouqi2;                          %二次平滑算法

v=[];
v(1)=0;v(2)=0;v(3)=0;v(4)=0;                 %延时 4 个样点
for i=1:(length(zhouqi)-4)
    v(i+4)=zhouqi(i);
end
v=v(:);
v1=v-zhouqi2;
v1=medfilt1(v1,5);                           %五点中值平滑
v1=linsmooth(v1,5);                          %五点线性平滑
zhouqi4=v1+zhouqi2;                          %加延时的二次平滑算法

figure(1)
subplot(511)
plot(zhouqi);
xlabel('帧数')
ylabel('样点数')
axis([0,360,0,150])

subplot(512),plot(zhouqi2);
xlabel('帧数')
ylabel('样点数')
axis([0,360,0,150])

subplot(513),plot(zhouqi2);
xlabel('帧数')
ylabel('样点数')
axis([0,360,0,150])
subplot(514),plot(zhouqi3);
xlabel('帧数')
ylabel('样点数')
axis([0,360,0,150])

subplot(515),plot(zhouqi4);
xlabel('帧数')
ylabel('样点数')
axis([0,360,0,150])
```

其中,linsmooth()函数的 MATLAB 程序如下:

```
function [y] = linsmooth(x,n,wintype)
% linsmooth(x,wintype,n) : linear smoothing
% x: 输入
% n: 窗长
% wintype: 窗类型,默认为 'hann'
if nargin<3
    wintype='hann';
end
if nargin<2
    n=3;
end
win=hann(n);
win=win/sum(win);                       % 归一化
[r,c]=size(x);
if min(r,c)~=1
    error('sorry, no matrix here!:(')
end

if r==1                                 % 行向量
     len=c;
else
    len=r;
    x=x.'';
end
y=zeros(len,1);
if mod(n,2)==0
    l=n/2;
    x = [ones(1,l) * x(1) x ones(1,l) * x(len)]';
else
    l=(n-1)/2;
    x = [ones(1,l) * x(1) x ones(1,l+1) * x(len)]';
end

for k=1:len
     y(k) = win' * x(k:k+n-1);
end
```

程序运行结果如图 3.27 所示,可以看出,组合平滑算法对原始基音周期的“野点”有很好的平滑作用,二次平滑算法在对语音“我到北京去”的平滑作用上,与组合平滑算法相差无几,都很好地实现了对原始语音进行平滑。理论上加延时的二次平滑算法的平滑效果应优于二次平滑算法,但在该实验中效果不佳,可能原因是原始基音周期已经趋于平滑,加延时反而造成基音周期的不准确。

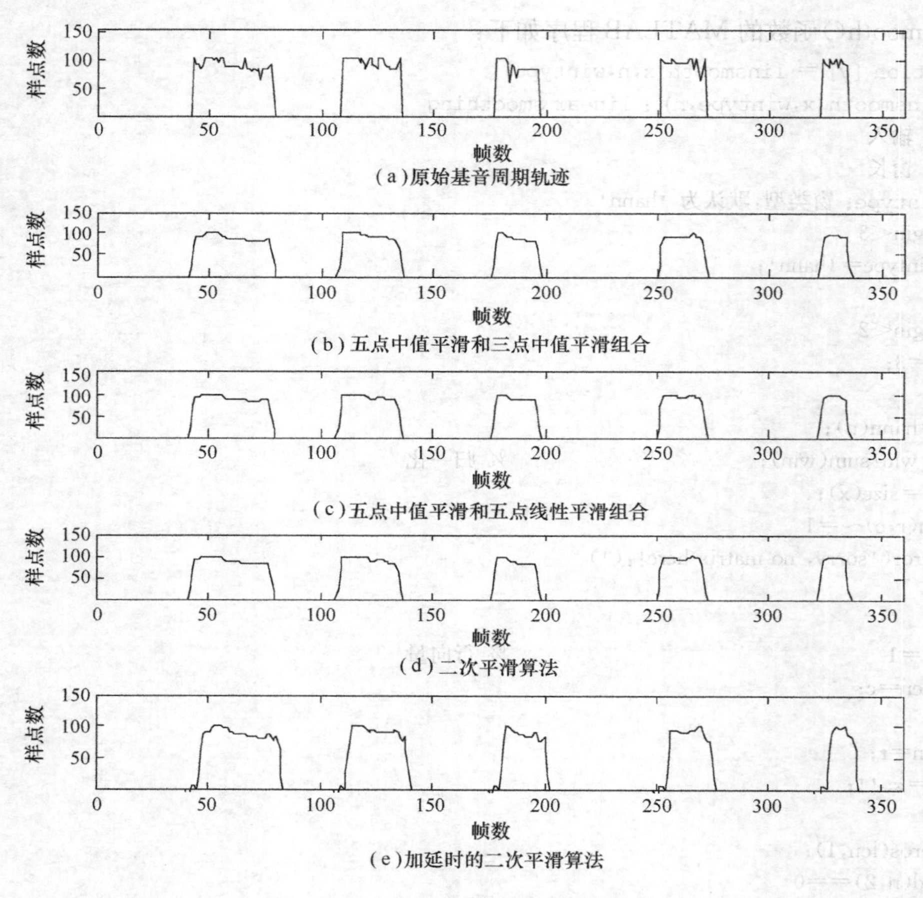

图 3.27　各种组合平滑算法运行结果

习　题　3

3.1　为什么语音信号的时域分析要采用短时分析技术？

3.2　在语音信号参数分析前为什么要进行预处理？有哪些预处理过程？

3.3　语音信号短时平均能量及短时平均过零率分析的主要用途是什么？

3.4　浊音和清音的短时自相关函数有哪些特点？

3.5　简述语音端点检测的概念和意义。

3.6　写出至少两种基音周期估计方法及原理。

3.7　为什么要进行基音检测的后处理？在后处理中常用的有哪几种基音轨迹平滑方法？

3.8　编写基于双门限比较法的端点检测的 MATLAB 实现程序。

3.9　序列 $x(n)$ 的短时能量定义为

$$E_n = \sum_{m=-\infty}^{+\infty} [x(m)w(n-m)]^2$$

对于特定的选择

$$w(m) = \begin{cases} a^m, & m \geqslant 0 \\ 0, & m < 0 \end{cases}$$

(1) 找一个差分方程，用 E_{n-1} 和输入 $x(n)$ 表示 E_n。

(2) 画出这个方程的数字网络图。

3.10　短时平均过零率的定义为

$$Z_n = \frac{1}{2N}\sum_{m=n-(N-1)}^{n} |\operatorname{sgn}[x(m)] - \operatorname{sgn}[x(m-1)]|$$

证明 Z_n 可以表示成

$$Z_n = Z_{n-1} + \frac{1}{2N}\{|\operatorname{sgn}[x(n)] - \operatorname{sgn}[x(n-1)]| - |\operatorname{sgn}[x(n-N)] - \operatorname{sgn}[x(n-N-1)]|\}$$

3.11 短时自相关函数定义为

$$R_n(k) = \sum_{m=-\infty}^{+\infty} x(m)w(n-m)x(m+k)w(n-k-m)$$

(1) 证明 $R_n(k) = R_n(-k)$

(2) 证明 $R_n(k)$可以表示为

$$R_n(k) = \sum_{m=-\infty}^{+\infty} x(m)x(m-k)h_k(n-m), \text{其中} \quad h_k(n) = w(n)w(n+k)$$

(3) 假定 $w(n) = \begin{cases} a^n, & n \geqslant 0 \\ 0, & n < 0 \end{cases}$，求 $h_k(n) = ?$

第 4 章　语音信号短时频域及倒谱分析

傅里叶分析是分析线性系统和平稳信号稳态特性的强有力工具，它在许多工程领域得到了广泛应用。它理论完善，且有快速算法，在语音信号处理领域也是一个重要工具。

语音信号本质上是非平稳信号，其非平稳特性是由发声器官的物理运动过程产生的。发声器官的运动由于存在惯性，所以可以假设语音信号在 10～30ms 这样短的时间段内是平稳的，这是短时分帧处理的基础，也是短时傅里叶分析的基础。短时傅里叶分析就是在基于短时平稳的假设下，用稳态分析方法处理非平稳信号的一种方法。

根据语音信号的二元激励模型，语音被看作一个受准周期脉冲或随机噪声源激励的线性系统的输出。输出频谱是声道系统的频率响应与激励源频谱的乘积，一般标准的傅里叶变换适用于周期及平稳随机信号的表示，但不能直接用于语音信号。因为语音信号可被看作短时平稳信号，所以可采用短时傅里叶分析。某一帧的短时傅里叶变换的定义式为

$$X_n(\mathrm{e}^{\mathrm{j}\omega}) = \sum_{m=-\infty}^{+\infty} x(m)w(n-m)\mathrm{e}^{-\mathrm{j}\omega m} \tag{4.1}$$

式中，$w(n-m)$是窗函数。不同的窗函数，可得到不同的傅里叶变换的结果。在式中，短时傅里叶变换有两个变量，即离散时间 n 及连续频率 ω，若令 $\omega=2\pi k/N$，则可得到离散的短时傅里叶变换为

$$X_n(\mathrm{e}^{\mathrm{j}\frac{2\pi k}{N}}) = X_n(k) = \sum_{m=-\infty}^{+\infty} x(m)w(n-m)\mathrm{e}^{-\mathrm{j}\frac{2\pi km}{N}}, \quad 0 \leqslant k \leqslant N-1 \tag{4.2}$$

它实际上就是 $X_n(\mathrm{e}^{\mathrm{j}\omega})$的频率的抽样。由式(4.1)或式(4.2)可以看出：当 n 固定时，它们就是序列$[w(n-m)x(m)](-\infty\leqslant m\leqslant+\infty)$的傅里叶变换或离散傅里叶变换；当 ω 或 k 固定时，它们是一个卷积，这相当于滤波器的运算。因此，语音信号的短时频域分析可以解释为傅里叶变换或滤波器。

4.1　傅里叶变换的解释

4.1.1　短时傅里叶变换

将式(4.1)写为

$$X_n(\mathrm{e}^{\mathrm{j}\omega}) = \sum_{m=-\infty}^{+\infty} [x(m)w(n-m)]\mathrm{e}^{-\mathrm{j}\omega m} \tag{4.3}$$

时变傅里叶变换是时间 n 的函数，当 n 变化时，窗 $w(n-m)$沿着 $x(m)$滑动，图 4.1 画出了这种情况，它表明了在几个不同的 n 值上 $x(m)$及 $w(n-m)$与 m 的函数关系。

因为 $w(n-m)$为有限宽度窗，故 $x(m)w(n-m)$在所有 n 上绝对可和，因而时变傅里叶变换必定存在。另外，时变傅里叶变换也是 ω 的周期函数，且周期为 2π。当 n 固定时，时变傅里叶变换的特性与标准傅里叶变换相同，故可写出傅里叶逆变换公式为

$$w(n-m)x(m) = \frac{1}{2\pi}\int_{-\pi}^{\pi} X_n(\mathrm{e}^{\mathrm{j}\omega})\mathrm{e}^{\mathrm{j}\omega m}\mathrm{d}\omega \tag{4.4}$$

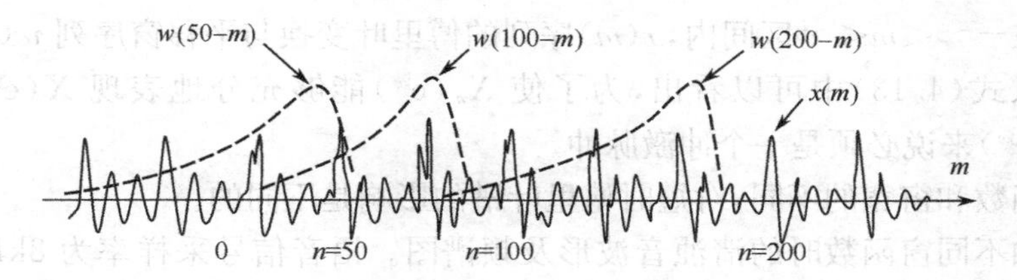

图 4.1　$x(m)$及$w(n-m)$与m的函数关系

令$m=n$,则

$$x(n)=\frac{1}{2\pi w(0)}\int_{-\pi}^{\pi}X_n(\mathrm{e}^{\mathrm{j}\omega})\mathrm{e}^{\mathrm{j}\omega n}\mathrm{d}\omega \tag{4.5}$$

从上式可以看出,只有当$w(0)\neq 0$时,$x(n)$才能从$X_n(\mathrm{e}^{\mathrm{j}\omega})$求出。

此外,由功率谱定义,可以写出短时功率谱与短时傅里叶变换的关系为

$$S_n(\mathrm{e}^{\mathrm{j}\omega})=X_n(\mathrm{e}^{\mathrm{j}\omega})X_n(\mathrm{e}^{\mathrm{j}\omega})=|X_n(\mathrm{e}^{\mathrm{j}\omega})|^2 \tag{4.6}$$

功率谱$S_n(\mathrm{e}^{\mathrm{j}\omega})$是自相关函数

$$R_n(k)=\sum_{m=-\infty}^{+\infty}x(m)w(n-m)x(m+k)w(n-k-m) \tag{4.7}$$

的傅里叶变换。

4.1.2　窗函数的作用

对于$w(n-m)$窗来说,除了具有选出$x(m)$序列中被分析部分的作用外,它的形状对时变傅里叶变换的特性也有重要作用,从标准傅里叶变换可以方便地解释这种作用。如果$X_n(\mathrm{e}^{\mathrm{j}\omega n})$被看成是$w(n-m)x(m)$序列的标准傅里叶变换,同时假设$x(m)$及$w(m)$的标准傅里叶变换存在,即

$$X(\mathrm{e}^{\mathrm{j}\omega})=\sum_{m=-\infty}^{+\infty}x(m)\mathrm{e}^{-\mathrm{j}\omega m} \tag{4.8}$$

$$W(\mathrm{e}^{\mathrm{j}\omega})=\sum_{m=-\infty}^{+\infty}w(m)\mathrm{e}^{-\mathrm{j}\omega m} \tag{4.9}$$

当n固定时,序列$w(n-m)$的傅里叶变换为

$$\sum_{m=-\infty}^{+\infty}w(n-m)\mathrm{e}^{-\mathrm{j}\omega m}=W(\mathrm{e}^{-\mathrm{j}\omega})\mathrm{e}^{-\mathrm{j}\omega n} \tag{4.10}$$

根据卷积定理,两相乘序列的傅里叶变换等于各自傅里叶变换的卷积,因此,$w(n-m)x(m)$序列的标准傅里叶变换$X_n(\mathrm{e}^{\mathrm{j}\omega n})$为

$$X_n(\mathrm{e}^{\mathrm{j}\omega})=[W(\mathrm{e}^{-\mathrm{j}\omega})\cdot \mathrm{e}^{-\mathrm{j}\omega n}]*[X(\mathrm{e}^{\mathrm{j}\omega})] \tag{4.11}$$

因为式(4.11)右边两个卷积项都是ω的周期为2π的连续周期函数,所以上式可写成卷积积分的形式

$$X_n(\mathrm{e}^{\mathrm{j}\omega})=\frac{1}{2\pi}\int_{-\pi}^{\pi}W(\mathrm{e}^{-\mathrm{j}\theta})\mathrm{e}^{-\mathrm{j}\theta n}\cdot X(\mathrm{e}^{\mathrm{j}(\omega-\theta)})\mathrm{d}\theta \tag{4.12}$$

将θ改换为$-\theta$后,可以写成

$$X_n(\mathrm{e}^{\mathrm{j}\omega})=\frac{1}{2\pi}\int_{-\pi}^{\pi}W(\mathrm{e}^{\mathrm{j}\theta})\mathrm{e}^{\mathrm{j}\theta n}\cdot X(\mathrm{e}^{\mathrm{j}(\omega+\theta)})\mathrm{d}\theta \tag{4.13}$$

式(4.13)表示在$-\infty < m < \infty$区间内，$x(m)$序列的傅里叶变换与平移窗序列$w(n-m)$的傅里叶变换的卷积。从式(4.13)中可以看出，为了使$X_n(e^{j\omega})$能够充分地表现$X(e^{j\omega})$的特性，要求$W(e^{j\theta})$对于$X(e^{j\omega})$来说必须是一个冲激脉冲。

选择的窗函数和窗宽的不同，对短时傅里叶谱的影响是不同的。

图4.2为加不同窗函数时的清浊音波形及频谱图。语音信号采样率为8kHz，窗长取256。可以看出在矩形窗和汉明窗两种窗函数下，短时频谱图都有两种变化：由周期性激励引起的快变化，反映了基音频率的各次谐波；由声道的共振特性引起的慢变化，反映了各共振峰的频率和带宽。还可以看出两个频谱图之间存在明显的差别。采用矩形窗时，基音谐波的各个峰都比较尖锐，且整个频谱图显得比较破碎(类似于噪声)，这是因为矩形窗的主瓣较窄，具有较高的频率分辨率，但它也具有较高的旁瓣，因而使基音的相邻谐波之间的干扰比较严重。在相邻谐波间隔内有时叠加，有时抵消，出现了一种随机变化的现象。相邻谐波之间的这种严重"泄露"的现象，抵

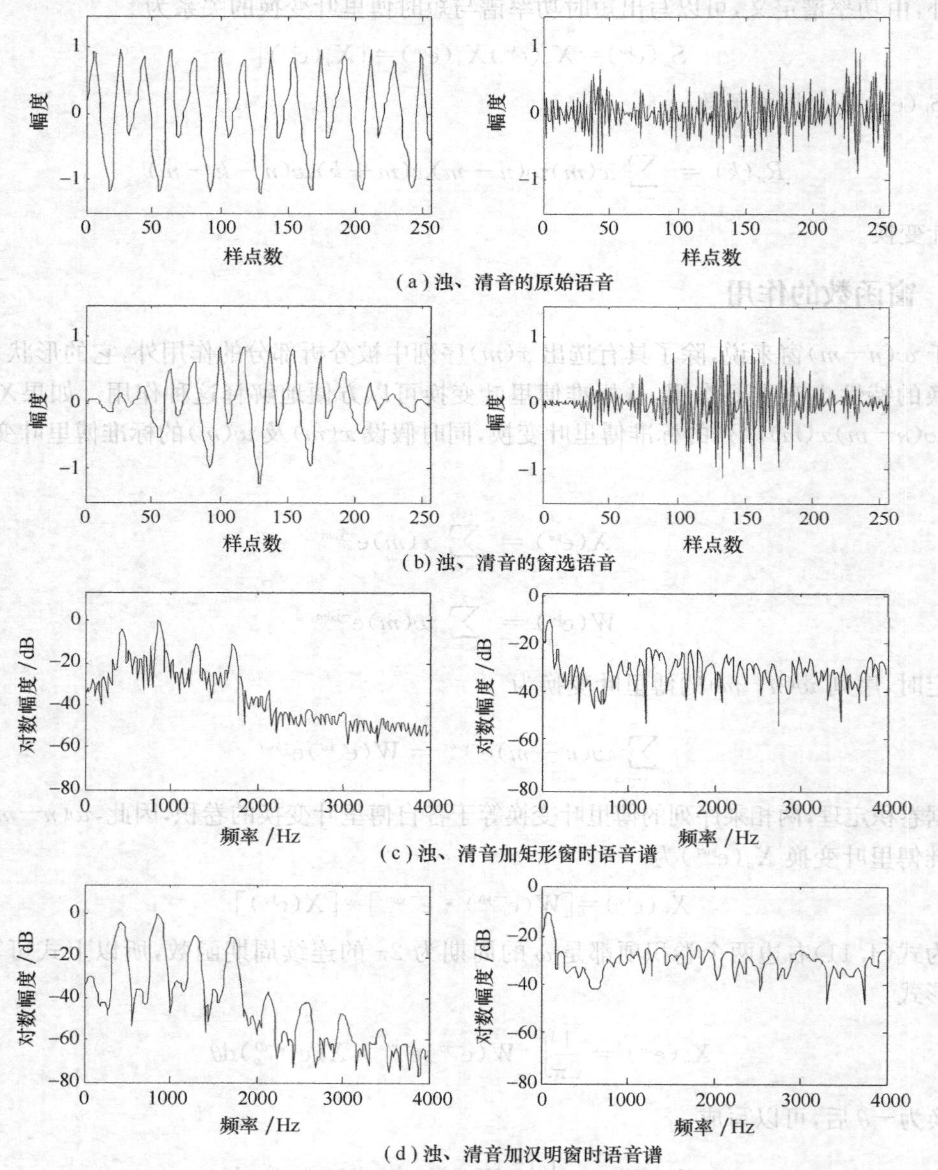

图4.2　加不同窗函数时的清浊音波形及频谱图(窗宽$N=256$)

消了矩形窗主瓣窄的优点，因此，在语音短时频谱分析中极少采用矩形窗。当加汉明窗时，得到的短时频谱要平滑得多，因而在语音分析中汉明窗用得比较普遍。其 MATLAB 程序由程序4.1给出。

【程序 4.1】 qingzhuoyinpinpu.m

```
fid=fopen('voice2.txt','rt');              %打开文件
y=fscanf(fid,'%f');                        %读数据
e=fra(256,128,y);                          %对 y 分帧,帧长 256,帧移 128
ee=e(10,:);                                %选取第 10 帧
subplot(421)                               %画第 1 个子图
ee1=ee/max(ee);                            %幅值归一化
plot(ee1)                                  %画波形
xlabel('样点数')                           %横坐标名称
ylabel('幅度')                             %纵坐标名称
axis([0,256,-1.5,1.5])                     %限定横纵坐标范围

% 矩形窗傅里叶变换
r=fft(ee,1024);                            %对信号 ee 进行 1024 点傅里叶变换
r1=abs(r);                                 %对 r 取绝对值 r1 表示频谱的幅度值
r1=r1/max(r1);                             %幅值归一化
yuanlai=20*log10(r1);                      %对归一化幅值取对数
signal(1:256)=yuanlai(1:256);              %取 256 个点,目的是画图的时候,维数一致
pinlv=(0:1:255)*8000/512;                  %点和频率的对应关系
subplot(425)                               %画第 5 个子图
plot(pinlv,signal);                        %画幅值特性图
xlabel('频率/Hz')                          %横坐标名称
ylabel('对数幅度/dB')                      %纵坐标名称
axis([0,4000,-80,15])                      %限定横纵坐标范围

%加汉明窗
f=ee'.*hamming(length(ee));                %对选取的语音信号加汉明窗
f1=f/max(f);                               %对加窗后的语音信号的幅值归一化
subplot(423)                               %画第 3 个子图
plot(f1)                                   %画波形
axis([0,256,-1.5,1.5])                     %限定横纵坐标范围
xlabel('样点数')                           %横坐标名称
ylabel('幅度')                             %纵坐标名称

%加汉明窗傅里叶变换
r=fft(f,1024);                             %对信号 ee 进行 1024 点傅里叶变换
r1=abs(r);                                 %对 r 取绝对值 r1 表示频谱的幅度值
r1=r1/max(r1);                             %幅值归一化
yuanlai=20*log10(r1);                      %对归一化幅值取对数
signal(1:256)=yuanlai(1:256);              %取 256 个点,目的是画图的时候,维数一致
pinlv=(0:1:255)*8000/512;                  %点和频率的对应关系
subplot(427)                               %画第 7 个子图
plot(pinlv,signal);                        %画幅值特性图
xlabel('频率/Hz')                          %横坐标名称
ylabel('对数幅度/dB')                      %纵坐标名称
axis([0,4000,-80,15])                      %限定横纵坐标范围

%清音的波形和短时频谱图(窗长 256)
```

```
fid=fopen('qingyin1.txt','rt');          %打开文件
y=fscanf(fid,'%f');                      %读数据
e=fra(256,128,y);                        %对 y 分帧,帧长 256,帧移 128
ee=e(2,:);                               %选取第 2 帧
subplot(422)                             %画第 2 个子图
ee1=ee/max(ee);                          %幅值归一化
plot(ee1)                                %画波形
xlabel('样点数')                          %横坐标名称
ylabel('幅度')                            %纵坐标名称
axis([0,256,-1.5,1.5])                   %限定横纵坐标范围

% 矩形窗傅里叶变换
r=fft(ee,1024);                          %对信号 ee 进行 1024 点傅里叶变换
r1=abs(r);                               %对 r 取绝对值 r1 表示频谱的幅度值
r1=r1/max(r1);                           %幅值归一化
yuanlai=20 * log10(r1);                  %对归一化幅值取对数
signal(1:256)=yuanlai(1:256);            %取 256 个点,目的是画图的时候,维数一致
pinlv=(0:1:255) * 8000/512;              %点和频率的对应关系
subplot(426)                             %画第 6 个子图
plot(pinlv,signal);                      %画幅值特性图
xlabel('频率/Hz')                         %横坐标名称
ylabel('对数幅度/dB')                     %纵坐标名称
axis([0,4000,-80,1])                     %限定横纵坐标范围

%加汉明窗
f=ee'. * hamming(length(ee));            %对选取的语音信号加汉明窗
f1=f/max(f);                             %对加窗后的语音信号的幅值归一化
subplot(424)                             %画第 4 个子图
plot(f1)                                 %画波形
axis([0,256,-1.5,1.5])                   %限定横纵坐标范围
xlabel('样点数')                          %横坐标名称
ylabel('幅度')                            %纵坐标名称

%加汉明傅里叶变换
r=fft(f,1024);                           %对信号 ee 进行 1024 点傅里叶变换
r1=abs(r);                               %对 r 取绝对值 r1 表示频谱的幅度值
r1=r1/max(r1);                           %幅值归一化
yuanlai=20 * log10(r1);                  %对归一化幅值取对数
signal(1:256)=yuanlai(1:256);            %取 256 个点,目的是画图的时候,维数一致
pinlv=(0:1:255) * 8000/512;              %点和频率的对应关系
subplot(428)                             %画第 8 个子图
plot(pinlv,signal);                      %画幅值特性图
xlabel('频率/Hz')                         %横坐标名称
ylabel('对数幅度/dB')                     %纵坐标名称
axis([0,4000,-80,1])                     %限定横纵坐标范围
```

图 4.3 为窗宽较窄的情况下清浊音波形及频谱图。语音信号采样率为 8kHz,窗长 N 取 64。由于窗很窄,选取出来的语音段的长度约 1~2 个基音周期,因而该语音短时频谱图中反映基音谐波频率的快速变化现象基本消失。但短时频谱图中仍然保留着慢变化(较宽的峰),它们是声道滤波器的共振峰。加矩形窗比加汉明窗时呈现出较多的细致结构,是由于矩形窗比汉明窗具有更高的频率分辨率的缘故。

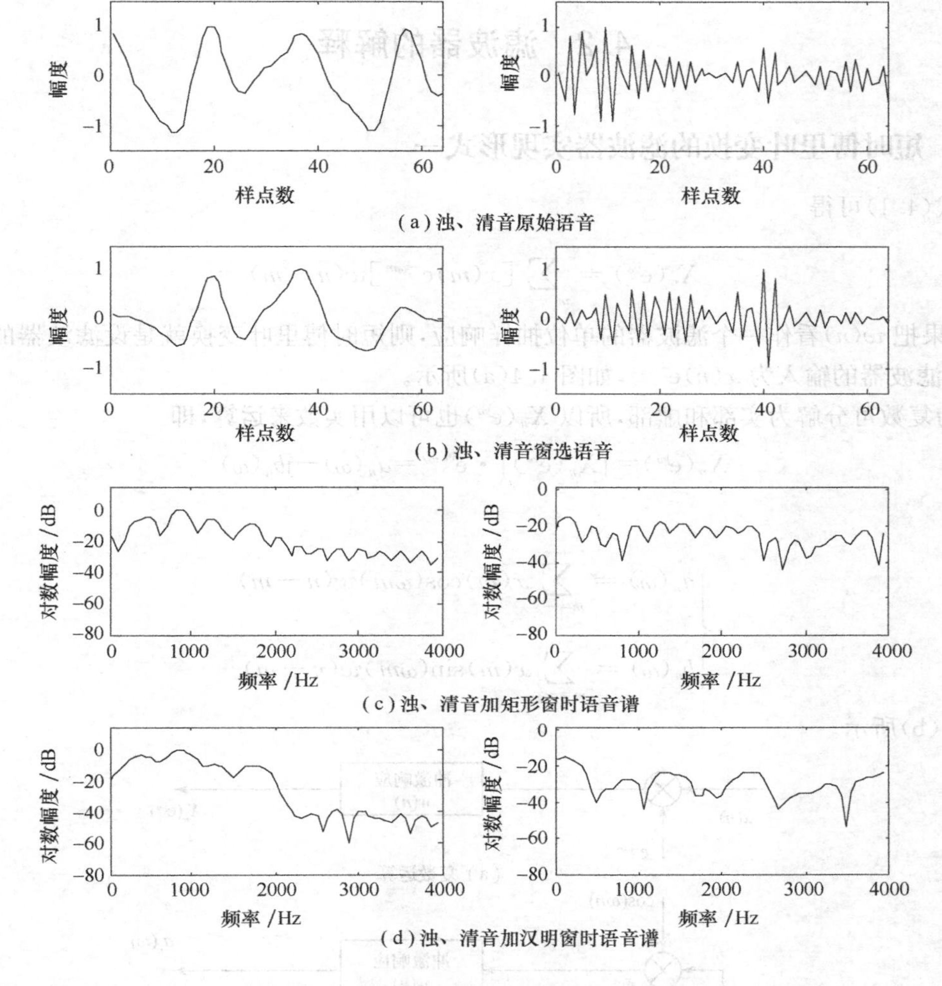

图 4.3　加不同窗函数时的清浊音波形及频谱图(窗宽 $N=64$)

综上所述,关于短时谱和移动窗可以得出以下结论。

① 长窗具有较高的频率分辨率,较低的时间分辨率。从一个基音周期到另一个基音周期,共振峰是要发生变化的,这一点即使从语音波形上也能够看出来。然而如果采用较长的窗,这种变化便被模糊了,因为长窗起到了时间上的平均作用。

② 短窗具有较低的频率分辨率,较高的时间分辨率。采用矩形窗时,能够从短时频谱中提取出共振峰从一个基音周期到另一个基音周期所发生的变化。当然,激励源的谐波的细致结构也从短时频谱图上消失了。

③ 窗宽的选择需折中考虑。短窗具有较好的时间分辨率,能够提取出语音信号中的短时变化(这常常是分析的目的),损失了频率分辨率。但应注意到,语音信号的基音周期提取范围很大。因此,窗宽的选择应当考虑到这个因素。

④ 矩形窗和汉明窗的频谱特性都具有低通的性质,在截止频率处都比较尖锐,当其通带都比较窄时(窗越宽,其通带越窄),加窗后得到的频谱能够很好地逼近短时语音信号的频谱。窗越宽,逼近效果越好。

4.2 滤波器的解释

4.2.1 短时傅里叶变换的滤波器实现形式一

由式(4.1)可得

$$X_n(e^{j\omega}) = \sum_{m=-\infty}^{+\infty} [x(m)e^{-j\omega m}]w(n-m) \tag{4.14}$$

因此,如果把 $w(n)$ 看作一个滤波器的单位抽样响应,则短时傅里叶变换就是设滤波器的输出为 $X_n(e^{j\omega})$,滤波器的输入为 $x(n)e^{-j\omega n}$,如图 4.4(a)所示。

因为复数可分解为实部和虚部,所以 $X_n(e^{j\omega})$ 也可以用实数来运算,即

$$X_n(e^{j\omega}) = |X_n(e^{j\omega})| \cdot e^{j\theta(\omega)} = a_n(\omega) - jb_n(\omega) \tag{4.15}$$

其中

$$\begin{cases} a_n(\omega) = \sum\limits_{m=-\infty}^{+\infty} x(m)\cos(\omega m)w(n-m) \\ b_n(\omega) = \sum\limits_{m=-\infty}^{+\infty} x(m)\sin(\omega m)w(n-m) \end{cases} \tag{4.16}$$

如图 4.4(b)所示。

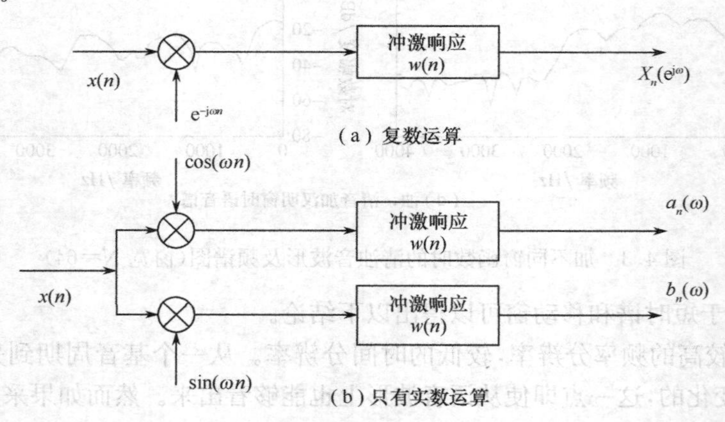

图 4.4 短时频谱分析的滤波器表示

为研究图 4.4(a)在频率 ω 上的短时傅里叶变换,假定 $x(n)$ 的标准傅里叶变换存在,为避免频率变量的混淆,这里将 $x(n)$ 的傅里叶变换写成 $X(e^{j\omega})$,将 ω 看成是某个特定的角频率值。由此可知:$x(n)$ 经调制后,其傅里叶变换为 $X(e^{j(\theta+\omega)})$,这说明调制使 $x(n)$ 的频谱在频率轴上向左移动了 ω,线性滤波器输出端的频谱等于乘积 $X(e^{j(\theta+\omega)})W(e^{j\theta})$,故为了使输出频谱准确等于 $X(e^{j\omega})$,$W(e^{j\theta})$ 应当是一个冲激,即要求线性滤波器近似为一个窄带低通滤波器。

4.2.2 短时傅里叶变换的滤波器实现形式二

用滤波器来解释短时傅里叶变换还有另一种形式。令 $m'=n-m$,得

$$X_n(e^{j\omega}) = \sum_{m'=-\infty}^{+\infty} w(m')x(n-m')e^{-j\omega(n-m')}$$

$$= e^{-j\omega n}\left[\sum_{m'=-\infty}^{+\infty} x(n-m')w(m')e^{j\omega m'}\right] \tag{4.17}$$

令

$$\widetilde{X}_n(e^{j\omega}) = \sum_{m'=-\infty}^{+\infty} x(n-m')w(m')e^{j\omega m'} = e^{j\omega n}X_n(e^{j\omega}) \tag{4.18}$$

则有

$$X_n(e^{j\omega}) = e^{-j\omega n} \cdot \widetilde{X}_n(e^{j\omega}) = e^{-j\omega n}[\tilde{a}_n(\omega) - j\tilde{b}_n(\omega)] \tag{4.19}$$

因此，可以画出短时傅里叶变换的滤波器解释的另一种形式，如图 4.5 所示，也分为图 4.5(a)复数运算和图 4.5(b)实数运算两种。

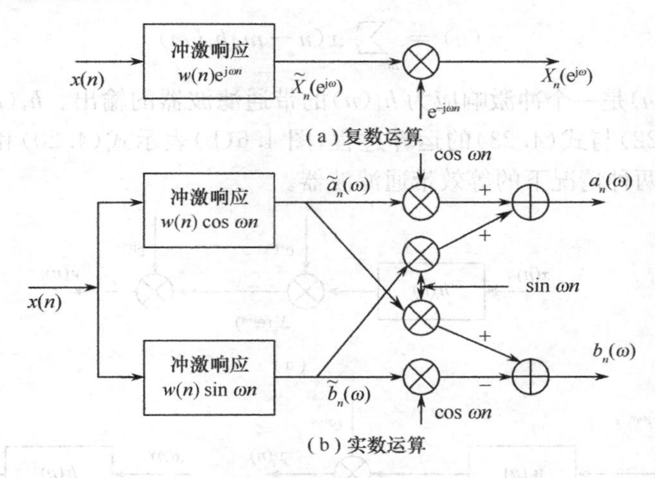

图 4.5　另一种用线性滤波对短时频谱分析的解释

从图 4.5(a)可以看到，$X_n(e^{j\omega})$同样可被看作用复数带通滤波器的输出调制 $e^{-j\omega n}$ 的结果。此带通滤波器的冲激响应为 $w(n)e^{j\omega n}$。如果窗的傅里叶变换 $W(e^{j\theta})$是低通函数，这时图 4.5(a)中的滤波器将是一个通带中心位于频率 ω 上的窄带带通滤波器。

4.3　短时综合的滤波器组相加法

前面讨论了语音的短时傅里叶分析方法，本节讨论如何从短时傅里叶变换的采样恢复原始语音信号的问题，通常称为语音的短时合成。常用的短时合成技术有两种：滤波器组相加法和叠接相加法。本节仅讨论前者，下一节将讨论后者。

4.3.1　短时综合的滤波器组相加法原理

滤波器组相加法是利用滤波器组表示语音的短时谱的方法。由式(4.1)知，可将 $X_n(e^{j\omega})$表示为

$$X_n(e^{j\omega_i}) = \sum_{m=-\infty}^{+\infty} w_i(n-m)x(m)e^{-j\omega_i m} \tag{4.20}$$

或

$$X_n(e^{j\omega_i}) = e^{-j\omega_i n}\sum_{m=-\infty}^{+\infty} x(n-m)w_i(m)e^{j\omega_i m} \tag{4.21}$$

式中，$w_i(m)$是在频率 ω_i 上使用的窗，若定义

$$h_i(n)=w_i(n)\mathrm{e}^{\mathrm{j}\omega_i n} \tag{4.22}$$

则式(4.21)可以表示为

$$X_n(\mathrm{e}^{\mathrm{j}\omega_i}) = \mathrm{e}^{-\mathrm{j}\omega_i n}\sum_{m=-\infty}^{+\infty} x(n-m)h_i(m) \tag{4.23}$$

由于窗 $w_i(n)$具有低通滤波特性,式(4.23)可以理解为先经过一个冲激响应为 $h_i(n)$的带通滤波器,再用复指数 $\mathrm{e}^{-\mathrm{j}\omega_i n}$调制,如图 4.6 所示。

若定义

$$y_i(n)=X_n(\mathrm{e}^{\mathrm{j}\omega_i})\mathrm{e}^{\mathrm{j}\omega_i n} \tag{4.24}$$

则由式(4.23)可得

$$y_i(n) = \sum_{m=-\infty}^{+\infty} x(n-m)h_i(m) \tag{4.25}$$

由式(4.25)可见,$y_i(n)$是一个冲激响应为 $h_i(n)$的带通滤波器的输出。$h_i(n)$由式(4.22)决定。图 4.6(a)表示式(4.22)与式(4.23)的运算过程,图 4.6(b)表示式(4.20)和式(4.22)的运算过程,图 4.6(c)表示了两种情况下的等效带通滤波器。

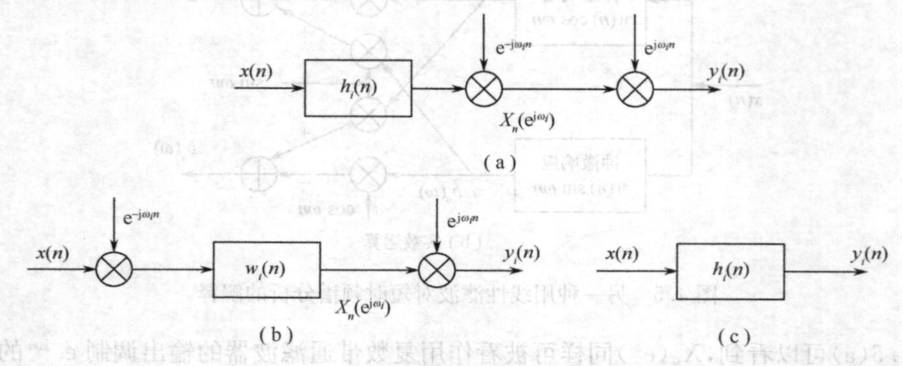

图 4.6 用线性滤波实现单个通道综合的方法

利用上面讨论的结果,可以获得恢复输入信号的实际方法。考虑有 N 个满足式(4.22)的带通滤波器,其中对于 $i=0,1,\cdots,N-1$,共有 N 个频率 $\omega_i=\frac{2\pi}{N}i$,假定 $w_i(n)$是一个截止频率为 ω_{pi}的理想低通滤波器的冲激响应时,图 4.7(a)表示此滤波器的频率响应 $W_i(\mathrm{e}^{\mathrm{j}\omega})$,对应的复数带通滤波器的冲激响应如式(4.22)所示,其频率响应为

$$H_i(\mathrm{e}^{\mathrm{j}\omega})=W_i(\mathrm{e}^{\mathrm{j}(\omega-\omega_i)}) \tag{4.26}$$

式(4.26)用图 4.7(b)表示,中心频率为 ω_i,带宽为 $2\omega_{pi}$,假定所有通道都使用了相同的窗函数,即

$$w_i(n)=w(n),\quad i=0,1,\cdots,N-1 \tag{4.27}$$

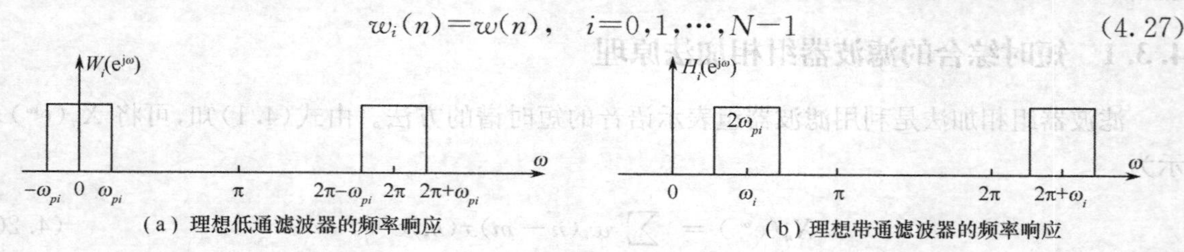

图 4.7 理想低通和带通滤波器的频率响应

考虑整个带通滤波器组时,其中每个带通滤波器具有相同的输入,其输出相加在一起,如图 4.8所示,输出为 $y(n)$,输入为 $x(n)$,整个系统的复合频率响应为

$$\widetilde{H}(e^{j\omega}) = \sum_{i=0}^{N-1} H_i(e^{j\omega}) = \sum_{i=0}^{N-1} W(e^{j(\omega-\omega_i)}) \tag{4.28}$$

如果 $W(e^{j\omega})$ 在频率域上正确采样($N\geqslant L$,L 为窗宽)可以证明对于所有 ω 都满足

$$\frac{1}{N}\sum_{i=0}^{N-1} W(e^{j(\omega-\omega_i)}) = w(0) \tag{4.29}$$

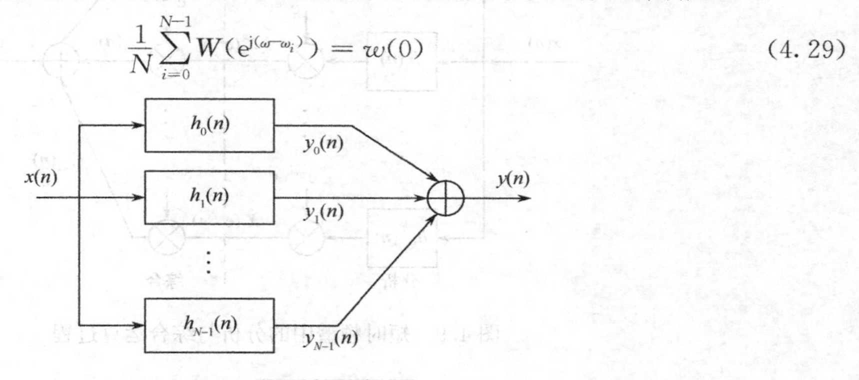

图 4.8　用带通滤波器将 $y(n)$ 与 $x(n)$ 联系起来

上式证明如下:

$W(e^{j\omega})$ 的傅里叶反变换是窗函数 $w(n)$,如果 $W(e^{j\omega})$ 在频率上以 N 个均匀间隔采样,则 $W(e^{j\omega_i})$ 采样形式的离散傅里叶反变换为

$$\frac{1}{N}\sum_{i=0}^{N-1} W(e^{j\omega_i})e^{j\omega_i n} = \sum_{r=-\infty}^{+\infty} w(n+rN) \tag{4.30}$$

如果 $w(n)$ 的宽度等于 L 个采样,则

$$w(n)=0,\quad n<0,\ n\geqslant L \tag{4.31}$$

这时只要 $W(e^{j\omega})$ 在频率域上正确采样($N\geqslant L$),就不会引起混叠。在式(4.30)中取 $n=0$,得

$$\frac{1}{N}\sum_{i=0}^{N-1} W(e^{j\omega_i}) = w(0) \tag{4.32}$$

考虑到 $W(e^{j(\omega-\omega_i)})$ 是 $W(e^{j\omega})$ 在 $\omega-\omega_i$ 上而不是在 ω_i 上的均匀采样形式后,我们能得出式(4.29),因为按采样定理,任何一组 N 个均匀分布的采样都是适用的。

由式(4.22)和式(4.29)可以推出复合系统的冲激响应为

$$\widetilde{h}(n) = \sum_{i=0}^{N-1} h_i(n) = \sum_{i=0}^{N-1} w(n)e^{j\omega_i n} = Nw(0)\delta(n) \tag{4.33}$$

这时的复合输出为

$$y(n)=Nw(0)x(n) \tag{4.34}$$

于是,用滤波器组相加法恢复的信号可以表示为

$$y(n) = \sum_{i=0}^{N-1} y_i(n) = \sum_{i=0}^{N-1} X_n(e^{j\omega_i})e^{j\omega_i n} \tag{4.35}$$

式(4.35)中所包含的分析与综合运算过程如图 4.9 所示,其中的滤波器均为带通滤波器。

上面的讨论说明,当 $w(n)$ 具有有限宽度 L 时,$x(n)$ 完全能从时间及频率域采样后的时变傅里叶变换准确地恢复。同样可以证明,如果 $W(e^{j\omega})$ 在频域内是频带受限的,则 $x(n)$ 也能准确从 $X_n(e^{j\omega_i})$ 中恢复,这里证明从略。

4.3.2　短时综合的滤波器组相加法的 MATLAB 程序实现

程序 4.2 对应于图 4.6(b),先调制后滤波,实现流程图如图 4.10 所示,程序运行结果如

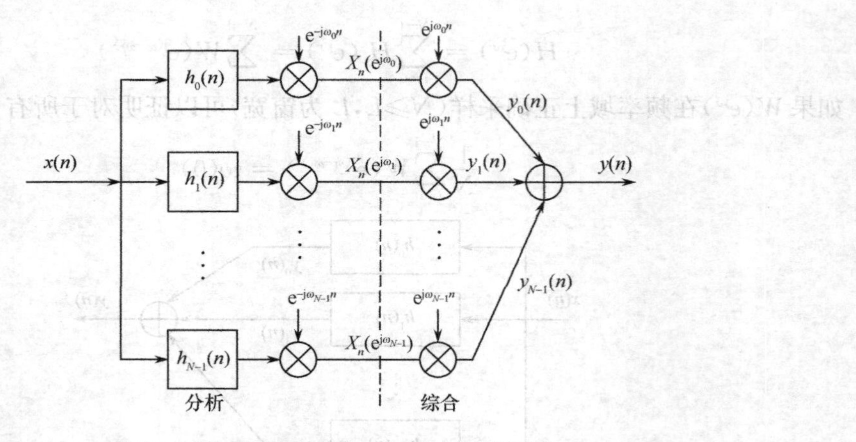

图 4.9　短时频谱中的分析与综合运算过程

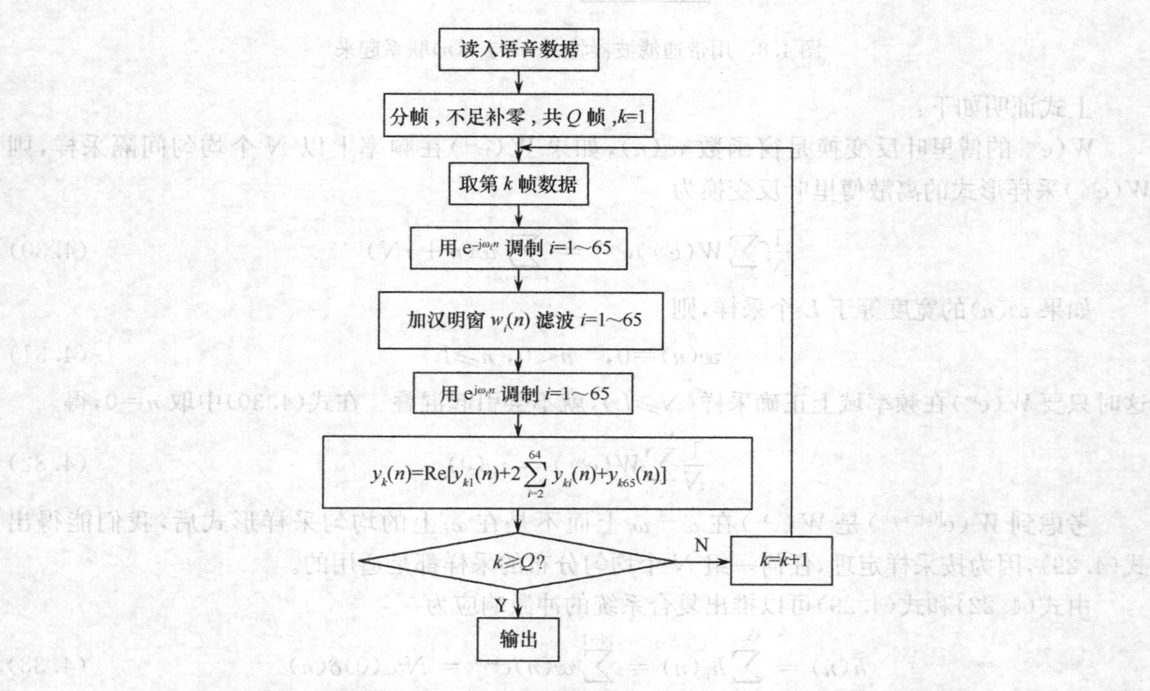

图 4.10　短时综合的滤波器组相加法(先调制，后滤波)的实现流程图

图 4.11所示。程序 4.3 对应于图 4.6(a)，先滤波后调制，实现流程图如图 4.12 所示，程序运行结果如图 4.13 所示。

【程序 4.2】Filterbank1. m

```
clear; clf;
WL= 256;                              % 窗长
N=128;                                % 滤波器通道个数
M=1024;                               % 语音帧的大小，必须是窗长的倍数
[IN, FS] = wavread('speech.wav');     % 读入一段语音，FS 为采样率
L= length(IN);                        % 输入语音的长度
window = hann(WL);                    % Hanning 窗，窗长为 WL
%* * * * * * * 将语音分帧，每帧大小为 M，若语音长度不是 M 的整数倍
%* * * * * * * 则需补零至能整除为止并将语音幅度归一化
Mod=M-mod(L,M);
```

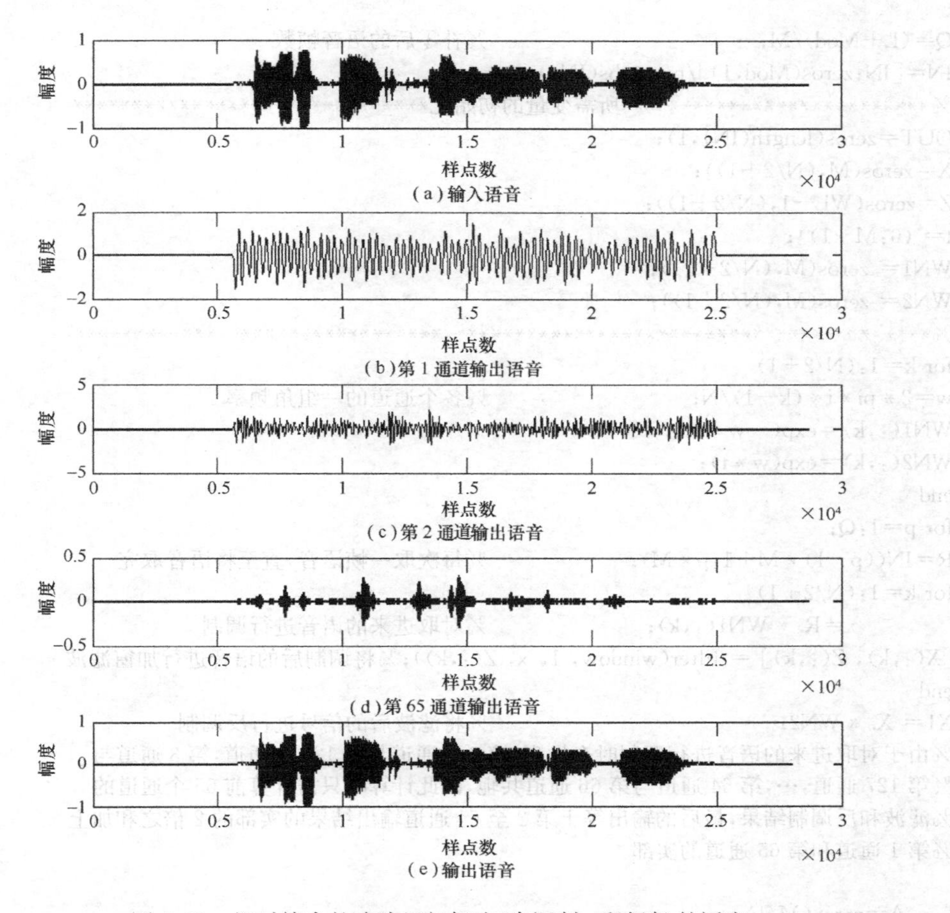

图 4.11 短时综合的滤波组相加法(先调制,后滤波)的语音

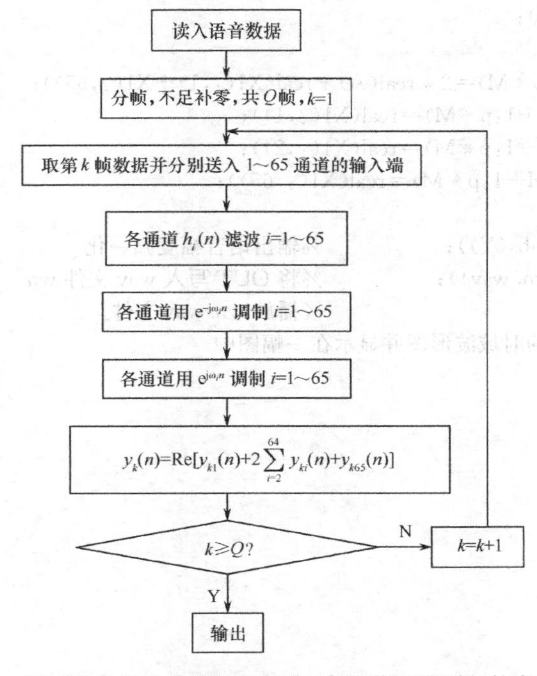

图 4.12 短时综合的滤波器组相加法(先滤波,后调制)的实现流程图

```
Q=(L+Mod)/M;                              %补零后的语音帧数
IN=[IN;zeros(Mod,1)]/max(abs(IN));
%**************************所需变量的初始化******************************
OUT=zeros(length(IN),1);
X=zeros(M,(N/2+1));
Z=zeros(WL-1,(N/2+1));
t= (0:M-1)';
WN1= zeros(M,(N/2+1));
WN2= zeros(M,(N/2+1));
%**********************************************************************
for k=1:(N/2+1)
w=2 * pi * i * (k-1)/N;                   %各个通道的一组角频率
WN1(:,k)=exp(-w * t);
WN2(:,k)=exp(w * t);
end
for p=1:Q;
R=IN((p-1) * M+1:p * M);                  %每次取一帧语音,直至将语音取完
for k=1:(N/2+1)
        x=R. * WN1(:,k);                  %对取进来的语音进行调制
[X(:,k), Z(:,k)] = filter(window, 1, x, Z(:,k));%将调制后的语音进行加窗滤波
end
X1= X. * WN2;                             %将滤波后的信号进行反调制
%由于对取进来的语音进行调制时会发现,第 2 个通道与第 128 个通道,第 3 通道与
%第 127 通道,…,第 64 通道与第 66 通道共轭,因此计算时只需计算前 65 个通道的
%滤波和反调制结果,最后的输出等于第 2 至 64 通道输出结果的实部的 2 倍之和加上
%第 1 通道和第 65 通道的实部

    A=zeros(M,1);
    for j=2:(N/2)
        A=A+X1(:,j);
    end
    Y((p-1) * M+1:p * M)=2 * real(A)+real(X1(:,1)+X1(:,65));
      Y1((p-1) * M+1:p * M)=real(X1(:,1));
      Y2((p-1) * M+1:p * M)=real(X1(:,2));
      Y65((p-1) * M+1:p * M)=real(X1(:,65));
end
OUT =Y(1:L) / max(abs(Y));                %输出语音幅度归一化
wavwrite(OUT, FS, 'wn. wav');             %将 OUT 写入 wav 文件 wn
wavplay(OUT,FS);                          %播放 wn. wav 文件
%绘出输入与输出语音的时域波形图并显示在一幅图中
figure(1);
subplot(511);
plot(IN);
xlabel('样点数');
ylabel('幅度');
subplot(512);
plot(Y1);
xlabel('样点数');
ylabel('幅度');
subplot(513);
plot(Y2);
```

```
xlabel('样点数');
ylabel('幅度');
subplot(514);
plot(Y65);
xlabel('样点数');
ylabel('幅度');
subplot(515);
plot(OUT);
xlabel('样点数');
ylabel('幅度');
```

程序运行结果如图 4.11 所示。

【程序 4.3】 Filterbank2. m

```
clear; clf;
WL= 256;                                  % 窗长
N=128;                                    % 滤波器通道个数
M=1024;                                   % 语音帧的大小,必须是窗长的倍数
[IN, FS] = wavread('speech.wav');         % 读入一段语音,FS 为采样率
L= length(IN);                            % 输入语音的长度
window = hann(WL);                        % Hanning 窗,窗长为 WL
%********将语音分帧,每帧大小为 M,若语音长度不是 M 的整数倍
%********则需补零至能整除为止并将语音幅度归一化
Mod=M-mod(L,M);
Q=(L+Mod)/M;                              %补零后的语音帧数
IN=[IN;zeros(Mod,1)]/max(abs(IN));
%*************************所需变量的初始化****************************
OUT=zeros(length(IN),1);
X=zeros(M, (N/2+1));
Z=zeros(WL-1, (N/2+1));
t= (-WL/2:WL/2-1)';
WN=zeros(WL, (N/2+1));
%*****************************************************************
for k=1:(N/2+1)
w=2*pi*i*(k-1)/N;                         %各个通道的一组角频率
    WN(:,k)=exp(w*t);
end
for p=1:Q;
x=IN((p-1)*M+1:p*M);                      %每次取一帧语音,直至将语音取完
% 将取进来的语音加窗调制滤波
    for k=1:(N/2+1)
        [X(:,k), Z(:,k)] = filter(window.*WN(:,k), 1, x, Z(:,k));
    end

%由于对取进来的语音进行加窗调制滤波时会发现,第 2 个通道与第 128 个通道
%第 3 通道与第 127 通道…第 64 通道与第 66 通道共轭,因此在计算时只需计算前 65 个通道
%的滤波和反调制结果
%最后的输出等于第 2 至 64 通道输出结果的实部的 2 倍之和加上第 1 通道和 65 通道的实部
    A=zeros(M,1);
    for j=2:(N/2)
        A=A+X(:,j);
    end
```

```
Y((p-1)*M+1:p*M)=2*real(A)+real(X(:,1)+X(:,65));
    Y1((p-1)*M+1:p*M)=real(X(:,1));
    Y2((p-1)*M+1:p*M)=real(X(:,2));
    Y65((p-1)*M+1:p*M)=real(X(:,65));
end
OUT =Y(1:L) / max(abs(Y));                   %输出语音幅度归一化
wavwrite(OUT, FS, 'wn. wav');                %将 OUT 写入 wav 文件 wn
wavplay(OUT,FS);                              %播放 wn. wav 文件
%绘出输入与输出语音的时域波形图并显示在一幅图中
figure(1);
subplot(511);
plot(IN);
xlabel('样点数');
ylabel('幅度');
subplot(512);
plot(Y1);
xlabel('样点数');
ylabel('幅度');
subplot(513);
plot(Y2);
xlabel('样点数');
ylabel('幅度');
subplot(514);
plot(Y65);
xlabel('样点数');
ylabel('幅度');
subplot(515);
plot(OUT);
xlabel('样点数');
ylabel('幅度');
```

程序运行结果如图 4.13 所示。

4.3.3 短时综合的叠接相加法原理及 MATLAB 程序实现

假设在时域上利用周期为 R 的取样对 $X_n(e^{j\omega_i})$ 进行取样,则得

$$Y_r(e^{j\omega_i})=X_n(e^{j\omega_i})|_{n=rR}=X_{rR}(e^{j\omega_i}) \tag{4.36}$$

式中,r 为一整数,$0\leqslant i\leqslant N-1$,求上式的反变换,可得

$$y_r(n)=\frac{1}{N}\sum_{i=0}^{N-1}Y_r(e^{j\omega_i})e^{j\omega_i n} \tag{4.37}$$

又

$$y_r(k)=x(k)w(rR-k)\quad(-\infty<k<\infty) \tag{4.38}$$

因而

$$y(n)=\sum_{r=-\infty}^{+\infty}y_r(n)=x(n)\sum_{r=-\infty}^{+\infty}w(rR-n) \tag{4.39}$$

将式(4.37)代入式(4.39)中,可得

$$y(n)=\sum_{r=-\infty}^{+\infty}\left[\frac{1}{N}\sum_{i=0}^{N-1}Y_r(e^{j\omega_i})e^{j\omega_i n}\right] \tag{4.40}$$

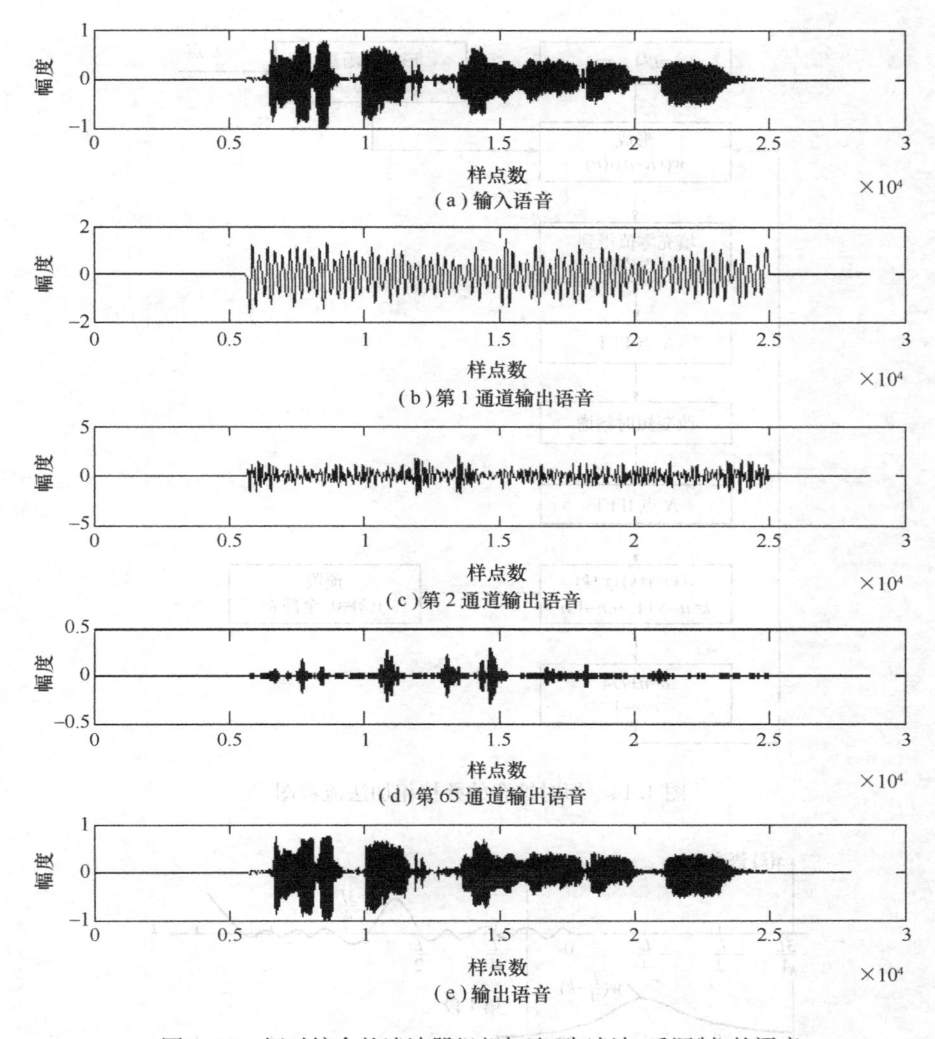

图 4.13　短时综合的滤波器组相加法(先滤波,后调制)的语音

如果 $w(n)$ 的傅里叶变换频带受限且 $X_n(\mathrm{e}^{\mathrm{j}\omega_i})$ 在时域上被正确取样,即 R 选得足够小,这时不论 n 为何值均可写出

$$\sum_{r=-\infty}^{+\infty} w(rR-n) = \sum_{r=-\infty}^{+\infty} w(rR-n)\mathrm{e}^{\mathrm{j}(rR-0)0} \approx W(\mathrm{e}^{\mathrm{j}0})/R \tag{4.41}$$

因而,式(4.39)可写成

$$y(n)=x(n)W(\mathrm{e}^{\mathrm{j}0})/R \tag{4.42}$$

上式说明,$y(n)$ 与 $x(n)$ 只差一个常系数,因而利用式(4.40)就能准确恢复 $x(n)$,图 4.14 为短时综合的叠接相加法的流程图。图 4.15 表示利用一个 L 点汉明窗计算 $y(n)$ 的过程。

在图 4.14 及图 4.15 的例子中,假定 $n<0$ 时 $x(n)=0$,对汉明窗需要 4∶1 的时间重叠,即 $R=\dfrac{L}{4}$ 在图 4.15 中,第一分析段从 $n=\dfrac{L}{4}$ 为标志,利用窗(窗宽为 L)来得到信号。

$$y_r(k)=x(k)w(rR-k) \tag{4.43}$$

此时信号在 $rR-L+1\leqslant k\leqslant rR$ 范围内不为零,填充零值后,得到 N 点序列,求 N 点 FFT 即可求得 $Y_r(\mathrm{e}^{\mathrm{j}\omega_i})$。

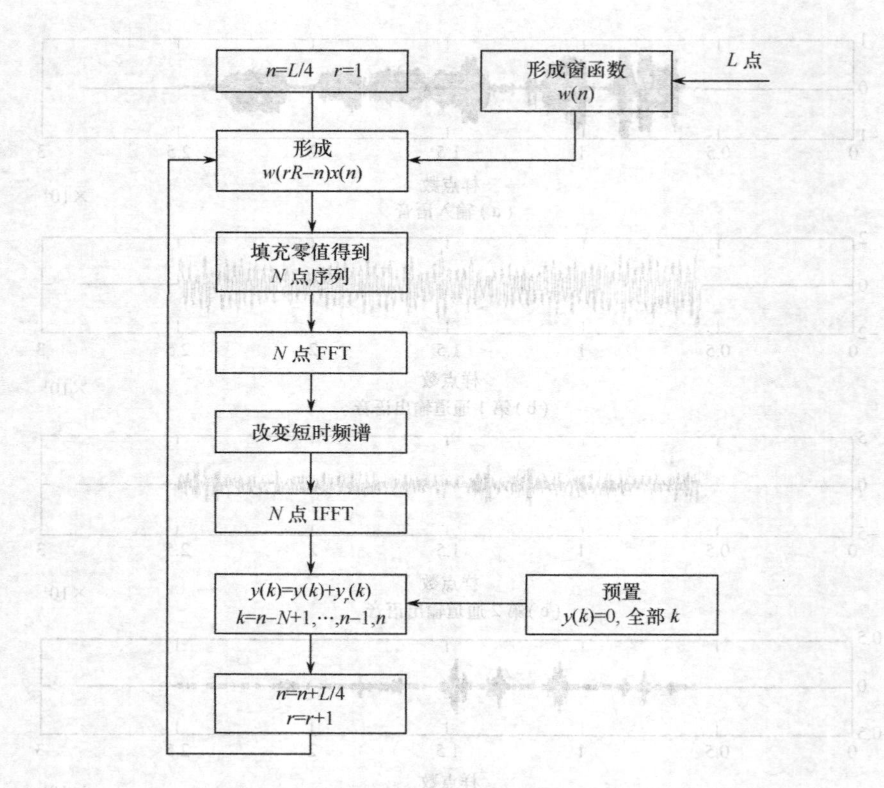

图 4.14 短时综合的叠接相加法流程图

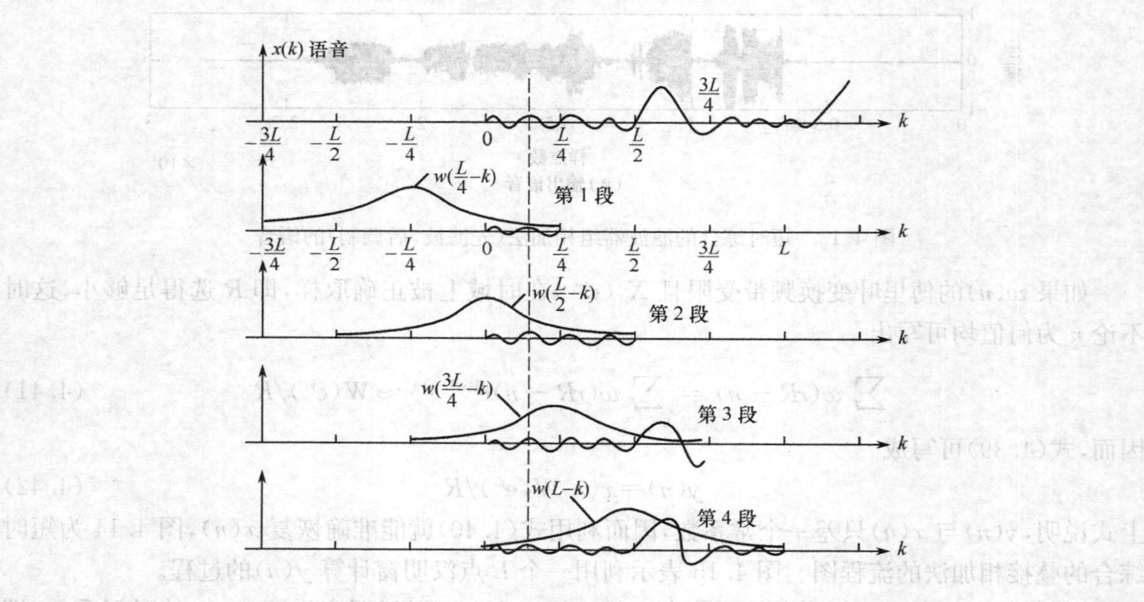

图 4.15 利用一个 L 点汉明窗时 $y(n)$ 的计算过程

图 4.15 表示了按照式(4.39)的运算过程，当 $0\leqslant n\leqslant R-1$ 时，$y(n)$ 可写成

$$y(n)=x(n)w(R-n)+x(n)w(2R-n)+x(n)w(3R-n)+x(n)w(4R-n) \tag{4.44}$$

当 $R\leqslant n\leqslant 2R-1$ 时，则 $y(n)$ 可写成

$$y(n)=x(n)w(2R-n)+x(n)w(3R-n)+x(n)w(4R-n)+x(n)w(5R-n) \tag{4.45}$$

滤波器组相加法与频率取样有关，它所要求的频率取样数应使窗变换满足

$$\frac{1}{N}\sum_{i=0}^{N-1}W(e^{j(\omega-\omega_i)})=w(0) \tag{4.46}$$

而叠接相加法要求时间抽样率应选得使窗满足

$$\sum_{r=-\infty}^{+\infty}w(rR-n)=W(e^{j0})/R \tag{4.47}$$

式(4.46)与式(4.37)构成对偶关系。

下面给出了短时综合的叠接相加法的 MATLAB 实现程序。

【程序 4.4】 ShortTimeAdd.m

```
clear all;
s=wavread('speech.wav');                 %读入一段语音
s=s';                                    %将 s 转置
M=length(s);                             %读入语音的长度
L=280;                                   %窗长
R=L/4;                                   %帧长
w=hamming(L);                            %汉明窗
w=w';                                    %将 w 转置
k=((M-mod(M,R))/R);                      %如 M 不是 R 的倍数,将最后剩余的去掉不作处理
                                         %取一帧语音,直至取完
for i=0:k-1
for n=(1+i*R):((i+1)*R)
    y(n)=s(n)*(w((i+1)*R-n+1)+w((i+2)*R-n+1)+w((i+3)*R-n+1)+w((i+4)*R
-n+1));
end
b=[y((1+i*R):((i+1)*R)),zeros(1,3*R)];        %给 y 补 3R 个零,使达到 L 点
c=fft(b,L);                                   % 对 b 进行 L 点傅里叶变换
d=ifft(c,L);                                  %对 c 进行 L 点傅里叶逆变换
e((1+i*R):((i+1)*R))=d(1:R);                  %存储数据
end
e=e/max(abs(e));
wavwrite(e,'wnt.wav');                        %将 e 写入 wav 文件 wnt
wavplay(e,8000);                              %播放 wnt 文件
                                              %绘图
figure(1);
subplot(2,1,1);
plot(s);
xlabel('样点数');
ylabel('幅度');
subplot(2,1,2);
plot(e);
xlabel('样点数');
ylabel('幅度');
```

程序运行结果如图 4.16 所示。

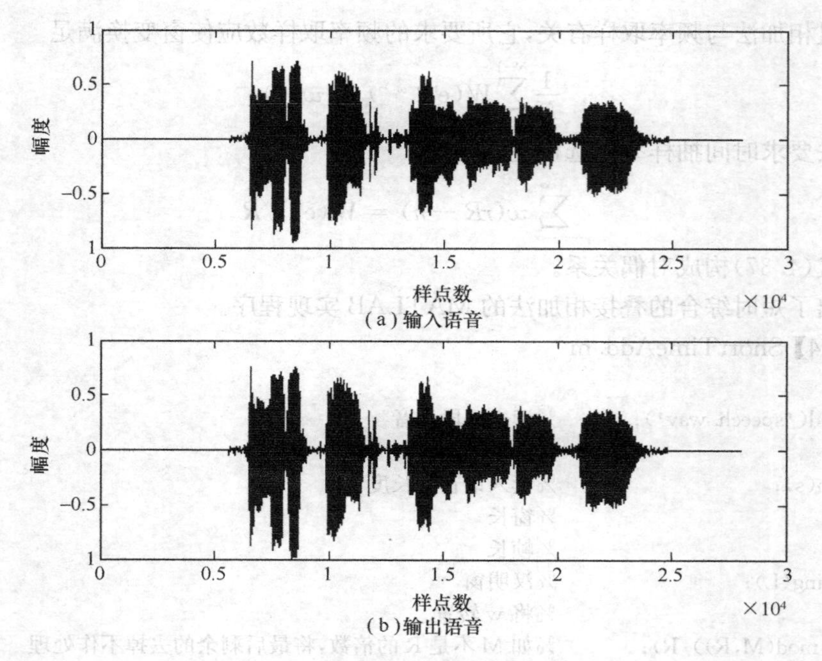

图 4.16　短时综合的叠接相加法语音

4.4　语音信号的复倒谱和倒谱分析及应用

4.4.1　复倒谱和倒谱的定义及性质

1. 定义

设信号 $x(n)$ 的 z 变换为 $X(z)=z[x(n)]$，其对数为

$$\hat{X}(z)=\ln X(z)=\ln[z[x(n)]] \tag{4.48}$$

那么 $\hat{X}(z)$ 的逆 z 变换可写成

$$\hat{x}(n)=z^{-1}[\hat{X}(z)]=z^{-1}[\ln X(z)]=z^{-1}[\ln z[x(n)]] \tag{4.49}$$

取 $z=\mathrm{e}^{\mathrm{j}\omega}$，式(4.48)可写为

$$\hat{X}(\mathrm{e}^{\mathrm{j}\omega})=\ln[X(\mathrm{e}^{\mathrm{j}\omega})]=\ln|X(\mathrm{e}^{\mathrm{j}\omega})|+\mathrm{j}\arg[X(\mathrm{e}^{\mathrm{j}\omega})] \tag{4.50}$$

在式(4.50)中，实部是可以取唯一值的，但对于虚部，会引起唯一性问题，因此要求相角为 ω 的连续奇函数。

根据傅里叶逆变换的定义

$$\hat{x}(n)=\frac{1}{2\pi}\int_{-\pi}^{\pi}\hat{X}(\mathrm{e}^{\mathrm{j}\omega})\mathrm{e}^{\mathrm{j}\omega n}\mathrm{d}\omega \tag{4.51}$$

则式(4.51)即为信号 $x(n)$ 的复倒谱 $\hat{x}(n)$ 的定义。在英语中，倒谱 Cepstrum 是将谱 Spectrum 中前 4 个字母倒置后得到的，因为 $\hat{X}(\mathrm{e}^{\mathrm{j}\omega})$ 一般为复数，故称 $\hat{x}(n)$ 为复倒谱。

如果只对 $\hat{X}(\mathrm{e}^{\mathrm{j}\omega})$ 的实部求逆变换，则可得实倒谱 $c(n)$，简称为倒谱，即

$$c(n)=\frac{1}{2\pi}\int_{-\pi}^{\pi}\ln|X(\mathrm{e}^{\mathrm{j}\omega})|\,\mathrm{e}^{\mathrm{j}\omega n}\mathrm{d}\omega \tag{4.52}$$

2. 复倒谱的性质

为判断复倒谱的性质，研究有理 z 变换的一般形式即可。z 变换的一般形式为

$$X(z)=\frac{Az^r\prod_{k=1}^{M_i}(1-a_kz^{-1})\prod_{k=1}^{M_0}(1-b_kz)}{\prod_{k=1}^{N_i}(1-c_kz^{-1})\prod_{k=1}^{N_0}(1-d_kz)} \tag{4.53}$$

其中，a_k、b_k、c_k、d_k 的绝对值皆小于 1；A 是一个非负实系数。因此，$1-a_kz^{-1}$ 和 $1-c_kz^{-1}$ 项对应于单位圆内的零点和极点；$1-b_kz$ 和 $1-d_kz$ 项对应于单位圆外的零点和极点；M_i 和 M_0 分别表示单位圆内和单位圆外的零点数目；N_i 和 N_0 分别表示单位圆内和单位圆外的极点数目；因子 z^r 简单地表示时间原点的移动。于是，$X(z)$的复对数为

$$\hat{X}(z)=\ln[A]+\ln[z^r]+\sum_{k=1}^{M_i}\ln(1-a_kz^{-1})+\sum_{k=1}^{M_0}\ln(1-b_kz)$$
$$-\sum_{k=1}^{N_i}\ln(1-c_kz^{-1})-\sum_{k=1}^{N_0}\ln(1-d_kz) \tag{4.54}$$

当在单位圆上估计式(4.54)时，可以看到其中 $\ln[z^r]$这一项只在复对数的虚部中出现。它只携带关于时间原点的信息，在计算复倒谱的过程中一般要去掉它，因此，在讨论复倒谱的性质时将这一项略去。每个对数项都可以写成一个幂级数展开式，可以证明复倒谱具有如下形式：

$$\hat{x}(n)=\begin{cases}\ln[A], & n=0\\ \sum_{k=1}^{N_i}\dfrac{c_k^n}{n}-\sum_{k=1}^{M_i}\dfrac{a_k^n}{n}, & n>0\\ \sum_{k=1}^{M_0}\dfrac{b_k^{-n}}{n}-\sum_{k=1}^{N_0}\dfrac{d_k^{-n}}{n}, & n<0\end{cases} \tag{4.55}$$

上式表明了复倒谱的许多重要性质。

性质 1：即使 $x(n)$可以满足因果性、稳定性、甚至持续期有限的条件，一般而言复倒谱也是非零的，而且在正负 n 两个方向上都是无限伸展的。

性质 2：复倒谱是一个有界衰减序列，其界限为

$$|\hat{x}(n)|<\beta\frac{\alpha^{|n|}}{|n|},\quad |n|\to\infty \tag{4.56}$$

其中，α 是 a_k、b_k、c_k、d_k 的最大绝对值，而 β 是一个常数。

性质 3：如果 $X(z)$在单位圆外无极点和零点(即 $b_k=d_k=0$)，则有

$$\hat{x}(n)=0\quad n<0 \tag{4.57}$$

这种信号称为“最小相位”信号，对于用式(4.57)所表示的序列，有一个通用的结论：这种序列完全可以用它们的傅里叶变换的实部来表示。因此，可以单独用傅里叶变换的模的对数值来求最小相位信号的复倒谱。我们知道一个序列的傅里叶变换的实部就等于该序列偶部的傅里叶变换，因为 $\ln|X(e^{j\omega})|$是倒频谱 $c(n)$的傅里叶变换，所以

$$c(n)=\frac{\hat{x}(n)+\hat{x}(-n)}{2} \tag{4.58}$$

用式(4.57)和式(4.58)，容易证明

$$\hat{x}(n)=\begin{cases}0, & n<0\\ c(n), & n=0\\ 2c(n), & n>0\end{cases} \tag{4.59}$$

因此，为了求得最小相位序列的复倒谱，可以先计算其倒谱 $c(n)$，然后用式(4.59)求$\hat{x}(n)$。对于最小相位序列的另一个重要结论是复倒谱可由输入信号经过递推计算得到，递推公式是

$$\hat{x}(n)=\begin{cases}\ln[x(0)], & n=0\\ \dfrac{x(n)}{x(0)}-\displaystyle\sum_{k=0}^{n-1}\left(\frac{k}{n}\right)\hat{x}(k)\frac{x(n-k)}{x(0)}, & n>0\\ 0, & n<0\end{cases}\tag{4.60}$$

性质 4:对于 $X(z)$ 在单位圆内没有极点或零点的情形,可以得到与此类似的结论。这种信号称为"最大相位"信号,在此情况下有

$$\hat{x}(n)=0,\quad n>0\tag{4.61}$$

如果再一起考虑式(4.58)与式(4.61),可得

$$\hat{x}(n)=\begin{cases}0, & n>0\\ c(n), & n=0\\ 2c(n), & n<0\end{cases}\tag{4.62}$$

和最小相位序列的情形相同,也能得到一个复倒谱的递推公式,其形式为

$$\hat{x}(n)=\begin{cases}\ln[x(0)], & n=0\\ \dfrac{x(n)}{x(0)}-\displaystyle\sum_{k=n+1}^{0}\left(\frac{k}{n}\right)\hat{x}(k)\frac{x(n-k)}{x(0)}, & n<0\\ 0, & n>0\end{cases}\tag{4.63}$$

性质 5:如果输入信号为一串冲激信号,它具有如下形式

$$p(n)=\sum_{r=0}^{M}\alpha_r\delta(n-rN_p)\tag{4.64}$$

其 z 变换是

$$P(z)=\sum_{r=0}^{M}\alpha_r z^{-rN_p}\tag{4.65}$$

由式(4.65)可见,$P(z)$ 是变量 z^{-N_p} 的多项式而不是 z^{-1} 的多项式,这样,$P(z)$ 可以表示成若干形式为 $1-az^{-N_p}$ 和 $1-bz^{N_p}$ 的因式的乘积,因而容易看到,复倒谱 $\hat{p}(n)$ 只在 N_p 的各整数倍点上不为零,这意味着 $\hat{p}(n)$ 也是一个间隔为 N_p 的冲激串。

例如,设 $p(n)$ 为

$$p(n)=\delta(n)+\alpha\delta(n-N_p)\tag{4.66}$$

其中 $0<\alpha<1$,则

$$P(z)=1+\alpha z^{-N_p}\tag{4.67}$$

$$\hat{P}(z)=\ln(1+\alpha z^{-N_p})=\sum_{n=1}^{\infty}(-1)^{n+1}\frac{\alpha^n}{n}z^{-nN_p}\tag{4.68}$$

这表明 $\hat{p}(n)$ 是一个冲激串,冲激之间的间隔为 N_p,即有

$$\hat{p}(n)=\sum_{r=1}^{\infty}(-1)^{r+1}\frac{\alpha^r}{r}\delta(n-rN_p)\tag{4.69}$$

这表明对于一串间隔均匀的冲激,它的复倒谱也是一串均匀间隔的冲激,而且其间隔相同,这对于语音分析是一个很重要的结果。

4.4.2 复倒谱的几种计算方法

在复倒谱分析中,z 变换后得到的是复数,所以取对数时要进行复对数运算,这时存在相位的多值性问题,称为"相位卷绕"。由于相位卷绕使后面求复倒谱及由复倒谱恢复语音等运算均存在不确定性而产生错误。

设信号为

$$x(n)=x_1(n)*x_2(n)$$

则其傅里叶变换为

$$X(e^{j\omega})=X_1(e^{j\omega})\cdot X_2(e^{j\omega})$$

对上式取复对数为

$$\ln X(e^{j\omega})=\ln X_1(e^{j\omega})+\ln X_2(e^{j\omega}) \tag{4.70}$$

则其幅度和相位分别为

$$\ln|X(e^{j\omega})|=\ln|X_1(e^{j\omega})|+\ln|X_2(e^{j\omega})| \tag{4.71}$$

$$\varphi(\omega)=\varphi_1(\omega)+\varphi_2(\omega) \tag{4.72}$$

式中，虽然 $\varphi_1(\omega)$、$\varphi_2(\omega)$的范围均在$(-\pi,\pi)$之内，但 $\varphi(\omega)$的值可能超过$(-\pi,\pi)$范围。计算机处理时总相位值只能用其主值 $\Phi(\omega)$表示，然后把这个相位主值"展开"，得到连续相位。所以存在下面的情况

$$\varphi(\omega)=\Phi(\omega)+2k\pi \quad (k\text{ 为整数}) \tag{4.73}$$

此时即产生了相位卷绕。下面介绍几种避免相位卷绕求复倒谱的方法。

1. 最小相位信号法

这是解决相位卷绕的一种比较好的方法。但它有一个限制条件：即被处理的信号 $x(n)$必须是最小相位信号。实际上许多信号就是最小相位信号，或可以看作最小相位信号。语音信号的模型就是极点都在 z 平面单位圆内的全极点模型，或者极零点都在 z 平面单位圆内的极零点模型。

最小相位信号法是由最小相位信号序列的复倒谱性质及 Hilbert 变换的性质推导出来的。设信号 $x(n)$的 z 变换为 $X(z)=N(z)/D(z)$，则有

$$\hat{X}(z)=\ln X(z)=\ln\frac{N(z)}{D(z)} \tag{4.74}$$

根据 z 变换的微分特性有

$$\begin{aligned}\sum_{n=-\infty}^{\infty}n\hat{x}(n)z^{-n}&=-z\frac{\mathrm{d}}{\mathrm{d}z}\hat{X}(z)=-z\frac{\mathrm{d}}{\mathrm{d}z}\left[\ln\frac{N(z)}{D(z)}\right]=\frac{-z\dfrac{\mathrm{d}}{\mathrm{d}z}\left[\dfrac{N(z)}{D(z)}\right]}{\dfrac{N(z)}{D(z)}}\\&=\frac{\dfrac{-z[D(z)N'(z)-N(z)D'(z)]}{D^2(z)}}{\dfrac{N(z)}{D(z)}}=-z\frac{[D(z)N'(z)-N(z)D'(z)]}{N(z)D(z)}\end{aligned} \tag{4.75}$$

如果 $x(n)$是最小相位信号，则 $N(z)$和 $D(z)$的所有根均在 z 平面的单位圆内；同时，由上式可知，此时 $nx(n)$的 z 变换的所有极点[即上式分母 $N(z)D(z)$的根]也均位于 z 平面的单位圆内。这表明，若 $x(n)$是最小相位信号，则$\hat{x}(n)$必然是稳定的因果序列。

另外，由 Hilbert 变换的性质可知，任一因果的复倒谱序列$\hat{x}(n)$都可以分解为偶对称分量$\hat{x}_e(n)$和奇对称分量$\hat{x}_o(n)$之和，即

$$\hat{x}(n)=\hat{x}_e(n)+\hat{x}_o(n) \tag{4.76}$$

其中

$$\begin{aligned}\hat{x}_e(n)&=[\hat{x}(n)+\hat{x}(-n)]/2\\\hat{x}_o(n)&=[\hat{x}(n)-\hat{x}(-n)]/2\end{aligned} \tag{4.77}$$

而且，这两个分量的傅里叶变换分别为$\hat{x}(n)$的傅里叶变换的实部和虚部。

$$\hat{X}(e^{j\omega})=\sum_{n=-\infty}^{\infty}\hat{x}(n)e^{-jn\omega}=\hat{X}_R(e^{j\omega})+j\hat{X}_I(e^{j\omega}) \tag{4.78}$$

则

$$\hat{X}_R(e^{j\omega}) = \sum_{n=-\infty}^{\infty} \hat{x}_e(n) e^{-jn\omega} \tag{4.79}$$

$$\hat{X}_I(e^{j\omega}) = \sum_{n=-\infty}^{\infty} \hat{x}_o(n) e^{-jn\omega} \tag{4.80}$$

由式(4.78)可得

$$\hat{x}(n)=\begin{cases}0, & n<0 \\ \hat{x}_e(n), & n=0 \\ 2\hat{x}_e(n), & n>0\end{cases} \tag{4.81}$$

此即复倒谱的性质3,也就是说一个因果序列可由其偶对称分量来恢复。如果引入一个辅助因子 $g(n)$,式(4.81)可写为

$$\hat{x}(n)=g(n)\cdot\hat{x}_e(n) \tag{4.82}$$

其中

$$g(n)=\begin{cases}0, & n<0 \\ 1, & n=0 \\ 2, & n>0\end{cases} \tag{4.83}$$

根据上述原理,可以画出最小相位法求复倒谱的原理框图,如图4.17所示。由倒谱 $c(n)$的定义,可以看出图中$\hat{x}(n)$的偶对称分量$\hat{x}_e(n)$即为 $c(n)$。

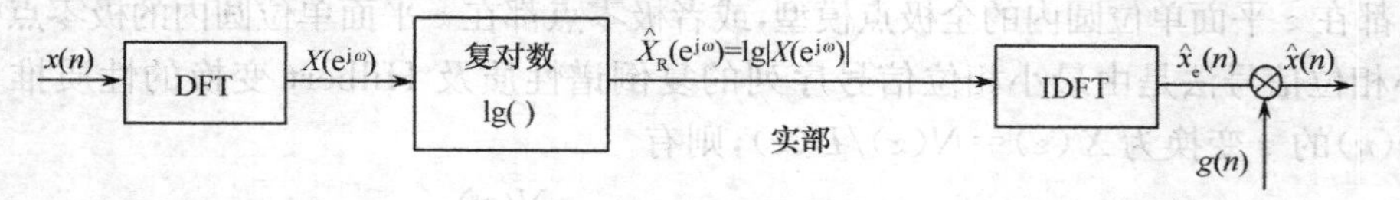

图4.17　最小相位法求复倒谱的原理框图

2. 递归法

这种方法也仅限于 $x(n)$是最小相位信号的情况。根据 z 变换的微分特性

$$-z\frac{\mathrm{d}}{\mathrm{d}z}\hat{X}(z)=-z\frac{\mathrm{d}}{\mathrm{d}z}[\ln X(z)]=\frac{-z\dfrac{\mathrm{d}X(z)}{\mathrm{d}z}}{X(z)} \tag{4.84}$$

得

$$-zX(z)\frac{\mathrm{d}}{\mathrm{d}z}\hat{X}(z)=-z\frac{\mathrm{d}}{\mathrm{d}z}X(z) \tag{4.85}$$

对上式求逆 z 变换,根据 z 变换的微分特性,有

$$[n\cdot\hat{x}(n)]*x(n)=n\cdot x(n) \tag{4.86}$$

或写为

$$\sum[k\cdot\hat{x}(k)]x(n-k)=nx(n) \tag{4.87}$$

所以

$$x(n)=\sum_{k=-\infty}^{\infty}\left(\frac{k}{n}\right)\hat{x}(k)x(n-k),\quad n\neq 0 \tag{4.88}$$

设 $x(n)$是最小相位序列,而最小相位信号序列一定为因果序列,同时$\hat{x}(n)$也为因果序列,所以有

$$\begin{cases}x(n)=0, & n<0 \\ \hat{x}(n)=0, & n<0\end{cases} \tag{4.89}$$

此时,将式(4.88)写为

$$\begin{aligned}x(n)&=\sum_{k=0}^{n}\left(\frac{k}{n}\right)\hat{x}(k)x(n-k)\\&=\sum_{k=0}^{n-1}\left(\frac{k}{n}\right)\hat{x}(k)x(n-k)+\hat{x}(n)x(0)\end{aligned} \tag{4.90}$$

上式中,由于$\hat{x}(k)=0(k<0)$及$x(n-k)=0(k>n)$,所以求和上下限变为 $0\sim n$。由上式得递推公式

$$\hat{x}(n)=\frac{x(n)}{x(0)}-\sum_{k=0}^{n-1}\left(\frac{k}{n}\right)\hat{x}(k)\frac{x(n-k)}{x(0)},\quad n>0 \tag{4.91}$$

为此在第一次递归之前应先求出$\hat{x}(0)$，然后进行递推运算，由复倒谱定义

$$\hat{x}(n)=z^{-1}\{\ln z[x(n)]\}=z^{-1}\left\{\ln\left[\sum_{n=-\infty}^{\infty}x(n)z^{-n}\right]\right\} \tag{4.92}$$

可知

$$\hat{x}(0)=z^{-1}[\ln z[x(0)]]=\ln x(0)\delta(n)=\ln x(0)$$

如果 $x(n)$是最大相位序列，则式(4.92)变为

$$g(n)=\begin{cases}0, & n>0\\ 1, & n=0\\ 2, & n<0\end{cases} \tag{4.93}$$

$$\hat{x}(n)=\frac{x(n)}{x(0)}-\sum_{k=n+1}^{0}\left(\frac{k}{n}\right)\hat{x}(k)\frac{x(n-k)}{x(0)},\quad n<0 \tag{4.94}$$

其中，$\hat{x}(0)=\ln x(0)$。

4.4.3 倒谱的 MATLAB 实现

本实验所用的语音样本是用 Cooledit 在普通室内环境下录制的女声“我到北京去”，采样频率为 8kHz，单声道。实现倒谱的 MATLAB 程序由程序 4.5 给出。

【程序 4.5】 Cepstrum. m

```
clear all;
[s,fs,nbit]=wavread('beijing.wav');   %读入一段语音
b=s';                                 %将 s 转置
x=b(5000:5399);                       %取 400 点语音
N=length(x);                          %读入语音的长度
S=fft(x);                             %对 x 进行傅里叶变换
Sa=log(abs(S));                       %log 为以 e 为底的对数
sa=ifft(Sa);                          %对 Sa 进行傅里叶逆变换
ylen=length(sa);
for i=1:ylen/2
    sa1(i)=sa(ylen/2+1-i);
end
for i=(ylen/2+1):ylen
    sa1(i)=sa(i+1-ylen/2)
end
%绘图
figure(1);
subplot(2,1,1);
plot(x);
axis([0,400,-0.5,0.5])
xlabel('样点数');
ylabel('幅度');
subplot(2,1,2);
time2=[-199:1:-1,0:1:200];
plot(time2,sa1);
axis([-200,200,-0.5,0.5])
xlabel('样点数');
ylabel('幅度');
```

倒谱程序运行结果如图 4.18 所示。

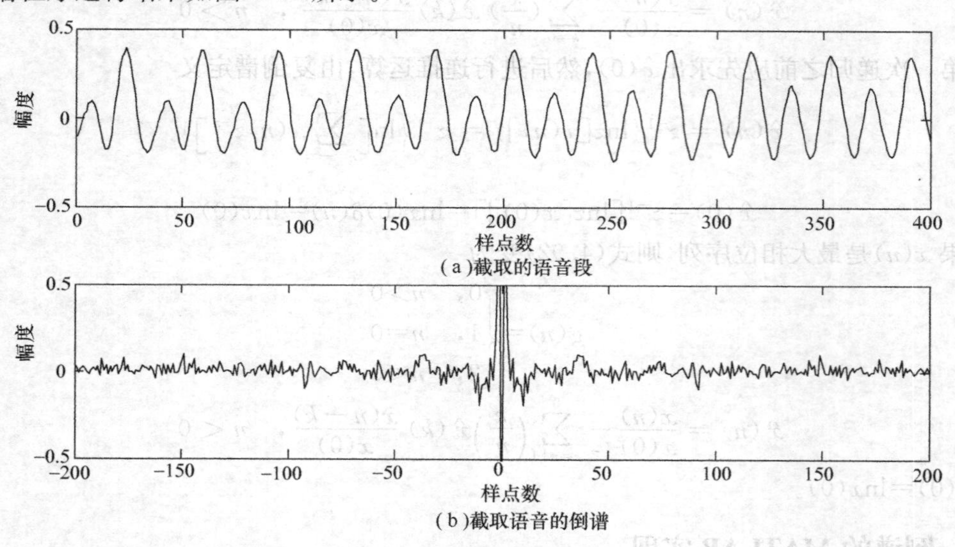

图 4.18　语音信号的倒谱图

4.4.4　语音的倒谱分析及应用

1. 语音的倒谱分析原理

在许多应用中，语音分析的任务是将声门和声道特性进行分离，这时可以用倒谱分析方法来解决此问题。

根据语音产生模型(见本书 2.3 节)，如果用 $H_v(z)$ 和 $H_u(z)$ 分别表示发浊音和清音时的声道传递函数，对应的冲激响应分别为 $h_v(n)$ 和 $h_u(n)$，则 $H_v(z)$(或 $H_u(z)$)总可以用式(4.53)那样的有理分式表示，其复倒谱 $\hat{h}_v(n)$(或 $\hat{h}_u(n)$)具有式(4.55)所示的形式，注意到 $|a_k|$，$|b_k|$，$|c_k|$，$|d_k|$ 都小于 1，那么不难看出，$\hat{h}_v(n)$(或 $\hat{h}_u(n)$)的绝对值是随 n 的增大而迅速地衰减的，相比 $h_v(n)$ 或 $h_u(n)$ 的衰减要更快，即更加集中在低时域区。对于浊音来说，它的激励脉冲串在时域和复倒谱域都是间隔为 N_p 的周期性冲激串。在时域的冲激串与 $h_v(n)$ 是相卷积的关系，各周期之间常常存在混叠，无法把 $h_v(n)$ 从信号 $s(n)$ 中很好地分离出来。但是，在复倒谱域冲激串与 $h_v(n)$ 是相加关系，采用宽度小于 N_p 的复倒谱窗，就可以去掉激励脉冲，得到 $\hat{h}_v(n)$ 的良好估值，再把它通过逆特征系统就可求得 $h_v(n)$，实现解卷。因此，这里的倒谱窗可定义为

$$l(n)=\begin{cases}1, & |n|<n_0 \\ 0, & |n|\geqslant n_0\end{cases} \tag{4.95}$$

如果要保存激励分量，选择倒谱窗 $l(n)$ 为

$$l(n)=\begin{cases}0, & |n|<n_0 \\ 1, & |n|\geqslant n_0\end{cases} \tag{4.96}$$

其中 $n_0<N_p$。倒谱窗在对数幅度谱域起平滑作用。

对于清音来说，清音信号的声道幅度响应 $|H_u(e^{j\omega})|$ 比浊音的要显得平坦一些，共振峰不像浊音那么突出。它的对数 $\ln|H_u(e^{j\omega})|$ 就显得更平坦了。这样，发清音时的声道响应的倒谱将集中在时间原点附近。当然，用上述倒谱窗对清音信号进行平滑，也可以使 $\ln|H_u(e^{j\omega})|$ 变得更加光滑。

在语音识别的特征提取中，常常不用上述矩形倒谱窗来提取反映声道特性的倒谱系数，而是用一种半个正弦波或类似的两头小中间大的倒谱窗来处理，其效果更好一些。这样的加权倒谱

窗有多种形式，其中一种典型的形式为

$$l(n)=\begin{cases}|\sin(\pi n/n_0)|, & |n|<n_0\\ 0, & |n|\geqslant n_0\end{cases} \tag{4.97}$$

这样得到的倒谱系数，称为加权倒谱系数。语音识别的大量实践表明，这种加权倒谱系数用作语音特征参数比不加权的效果更好，但其中权值的选择是很重要的。

用同态解卷积来分离语音的各波形分量很有效。但在许多场合下做语音分析时，只要求估计语音参数，而不是去恢复实际分量的波形。例如，可能只要求判断一段特定的语音是浊音还是清音，如是浊音，则进行基音周期估计，如果是清音要估计频谱等。在这种情况下，不必使用复倒谱，而使用倒谱 $c(n)$。倒谱中的低时分量相当于声道系统函数，而高时分量在浊音时是周期性的，在清音时不是周期性的，没有强烈的峰起，因而利用倒谱可以进行清、浊音判别以及估计浊音的基音周期。语音的倒谱分析系统如图 4.19 所示。

图 4.19 所示的方法已用到语音分析与综合上，根据倒谱的低时分量计算声道冲激响应，还可根据倒谱判别清音或浊音，估计浊音基音周期等，在语音综合时，以声道冲激响应和准周期冲激或噪声序列相卷积来合成语音，也可根据倒谱来估计声道滤波器的极点和零点。语音综合即以二阶时变数字滤波器的级联来实现。利用倒谱分析方法都隐含着声道冲激响应是最小相位的假设。

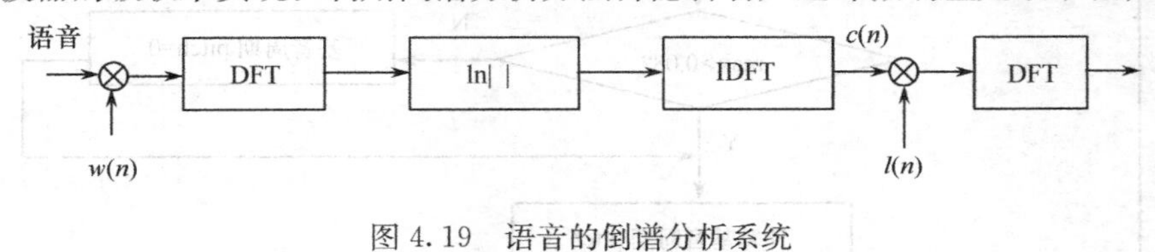

图 4.19　语音的倒谱分析系统

2. 语音的倒谱应用

(1) 基音检测

语音的倒谱是将语音的短时谱取对数后再进行 IDFT 得到的，所以浊音信号的周期性激励反映在倒谱上是同样周期的冲激。借此，可从倒谱波形中估计出基音周期。一般把倒谱波形中第二个冲激，认为是对应激励源的基频。下面给出一种倒谱法求基音周期的框图（如图 4.20所示）及流程图（如图 4.21 所示）。先计算倒谱，然后在预期的基音周期附近寻找峰值。如果倒谱的峰值超出了预先规定的门限，则输入语音段定为浊音，而峰的位置就是基音周期的良好估值。如果没有超出门限的峰值，则输入语音段定为清音。如果计算的是一个时变的倒谱，则可估计出激励源模型及基音周期随时间的变化。一般每隔 10～20ms 计算一次倒谱，这是因为在一般语音中激励参数是缓慢变化的。

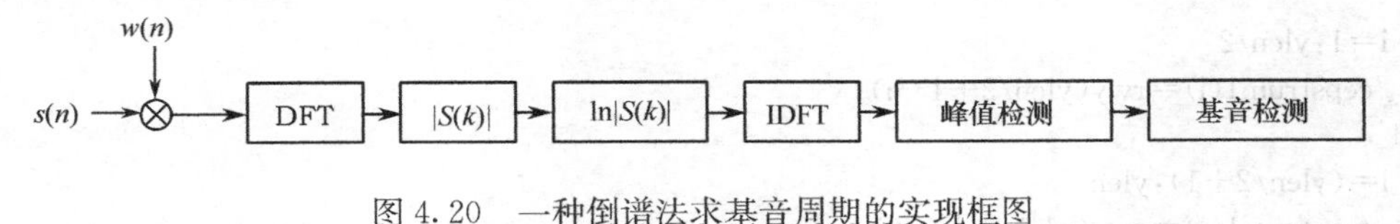

图 4.20　一种倒谱法求基音周期的实现框图

【程序 4.6】 PitchDetect.m

```
waveFile='beijing.wav';
[y, fs, nbits]=wavread(waveFile);
time1=1:length(y);
time=(1:length(y))/fs;
frameSize=floor(50*fs/1000);                    % 帧长
startIndex=round(5000);                         % 起始序号
```

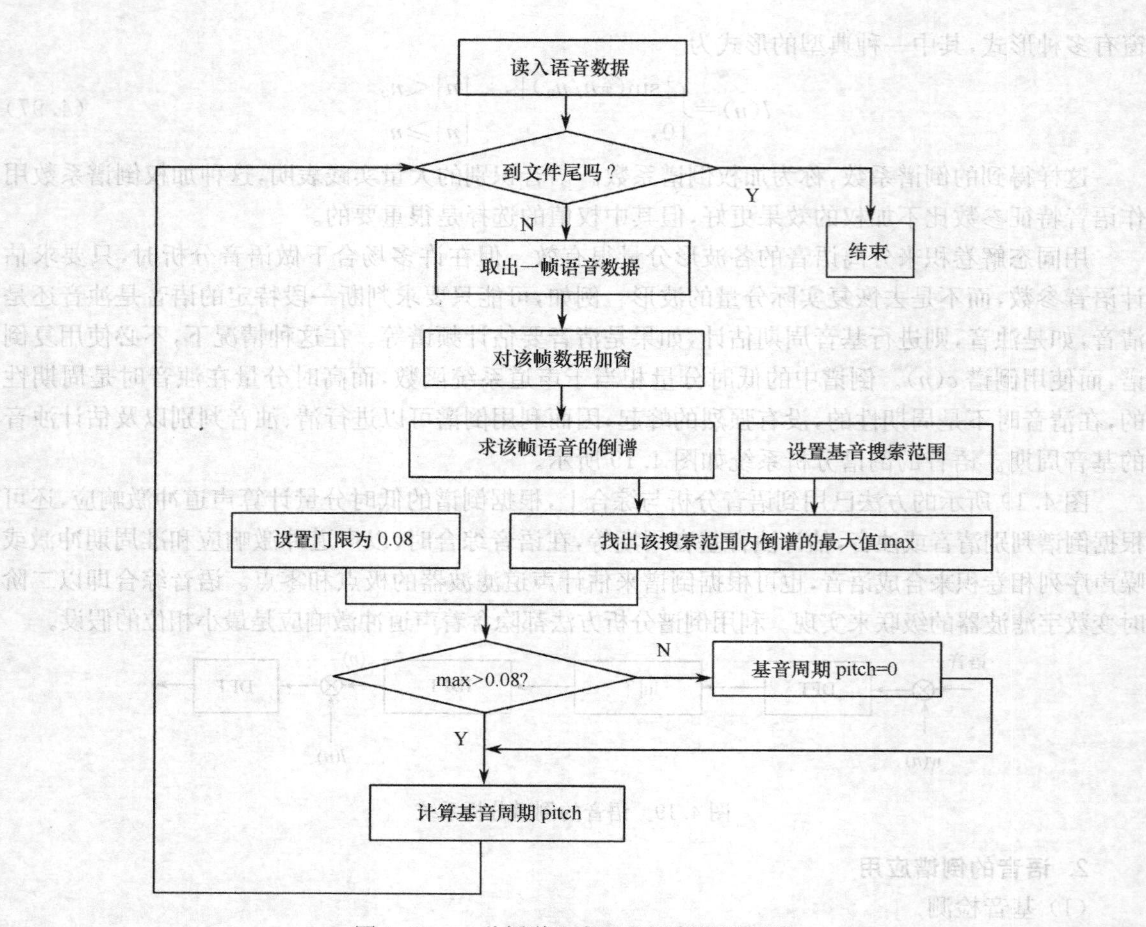

图 4.21 一种倒谱法求基音周期的流程图

```
endIndex=startIndex+frameSize-1;          % 结束序号
frame=y(startIndex:endIndex);             % 取出该帧

frameSize=length(frame);
frame2=frame.*hamming(length(frame));     % 加汉明窗
rwy= rceps(frame2);                       % 求倒谱
ylen=length(rwy);
cepstrum=rwy(1:ylen/2);

for i=1:ylen/2
    cepstrum1(i)=rwy(ylen/2+1-i);
end
for i=(ylen/2+1):ylen
    cepstrum1(i)=rwy(i+1-ylen/2);
end

%基音检测
LF=floor(fs/500);                                    % 基音周期的范围是 70~500Hz
HF=floor(fs/70);
cn=cepstrum(LF:HF);
[mx_cep ind]=max(cn);
if mx_cep>0.08&ind>LF
```

```
a= fs/(LF+ind);
else
a=0;
end
pitch=a

% 画图
figure(1);
subplot(3,1,1);
plot(time1, y);
axis tight
ylim=get(gca, 'ylim');
line([time1(startIndex),time1(startIndex)],ylim,'color','r');
line([time1(endIndex), time1(endIndex)],ylim,'color','r');
xlabel('样点数');
ylabel('幅度');

subplot(3,1,2);
plot(frame);
axis([0,400,-0.5,0.5])
xlabel('样点数');
ylabel('幅度')

subplot(3,1,3);
time2=[-199:1:-1,0:1:200];
plot(time2,cepstrum1);
axis([-200,200,-0.5,0.5])
xlabel('样点数');
ylabel('幅度');
```

① 浊音：取 startIndex=round(5000)，其运行结果如图 4.22 所示。

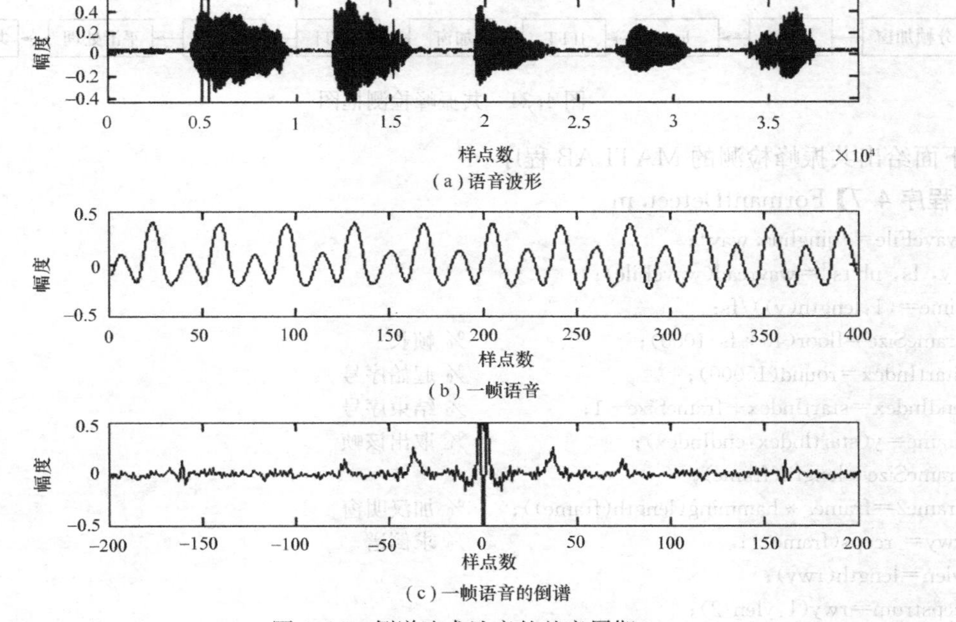

图 4.22　倒谱法求浊音的基音周期

② 清音：取 startIndex＝round(35000)。其运行结果如图 4.23 所示，其中 pitch＝0。

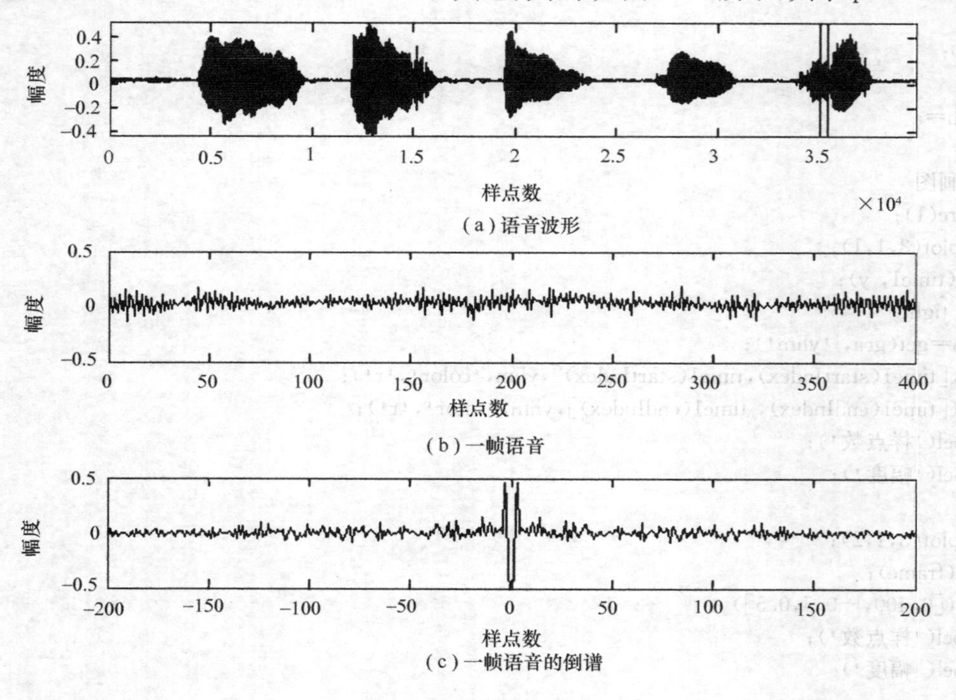

图 4.23　清音的倒谱

(2) 共振峰检测

倒谱将基音谐波和声道的频谱包络分离开来。倒谱的低频部分可以分析声道、声门和辐射信息，而高频部分可用来分析激励源信息。对倒谱进行低频窗选，通过语音倒谱分析系统的最后一级，进行 DFT 后的输出即为平滑后的对数模函数，这个平滑的对数谱显示了特定输入语音段的谐振结构，即谱的峰值基本上对应于共振峰频率，对平滑过的对数谱中的峰值进行定位，即可估计共振峰。原理框图如图 4.24 所示，流程图如图 4.25 所示。

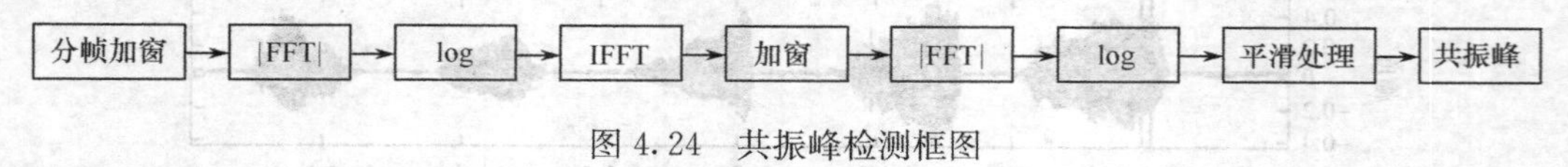

图 4.24　共振峰检测框图

下面给出共振峰检测的 MATLAB 程序。

【程序 4.7】FormantDetect. m

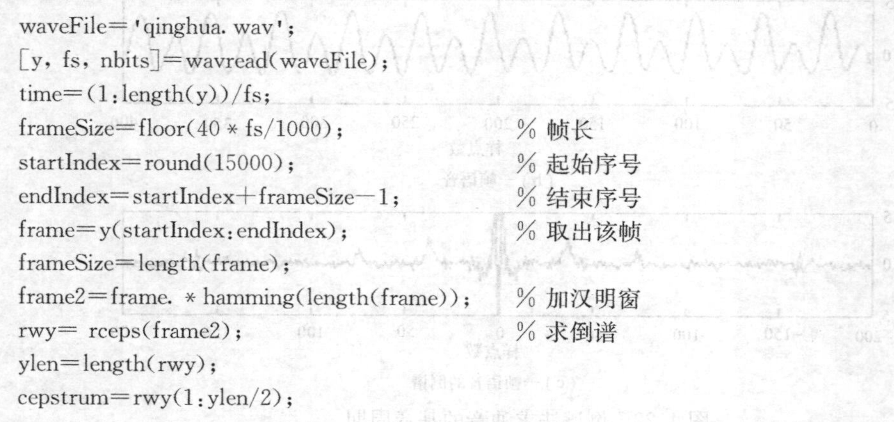

```
waveFile='qinghua.wav';
[y, fs, nbits]=wavread(waveFile);
time=(1:length(y))/fs;
frameSize=floor(40*fs/1000);                 % 帧长
startIndex=round(15000);                     % 起始序号
endIndex=startIndex+frameSize-1;             % 结束序号
frame=y(startIndex:endIndex);                % 取出该帧
frameSize=length(frame);
frame2=frame.*hamming(length(frame));        % 加汉明窗
rwy= rceps(frame2);                          % 求倒谱
ylen=length(rwy);
cepstrum=rwy(1:ylen/2);
```

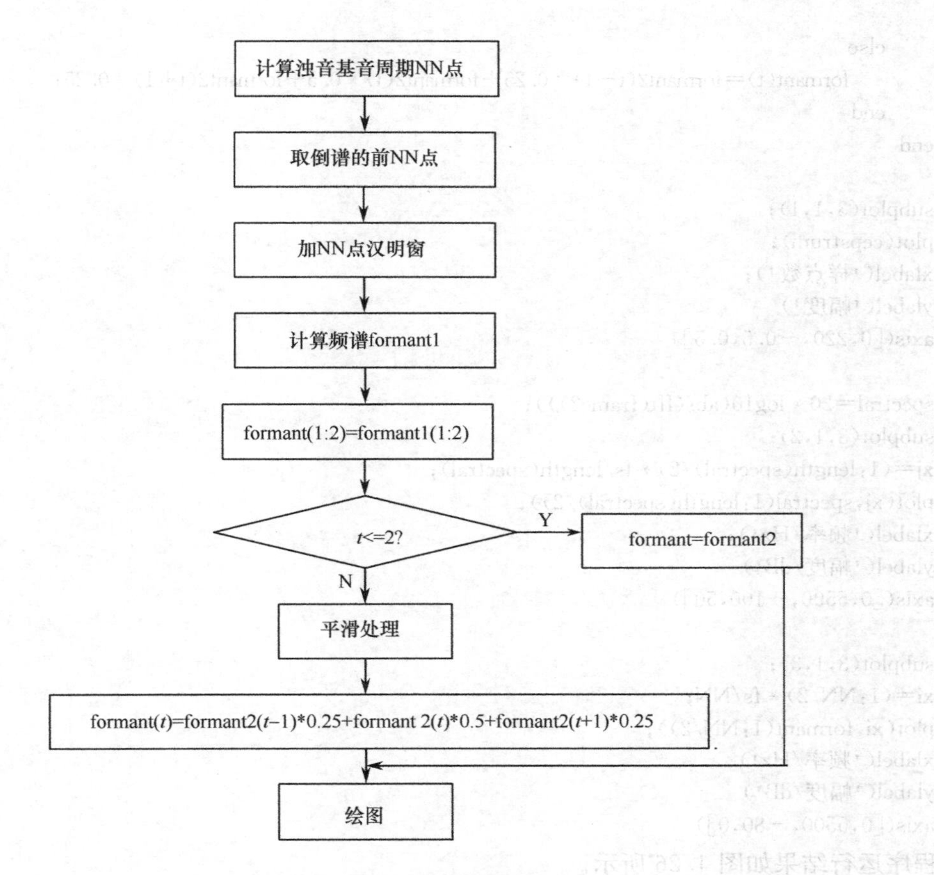

图 4.25　共振峰检测流程图

```
%基音检测
LF=floor(fs/500);
HF=floor(fs/70);
cn=cepstrum(LF:HF);
[mx_cep ind]=max(cn);

%共振峰检测核心代码:
%找到最大的突起的位置
NN=ind+LF;
ham= hamming (NN);
cep=cepstrum(1:NN);
ceps=cep. * ham;                          % 汉明窗
formant1=20 * log(abs(fft(ceps)));
formant(1:2)=formant1(1:2);
for t=3:NN
%—do some median filtering
    z=formant1(t-2:t);
    md=median(z);
    formant2(t)=md;
end
for t=1:NN-1
    if t<=2
        formant(t)=formant1(t);
```

```
    else
        formant(t)=formant2(t-1) * 0.25+formant2(t) * 0.5+formant2(t+1) * 0.25;
    end
end

subplot(3,1,1);
plot(cepstrum);
xlabel('样点数');
ylabel('幅度')
axis([0,220,-0.5,0.5])

spectral=20 * log10(abs(fft(frame2)));
subplot(3,1,2);
xj=(1:length(spectral)/2) * fs/length(spectral);
plot(xj,spectral(1:length(spectral)/2));
xlabel('频率/Hz');
ylabel('幅度/dB')
axis([0,5500,-100,50])

subplot(3,1,3);
xi=(1:NN/2) * fs/NN;
plot(xi,formant(1:NN/2));
xlabel('频率/Hz');
ylabel('幅度/dB')
axis([0,5500,-80,0])
```

程序运行结果如图 4.26 所示。

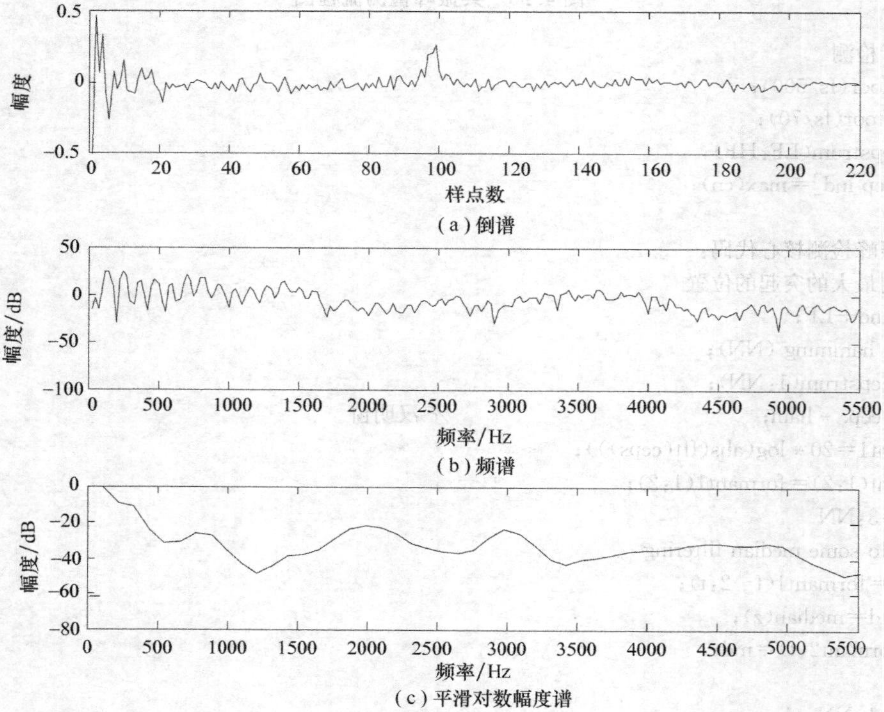

(a) 倒谱

(b) 频谱

(c) 平滑对数幅度谱

图 4.26　共振峰检测程序运行结果

习 题 4

4.1 简述用MATLAB实现倒谱用在基音检测中的作用。

4.2 根据定义 $X_n(e^{j\omega}) = a_n(\omega) - jb_n(\omega) = |X_n(e^{j\omega})| e^{j\theta_n(\omega)}$

(1) 将 $|X_n(e^{j\omega})|$ 及 $\theta_n(\omega)$ 用 $a_n(\omega)$ 和 $b_n(\omega)$ 表示。

(2) 将 $a_n(\omega)$ 和 $b_n(\omega)$ 用 $|X_n(e^{j\omega})|$ 及 $\theta_n(\omega)$ 表示。

4.3 假定 $x(n)$ 和 $w(n)$ 序列的标准傅里叶变换 $X(e^{j\omega})$ 和 $W(e^{j\omega})$ 存在，证明短时傅里叶变换 $X_n(e^{j\omega}) = \sum_{m=-\infty}^{+\infty} x(m)w(n-m)e^{-j\omega m}$ 能化成下列形式

$$X_n(e^{j\omega}) = \frac{1}{2\pi}\int_{-\pi}^{\pi} W(e^{j\theta})e^{j\theta n} \cdot X(e^{j(\omega+\theta)})d\theta$$

即 $X_n(e^{j\omega})$ 是 $X(e^{j\omega})$ 在频率 ω 上的平滑的频谱估值。

4.4 (1) 证明图4.27中系统的冲激响应为 $h_k(n) = h(n)\cos(\omega_k n)$；(2) 并求出图中系统的频率响应表示式。

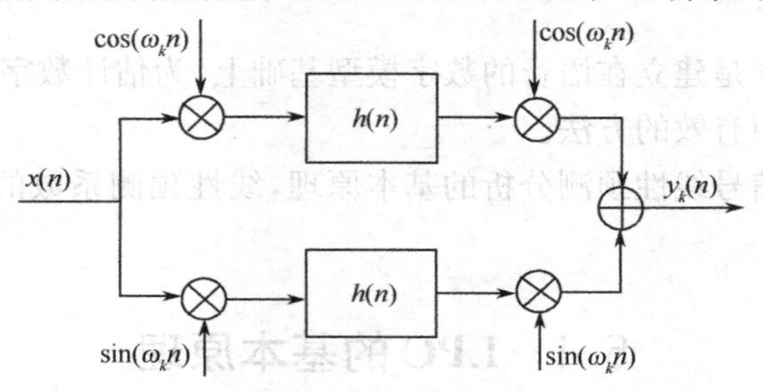

图4.27 习题4.4图

4.5 设有一个数字滤波器组基音检出器，它包含有一组数字带通滤波器，其低端截止频率为 $F_k = 2^{k-1}F_1$，$k = 1,2,\cdots,M$，而高端截止频率为 $F_{k+1} = 2^k F_1$，$k = 1,2,\cdots,M$，这种选择截止频率的方式使滤波器组具有下列特点：即如果输入为周期信号，其频率等于基频 F_0，且满足 $F_k < F_0 < F_{k+1}$，这时 $1 \sim k-1$ 带的滤波器输出中只有极少的能量，第 k 个输出带中将含有基频，而 $k+1$ 至 M 带将包含一个或更多的谐波。因此，在每个滤波器输出后面加上能检出纯音调的检出器后，可以检出基音。试确定 F_1 及 M 以示此法能工作于100Hz到1600Hz基音频率范围内。

4.6 现在考虑对 $x(n) = \cos(\omega_0 N)$ 信号的分析及综合。图4.28是第 k 个通道的分析网络，对给定输入信号求出 $a_n(\omega_k)$ 及 $b_n(\omega_k)$。

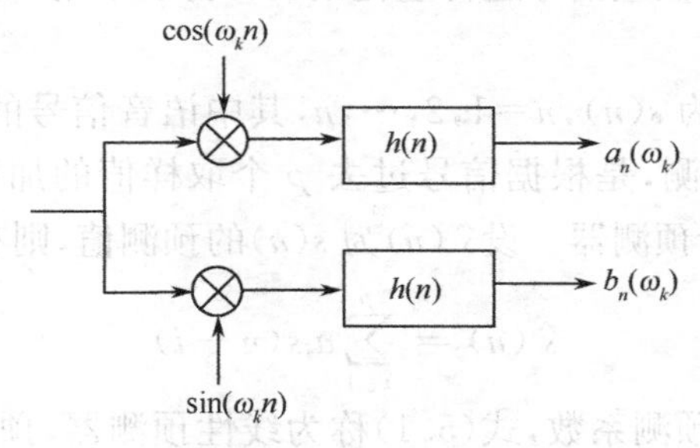

图4.28 习题4.6图

4.7 设声道、声门脉冲和辐射的组合系统，其全极点模型具有如下形式

$$H(z) = \frac{G}{1 - \sum_{i=1}^{p} \alpha_i z^{-i}}$$

设 $H(z)$ 的所有极点都在单位圆内，求出 $\hat{h}(n)$ 和系数 α_i，$i = 1,\cdots,p$ 之间的递推关系。

［提示：$\frac{1}{H(z)}$ 的复倒谱和 $\hat{h}(n)$ 有什么关系?］

第5章 语音信号线性预测分析

1947年美国科学家 N. Wiener(维纳)在研究火炮的自动控制时提出了线性预测的思想。1967年日本学者 Itakura(板仓)等人首先将线性预测技术应用于语音分析和语音合成领域中,使语音处理技术获得巨大的发展。在各种语音处理技术中,线性预测是第一个真正得到实际应用的技术,可用于估计基本的语音参数,如基音周期、共振峰频率、谱特征及声道截面积函数等。

作为最有效的语音分析技术之一,线性预测分析的基本思想是:一个语音取样的现在值可以用若干个语音取样过去值的加权线性组合来逼近。在线性组合中的加权系数称为预测器系数。通过使实际语音抽样和线性预测抽样之间差值的平方和达到最小值,能够决定唯一的一组预测器系数。

线性预测的基本原理是建立在语音的数字模型基础上,为估计数字模型中的参数,线性预测法提供了一种可靠精确而有效的方法。

本章主要介绍语音信号线性预测分析的基本原理,线性预测系数的求解方法及线性预测的几种等价参数。

5.1 LPC的基本原理

5.1.1 LPC的实现方法

在语音编码算法中,由于实际语音信号的动态变化范围较大,如果直接对其进行量化,则编码所需的比特数较大,编码速率较高。为了保证在较好的语音编码质量前提下,尽量减少编码速率,可设法减小编码器输入信号的动态范围。线性预测编码就是利用过去的样值对新样值进行预测,然后将样值的实际值与其预测值相减得到一个误差信号,显然误差信号的动态范围远小于原始语音信号的动态范围,对误差信号进行量化编码,可大大减少量化所需的比特数,使编码速率降低。

设语音信号的样值序列为 $s(n)$,$n=1,2,\cdots,n$,其中语音信号的当前取样值,即第 n 时刻的取样值 $s(n)$。而 p 阶线性预测,是根据信号过去 p 个取样值的加权和来预测信号当前取样值 $s(n)$,此时的预测器称为 p 阶预测器。设 $\hat{s}(n)$ 为 $s(n)$ 的预测值,则有

$$\hat{s}(n)=\sum_{i=1}^{p}a_i s(n-i) \tag{5.1}$$

式中,$a_1,a_2,\cdots,a_p$ 称为线性预测系数,式(5.1)称为线性预测器,预测器的阶数为 p 阶。p 阶线性预测器的传递函数为

$$P(z)=\sum_{i=1}^{p}a_i z^{-i} \tag{5.2}$$

信号 $s(n)$ 与其线性预测值 $\hat{s}(n)$ 之差称为线性预测误差,用 $e(n)$ 表示。则 $e(n)$ 为

$$e(n)=s(n)-\hat{s}(n)=s(n)-\sum_{i=1}^{p}a_i s(n-i) \tag{5.3}$$

可见,预测误差 $e(n)$ 是信号 $s(n)$ 通过具有如下传递函数的系统输出

$$A(z)=1-\sum_{i=1}^{p}a_i z^{-i} \tag{5.4}$$

如图 5.1 所示。称系统 $A(z)$ 为 LPC 误差滤波器，设计预测误差滤波器 $A(z)$ 就是求解预测系数 $a_1,a_2,\cdots,a_p$，使得预测器的误差 $e(n)$ 在某个预定的准则下最小，这个过程称为 LPC 分析。

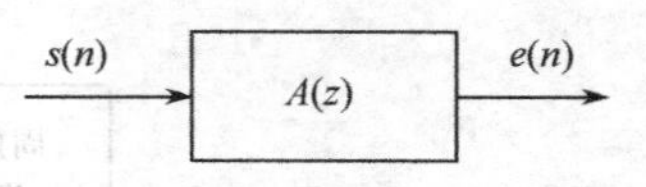

图 5.1 LPC 误差滤波器

线性预测的基本问题就是由语音信号直接求出一组预测系数 $a_1,a_2,\cdots,a_p$，这组预测系数就被看作语音产生模型中系统函数 $H(z)$ 的参数，它使得在一短段语音波形中均方预测误差最小。理论上常用的是均方误差 $E[e^2(n)]$ 最小的准则，$E[\cdot]$ 表示对误差的平方求数学期望或平均值。要得到使 $E[e^2(n)]$ 最小的 a_k，可将 $E[e^2(n)]$ 对各个系数求偏导，并令其结果为零，即

$$\frac{\partial E[e^2(n)]}{\partial a_k}=2E\left[e(n)\frac{\partial e(n)}{\partial a_k}\right]=0,\quad k=1,2,\cdots,p \tag{5.5}$$

由式(5.3)可知

$$\frac{\partial e(n)}{\partial a_k}=-s(n-k),\quad k=1,2,\cdots,p \tag{5.6}$$

将式(5.6)代入式(5.5)可得

$$-2E[e(n)s(n-k)]=0,\quad k=1,2,\cdots,p \tag{5.7}$$

式(5.7)表明预测误差与信号的过去 p 个取样值是正交的，称为正交方程。将式(5.3)代入式(5.7)得

$$E[e(n)s(n-k)]=E\left[s(n)s(n-k)-\sum_{i=1}^{p}a_i s(n-i)s(n-k)\right]=0,\quad k=1,2,\cdots,p \tag{5.8}$$

令 $s(n)$ 的自相关序列为

$$R(k)=E[s(n)s(n-k)] \tag{5.9}$$

由于自相关序列为偶对称，因此

$$R(k)=R(-k)=E[s(n)s(n+k)] \tag{5.10}$$

这表明式(5.9)与一般自相关序列的定义是一致的。这样式(5.8)可进一步表示为

$$R(k)-\sum_{i=1}^{p}a_i R(k-i)=0\quad k=1,2,\cdots,p \tag{5.11}$$

式(5.11)称为标准方程式，它表明只要语音信号是已知的，则 p 个预测系数 $a_1,a_2,\cdots,a_p$ 通过求解该方程即可得到。设

$$\boldsymbol{A}_p=\begin{bmatrix}a_1\\a_2\\\vdots\\a_p\end{bmatrix},\quad \boldsymbol{R}_p=\begin{bmatrix}R(0)&R(1)&\cdots&R(p-1)\\R(1)&R(0)&\cdots&R(p-2)\\\vdots&\vdots&&\vdots\\R(p-1)&R(p-2)&\cdots&R(0)\end{bmatrix},\quad \boldsymbol{R}_p^{\alpha}=\begin{bmatrix}R(1)\\R(2)\\\vdots\\R(p)\end{bmatrix}$$

式(5.11)矩阵形式为

$$\boldsymbol{R}_p^{\alpha}-\boldsymbol{R}_p\boldsymbol{A}_p=0\quad 或\quad \boldsymbol{A}_p=\boldsymbol{R}_p^{-1}\boldsymbol{R}_p^{\alpha} \tag{5.12}$$

式中，$\boldsymbol{R}_p^{-1}$ 是 p 阶自相关阵的逆矩阵，通过求解该式即可求得 p 个线性预测系数。

5.1.2 语音信号模型和 LPC 之间的关系

线性预测分析是建立在语音产生的数字模型基础上的，语音产生的数字模型简化框图如

图 5.2所示。

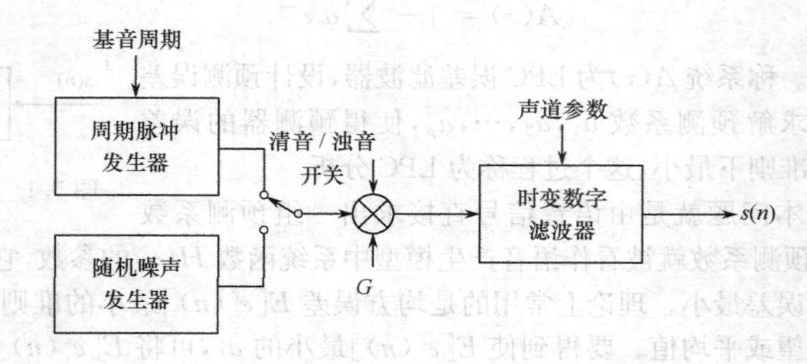

图 5.2　语音产生的数字模型简化框图

该模型的参数有清/浊音判决、浊语音的基音周期、增益常数 G 及数字时变滤波器系数 a_1，a_2，…，a_p，这些参数是随时间缓慢变化的。其中，输入的语音信号可由周期脉冲序列的激励(对于浊音)或者随机噪声序列的激励(对于清音)来模拟，周期脉冲序列之间的间隔即为基音周期。而声门激励、声道调制和嘴唇辐射的合成贡献，可用如下数字时变滤波器表示

$$H(z)=\frac{S(z)}{U(z)}=\frac{G\left(1-\sum_{l=1}^{q}b_l z^{-l}\right)}{1-\sum_{i=1}^{p}a_i z^{-i}} \tag{5.13}$$

式(5.13)既有极点又有零点。按其有理式的不同，有如下 3 种信号模型。

① 自回归滑动平均模型(ARMA 模型)。这种模型 $H(z)$既有极点又有零点，是一种一般的模型。此时模型输出 $s(n)$可由信号的过去值 $s(n-i)$，$i=1,2,\cdots,p$ 及输入信号值的线性组合 $u(n-l)$，$l=1,2,\cdots,q$ 来预测得到。

② 自回归信号模型(AR 模型)。此时 $H(z)$只有极点没有零点，模型输出 $s(n)$只由过去的信号值 $s(n-i)$，$i=1,2,\cdots,p$ 线性组合来得到。

③ 滑动平均模型(MA 模型)。此时 $H(z)$只有零点没有极点，模型输出 $s(n)$只由模型的输入 $u(n-l)$，$l=1,2,\cdots,q$ 线性组合来得到。

可见，ARMA 模型是 AR 模型和 MA 模型的混合结构。

声道系统是一个时变系统，但相对于声门激励而言，它是一个随时间 t 而缓慢变化的系统。由声学理论可知，除鼻音和摩擦音时变声道系统 $H(z)$需用零极点模型 ARMA 来模拟外，其他语音均可用全极点 AR 模型来模拟。因为从理论上讲，ARMA 模型和 MA 模型可以用无限高阶的 AR 模型来表示，而且对 AR 模型作参数估计时遇到的是线性方程组的求解问题，处理容易。模型中含有有限个零点时，则需要求解非线性方程组，处理难度大。所以一般都用 AR 模型作为语音信号处理的常用模型。此时时变数字滤波器 $H(z)$写为

$$H(z)=\frac{S(z)}{U(z)}=\frac{G}{1-\sum_{i=1}^{p}a_i z^{-i}} \tag{5.14}$$

式中，增益 G 及数字滤波器系数 a_1，a_2，…，a_p 都可随时间而变化，p 为预测器阶数。当 p 足够大时，这个全极点模型几乎可以模拟所有语音信号的声道系统。采用这样一个简化模型的主要优点在于可以用线性预测分析法对增益 G 和滤波器系数 a_1，a_2，…，a_p 进行直接而高效的计算。

对图 5.2 的系统，语音抽样信号 $s(n)$和激励信号之间的关系可用下列简单的差分方程来表示

$$s(n)=\sum_{i=1}^{p}a_i s(n-i)+Gu(n) \tag{5.15}$$

比较式(5.15)与式(5.3)可以看出,如果语音信号准确服从式(5.15)的模型,则 $e(n)=Gu(n)$,所以预测误差滤波器 $A(z)$ 是式(5.14)中 $H(z)$ 的逆滤波器,故有下式成立

$$H(z)=\frac{G}{A(z)} \tag{5.16}$$

因为图5.2所示的模型常用于合成语音,故 $H(z)$ 也称为合成滤波器。而线性预测误差滤波相当于一个逆滤波过程或逆逼近过程,当调整滤波器 $A(z)$ 的参数使输出 $e(n)$ 逼近一个白噪声序列 $u(n)$ 时,$A(z)$ 和 $H(z)$ 是等效的,而按最小均方误差准则求解线性预测系数正是使输出 $e(n)$ 白化的过程。

5.1.3 模型增益 G 的确定

根据线性预测分析的原理可知,求解 p 个线性预测系数的依据,是预测误差滤波器的输出方均值或输出功率最小。可称这一最小方均误差为正向预测误差功率 E_p,即

$$\begin{aligned}E_p &= E[e^2(n)]_{\min}=E\{e(n)[s(n)-\sum_{i=1}^{p}a_i s(n-i)]\}\\ &= E[e(n)s(n)]-\sum_{i=1}^{p}a_i E[e(n)s(n-i)]\end{aligned} \tag{5.17}$$

由式(5.7)正交方程知,上式第二项为0。再将式(5.3)代入上式可得

$$E_p=E[e(n)s(n)]=E[s(n)s(n)]-\sum_{i=1}^{p}a_i E[s(n)s(n-i)]=R(0)-\sum_{i=1}^{p}a_i R(i) \tag{5.18}$$

由式(5.14)得

$$Gu(n)=s(n)-\sum_{i=1}^{p}a_i s(n-i) \tag{5.19}$$

对上式两边乘以 $s(n)$ 并求平均值,等式右边为

$$\begin{aligned}E[(s(n)-\sum_{i=1}^{p}a_i s(n-i))s(n)] &= E[s^2(n)]-\sum_{i=1}^{p}a_i E[s(n-i)s(n)]\\ &= R(0)-\sum_{i=1}^{p}a_i R(i)\end{aligned} \tag{5.20}$$

等式左边为

$$\begin{aligned}GE[u(n)s(n)] &= E[Gu(n)(Gu(n)+\sum_{i=1}^{p}a_i s(n-i))]\\ &= G^2E[u^2(n)]+G\sum_{i=1}^{p}a_i E[u(n)s(n-i)]\end{aligned} \tag{5.21}$$

因为假设 $u(n)$ 为零均值、单位方差的白噪声系列,所以 $E[u^2(n)]=1$,又由于 $u(n)$ 和 $s(n-i)$ 不相关,所以 $E[u(n)s(n-i)]=0$,最后得到

$$G^2=R(0)-\sum_{i=1}^{p}a_i R(i) \tag{5.22}$$

将式(5.22)与式(5.18)比较,可以得出

$$G^2=E_p \tag{5.23}$$

由此可知,求得 E_p 后,增益常数 $G=\sqrt{E_p}$。

关于语音数字模型中的激励源有一个问题需要说明。当一个语音信号序列确实是由图 5.2 的信号模型产生的，并且激励源是具有平坦谱包络特性的白噪声时（相当于清音语音），应用线性预测误差滤波方法可以求得预测系数和增益，并且 $H(z)$ 和所分析的语音序列有相同的谱包络特性；但在浊音语音情况下，激励源是一间隔为基音周期的冲激序列，这与线性预测分析中信号源的假设有所不同。但考虑到这样一个事实：$u(n)$ 是一串冲激组成，意味着大部分时间里它的值是非常小的（零值）。由于采用均方预测误差最小准则来使预测误差 $e(n)$ 逼近 $u(n)$，与 $u(n)$ 能量很小这一事实并不矛盾，因此，为简化运算，我们认为，无论是清音还是浊音，图 5.2 的模型都是适合于线性预测分析的。

5.2 线性预测分析的解法

根据线性预测分析的原理可知，要求解线性预测系数，需使得语音信号的均方预测误差最小。经典的方法有两种：自相关法和协方差法。下面分别进行介绍。

5.2.1 自相关法

自相关法假定语音信号序列 $s(n)$ 在间隔 $0\leqslant n\leqslant N-1$ 以外为 0，这相当于用窗函数从语音序列中截取出选定的序列部分，截取出的序列记为 $s(0),s(1),\cdots,s(N-1)$。

将式(5.18)与式(5.12)组合起来可得

$$\begin{bmatrix} R(0) & R(1) & \cdots & R(p) \\ R(1) & R(0) & \cdots & R(p-1) \\ R(2) & R(1) & \cdots & R(p-2) \\ \vdots & \vdots & & \vdots \\ R(p) & R(p-1) & \cdots & R(0) \end{bmatrix} \begin{bmatrix} 1 \\ -a_1 \\ -a_2 \\ \vdots \\ -a_p \end{bmatrix} = \begin{bmatrix} E_p \\ 0 \\ 0 \\ \vdots \\ 0 \end{bmatrix} \tag{5.24}$$

式(5.24)方程的系数矩阵元素是对称的，且沿着任一与主对角线平行的斜对角线上的所有元素相等，系数矩阵大小为 $p\times p$，这样的矩阵称为 Toeplitz（特普利茨）矩阵。式(5.24)称为 Yule-Walker 方程，其中的 $R(p)$ 为根据式(5.9)确定的待分析语音信号 $s(n)$ 的自相关序列。可见，为了解得线性预测系数，必须首先计算出 $R(k)$，$1\leqslant k\leqslant p$，然后解式(5.24)方程即可。但是计算 $R(k)$，$1\leqslant k\leqslant p$ 却是个十分复杂的问题。为了简化计算，可根据语音信号的短时平稳特性将语音信号分帧，每帧长度取 10～30ms。这样自相关序列 $R(k)$ 可用下式估计

$$R(k)=E[s(n)s(n-k)]=\frac{1}{n}\sum_{n}s(n)s(n-k) \tag{5.25}$$

如果将预测误差功率 E_p 理解为预测误差的能量，则式(5.25)中的系数 $\frac{1}{n}$ 对式(5.24)的求解没有影响，因此可以忽略。但其中的求和范围 n 的不同定义，将会导致不同的线性预测解法。自相关法只计算语音信号序列在 $0\leqslant n\leqslant N$ 范围内的语音数据，其余部分语音信号视为零，这相当于先将语音加窗，再对加窗的语音进行处理。

由于假定窗外的语音数据为零是存在误差的，因此为了减少这种误差的影响，在线性预测分析中，一般使用两端具有平滑过渡特性的窗函数如汉明窗等，而不使用突变的矩形窗。经加窗处理后的自相关函数可表示为

$$R_n(k)=E[s_w(n)s_w(n-k)] \tag{5.26}$$

式中，$R_n(k)$ 为短时自相关函数，它仍然保留了自相关函数的偶对称特性，即 $R_n(k)=R_n(-k)=$

$E[s_w(n)s_w(n+k)]$。且 $R(k-i)$ 仅与 k、i 的相对值有关，而与 k、i 的绝对值无关。求得加窗处理后的自相关函数，根据式(5.12)即可解得线性预测系数。

自相关法的优点是较简单且结果较稳定，但由于对语音信号进行加窗做了人为的截取，从而引入了误差，导致计算精度降低。

5.2.2 协方差法

协方差法不规定语音信号序列 $s(n)$ 的长度范围，且需要确定的是信号序列之间的互相关函数，由此组成的协方差方程组系数矩阵已经不具有 Toeplitz 矩阵的性质，因此其方程的求解不同于自相关法。由于不需要加窗，协方差法计算精度较自相关法大大提高。

互相关函数定义为

$$\phi(k,i)=E[s(n-k)s(n-i)] \tag{5.27}$$

此处 $\phi(k,i)$ 不再是自相关函数，虽然仍然满足 $\phi(k,i)=\phi(i,k)$，但是不能满足 $\phi(k+1,i+1)=\phi(k,i)$。此时线性预测方程可进一步写为

$$\begin{bmatrix} \phi(0,1) & \phi(0,2) & \cdots & \phi(0,p) \\ \phi(1,1) & \phi(1,2) & \cdots & \phi(1,p) \\ \phi(2,1) & \phi(2,2) & \cdots & \phi(2,p) \\ \vdots & \vdots & & \vdots \\ \phi(p,1) & \phi(p,2) & \cdots & \phi(p,p) \end{bmatrix} \begin{bmatrix} 1 \\ -a_1 \\ -a_2 \\ \vdots \\ -a_p \end{bmatrix} = \begin{bmatrix} \phi(0,0) \\ \phi(1,0) \\ \phi(2,0) \\ \vdots \\ \phi(p,0) \end{bmatrix}$$

此方程组的系数矩阵不再是一个 Toeplitz 矩阵，其主对角线和各个副对角线上的元素不相等。求解这种方程组可用 Choleskey(乔里斯基)分解法，其基本思想是将系数矩阵采用消元法化为主对角线元素为 1 的上三角矩阵，然后逐个变量递推求解。

协方差法由于不采用窗函数对语音信号进行截取，所以计算精度高，但由于协方差法不具有自相关法系统稳定性的条件，因此在进行线性预测时，必须随时判定 $H(z)$ 的极点位置，并加以修正，才能得到稳定的结果。

斜格法是为了解决自相关法和协方差法这两种方法的精度和稳定性之间的矛盾而形成的一种方法，该方法通过引入正向预测和反向预测的概念，使得均方误差最小逼近准则可得到更加灵活的运用，此处不再详述。

5.2.3 自相关法的 MATLAB 实现

利用对称 Toeplitz 矩阵的性质，自相关法求解式(5.24)可用 Levinson-Durbin(莱文森-杜宾)递推算法求解。该方法是目前广泛采用的一种方法。算法的计算复杂度为 $O(p^2)$，而线性方程组的一般解法的计算复杂度为 $O(p^3)$，后者比前者要大得多。利用 Levinson-Durbin 算法递推时，从最低阶预测器开始，由低阶到高阶进行逐阶递推计算。其递推过程如下：

$$k_i=\left[r(i)-\sum_{j=1}^{i-1}a_j^{(i-1)}r(i-j)\right]\Big/E_{(i-1)}, \quad 1\leqslant i\leqslant p \tag{5.28}$$

$$E_{(0)}=r(0) \tag{5.29}$$

$$E_i=(1-k_i^2)E_{(i-1)} \tag{5.30}$$

$$a_i^{(i)}=k_i \tag{5.31}$$

$$a_j^{(i)}=a_j^{(i-1)}-k_i a_{i-j}^{(i-1)}, \quad 1\leqslant j\leqslant i-1 \tag{5.32}$$

式(5.28)至式(5.32)可对 $i=1,2,\cdots,p$ 进行递推求解，其最终解为

$$a_j=a_j^{(p)}, \quad 1\leqslant j\leqslant p \tag{5.33}$$

在上面的一组式子中，i 表示预测器阶数，如 $a_j^{(i)}$ 表示 i 阶预测器的第 j 个预测系数。对于 p 阶预测器，在上述求解预测器系数的过程中，阶数低于 p 的各阶预测器系数也同时得到。

由于各阶预测器的预测残差能量 E_i 都是非负的，且 E_i 会随预测器阶数的增加而减小，因此可进一步推知参数 k_i 必须满足

$$|k_i| \leqslant 1, \quad 1 \leqslant i \leqslant p \tag{5.34}$$

这是保证系统 $H(z)$ 稳定的条件，即使 $H(z)$ 的根在单位圆内的充分必要条件。

程序 5.1 为用 Levinson-Durbin 递推算法求解线性预测系数的 MATLAB 程序。

【程序 5.1】 LPC_Levinson

```
%此程序的功能是用自相关法求使信号 s 均方预测误差为最小的预测系数
%算法为 Levinson-Durbin 快速递推算法
%首先对输入语音进行分帧，并给出 LPC 分析阶次
fid=fopen('sx86.txt','r');
p1=fscanf(fid,'%f')
fclose(fid);
p2=filter([1 -0.68], 1, p1)                %预加重滤波
x=fra(320,160,p2);                         %将预加重后语音分帧，每帧 320 个样点，
                                           %帧重叠 160
x=x(60,:);                                 %取第 60 帧输入信号进行处理，x 为行向量
s=x';                                      %x 为行向量，s 为列向量
N=16;                                      %LPC 阶次 N=16
p=N;                                       %获得 LPC 阶次
n=length(s);                               %获得信号长度

for i=1:p
  Rp(i,1)=sum(s(i+1:n).*s(1:n-i))         %求向量的自相关函数，.*表示两个同维
                                           %矩阵相应元素相乘
    %Rn(i)=sum(s(1:N-i).*s(1+i:N));
end
Rp=Rp(:)                                   %将自相关函数变为列向量
Rp_0=s'*s;                                 %即 Rn(0)
Ep=zeros(p,1);                             %Ep 为 p 阶最佳线性预测反滤波能量
k=zeros(p,1);                              %k 为自相关系数
a=zeros(p,p);                              %以上为初始化
%i=1 的情况需要特殊处理，也就是对 p=1 进行处理
Ep_0=Rp_0;
k(1,1)=Rp(1,1)/Rp_0;
a(1,1)=k(1,1);
Ep(1,1)=(1-k(1,1)^2)*Ep_0;
%i>=2 以后使用递归算法
if p>1
  for i=2:p
      k(i,1)=(Rp(i,1)-sum(a(1:i-1,i-1).*Rp(i-1:-1:1)))/Ep(i-1,1);
% 求式(5.28)k(i)
      a(i,i)=k(i,1);                       %求式(5.31)a(i)
      Ep(i,1)=(1-k(i,1)^2)*Ep(i-1,1);      %求式(5.30)Ei
      for j=1:i-1
          a(j,i)=a(j,i-1)-k(i,1)*a(i-j,i-1);
```

```
        end                          %求式(5.32)a(j,i)
      end
    end
    c=-a(:,p);                       %将 a 矩阵从第 1 到最后一行的第 p 列元素乘以(-1)赋
                                     %给 c,c 即为最后求得的 LPC 系数,不包括第一个系数 1
                                     %得到最终的 LPC 系数 a1,此处 a1 为行向量
    a1(1,1)=1.0;                     %赋上第一个 LPC 系数 1
    for i=2:p+1
      a1(1,i)= c(i-1,1);             %得到第 2 到第 p+1 个 LPC 系数
    end
```

5.3 线谱对 LSP 分析

在线性预测语音编码中,线性预测合成滤波器 $H(z)=1/A(z)$,其中 $A(z)$为逆滤波器,且 $A(z)=1-\sum_{i=1}^{p}a_i z^{-i}$,$a_i$,$i=1,2,\cdots,p$ 为线性预测滤波器系数。$H(z)$常被用于重建语音,但当直接对 LPC 系数进行编码时,$H(z)$的稳定性就不能得到保证。由此引出了许多与 LPC 系数等价的表示方法,以用于提高 LPC 系数的鲁棒性,如线谱对 LSP 就是 LPC 系数的一种等价表示形式。LSP 的概念是由 Itakura(板仓)引入的,但是它一直没有被利用,直到后来人们发现利用 LSP 在频域对语音进行频域编码,比其他的变换技术更能改善编码效率,特别是和预测量化方案结合使用的时候。由于 LSP 能够保证线性预测滤波器的稳定性,其小的系数偏差带来的谱误差也只是局部的,且 LSP 具有良好的量化特性和内插特性,因而已经在许多编码系统中得到成功的应用。LSP 分析的主要缺点是运算量较大。

5.3.1 LSP 的定义和特点

设线性预测逆滤波器 $A(z)$为 $A(z)=1-\sum_{i=1}^{p}a_i z^{-i}$。LSP 作为线性预测参数的一种表示形式,可通过求解 $p+1$ 阶对称和反对称多项式的共轭复根得到。其中 $p+1$ 阶对称和反对称多项式表示如下:

$$P(z)=A(z)+z^{-(p+1)}A(z^{-1}) \tag{5.35}$$

$$Q(z)=A(z)-z^{-(p+1)}A(z^{-1}) \tag{5.36}$$

将式(5.35)、式(5.36)中的 $z^{-(p+1)}A(z^{-1})$写为

$$z^{-(p+1)}A(z^{-1})=z^{-(p+1)}-a_1 z^{-p}-a_2 z^{-p+1}-\cdots-a_p z^{-1} \tag{5.37}$$

可以推出

$$P(z)=1-(a_1+a_p)z^{-1}-(a_2+a_{p-1})z^{-2}-\cdots-(a_p+a_1)z^{-p}+z^{-(p+1)} \tag{5.38}$$

$$Q(z)=1-(a_1-a_p)z^{-1}-(a_2-a_{p-1})z^{-2}-\cdots-(a_p-a_1)z^{-p}-z^{-(p+1)} \tag{5.39}$$

可见,$P(z)$和 $Q(z)$分别为对称和反对称的实系数多项式,它们都有共轭复根。可以证明,当 $A(z)$的根位于单位圆内时,$P(z)$和 $Q(z)$的根都位于单位圆上,而且相互交替出现。如果阶数 p 是偶数,则 $P(z)$和 $Q(z)$各有一个实根,其中 $P(z)$有一个根 $z=-1$,$Q(z)$有一个根 $z=1$。如果阶数 p 是奇数,则 $Q(z)$有±1 两个实根,$P(z)$没有实根。此处假定 p 是偶数,这样 $P(z)$和 $Q(z)$

各有 $p/2$ 个共轭复根位于单位圆上，共轭复根的形式为 $z_i=\mathrm{e}^{\pm j\omega_i}$。设 $P(z)$ 的零点为 $\mathrm{e}^{\pm j\omega_i}$，$Q(z)$ 的零点为 $\mathrm{e}^{\pm j\theta_i}$，则满足

$$0<\omega_1<\theta_1<\cdots<\omega_{p/2}<\theta_{p/2}<\pi$$

其中，ω_i 和 θ_i 分别为 $P(z)$ 和 $Q(z)$ 的第 i 个根。

$$P(z)=(1+z^{-1})\prod_{i=1}^{p/2}(1-z^{-1}\mathrm{e}^{j\omega_i})(1-z^{-1}\mathrm{e}^{-j\omega_i})=(1+z^{-1})\prod_{i=1}^{p/2}(1-2\cos\omega_i z^{-1}+z^{-2}) \tag{5.40}$$

$$Q(z)=(1-z^{-1})\prod_{i=1}^{p/2}(1-z^{-1}\mathrm{e}^{j\theta_i})(1-z^{-1}\mathrm{e}^{-j\theta_i})=(1-z^{-1})\prod_{i=1}^{p/2}(1-2\cos\theta_i z^{-1}+z^{-2}) \tag{5.41}$$

其中，$\cos\omega_i$，$\cos\theta_i$，$i=1,2,\cdots,p/2$ 就是 LSP 系数在余弦域的表示，ω_i、θ_i 则是与 LSP 系数对应的线谱频率 LSF。由于 LSP 参数 ω_i 和 θ_i 成对出现，且反映信号的频谱特性，因此称为线谱对。它们就是线谱对分析所要求解的参数。

下面对 LSP 参数的特性归纳如下：

① LSP 参数都在单位圆上且满足降序排列的特性。

② 与 LSP 参数对应的 LSF 都满足升序排列的顺序特性，且 $P(z)$ 和 $Q(z)$ 的根相互交替出现，这可使与 LSP 参数对应的 LPC 滤波器的稳定性得到保证。因为它保证了在单位圆上，任何时候 $P(z)$ 和 $Q(z)$ 不可能同时为零。

③ LSP 参数都具有相对独立的性质，如果某个特定的 LSP 参数中只移动其中任意一个线谱频率 ω_i 的位置，那么它所对应的频谱只在 ω_i 附近与原始语音频谱有差异，而在其他 LSP 频率上则变化很小。这一特性有利于 LSP 参数的量化和内插。在对 LSP 参数进行矢量量化时可以把码本分裂为几个低维矢量分别进行，这样不仅大大减少搜索量、存储量和训练量，又可以使整体质量得以保持。

④ LSP 参数能够反映声道幅度谱的特点，在幅度大的地方分布较密，反之较疏。这样就相当于反映出了幅度谱中的共振峰特性。因为按照线性预测分析的原理，语音信号的谱特性可以由 LPC 模型谱来估计，将式(5.35)、式(5.36)相加可得

$$A(z)=\frac{1}{2}[P(z)+Q(z)] \tag{5.42}$$

这样，功率谱可以表示为

$$|H(\mathrm{e}^{j\omega})|^2=\frac{1}{|A(\mathrm{e}^{j\omega})|^2}=4\,|P(\mathrm{e}^{j\omega})+Q(\mathrm{e}^{j\omega})|^{-2}$$

$$=2^{-p}\left[\sin^2(\omega/2)\prod_{i=1}^{p/2}(\cos\omega-\cos\theta_i)^2+\cos^2(\omega/2)\prod_{i=1}^{p/2}(\cos\omega-\cos\omega_i)^2\right]^{-1} \tag{5.43}$$

分析式(5.43)可知，当 ω 接近于 0 或者 θ_i，$i=1,2,\cdots,p/2$ 时，式(5.43)等式右边方括号中的第一项接近于零；当 ω 接近于 π 或者 ω_i，$i=1,2,\cdots,p/2$ 时，中括号中的第二项接近于零；如果 $\omega_i(i=1,2,\cdots,p/2)$ 与 $\theta_i(i=1,2,\cdots,p/2)$ 之间很靠近，则当 ω 接近这些频率时，$|A(j\omega)|^2$ 变小，$|H(j\omega)|^2$ 显示出强谐振特性，相应地语音信号谱包络在这些频率处出现峰值。因此可以说，LSP 分析是用 p 个离散频率 ω_i、$\theta_i(i=1,2,\cdots,p/2)$ 的分布密度来表示语音信号谱特性的一种方法。

即在语音信号幅度谱较大的地方 LSP 的分布较密，反之较疏。

⑤ 相邻帧 LSP 参数之间都具有较强的相关性，便于语音编码时帧间参数的内插。

图 5.3 为 $p=16$ 时，16 阶 LPC 系数构成的 17 阶对称和反对称多项式 $P(z)$ 和 $Q(z)$ 的根在单位圆上的分布图。其中“×”为 $Q(z)$ 的根所在位置，“○”为 $P(z)$ 的根在单位圆上所在位置。可见，$P(z)$ 和 $Q(z)$ 的根在单位圆上是交替出现的。

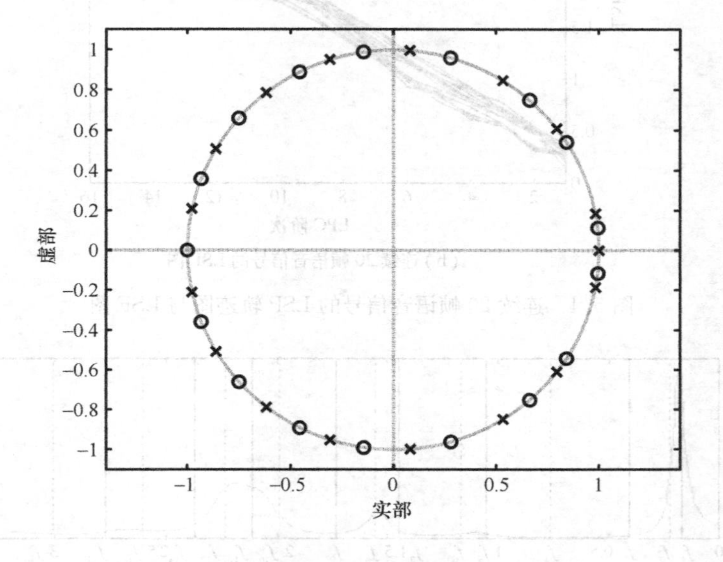

图 5.3　$P(z)$ 和 $Q(z)$ 的根在单位圆上的分布图

图 5.4 给出了连续 20 帧 16 阶语音信号的 LSP 轨迹图及 LSF 图，其中图 5.4(a)为连续 20 帧语音信号的 LSP 轨迹图，图中从上往下的曲线分别为 $\cos\omega_i$、$\cos\theta_i$，$i=1,2,\cdots,p/2$，两者交错出现。图中的曲线较好地反映了 LSP 参数的顺序特性，表明了每一帧的 16 个 LSP 参数满足降序排列的特性，帧间的同一个 LSP 参数则比较接近。图 5.4(b)为连续 20 帧语音信号的 LSF 图，可以看出，所有 LSF 曲线都是升序排列，且各帧的同一个 LSF 参数都比较接近。

图 5.5 给出了一帧语音信号的 16 阶 LPC 谱包络和相应的 LSF(归一化频率 $0\sim\pi$)，其中实垂线所确定的频率 $f_1, f_3, \cdots, f_{15}$ 与 $P(z)$ 的根 $e^{j\omega_i}$ 的频率对应，虚垂线所确定的频率 $f_2, f_4, \cdots, f_{16}$ 与 $Q(z)$ 的根 $e^{j\theta_i}$ 的频率对应，二者相互交替出现。可以看出，在 LPC 谱包络共振峰区域，LSF 的分布较密，谱谷区域则分布较疏。

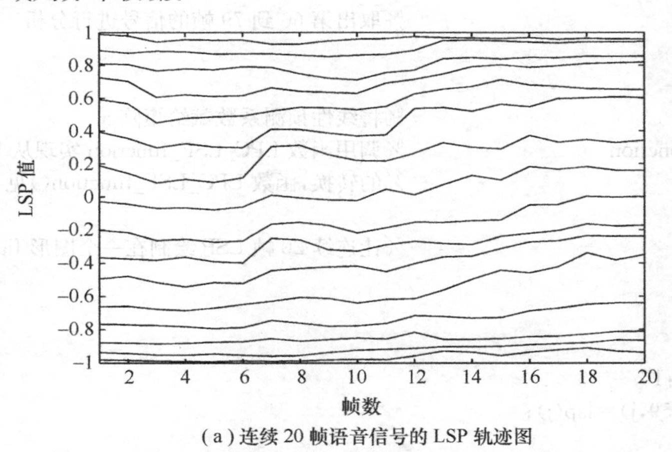

(a) 连续 20 帧语音信号的 LSP 轨迹图

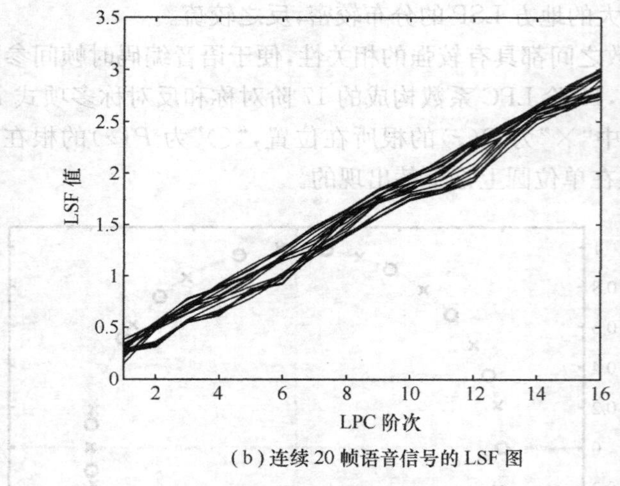

(b) 连续 20 帧语音信号的 LSF 图

图 5.4　连续 20 帧语音信号的 LSP 轨迹图与 LSF 图

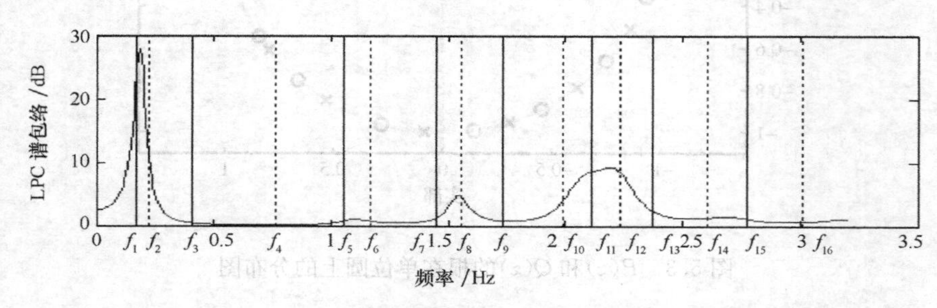

图 5.5　一帧语音信号的 16 阶 LPC 谱包络和相应的 LSF

程序 5.2 为求解连续 20 帧语音信号的 LSF 与 LSP 的 MATLAB 程序。

【程序 5.2】 LPC_LSF_LSP

```
clear;close all
clc
fid=fopen('sx86.txt','r');
p1=fscanf(fid,'%f')
fclose(fid);
p=filter([1 -0.68], 1, p1)          %预加重滤波
x1=fra(320,160,p)                   %分帧,每帧 320 个样点,帧重叠 160 个样点
for i=60:79                         %取出第 60 到 79 帧的信号进行分析
x=x1(i,:)
a1=lpc(x,16)
a=a1(:);                            %将线性预测系数赋给矩阵 a
lsf=LPC_LSF_function                %调用函数 LPC_LSF_function 实现从 LPC 系数到 LSF 系数
                                    %的转换,函数 LPC_LSF_function()见 5.3.2 节程序
lsp=cos(lsf)
hold on                             %让连续 20 帧 LSP 绘制在一个图形 figure(1)中
figure(1);
xlabel('帧数')
ylabel('LSP 值')
        for j=1:16
        lsp1(i-59,j)=lsp(j);
        end
figure(2);
```

```
plot(lsf)
xlabel('LPC 阶次')
ylabel('LSF 值')
end
```

上述程序运行后，即可在 figure(2)中得到图 5.4(b)。绘制图 5.4(a)连续 20 帧 LSP 轨迹的方法如下：程序运行后，打开 MATLAB 中的 Workspace，单击打开 lsp1 矩阵，其为一个 20×16 的矩阵，以每一列为对象单击 Array Editor 中[图标]图标的 plot 按钮，并以 figure(1)作为绘图区域即可。

5.3.2 LPC 参数到 LSP 参数的转换及 MATLAB 实现

在进行语音编码时，要对 LPC 参数进行量化和内插，就需要将 LPC 系数转换为 LSP 系数。为计算方便，将式(5.40)、式(5.41)与 LSP 系数无关的两个实根取掉，得到如下两个新的多项式 $P'(z)$和 $Q'(z)$。

$$P'(z)=\frac{P(z)}{1+z^{-1}}=\prod_{i=1}^{p/2}(1-z^{-1}e^{j\omega_i})(1-z^{-1}e^{-j\omega_i})=\prod_{i=1}^{p/2}(1-2\cos\omega_i z^{-1}+z^{-2}) \quad (5.44)$$

$$Q'(z)=\frac{Q(z)}{1-z^{-1}}=\prod_{i=1}^{p/2}(1-z^{-1}e^{j\theta_i})(1-z^{-1}e^{-j\theta_i})=\prod_{i=1}^{p/2}(1-2\cos\theta_i z^{-1}+z^{-2}) \quad (5.45)$$

从 LPC 系数到 LSP 系数的转换过程，其实就是求解使式(5.44)、式(5.45)等于零时的 $\cos\omega_i$、$\cos\theta_i$ 的值，可采用以下几种方法求解。

第一种方法是利用代数方程式求解。

在式(5.44)中，等式的右端可进一步表示为

$$\begin{aligned}1-2\cos\omega_i z^{-1}+z^{-2}&=2z^{-1}(0.5z-\cos\omega_i+0.5z^{-1})\\&=2z^{-1}[0.5(z+z^{-1})-\cos\omega_i]\end{aligned} \quad (5.46)$$

令 $z=e^{j\omega}$，则由欧拉公式 $e^{j\omega}=\cos\omega+j\sin\omega$，可得 $z+z^{-1}=2\cos\omega=2x$。因此式(5.44)、式(5.45)就是关于 x 的一对 $p/2$ 次代数方程式，其系数决定于 $a_i,i=1,2,\cdots,p$，且 $a_i(i=1,2,\cdots,p)$是已知的，可以用牛顿迭代法来求解。

第二种方法是离散傅里叶变换(DFT)方法。

对 $P'(z)$和 $Q'(z)$的系数求离散傅里叶变换，得到 $z_k=\exp\left(-\frac{jk\pi}{N}\right),k=0,1,\cdots,N-1$ 各点的值，搜索最小值的位置，即是零点所在。由于除了 0 和 π 之外，总共有 p 个零点，而且$P'(z)$和 $Q'(z)$的根是相互交替出现的，因此只要很少的计算量即可解得，其中 N 的取值取64～128 就可以。

第三种方法是利用切比雪夫(Chebyshev)多项式求解。

用切比雪夫多项式估计 LSP 系数，可直接在余弦域得到。$z=e^{j\omega}$时，$P'(z)$和 $Q'(z)$可以写为

$$P'(z)=2e^{-jp\omega/2}C(x) \quad (5.47)$$

$$Q'(z)=2e^{-jp\theta/2}C(x) \quad (5.48)$$

其中

$$C(x)=T_{\frac{p}{2}}(x)+f(1)T_{\frac{p}{2}-1}(x)+f(2)T_{\frac{p}{2}-2}(x)+\cdots+f(\frac{p}{2}-1)T_1(x)+f\left(\frac{p}{2}\right)/2 \quad (5.49)$$

式中，$T_m(x)=\cos mx$ 是 m 阶的 Chebyshev 多项式。$f(i)$是由递推关系计算得到的 $P'(z)$和 $Q'(z)$的每个系数。由于 $P'(z)$和 $Q'(z)$是对称和反对称的，所以每个多项式只计算前 5 个系数即可。用下面的递推关系可得

$$\begin{cases}f_1(i+1)=a_{i+1}+a_{p-i}-f_1(i),\\ f_2(i+1)=a_{i+1}-a_{p-i}+f_2(i),\end{cases} \quad i=0,1,\cdots,p/2 \quad (5.50)$$

其中，$f_1(0)=f_2(0)=1.0$。多项式 $C(x)$ 在 $x=\cos\omega$ 时的递推关系是

$$\lambda_k=2x\lambda_{k+1}-\lambda_{k+2}+f\left(\frac{p}{2}-k\right)\quad k=\frac{p}{2}-1,\cdots,1$$

$$C(x)=x\lambda_1-\lambda_2+f\left(\frac{p}{2}\right)/2$$

其中，初始值 $\lambda_{\frac{p}{2}}=1,\lambda_{\frac{p}{2}+1}=0$。

第四种方法是将 $0\sim\pi$ 之间均分为 60 个点，以这 60 个点的频率值代入式(5.44)、式(5.45)，检查它们的符号变化，在符号变化的两点之间均分为 4 份，再将这 3 个点频率值代入方程式(5.44)、式(5.45)，符号变化的点即为所求的解。这种方法误差略大，计算量较大，但程序实现容易。

下面给出从 LPC 参数到 LSP 参数转换的 MATLAB 程序，其中 LPC_LSF_function.m 为求解 LSF 的函数，LPC_LSF.m 为主程序。由于 MATLAB 程序本身有求多项式根的函数，因此在求解 $P'(z)$ 和 $Q'(z)$ 零点时直接调用即可，这极大简化了求解过程。如果用 C 语言编程实现，则上述第四种方法由于编程较容易，因此在语音编码标准中用的较多。如在自适应多速率宽带及窄带语音编码标准 AMR-WB、AMR-NB 及 G.729 编码标准中，就使用了这种求解方法。

程序 5.3 为线性预测系数 LPC 转换为线谱频率 LSF 的 MATLAB 程序。

【程序 5.3】 LPC_LSF.m

```
%已知语音文件求出其 LPC 系数后，调用 LPC_LSF_function.m 函数求其对应的 LSF
clear;close all                    %将所有变量置为 0
clc                                %清除命令窗口
fid=fopen('sx86.txt','r');
p1=fscanf(fid,'%f')
fclose(fid);
p=filter([1 -0.68], 1, p)          %预加重滤波
x=fra(320,160,p)                   %分帧，帧移为 160 个样点
x=x(60,:)                          %取第 60 帧作为分析帧
N=16                               %给线性预测分析的阶次赋值
a1=lpc(x,N)                        %调用 MATLAB 库函数中的 lpc 函数求解出 LPC 系数 a1
                                   %此处也可以调用本章赋的函数 LPC_Levinson 得到
a=a1(:);                           %将线性预测系数 a1 赋给矩阵 a
lsf=LPC_LSF_function(a)            %调用函数 LPC_LSF_function 实现从 LPC 系数到 LSF 系数的转换
%lsf=poly2lsf(a);                  %也可调用 MATLAB 库函数中的 poly2lsf(a)函数求解出 LSF
                                   %系数，调用结果为归一化角频率
lsf_abnormalized=lsf.*(6400/3.14); %将求得的 LSF 参数反归一化，反归一化到0～6400Hz
%使用时可根据实际需要进行更改，如窄带语音编码语音信号频带范围为 300～3400Hz，此时就
%需要将 6400Hz 改为 3400Hz
%将求得的归一化、反归一化 LSF 参数输出到文本文件：从 LPC 系数解得的 LSF 参数.txt
fid= fopen('从 LPC 系数解得的 LSF 参数.txt','w');
     fprintf(fid,'归一化的 LSF:\n');
     fprintf(fid,'%6.2f, ',lsf);
     fprintf(fid,'\n');
     fprintf(fid,'反归一化的 LSF:\n');
     fprintf(fid,'%8.4f, ',lsf_abnormalized);
     fclose(fid);
```

函数 LPC_LSF_function 的 MATLAB 程序见 LPC_LSF_function.m：

% 程序 LPC_LSF_function.m。

```
function lsf=LPC_LSF_function(a)
%如果 a 不是实数,输出错误信息:LSF 不适用于复多项式的求解
if ~isreal(a),
    error('Line spectral frequencies are not defined for complex polynomials.');
end
% 如果 a(1)不等于 1,将其归一化为 1
if a(1) ~= 1.0,
    a=a./a(1);              %将矩阵 a 的每个元素除以 a(1)再赋给矩阵 a
end
%判断线性预测多项式的根是否都在单位圆内,如果不在,则输出错误信息
if (max(abs(roots(a))) >= 1.0),
    error('The polynomial must have all roots inside of the unit circle.');
end
% 求对称和反对称多项式的系数
p=length(a)-1;              % 求对称和反对称多项式的阶次
a1=[a;0];                   %给行矩阵 a 再增加一个元素为 0 的行
a2=a1(end:-1:1);            %a2 的第一行为 a1 的最后一行,最后一行为 a1 的第一行
P1=a1+a2;                   % 求对称多项式的系数
Q1=a1-a2;                   % 求反对称多项式的系数
%如果阶次 p 为偶数次,从 P1 取掉实数根 z =-1,从 Q1 取掉实数根 z =1
%如果阶次 p 为奇数次,从 Q1 取掉实数根 z=1 及 z =-1
if rem(p,2),                % 求解 p 除以 2 的余数,如果 p 为奇数次,余数为 1,否则为 0
    Q=deconv(Q1,[1 0 -1]);%奇数阶次,从 Q1 取掉实数根 z=1 及 z =-1
    P=P1;
else                        % p 为偶数阶次执行下面操作
    Q=deconv(Q1,[1 -1]);%从 Q1 取掉实数根 z=1
    P=deconv(P1,[1 1]);%从 P1 取掉实数根 z =-1
end
rP=roots(P);                %求去掉实根后的多项式 P 的根
rQ=roots(Q);                %求去掉实根后的多项式 Q 的根
aP=angle(rP(1:2:end));      %将多项式 P 的根转换为角度(为归一化角频率)赋给 ap
aQ=angle(rQ(1:2:end));      %将多项式 Q 的根转换为角度(为归一化角频率)赋给 aQ
lsf=sort([aP;aQ]);          %将 P、Q 的根(归一化角频率)按从小到大顺序排序后即为 lsf
```

5.3.3 LSP 参数到 LPC 参数的转换及 MATLAB 实现

LSP 系数被量化和内插后,(在解码时)应转换回 LPC 系数 $a_i, i=1,2,\cdots,p$。已知量化和内插的 LSP 系数 $q_i, i=0,1\cdots,p-1$,可用式(5.44)、式(5.45)计算 $P'(z)$ 和 $Q'(z)$ 的系数 $p'(i)$ 和 $q'(i)$,以下的递推关系可利用 $q_i, i=0,1,\cdots,p-1$ 来计算 $p'(i)$:

$$p'(i)=-2q_{2i-1}p'(i-1)+2p'(i-2) \quad i=1,2,\cdots,p/2$$

$$p'(j)=p'(j)-2q_{2i-1}p'(j-1)+p'(j-2) \quad j=i-1,\cdots,1$$

其中,$q_{2i-1}=\cos\omega_{2i-1}$,初始值 $p'(0)=1, p'(-1)=0$。把上面递推关系中的 q_{2i-1} 替换为 q_{2i},就可以得到 $q'(i)$。

一旦得出系数 $p'(i)$ 和 $q'(i)$,就可以得到 $P'(z)$ 和 $Q'(z)$,$P'(z)$ 乘以 $1+z^{-1}$ 得到 $P(z)$,$Q'(z)$ 乘以 $1-z^{-1}$ 得到 $Q(z)$,即

$$\begin{cases} p_1(i)=p'(i)+p'(i-1), & i=1,2,\cdots,p/2 \\ q_1(i)=q'(i)-q'(i-1), & i=1,2,\cdots,p/2 \end{cases} \tag{5.51}$$

最后得到 LPC 系数为

$$a_i=\begin{cases}0.5p_1(i)+0.5q_1(i), & i=1,2,\cdots,p/2\\ 0.5p_1(p+1-i)-0.5q_1(p+1-i), & i=p/2+1,p/2+2,\cdots,p\end{cases}\tag{5.52}$$

这是直接从关系式$A(z)=\frac{1}{2}[P(z)+Q(z)]$得到的，并且考虑了$P(z)$和$Q(z)$分别是对称和反对称多项式。

以上从LSP参数到LPC系数的求解过程，运用C语言实现时，读者可参阅语音编码算法标准AMR-NB及G.729。如果用MATLAB实现，则可利用MATLAB自带的函数poly( )来得到$P'(z)$和$Q'(z)$多项式。

程序5.4为线谱频率LSF转换为线性预测系数LPC的MATLAB程序。

【程序5.4】 LSF_LPC.m

```
function a=LSF_LPC(lsf)
%功能：将线谱频率LSF转换为LPC系数，其中形参LSF为行向量
%LSF_LPC.m
%如果线谱频率LSF是复数，则返回错误信息
if (~isreal(lsf)),
    error ('Line spectral frequencies must be real.');
end
%如果线谱频率LSF不在0-pi范围，则返回错误信息
if (max(lsf) > pi || min(lsf)<0),
    error ('Line spectral frequencies must be between 0 and pi.');
end

lsf=lsf(:);                          %将LSF转换为列向量
p=length(lsf);                       % LSF阶次为p
%用LSF形成零点
z= exp(j * lsf);
rP=z(1:2:end);                       %把z(1)、z(3)到z(p-1)赋给rP
rQ=z(2:2:end);                       %把z(2)、z(4)到z(p)赋给rQ
% 把共轭复根考虑上
rQ=[rQ;conj(rQ)];                    %把rQ的共轭复根赋上
rP=[rP;conj(rP)];                    %把rP的共轭复根赋上
%构成多项式P和Q，注意必须是实系数
Q =poly(rQ);
P =poly(rP);
% 考虑上z=1和z=-1以形成对称和反对称多项式
if rem(p,2),
    %如果是奇数阶次，则z=+1和z=-1都是Q1(z)的根
    Q1=conv(Q,[1 0 -1]);
    P1=P;
else
    %如果是偶数阶次，则z=-1是对称多项式P1(z)的根，z =1是反对称多项式Q1(z)的根
    Q1=conv(Q,[1 -1]);
    P1=conv(P,[1 1]);
end
% 由P1和Q1求解LPC系数
a=.5 * (P1+Q1);
a(end)=[];                           % 最后一个系数是0，不返回
% [EOF] LSF_LPC.m
```

调用该函数的调用语句如下：

a2＝LSF_LPC(lsf)；%调用函数 LSF_LPC( )实现从 LSF 系数到 LPC 系数的转换

5.4 LPC 的几种推演参数

在线性预测语音编码过程中，如果直接在信道传输线性预测滤波器系数，则对误差会非常敏感，导致一个小的误差使整个频谱质量下降，甚至使线性预测滤波器变得不稳定。因此在语音编码算法中，通常将线性预测滤波器系数转换为与之等效的参数，再进行量化编码。这些参数一般是由线性预测滤波器系数推演出来的，因而称之为线性预测的推演参数。这些推演参数除了 LSP 之外，还包括反射系数、对数面积比系数、LPC 倒谱等，它们各有不同的物理意义和特性，例如量化特性、插值特性和参数灵敏度等。下面分别进行介绍。

5.4.1 反射系数

反射系数也称为部分相关系数，即 PARCOR 系数，用 k_i 表示。由于它是与多节级联无损声管模型中的反射波相联系的，因而通常称之为反射系数。已知线性预测系数 $a_i, i=1,2,\cdots,p$，求反射系数 k_i 的递推过程为

$$\begin{cases} a_j^{(p)}=a_j & 1\leqslant j\leqslant p \\ k_i=a_i^{(i)} \\ a_j^{(i-1)}=[a_j^{(i)}+a_i^{(i)}a_{i-j}^{(i)}]/(1-k_i^2) & 1\leqslant j\leqslant i-1 \end{cases} \tag{5.53}$$

反过来，已知反射系数 k_i，求相应的线性预测系数 $a_i, i=1,2,\cdots,p$ 的递推过程为

$$a_i^{(i)}=k_i$$

$$a_j^{(i)}=a_j^{(i-1)}-k_i a_{i-j}^{(i-1)} \quad 1\leqslant j\leqslant i-1 \tag{5.54}$$

$$a_j=a_j^{(p)} \quad 1\leqslant j\leqslant p$$

为了保证相应的线性预测合成滤波器的稳定性，反射系数 k_i 通常取为 $-1\leqslant k_i\leqslant 1$。但是 k_i 具有不平坦的频谱灵敏度，其靠近 1 的值比远离 1 的值需要更高的量化精度。因此需要将 k_i 进行非线性变换，下面的对数面积比系数就是广泛采用的一种非线性函数。

5.4.2 对数面积比系数 LAR

由反射系数 k_i 可进一步推导出对数面积比系数，其定义为

$$g_i=\log(A_{i+1}/A_i)=\log[(1-k_i)/(1+k_i)] \quad 1\leqslant i\leqslant p \tag{5.55}$$

对上式两边取以 e 为底的指数，整理可得

$$k_i=(1-\exp(g_i))/(1+\exp(g_i)) \quad 1\leqslant i\leqslant p \tag{5.56}$$

其中，A_i 是多节级联无损声管模型中第 i 节的截面积。由于 g_i 相对于谱的变化的灵敏度比较平缓，因而特别适合量化。但是采用 LAR 量化时，要想使频谱失真最小，每一个系数约需要 4bit 进行编码，这将占编码器容量的一大部分。另外用 LAR 表示时，LPC 参数帧与帧之间的相关性将不再显著。鉴于此及 LSF 参数所具有的帧到帧的优良的内插特性，在语音编码系统中 LAR 渐渐被 LSF 参数取代。

5.4.3 预测器多项式的根

LPC 分析是估计语音信号功率谱的一种有效方法。如果把合成滤波器看作是一个 p 阶 AR

模型，则

$$|H(\omega)|^2=|X(\omega)|^2 \tag{5.57}$$

其中，$H(\omega)$是合成滤波器$H(z)$的频率响应，$X(\omega)$是语音信号的傅里叶变换，即信号谱。但语音信号并非是p阶AR过程，因此$H(\omega)$只能看作是对信号谱的一个估计。

通过求取预测器多项式的根，可以实现对共振峰的估计。预测误差滤波器$A(z)$可以用它的一组根$\{z_i,1\leqslant i\leqslant p\}$等效地表示，即

$$A(z)=1-\sum_{i=1}^{p}a_i z^{-i}=\prod_{i=1}^{p}(1-z_i z^{-1}) \tag{5.58}$$

若使$A(z)=0$，则可以解出p个根$z_1,z_2,\cdots,z_p$。若p为偶数，一般情况下得到的是$p/2$对复根，可以表示为

$$z_k=z_{kr}\pm \mathrm{j}\cdot z_{ki},\quad k=1,2,\cdots,p/2 \tag{5.59}$$

每一对根与信号谱中的一个共振峰相对应。如果把z平面的根转换到s平面，令$z_k=\mathrm{e}^{s_k T}$，其中T为采样间隔，设$s_k=\sigma_k+\mathrm{j}\Omega_k$，则有

$$\Omega_k=\frac{1}{T}\arctan\left(\frac{z_{ki}}{z_{kr}}\right) \tag{5.60}$$

$$\sigma_k=\frac{1}{2T}\log(z_{kr}^2+z_{ki}^2) \tag{5.61}$$

Ω_k决定了共振峰的频率，σ_k决定了共振峰的带宽。

5.4.4 预测误差滤波器的冲激响应及其自相关系数

由前面分析可知，除鼻音和摩擦音时变声道系统需用零极点模型来模拟外，其他语音均可用全极点模型来模拟。式(5.4)所示全极点模型预测误差滤波器传递函数的单位冲激响应为

$$a(n)=\delta(n)-\sum_{i=1}^{p}a_i\delta(n-i)=\begin{cases}1, & n=0\\ a_n, & 0<n\leqslant P\\ 0, & \text{其他}\end{cases} \tag{5.62}$$

a_n的自相关函数为

$$R_a(j)=\sum_{n=0}^{p-j}a(n)a(n+j),\quad j=1,2,\cdots,p \tag{5.63}$$

5.4.5 LPC倒谱及其MATLAB实现

线性预测倒谱系数LPCC是LPC系数在倒谱域中的表示。语音信号的倒谱指的是这个信号z变换的对数模函数的反z变换。这样，通过对语音信号的傅里叶变换取模的对数再求反傅里叶变换即可得到一个信号的倒谱。信号的倒谱也是描述语音信号特性的一个较好的参数，其特征基于语音信号为自回归信号的假设。LPCC系数的优点是计算量小，易于实现，对元音有较好的描述能力，缺点是对辅音的描述能力较差，抗噪性能较差。由于线性预测合成滤波器的频率响应$H(\mathrm{e}^{\mathrm{j}\omega})$可以反映声道的频率响应及被分析信号的谱包络，因此可以用$\log|H(\mathrm{e}^{\mathrm{j}\omega})|$做反傅里叶变换求出倒谱系数。设通过线性预测分析得到的声道模型系统函数为

$$H(z)=\frac{1}{1-\sum_{i=1}^{p}a_i z^{-i}} \tag{5.64}$$

其冲激响应为$h(n)$，倒谱为$\hat{h}(n)$，则有

$$\hat{H}(z)=\ln H(z)=\sum_{n=1}^{\infty}\hat{h}(n)z^{-n} \tag{5.65}$$

将式(5.64)代入式(5.65)并将其两边对 z^{-1} 求导,整理可得

$$\left(1-\sum_{i=1}^{p} a_i z^{-i}\right)\sum_{n=1}^{\infty} n\hat{h}(n) z^{-n+1}=\sum_{i=1}^{p} i a_i z^{-i} \tag{5.66}$$

令上式两边的各次 z^{-1} 的系数分别相等,可得由 LPC 系数求倒谱系数的递推公式为

$$\hat{h}(n)=\begin{cases} a_n, & n=1 \\ a_n+\sum_{k=1}^{n-1} k\hat{h}(k)a_{n-k}/n, & 1<n\leqslant p+1 \\ \sum_{k=1}^{n-1} k\hat{h}(k)a_{n-k}/n, & n>p+1 \end{cases} \tag{5.67}$$

由于线性预测合成滤波器的极点在单位圆内,其所对应的单位冲击响应是一个最小相位序列,因此其倒谱系数是一个右半序列。

由于语音信号的倒谱能较好地描述语音的共振峰特征,并比较彻底地去掉了语音产生过程中的激励信息,因此在语音识别系统中得到了较好的应用效果。实验表明,使用倒谱可以提高特征参数的稳定性。

程序 5.5 为 LPC 系数转换为 LPCC 系数的 MATLAB 程序。

【程序 5.5】LPC_LPCC.m

```
% LPC_LPCC()
%已知语音文件求出其 LPC 系数后,调用 LPC_LPCC_function()函数求 LPCC 系数
%结果输出到文件“从 LPC 系数解得的 LPCC 系数.txt”
clear;close all
clc
fid=fopen('sx86.txt','r');
p1=fscanf(fid,'%f')
fclose(fid);
p=filter([1 -0.68], 1, p1)                    %预加重滤波
x=fra(320,160,p)                              %将 p 进行分帧,帧长 320,帧重叠 160
x=x(60,:)
a1=lpc(x,16)
a=a1(:);                                      %将线性预测系数赋给矩阵 a
a_num=16;                                     %a_num 为线性预测系数阶次,不包括 a(0)=1
C_num=16;                                     %C_num 为线性预测倒谱系数 LPCC 个数
lpcc= LPC_LPCC_function(a,C_num,a_num)        %调用 LPC_LPCC_function()函数求 LPCC 系数
%结果输出到文件“从 LPC 系数解得的 LPCC 系数.txt”
fid= fopen('从 LPC 系数解得的 LPCC 系数.txt','w');
fprintf(fid,'LPC 系数:\n');
fprintf(fid,'%6.2f, ',a);
fprintf(fid,'\n');
fprintf(fid,'从 LPC 系数解得的 LPCC 系数:\n');
fprintf(fid,'%8.4f, ',lpcc);
fclose(fid);
%EOF LPC_LPCC.m
```

求 LPCC 系数的函数见程序 LPC_LPCC_function.m:

```
%计算倒谱系数 C(1)到 C(C_num)的函数
%其中 a 为 LPC 系数,a_num 为 LPC 系数个数,即 LPC 系数阶次,不包括 a(0)=1;
%C_num 为倒谱系数个数
% LPC_LPCC_function.m
```

```
function lpcc=LPC_LPCC_function(a,C_num,a_num)
n_lpc=a_num;n_lpcc=C_num;
lpcc=zeros(n_lpcc,1);              %初始化 LPCC 矩阵为 n_lpcc 行 1 列的一个全 0 矩阵
lpcc(1)=a(1);                      %C(1)=a(1)
%计算倒谱系数 C(2)到 C(n_lpc)
for n=2:n_lpc
    lpcc(n)=a(n);
    for m=1:n-1
        lpcc(n)=lpcc(n)+a(m)*lpcc(n-m)*(n-m)/n;
    end
end
%计算倒谱参数 C(n_lpc+1)到 C(C_num)
for n=n_lpc+1:n_lpcc
    lpcc(n)=0;
    for m=1:n_lpc
        lpcc(n)=a(n)+lpc(m)*lpcc(n-m)*(n-m)/n;
    end
end
%EOF LPC_LPCC_function.m
```

图 5.6 给出了语音信号及其 LPC 谱包络与倒谱包络的比较。由图可以看出，虽然共振峰频率在两个图中都明显可见，且两者得到的谱峰个数相同，但一般情况下语音信号 LPC 谱比倒谱包络的共振峰要少，这是由于 LPC 分析的阶数决定其共振峰的个数，但倒谱不存在这种限制。

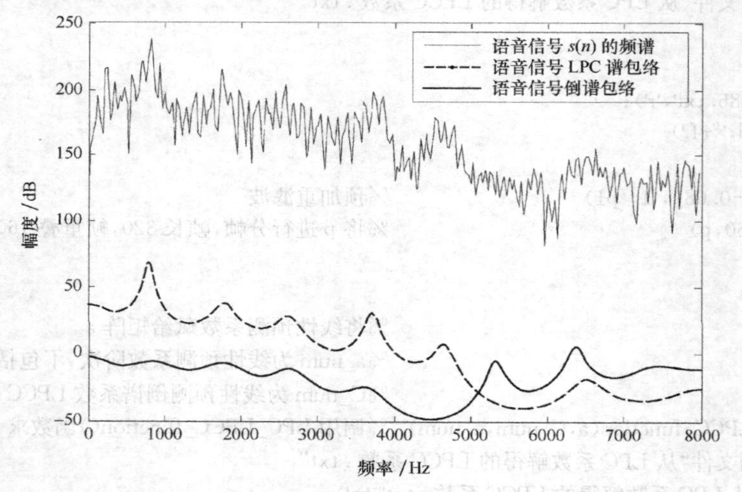

图 5.6 语音信号及其 LPC 谱包络与倒谱包络的比较

习 题 5

5.1 什么叫线性预测器？简述线性预测分析的原理，并给出求解线性预测系数的详细实现过程。

5.2 给出线性预测合成滤波器的表示式，并说明 LPC 误差滤波器及线性预测合成滤波器的关系。

5.3 什么叫线谱对？说明线谱对的特点。

5.4 什么叫倒谱？说明线性预测系数转换为倒谱的实现过程。

5.5 自己录制一段.wav 格式的语句，编程求解所录制语句的 LPC 系数。

5.6 编程求解上题所求出的 LPC 系数对应的线谱对，并根据求得的线谱对重构得到 LPC 系数。

5.7 设 l 阶线性预测误差滤波器定义为

$$A^l(z) = 1 - \sum_{i=1}^{l} a_i^l z^{-i}$$

其中

$$a_l = k_l$$

$$a_i^l = a_i^{(l-1)} - k_l a_{l-i}^{(l-1)} \quad 1 \leqslant i \leqslant l-1$$

将 a_i^l 代入 $A(z)$ 表示式，试证明下式成立

$$A^l(z) = A^{l-1}(z) - k_l z^{-l} A^{l-1}(z^{-1})$$

5.8 设有差分方程 $h(n)$ 的表示式为

$$h(n) = \sum_{i=1}^{p} a_i h(n-i) + G\delta(n)$$

其中，$h(n)$ 的自相关函数定义为

$$R(m) = \sum_{n=0}^{\infty} h(n) h(n+m)$$

(1) 证明 $R(m)$ 是偶对称的，即 $R(m) = R(-m)$；

(2) 将差分方程代入 $R(-m)$ 的表示式，证明

$$R(m) = \sum_{k=1}^{p} a_k R(|m-k|) \quad m = 1, 2, \cdots, p$$

5.9 有一种以 LPC 为基础的语音基音检测方法，利用 LPC 误差信号 $e(n)$ 的自相关函数，其中 $e(n)$ 表示式为

$$e(n) = s(n) - \sum_{i=1}^{p} a_i \hat{s}(n-i)$$

若设 $a_0 = -1$，则有

$$e(n) = -\sum_{i=0}^{p} a_i \hat{s}(n-i)$$

其中，$\hat{s}(n) = s(n) w(n)$，它在 $0 \leqslant n \leqslant N-1$ 范围内不为零，其他各处均为零。证明：$e(n)$ 的自相关函数 $R_e(n)$ 可以写为

$$R_e(n) = \sum_{l=-\infty}^{+\infty} R_a(l) R_l(n-l)$$

其中，$R_a(l)$ 为 LPC 系数的自相关函数，$R_l(l)$ 为 $\hat{s}(n)$ 的自相关函数。

5.10 设 LPC 预测器阶次 $p=2$，自相关矢量 $R = (r(0),\ r(1),\ r(2))$。

(1) 用 Levinson-Durbin 算法递推求解预测器系数 a_1, a_2；

(2) 采用托普利兹矩阵通过求解矩阵方程验证求解结果。其中托普利兹矩阵方程为

$$\begin{bmatrix} r(0) & r(1) \\ r(1) & r(0) \end{bmatrix} \begin{bmatrix} a_1 \\ a_2 \end{bmatrix} = \begin{bmatrix} r(1) \\ r(2) \end{bmatrix}$$

5.11 设一个加窗语音信号为 $x(n)$，其中 $0 \leqslant n \leqslant N-1$(其余部分全为 0)。用自相关法对该语音信号进行分析，其中语音信号的自相关序列分别为

$$r(k) = \sum_{n=0}^{N-1-k} x(n) x(n+k), 0 \leqslant k \leqslant p$$

求得的线性预测系数为 $\boldsymbol{a}' = [a_0, a_1, \cdots, a_p]$。定义预测残差能量为

$$E_p = \sum_{n=0}^{N-1-p} e^2(n) = \left[-\sum_{i=0}^{p} a_i x(n-i)\right]^2$$

且 E_p 可进一步表示为：$E_p = \boldsymbol{a}' \boldsymbol{R}_x \boldsymbol{a}$，其中 $\boldsymbol{R}_x$ 为一个 $(p+1) * (p+1)$ 矩阵，试给出 $\boldsymbol{R}_x$ 表示式。

5.12 设 LPC 合成滤波器为

$$H(z) = \frac{G}{1 - \sum_{i=1}^{p} a_i z^{-i}}$$

试说明如何用 FFT 变换求解 $H(e^{j\omega})$。

5.13 设线性预测误差滤波器为 $A(z)=\sum_{i=0}^{p}a_i z^{-i}$，其中 $a_0=1$，求解线性预测系数的依据是预测残差能量最小，用自相关法求解时，预测器系数 a_i 应满足

$$\sum_{i=1}^{p}r(|i-k|)a_k=-r(i)\quad 1\leqslant i\leqslant p$$

且语音谱失真的测试可通过下式递归最小化的关系反映出来，即

$$E_p=|R_p|/|R_{p-1}|$$

当 $p=1$ 和 2 时，根据自相关系数求解预测残差能量 E_p，证明 $E_p=|R_p|/|R_{p-1}|$。

第6章 矢量量化

随着计算机及数字通信技术的高速发展，人类之间交流的信息日益丰富，包括语音、文本、图像、视频等。这些信息变换成信号后，必须通过一定的系统进行传输或加工处理。数字通信系统以其抗干扰能力强，保密性好，便于传输、存储、交换和处理等优点得到广泛应用，但数字信号的数据量通常很大，给存储器的存储容量、通信信道的带宽及计算机的处理速度带来压力，因此必须对其量化压缩。量化可以分为两大类：一类是标量量化，另一类是矢量量化 VQ。标量量化是把抽样后的信号值逐个进行量化，而矢量量化是先将 $k(k\geqslant 2)$ 个抽样值形成 k 维空间 R^k 中的一个矢量，然后将此矢量进行量化，并设法使其失真或量化噪声最小，它可以极大地降低数码率，优于标量量化。各种数据都可以用矢量表示，直接对矢量进行量化，可以方便地对数据进行压缩。矢量量化属于不可逆压缩方法，能够有效地利用矢量中各分量间相互关联的性质（线性依赖性、非线性依赖性、概率密度函数的形状及矢量维数）以消除冗余度，具备比特率低、解码简单、失真较小的优点。矢量量化压缩技术不但广泛应用于图像和语音压缩编码等传统领域，而且在移动通信、语音识别、文献检索及数据库检索等领域得到越来越广泛的应用。

矢量量化的理论基础是香农的率-失真理论。率-失真理论是对给定的失真 D，可以计算率-失真函数 $R(D)$，$R(D)$ 定义为：在给定的失真 D 条件下，所能够达到的最小速率（用每维计算）；或者反过来，可以计算率-失真函数的逆函数 $D(R)$，称 $D(R)$ 为失真-率函数，其定义为：在给定的速率（以 bit/s 计算）条件下所能够达到的最小失真。$D(R)$ 或 $R(D)$ 所给出的编码速率极限，不仅适用于矢量量化，而且适用于所有信源编码方法。$D(R)$ 是在维数 $k\to\infty$ 时 $D_k(R)$ 的极限，即

$$D(R)=\lim_{k\to\infty}D_k(R)$$

率-失真理论指出，利用矢量量化，编码性能有可能任意接近率-失真函数，其方法是增加维数 k。率-失真理论在实际应用中有重要指导意义：率-失真函数常常作为一个理论下界与实际编码速率相比较，分析系统还有多大的改进余地。如果某系统的最高性能都不能满足系统或客户的要求，人们就不必浪费精力用给定的参数来设计出一个实际系统，因为永远设计不出满足要求的系统，除非降低系统的某项性能指标。相反，如果一个实际系统的性能已经接近于理论上界，则不应再投入更多的资金和时间来追求微不足道的改善。如果某系统的性能优于理论上界，则必须怀疑该系统模型的准确性。总之，率-失真理论指出了矢量量化的优越性。但是，率-失真理论是一个存在性定理而非构造性定理，因为它没有指出如何构造矢量量化器。

1956 年 Steinhaus 第一次系统地阐述了最佳矢量量化问题。1957 年在 Loyd 的“PCM 中的最小平方量化”一文中给出了如何划分量化区间和如何求量化值问题的结论。与此同时，Max 也得出了同样的结果。虽然他们谈论的都是标量量化问题，但他们的算法对后来的矢量量化的发展有着深刻的影响。1978 年，Buzo 第一个提出实际的矢量量化器。他提出的量化系统的组成分为两步：第一步将语音做线性预测分析，求出预测系数；第二步对这些系数做矢量量化，于是得到压缩数码的语音编码器。1980 年，Linde、Buzo 和 Gray 将 Lloyd-Max 算法推广，发表了第一个矢量量化器的设计算法，通常称为 LBG 算法。这就使矢量量化的研究向前推进了一大步。这一时期，人们对矢量量化的问题展开了全面的研究，其中主要的是对失真测度的探讨，码书的设计，各种矢量量化系统的研究，快速搜索算法的寻找等。

矢量量化的效果是很明显的，1980 年美国加州公司的 Wong 和 Juang 等人在原来编码速率为 2.4kbit/s 的线性预测声码器上，仅将滤波系数由标量量化改为矢量量化，就可使编码速率降低到 800bit/s，而声音质量基本未下降。1983 年美国 BBN 公司的 Makhoul 等人研制了一种分段式声码器。由于该声码器采用了矢量量化，所以可以用 150bit/s 的速率来传送可懂的语音。近几十年来在已经提出的各种矢量量化方法和系统的基础上，再与其他编码技术相结合，得到了更好的矢量量化方法，用硬件实现矢量量化系统的方法也日益增多。

6.1 矢量量化基本原理

6.1.1 矢量量化的定义

矢量量化是先把信号序列的每 K 个连续样点分成一组，形成 K 维欧氏空间中的一个矢量，然后对此矢量进行量化。

如图 6.1 中的输入信号序列 $\{x_n\}$，每 4 个样点构成一个矢量（取 $K=4$），共得到 $n/4$ 个四维矢量，$\boldsymbol{X}_1,\boldsymbol{X}_2,\boldsymbol{X}_3,\cdots,\boldsymbol{X}_{n/4}$。矢量量化就是先集体量化 $\boldsymbol{X}_1$，然后再量化 $\boldsymbol{X}_2$，依次向下量化，下面以 $K=2$ 为例进行说明。

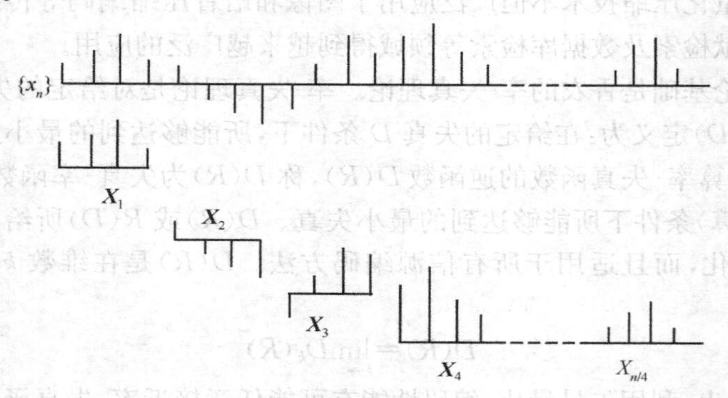

图 6.1　四维矢量形成示意图

当 $K=2$ 时，所得到的是一些二维矢量。所有可能的二维矢量就形成了一个平面。如果记二维矢量为 (a_1,a_2)，所有可能的 (a_1,a_2) 就是一个二维欧氏空间。如图 6.2(a)所示，矢量量化就是先把这个平面划分成 N 块（相当于标量量化中的量化区间）$S_1,S_2,\cdots,S_N$，然后从每一块中找一个代表值 $\boldsymbol{Y}_i(i=1,2,\cdots,N)$（相当于标量量化中的量化值），这就构成了一个有 N 个区间的二维矢量量化器。图 6.2(b)所示的是一个 7 区间的二维矢量量化器，即 $K=2,N=7$，共有 $\boldsymbol{Y}_1,\boldsymbol{Y}_2,\cdots,\boldsymbol{Y}_7$ 这 7 个代表值，通常把这些代表值 $\boldsymbol{Y}_i$ 称为量化矢量。

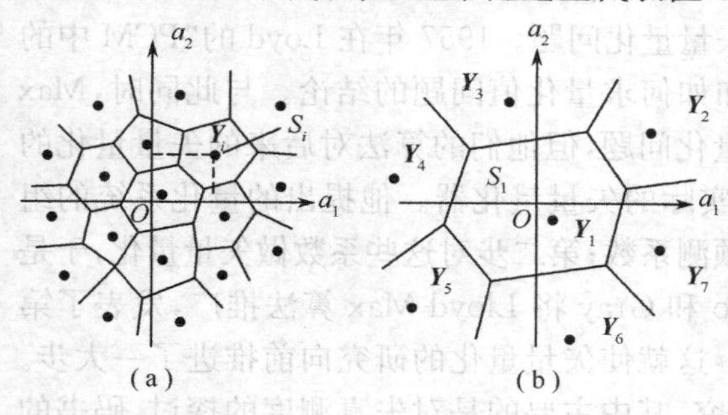

图 6.2　矢量量化示意图

若要对落在二维矢量空间里的一个模拟矢量 $\boldsymbol{X}=(a_1,a_2)$ 进行量化，首先要选一个合适的失真测度，再利用最小失真原则，分别计算用量化矢量 $\boldsymbol{Y}_i(i=1,2,\cdots,7)$ 替代 $\boldsymbol{X}$ 所带来的失真。其中最小失真值所对应的那个量化矢量 $\boldsymbol{Y}_i(i=1,2,\cdots,7)$ 中某一个，就是模拟矢量 $\boldsymbol{X}$ 的重构矢量（或称恢复矢量）。通常把所有 N 个量化矢量（重构矢量或恢复矢量）构成的集合 $\{Y_i\}$ 称之为码书（codebook）或码本。码书中的矢量称之为码字(codeword)或码矢(codevector)。例如图 6.2(b)中所示的矢量量化器的码书 $\mathscr{Y}=\{\boldsymbol{Y}_1,\boldsymbol{Y}_2,\cdots,\boldsymbol{Y}_7\}$,其中每个量化矢量 $\boldsymbol{Y}_1,\boldsymbol{Y}_2,\cdots,\boldsymbol{Y}_7$ 称为码字或码矢。不同的划分或不同的量化矢量选取就可以构成不同的矢量量化器。

根据上面对矢量量化的描述,可以把矢量量化定义为

$$\boldsymbol{Y}\in\mathscr{Y}_N=\{\boldsymbol{Y}_1,\boldsymbol{Y}_2,\cdots,\boldsymbol{Y}_N|\boldsymbol{Y}_i\in R^K\}$$

矢量量化是把一个 K 维模拟矢量 $\boldsymbol{X}\in\mathscr{X}\subset R^K$ 映射为另一个 K 维量化矢量

其数学表达式为

$$\boldsymbol{Y}=Q(\boldsymbol{X}) \tag{6.1}$$

式中,$\boldsymbol{X}$ 为输入矢量;$\mathscr{X}$ 为信源空间;R^K 为 K 维欧氏空间;$\boldsymbol{Y}$ 为量化矢量(码字或码矢);$\mathscr{Y}_N$ 为输出空间(即码书);$Q(\cdot)$为量化符号;N 为码书的大小(即码字的数目)。

矢量量化系统通常可以分解为两个映射的乘积

$$Q=\alpha\beta \tag{6.2}$$

式中,α 是编码器,它是将输入矢量 $\boldsymbol{X}\in\mathscr{X}\subset R^K$ 映射为信道符号集 $I_N=\{i_1,i_2,\cdots,i_N\}$中的一个元 i_j;β 是译码器,它是将信道符号 i_j 映射为码书中的一个码字 $\boldsymbol{Y}_i$。即

$$\alpha(\boldsymbol{X})=i_j \quad \boldsymbol{X}\in\mathscr{X},i_j\in I_N \tag{6.3}$$

$$\beta(i_j)=\boldsymbol{Y}_i \quad i_j\in I_N,\boldsymbol{Y}_i\in\mathscr{Y}_N \tag{6.4}$$

6.1.2 失真测度

设计矢量量化器的关键是编码器 $\alpha(\boldsymbol{X})$的设计,而译码器 $\beta(i)$的工作过程仅是一个简单的查表过程。设计编码器需引入失真测度的概念,失真测度的选择直接影响矢量量化系统的性能。

失真测度是以什么方法来反映用码字 $\boldsymbol{Y}_i$ 代替信源矢量 $\boldsymbol{X}$ 时所付出的代价。这种代价的统计平均值(平均失真)描述了矢量量化器的工作特性,即

$$D=E[d(\boldsymbol{X},Q(\boldsymbol{X}))] \tag{6.5}$$

式中,$E[\cdot]$表示求期望。

常用的失真测度有如下几种。

(1) 平方失真测度

$$d(\boldsymbol{X},\boldsymbol{Y}) = \|\boldsymbol{X}-\boldsymbol{Y}\|^2 = \sum(\boldsymbol{X}_i-\boldsymbol{Y}_i)^2 \tag{6.6}$$

这是最常用的失真测度,因为它易于处理和计算,并且在主观评价上有意义,即小的失真值对应好的主观评价质量。

(2) 绝对误差失真测度

$$d(\boldsymbol{X},\boldsymbol{Y}) =|\boldsymbol{X}-\boldsymbol{Y}|=\sum_{i=1}^{k}|\boldsymbol{X}_i-\boldsymbol{Y}_i| \tag{6.7}$$

此失真测度的主要优点是计算简单,硬件容易实现。

(3) 加权平方失真测度

$$d(\boldsymbol{X},\boldsymbol{Y})=(\boldsymbol{X}-\boldsymbol{Y})^{\mathrm{T}}\boldsymbol{W}(X-Y) \tag{6.8}$$

式中,T 为矩阵转置符号;$\boldsymbol{W}$ 为正定加权矩阵。

在矢量量化器的设计中,失真测度的选择是很重要的。一般来说,要使所选用的失真测度有实际意义,必须要求它具有以下几个特点:

① 必须在主观评价上有意义,即小的失真对应好的主观质量评价。

② 必须在数学上易于处理,能导致实际的系统设计。

③ 必须可计算并保证平均失真$D=E[d(\boldsymbol{X},Q(\boldsymbol{X}))]$存在。

④ 采用的失真测度,应使系统容易用硬件实现。

6.1.3　矢量量化器

有了失真测度,就可以根据矢量量化的定义来具体设计矢量量化器了。通常用最小失真的方法——最近邻法 NNR 来设计,也就是要满足

$$\alpha(\boldsymbol{X})=i \Leftrightarrow d(\boldsymbol{X},\boldsymbol{Y}_i)\leqslant d(\boldsymbol{X},\boldsymbol{Y}_j)\quad \forall j\in I_N \tag{6.9}$$

式中,$I_N=\{1,2,\cdots,i,\cdots,N\}$;$N$为码书的大小;符号⇔表示当且仅当(充分必要条件)。

这样就可以得到一个如图 6.3 所示的矢量量化器实现框图。其简单工作过程是:在编码端,输入矢量$\boldsymbol{X}$与码书(Ⅰ)中的每一个或部分码字进行比较,分别计算出它们的失真。搜索到失真最小的码字$\boldsymbol{Y}_i$的序号i(或此码字所在码书中的地址)并将i的编码信号通过信道传输到译码端;在译码端,先把信道传来的编码信号译成序号i,再根据序号i(或码字$\boldsymbol{Y}_i$所在地址),从码书(Ⅱ)中查出相应的码字$\boldsymbol{Y}_i$。由于码书(Ⅰ)与码书(Ⅱ)是完全一样的,此时失真$D(\boldsymbol{X},\boldsymbol{Y}_i)$最小,所以$\boldsymbol{Y}_i$就是输入矢量$\boldsymbol{X}$的重构矢量(恢复矢量)。很明显,由于在信道中传输的并不是矢量$\boldsymbol{Y}_i$本身,而是其序号i的编码信号,所以传输速率还可以进一步降低。

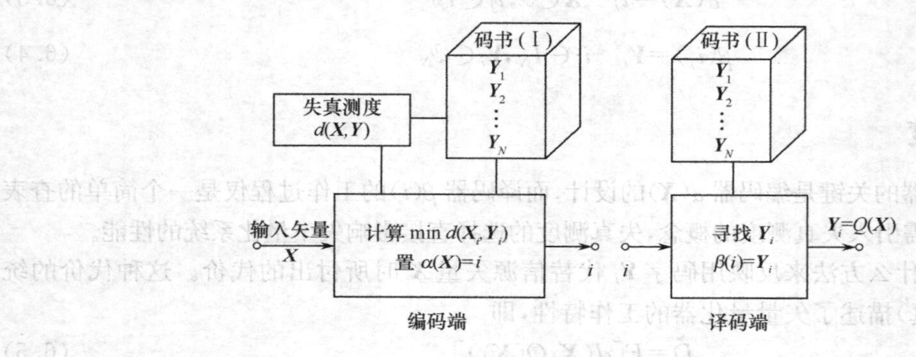

图 6.3　矢量量化原理框图

矢量量化是一种高效的数据压缩技术,和其他数据压缩技术一样,它除了有失真以外,还有一个传输速率问题,即每个样值(每维)平均编码所需的比特数。

矢量量化器的速率定义为

$$r=\frac{B}{K}=\frac{1}{K}\log_2 N\quad(\text{bit/样点或每维}) \tag{6.10}$$

式中,$B=\log_2 N$表示每个码字的编码比特数;N为码书的大小(即码字的数目);K为维数。

由式(6.10)可见,矢量量化器的速率r与码书大小N的对数$\log_2 N$成正比,与维数K成反比。这说明N越大速率越高;而维数K越大,速率越低。

信道中传输速率R_T与矢量量化器速率r的关系为

$$R_T=f_s r \tag{6.11}$$

式中,f_s为抽样速率。

6.2　最佳矢量量化器

在标量量化中,Lloyd-Max 算法给出了设计最佳标量量化器(失真最小)的两个必要条件:一是在预先划分好量化区间$\Delta x_\alpha(\alpha=1,2,\cdots,n)$情况下,集$\{\hat{x}_\alpha\}$中每个量化值必须是相应量化区间

的质量中心；二是当量化值$\hat{x}_a(\alpha=1,2,\cdots,n)$给定时，量化区间的端点值$x_\alpha(\alpha=1,2,\cdots,n-1)$必须是量化值$\hat{x}_a(\alpha=1,2,\cdots,n)$中两个邻近点的中点值。同样，在设计最佳矢量量化器时，重要的问题是如何划分量化区间和确定量化矢量。Gray 等人把标量量化中设计最佳量化器的两个条件，推广到设计最佳矢量量化器中。分别在两个给定条件下，寻找最佳划分与最佳码书，使平均失真最小，即：一是在给定条件下，寻找信源空间的最佳划分，使平均失真最小；二是在给定划分条件下，寻找最佳码书，使平均失真最小。下面分别讨论。

（1）最佳划分

由于码书已给定，因此可以用最近邻准则 NNR 得到最佳划分。图 6.4 为$K=2$的最佳划分示意图。

信源空间$\mathscr{X}$中的任一点矢量$\boldsymbol{X}$，$\boldsymbol{X}\in S_j$（图 6.4 中所示的是$K=2$的平面），如果任意输入矢量$\boldsymbol{X}$和码字$\boldsymbol{Y}_j$的失真小于它和其他码字$\boldsymbol{Y}_i\in\mathscr{Y}_N$的失真，即

$$S_j=\{\boldsymbol{X}|\boldsymbol{X}\in\mathscr{X}\ \ 且\ d(\boldsymbol{X},\boldsymbol{Y}_j)\leqslant d(\boldsymbol{X},\boldsymbol{Y}_i)\}\quad i\neq j,i\in I_N \tag{6.12}$$

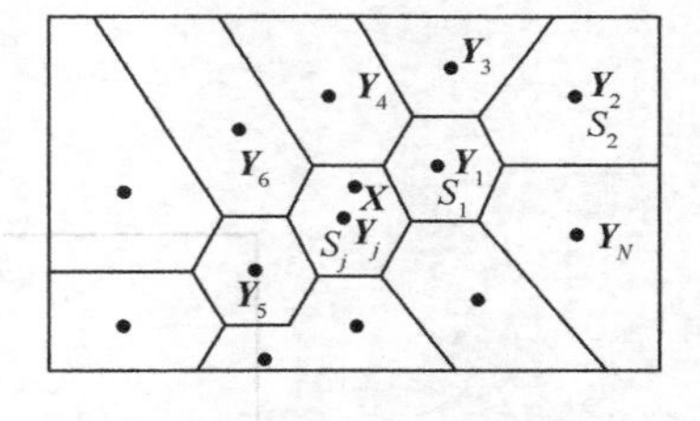

图 6.4　最佳划分示意图

则S_j为最佳划分。如果$\boldsymbol{X}$落在边界上，可以在不增加失真的前提下，将$\boldsymbol{X}$置于任何邻近区间中。由于给定码书$\mathscr{Y}_N=\{\boldsymbol{Y}_1,\boldsymbol{Y}_2,\cdots,\boldsymbol{Y}_j,\cdots,\boldsymbol{Y}_N\}$共有$N$个码字，所以可以把信源空间划分成$N$个区间$S_j(j=1,2,\cdots,N)$。通常把这种划分称为 Voronoi 划分，对应的子集$S_j(j=1,2,\cdots,N)$称为 Voronoi 胞腔（cell），下面简称胞腔。

（2）最佳码书

给定了划分S_i（并不是最佳划分）后，为了使码书的平均失真最小，码字$\boldsymbol{Y}_i$必须为相应划分$S_i(i=1,2,\cdots,N)$的形心，即

$$\boldsymbol{Y}_i=\min_{Y\in R^K}{}^{-1}E[d(\boldsymbol{X},\boldsymbol{Y})|\boldsymbol{X}\in S_i] \tag{6.13}$$

式中，$\min^{-1}$表示选取的$\boldsymbol{Y}$是平均失真$E[d(\boldsymbol{X},\boldsymbol{Y})|\boldsymbol{X}\in S_i]$为最小的$\boldsymbol{Y}$。

对于一般的失真测度和信源分布，很难找到形心的计算方法，但对一些简单的分布和好的失真测度是容易找到形心的计算方法的。例如，对于由训练序列定义的样点分布和常用的均方失真测度，形心就可由下式给出

$$\boldsymbol{Y}_i=\frac{1}{|S_i|}\sum_{\boldsymbol{X}\in S_i}\boldsymbol{X} \tag{6.14}$$

式中，$|S_i|$表示集合S_i中元素的个数（S_i集中有$|S_i|$个$\boldsymbol{X}$）。

有了上述的最佳划分和最佳码书两个条件，就可以得到矢量量化器的设计算法了。

6.3　矢量量化器的设计算法及 MATLAB 实现

6.3.1　LBG 算法

设计矢量量化器的主要任务是设计码书$\mathscr{Y}_N$。对于给定码字数目N的情况下，由上节所述可以推导出一个矢量化器的设计算法。LBG 算法是由 Linde，Buzo 和 Gray 三人在 1980 年首次提出的一种码书设计方法，该方法是标量量化器中 Lloyd 算法的多维推广。此算法既可以用于已知信源分布特性的场合，也可以用于未知信源分布特性，但要知道它的一列输出值（称为训练序列）的场合。由于对实际信源（如语声等）很难准确地得到多维概率分布，因而通常多用训练序

列来设计矢量量化器。下面分别给出这两种情况下的迭代算法。

1. 已知信源分布特性的设计算法

已知信源分布特性的算法流程如图 6.5 所示，具体步骤如下：

① 给定初始码书 $\mathscr{Y}_N^{(0)}$，即给定码书大小 N 和码字$\{\boldsymbol{Y}_1^{(0)},\boldsymbol{Y}_2^{(0)},\cdots,\boldsymbol{Y}_N^{(0)}\}$，并置 $n=0$，设起始平均失真 $D^{(-1)}\to\infty$，以及给定计算停止门限 $\varepsilon(0<\varepsilon<1)$。

② 用码书 $\mathscr{Y}_N^{(n)}$，根据最佳划分原则构成 N 个胞腔 $S_j^{(n)}$ $(j=1,2,\cdots,N)$。

③ 计算平均失真与相对失真。

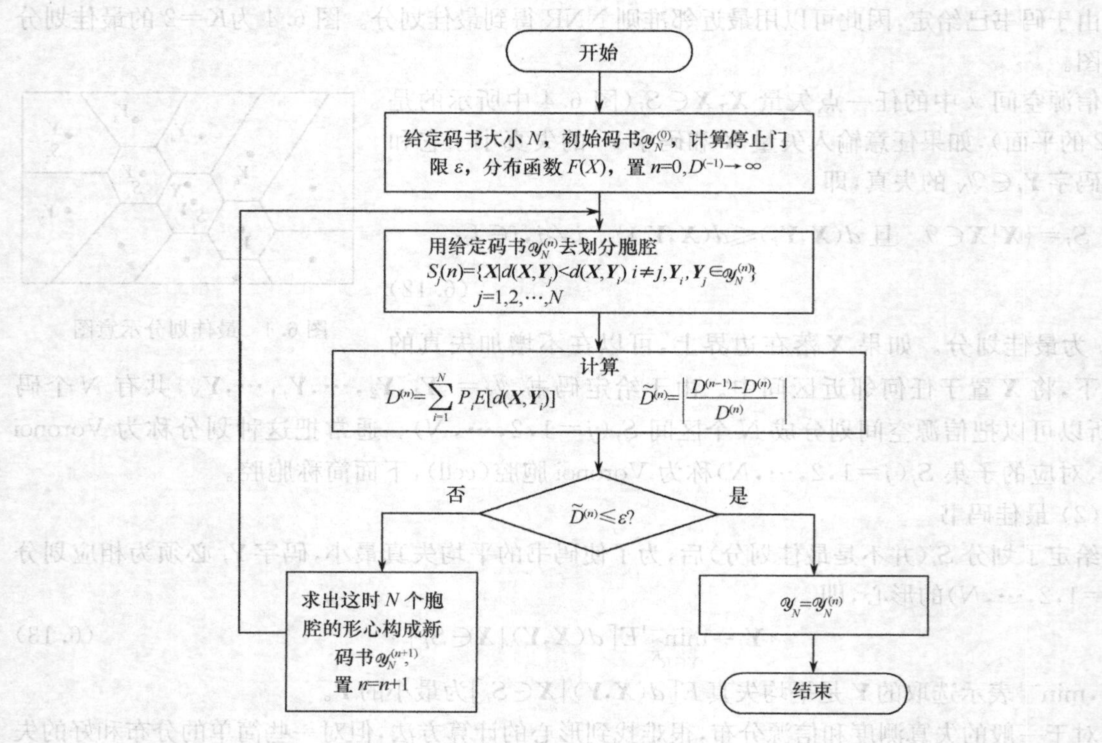

图 6.5 已知信源分布特性的算法流程图

平均失真为

$$D^{(n)}=E[d(\boldsymbol{X},\boldsymbol{Y})]=\sum_{i=1}^{N}P_iE[d(\boldsymbol{X},\boldsymbol{Y}_i)\mid X\in S_i^{(n)}] \tag{6.15}$$

相对失真为

$$\widetilde{D}^{(n)}=\left|\frac{D^{(n-1)}-D^{(n)}}{D^{(n)}}\right| \tag{6.16}$$

若$\widetilde{D}^{(n)}\leqslant\varepsilon$，则计算停止，此时的码书 $\mathscr{Y}_N^{(n)}$ 就是设计好的码书 $\mathscr{Y}_N=\mathscr{Y}_N^{(n)}$，否则进行第④步。

④ 利用式(6.14)计算这时划分的各胞腔的形心，由这 N 个新形心$\{\boldsymbol{Y}_1^{(n+1)},\boldsymbol{Y}_2^{(n+1)},\cdots,\boldsymbol{Y}_N^{(n+1)}\}$构成新的码书 $\mathscr{Y}_N^{(n+1)}$ 并置 $n=n+1$，返回第②步再进行计算，直到$\widetilde{D}^{(n+L)}\leqslant\varepsilon$，得到所要求设计的码书 $\mathscr{Y}_N=\mathscr{Y}_N^{(n+L)}$ 为止。

2. 已知训练序列的设计算法

已知训练序列的设计算法的流程如图 6.6 所示，具体步骤如下：

① 给定初始码书 $\mathscr{Y}_N^{(0)}$，即给定码书大小 N 和码字$\{\boldsymbol{Y}_1^{(0)},\boldsymbol{Y}_2^{(0)},\cdots,\boldsymbol{Y}_N^{(0)}\}$并置 $n=0$，设起始平均失真 $D^{(-1)}\to\infty$，给定计算停止门限 $\varepsilon(0<\varepsilon<1)$。

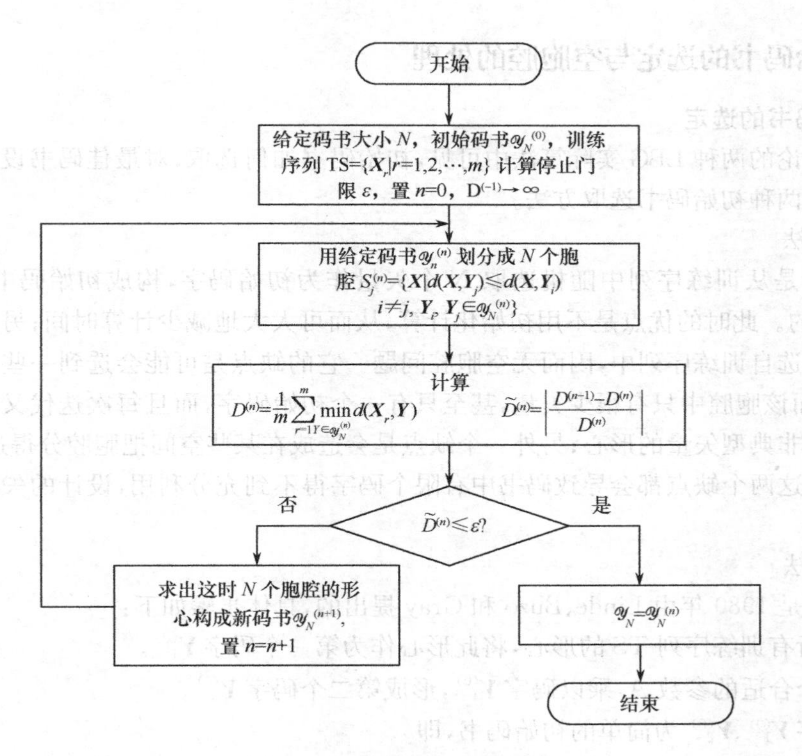

图 6.6　已知训练序列的算法

② 用码书 $\mathcal{Y}_N^{(n)}$ 为已知形心，根据最佳划分原则把训练序列 TS=$\{\boldsymbol{X}_1,\boldsymbol{X}_2,\cdots,\boldsymbol{X}_m\}$划分为 N 个胞腔，即

$$S_j^{(n)}=\{\boldsymbol{X}|d(\boldsymbol{X},\boldsymbol{Y}_j)<d(\boldsymbol{X},\boldsymbol{Y}_i)\} \tag{6.17}$$

$$i\neq j,\boldsymbol{Y}_i,\boldsymbol{Y}_j\in\mathcal{Y}_N^{(n)},\boldsymbol{X}\in\text{TS}\quad(j=1,2,\cdots,N)$$

③ 计算平均失真与相对失真

平均失真为

$$D^{(n)}=\frac{1}{m}\sum_{r=1}^{m}\min_{\boldsymbol{Y}\in\mathcal{Y}_N^{(n)}}d(\boldsymbol{X}_r,\boldsymbol{Y}) \tag{6.18}$$

式中，$\boldsymbol{X}_r\in\text{TS}$；$r=1,2,\cdots,m$。

相对失真为

$$\widetilde{D}^{(n)}=\left|\frac{D^{(n-1)}-D^{(n)}}{D^{(n)}}\right| \tag{6.19}$$

若 $\widetilde{D}^{(n)}\leqslant\varepsilon$，则停止计算，当前的码书 $\mathcal{Y}_N^{(n)}$ 就是设计好的码书 $\mathcal{Y}_N=\mathcal{Y}_N^{(n+L)}$，否则进行第④步。

④ 利用式(6.14)计算这时划分的各胞腔的形心，由这 N 个新形心$\{\boldsymbol{Y}_1^{(n+1)},\boldsymbol{Y}_2^{(n+1)},\cdots,\boldsymbol{Y}_N^{(n+1)}\}$构成新的码书 $\mathcal{Y}_N^{(n+1)}$，并置 $n=n+1$，返回第②步再进行计算，直到 $\widetilde{D}^{(n+L)}\leqslant\varepsilon$，得到所要求的码书 $\mathcal{Y}_N=\mathcal{Y}_N^{(n+L)}$ 为止。

从理论上来讲，当训练序列充分长时，以上两种算法有某种等效性。Gray、Kieffer 和 Linde 在 1980 年证明，当信源是矢量平稳且遍历时，若训练序列长度 $m\to\infty$，以上两种算法是等价的。1985 年，Subin 和 Gray 又把这个结果进一步推广到一大类信源的场合。除证明了极限情况下的结论外，他们还证明了对一个固定的迭代次数，第 2 种算法设计的矢量量化器逼近于第 1 种算法设计的矢量量化器。

6.3.2 初始码书的选定与空胞腔的处理

1. 初始码书的选定

从前面讨论的两种 LBG 实际算法中可见，初始码书如何选取，对最佳码书设计是很有影响的。下面介绍两种初始码书选取方法。

(1) 随机法

这种方法是从训练序列中随机选取 N 个矢量作为初始码字，构成初始码书 $\mathscr{Y}_N^{(0)}=\{\boldsymbol{Y}_1^{(0)},\boldsymbol{Y}_2^{(0)},\cdots,\boldsymbol{Y}_N^{(0)}\}$的。此时的优点是不用初始化计算，从而可大大地减少计算时间；另外一个优点是由于初始码字选自训练序列中，因而无空胞腔问题。它的缺点是可能会选到一些非典型的矢量作为码字，因而该胞腔中只有很少矢量，甚至只有一个初始码字，而且每次迭代又都保留了这些非典型矢量或非典型矢量的形心；另外一个缺点是会造成在某些空间把胞腔分得过细，而有些空间分得太大。这两个缺点都会导致码书中有限个码字得不到充分利用，设计的矢量量化器的性能就可能较差。

(2) 分裂法

这种方法是 1980 年由 Linde、Buzo 和 Gray 提出的，具体步骤如下：

① 计算所有训练序列 TS 的形心，将此形心作为第一个码字 $\boldsymbol{Y}_1^{(0)}$。

② 用一个合适的参数 A，乘以码字 $\boldsymbol{Y}_1^{(0)}$，形成第二个码字 $\boldsymbol{Y}_2^{(0)}$。

③ 以码字 $\boldsymbol{Y}_1^{(0)}$、$\boldsymbol{Y}_2^{(0)}$ 为简单的初始码书，即

$$\mathscr{Y}_2^{(0)}=\{\boldsymbol{Y}_1^{(0)},\boldsymbol{Y}_2^{(0)}\}$$

用前面所述的 LBG 算法，去设计仅含 2 个码字的码书 $\mathscr{Y}_2^{(n)}=\{\boldsymbol{Y}_1^{(n)},\boldsymbol{Y}_2^{(n)}\}$。

④ 将码书 $\mathscr{Y}_2^{(n)}$ 中的 2 个码字 $\boldsymbol{Y}_1^{(n)}$、$\boldsymbol{Y}_2^{(n)}$ 分别乘以合适的参数 B，得到 4 个码字 $\boldsymbol{Y}_1^{(n)}$、$\boldsymbol{Y}_2^{(n)}$，$B\boldsymbol{Y}_1^{(n)}$，$B\boldsymbol{Y}_2^{(n)}$。

⑤ 以这 4 个码矢为基础，按步骤③去构成含 4 个码字的码书，再乘以合适的参数以扩大码字的数目。如此反复，经 $\log_2 N$ 次设计，就得到所要求的有 N 个码字的初始码书 $\mathscr{Y}_N^{(0)}$。

在此方法中，这些参数的选择对初始码书的设计性能有一定影响。这些参数可选为一个固定常数，也可以选为码字的增益。用分裂法形成的初始码书，其性能较好。当然以此初始码书设计的矢量量化器的性能也较好，但是计算工作量大。

2. 空胞腔和非典型矢量的处理

在 LBG 算法中，遇到的另一个问题是空胞腔和随机选择法中的非典型矢量如何处理。下面分别说明。

(1) 去细胞分裂法

首先把某空胞腔中的形心，即码字 $\boldsymbol{Y}_z$ 去掉，然后将最大的胞腔 S_M 分裂为 2 个小胞腔。分裂方法如下：

① 用一个合适的参数 A 去乘以原形心 $\boldsymbol{Y}_M$，得到 2 个码字：$\boldsymbol{Y}_{M1}=\boldsymbol{Y}_M$，$\boldsymbol{Y}_{M2}=A\boldsymbol{Y}_M$；

② 以 $\boldsymbol{Y}_{M1}$，$\boldsymbol{Y}_{M2}$ 2 个码字来划分这个大胞腔，构成 2 个小胞腔 S_{M1}，S_{M2}。它们分别为

$$S_{M1}=\{\boldsymbol{X}\,|\,d(\boldsymbol{X},\boldsymbol{Y}_{M1})\leqslant d(\boldsymbol{X},\boldsymbol{Y}_{M2}),\boldsymbol{X}\in S_M\} \tag{6.20}$$

$$S_{M2}=\{\boldsymbol{X}\,|\,d(\boldsymbol{X},\boldsymbol{Y}_{M2})\leqslant d(\boldsymbol{X},\boldsymbol{Y}_{M1}),\boldsymbol{X}\in S_M\} \tag{6.21}$$

有时为了更精确起见，可以再计算 S_{M1}，S_{M2} 胞腔的形心，用类似于 LBG 的算法构成含 2 个码字的码书的办法来进行分裂。此方法的优点是由于用 2 个小胞腔替代了 1 个大胞腔，其量化失真减小了，量化器的总失真也减小了，因此性能得到改善。

(2) 非典型码字的处理

在随机选择法中，存在一些非典型矢量，用它们去形成胞腔时，胞腔中往往只有少数几个矢量，甚至只有它们自己本身一个矢量。其实在其他的设计算法中，也有只含很少几个矢量的胞腔，此时一般采用下面的办法来处理：

① 重新选择随机初始码字，直到没有非典型码字为止；

② 把这种胞腔中少数矢量分别归并到邻近的各个胞腔中，再用分裂法把其中一个最大的胞腔分裂为 2 个小胞腔。

6.3.3 已知训练序列的 LBG 算法的 MATLAB 实现

假设有一段语音信号命名为 lbg_7.txt，其采样频率为 16kHz，用其作为训练序列，使用 MATLAB 程序 6.1 实现 LBG 算法来产生码书。初始码书从训练序列每隔 5 个样本选取一组。程序中的参数意义：codebook_size 表示码书大小；codebook_dimen 表示码书维数；训练样本个数为 signal_num，训练样本从输入数据文件选取。循环结束条件可以是达到循环次数，也可以是相对失真达到指定条件。

程序 6.1 为 LBG 算法训练码书的 MATLAB 程序。

【程序 6.1】 TrainCodebook.m

```
clear all
codebook_size=6;                                   %码书大小
codebook_dimen=7;                                  %码书维数
signal_num=100;                                    %参加训练样本的个数
circle_num=20;                                     %码书训练循环次数，可选项，如果根据相对失真
                                                   %作为结束条件，就不使用该变量
fid=fopen('lbg_7.txt','rt');                       %读入数据文件 lbg_7.txt
input=fscanf(fid,'%f');                            %把输入数据文件中的数据赋给 input
fclose(fid);
num=size(input/codebook_dimen);                    %读输入数据大小
x=input(1000:1000+signal_num*codebook_dimen);
%取出输入样本文件中 1000 到 1500 共(500/codebook_dimen=100=signal_num)组数据，
%作为训练样本
s=zeros(codebook_size,codebook_dimen);             %初始化初始码书
train_signal=zeros(signal_num,codebook_dimen);
final_codebook=zeros(codebook_size,codebook_dimen);%初始化最终码书
y_center=zeros(codebook_size,codebook_dimen);      %初始化新码书质心
r=1;
for i=1:signal_num
    for j=1:codebook_dimen
        train_signal(i,j)=x(r);
    r=r+1;
    end
end
%选择初始码书
for i=1:codebook_size
    for j=1:codebook_dimen
      s(i,j)=train_signal(i*5,j);          %每隔 5 个样本取一个样本，存入 s 数组作为初始码书
    end
end
number=zeros(signal_num,1);
```

```
D=50000;                                    %起始平均失真
j2=0;
xiangdui__distort_value=50000;
for j1=1:circle_num;                        %让程序循环运行 circle_num 次结束
  while(xiangdui__distort_value>0.0000001)  %当相对失真小于 0.000001 时结束程序
   j2=j2+1;                                 %如果以相对失真为循环结束条件,j2 可记录下循环次数
   %求与训练样本距离最近的码书,则距离最近的码书索引就是训练样本所属的码书号
   for j=1:signal_num                       % signal_num:训练样本的个数
       for k=1:codebook_size
           A=0;
           for m=1:codebook_dimen
               A=A+(train_signal(j,m)-s(k,m))^2;  %计算训练样本与当前码书质心的距离
           end
           d(k)=A;
       end
       [dn,I]=min(d);     %找出训练样本与所有当前码书距离最小值及对应的码书索引
       number(j)=I;
   end %求与训练样本距离最近的码书,则距离最近的码书索引就是训练样本所属的码书号结束
   N1=zeros(codebook_size,1);                          %N1:每个码书包含的样本个数
   %-----求码书质心过程------
   for t=1:codebook_size
       y=zeros(codebook_dimen,1);                      %codebook_dimen:码书维数
       N=0;
       for j=1:signal_num                              % signal_num:训练样本的个数
           if t==number(j);
             for m=1:codebook_dimen
                 y(m)=y(m)+train_signal(j,m);
             end
               N=N+1;                                  %计算属于每个码书的样本个数
           end
       end
       N1(t,1)=N;                                      %属于每个码书的样本个数
       if N1(t,1)>0
           for m=1:codebook_dimen
           y_center(t,m)=y(m)/N1(t,1);                 %求每个码书的质心
           final_codebook(t,m)=y_center(t,m);          %把训练出来的质心赋给 final_codebook
           end
       end
   end    %-----求码书质心结束------
   %-----求平均失真------
   ave_distort(j2)=0;
   for n=1:signal_num
       for m=1:codebook_dimen
         ave_distort(j2)=ave_distort(j2)+(train_signal(n,m)- final_codebook(number(n),m))^2;
           %求所有训练样本和其所属码书质心的距离
       end
   end
   ave_distort(j2)=ave_distort(j2)/signal_num;         %计算第 j1 次循环的平均失真
   %-----求平均失真结束------

   xiangdui__distort(j2)=abs((D-ave_distort(j2))/D);   %求相对失真
```

```
    D=ave_distort(j2);
    xiangdui__distort_value=xiangdui__distort(j2);
  end
  j1=circle_num;              %当相对失真小于 0.000001 时,直接置循环次数 j1 为 circle_num 以结束循环
end
%把训练好的码书写到文本文件
fid=fopen('训练好的码书.txt','w');
      for t=1:codebook_size
            for m=1:codebook_dimen
                  fprintf(fid,'%6.2f,',final_codebook(t,m));
            end
            fprintf(fid,'\n');
      end
fclose(fid);
```

6.3.4 树形搜索矢量量化器

矢量量化是一种高效的数据压缩方法,但其复杂度随矢量维数成指数增长。复杂度通常包含两个方面,一是运算量,二是存储量。前面介绍的基本矢量量化系统是全搜索矢量量化器,实际应用中,人们致力于研究降低复杂度的矢量量化系统,这种研究大致朝两个方向进行,一是寻找好的快速算法;二是使码书结构化,以减小搜索量和存储量。人们已提出多种方法,这里只介绍一种典型的方法:树形搜索矢量量化器。这种方法的优点是可以减少运算量,缺点是存储量有所增加且性能也有所下降。树搜索虽有二叉树和多叉树之分,但它们的原理是相同的,这里以二叉树为例说明如下。

1. 树形搜索原理

树形图是一个连通的且无环路的有向图,图 6.7 所示为二叉树结构图。由图可见,以树根第一层为起点,第二层有 2 个节点($\boldsymbol{Y}_0$,$\boldsymbol{Y}_1$);第三层有 4 个节点($\boldsymbol{Y}_{00}$,$\boldsymbol{Y}_{01}$,$\boldsymbol{Y}_{10}$,$\boldsymbol{Y}_{11}$);第四层(此树的最后一层)有 8 个节点,各层上的节点又称为树叶。

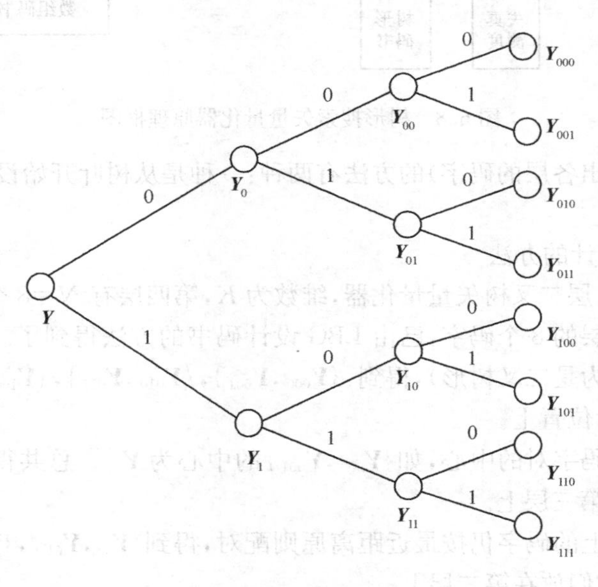

图 6.7　二叉树形结构图(M=8)

在进行矢量量化编码时，做逐层搜索，一直到最后一层，编码时的走步控制原则为

$$控制逻辑值=\begin{cases}0 & 当上子树的节点失真最小时\\ 1 & 当下子树的节点失真最小时\end{cases}$$

具体量化步骤如下：

第1步：分别计算输入矢量 $\boldsymbol{X}$ 与 $\boldsymbol{Y}_0$、$\boldsymbol{Y}_1$ 的失真 $d(\boldsymbol{X},\boldsymbol{Y}_0)$ 和 $d(\boldsymbol{X},\boldsymbol{Y}_1)$ 并且比较它们的大小。若 $d(\boldsymbol{X},\boldsymbol{Y}_0)>d(\boldsymbol{X},\boldsymbol{Y}_1)$，则走下支路（下子树），到了节点 $\boldsymbol{Y}_1$ 处送出1码至信道；若 $d(\boldsymbol{X},\boldsymbol{Y}_0)<d(\boldsymbol{X},\boldsymbol{Y}_1)$，则走上支路（上子树），到了节点 $\boldsymbol{Y}_0$ 处，就送出0码至信道。

第2步：若上一步走的是下支路，那么在节点 $\boldsymbol{Y}_1$ 处，再计算输入矢量 $\boldsymbol{X}$ 与节点 $\boldsymbol{Y}_{10}$、$\boldsymbol{Y}_{11}$ 的失真 $d(\boldsymbol{X},\boldsymbol{Y}_{10})$ 和 $d(\boldsymbol{X},\boldsymbol{Y}_{11})$，并且比较它们的大小。若 $d(\boldsymbol{X},\boldsymbol{Y}_{10})<d(\boldsymbol{X},\boldsymbol{Y}_{11})$，则走上支路，到 $\boldsymbol{Y}_{10}$ 处送出0码至信道；反之，就走下支路，到了 $\boldsymbol{Y}_{11}$ 处，送出1码至信道。

第3步：若刚才走的是上支路，那么在节点 $\boldsymbol{Y}_{10}$ 处分别计算失真 $d(\boldsymbol{X},\boldsymbol{Y}_{100})$ 和 $d(\boldsymbol{X},\boldsymbol{Y}_{101})$，并且比较它们的大小，若 $d(\boldsymbol{X},\boldsymbol{Y}_{100})>d(\boldsymbol{X},\boldsymbol{Y}_{101})$，则走下支路，到了树叶 $\boldsymbol{Y}_{101}$ 处送出1码到信道。$\boldsymbol{Y}_{101}$ 便是输入矢量 $\boldsymbol{X}$ 的量化矢量，在信道中传输的符号是101。反之则走上支路，到了树叶 $\boldsymbol{Y}_{100}$ 处，送出0码到信道。$\boldsymbol{Y}_{100}$ 便是 $\boldsymbol{X}$ 的量化矢量，在信道中传输的是符号100。

设二叉树码书大小 $M=2^k$，k 为正整数，在形成二叉树码书时，分裂 k 次后即可得 $M=2^k$ 个码字。图6.7给出的是 $M=8=2^3$ 的分裂过程，每次分裂形成码书的一层，共有 $k=3$ 层。

2. 树形结构的设计

树形搜索矢量量化器的编码器是由树型码书和相应的搜索算法构成的。这种矢量量化器的特点是译码器的码书和编码器的码书不同。译码器是采用数组型码书，因为它不必用树形搜索办法去寻找相应输入矢量 $\boldsymbol{X}$ 的码字，只要根据传输来的符号到数组码书中去直读即可。图6.8是它的原理图。

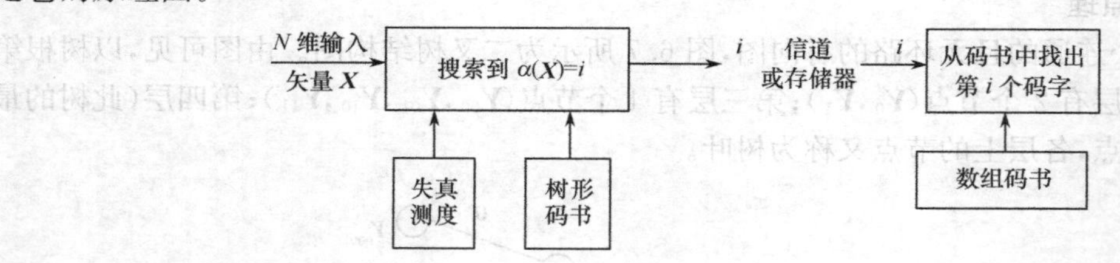

图6.8　树形搜索矢量量化器原理框图

设计树形结构（找出各层的码字）的方法有两种：一种是从树叶开始设计；另一种是从树根开始设计。

(1) 从树叶开始设计的办法

如图6.7所示的4层二叉树矢量量化器，维数为 K，第四层有 $N=8$ 个码字（树叶数）

第1步：假定第四层的8个码字，已由LBG设计码书的方法得到了。将这些码字按码字距离最近配对的原则（因为是二叉树形），得到：$\{\boldsymbol{Y}_{000},\boldsymbol{Y}_{001}\}$，$\{\boldsymbol{Y}_{010},\boldsymbol{Y}_{011}\}$，$\{\boldsymbol{Y}_{100},\boldsymbol{Y}_{101}\}$，$\{\boldsymbol{Y}_{110},\boldsymbol{Y}_{111}\}$，并把它们放在相应的树叶位置上。

第2步：求出这些码字对的中心，如 $\{\boldsymbol{Y}_{000},\boldsymbol{Y}_{001}\}$ 的中心为 $\boldsymbol{Y}_{00}$。总共得到4个中心：$\boldsymbol{Y}_{00}$，$\boldsymbol{Y}_{01}$，$\boldsymbol{Y}_{10}$，$\boldsymbol{Y}_{11}$，并把它们放在第三层上。

第3步：将第三层上的码字仍按最近距离原则配对，得到 $\{\boldsymbol{Y}_{00},\boldsymbol{Y}_{01}\}$，$\{\boldsymbol{Y}_{10},\boldsymbol{Y}_{11}\}$。再求出码字对中心 $\boldsymbol{Y}_0$ 与 $\boldsymbol{Y}_1$ 并将它们放在第二层上。

这种树形码书总的尺寸为 $N_0=8+4+2=14$，即共有14个码字，而译码端的码字大小就是树叶数 $N=8$。

(2) 从树根开始设计的方法

同样以图 6.7 所示的 4 层二叉树为例，具体设计步骤如下：

第 1 步：求出整个训练序列的形心，作为初始码书。用一个合适的参数 A 去乘，得到另一个码字。而后以这两个值为初始码字，将训练序列按一定失真测度划分为两个胞腔，再计算出两个胞腔的形心 $\boldsymbol{Y}_0$ 与 $\boldsymbol{Y}_1$。用这种分裂法得到的 $\boldsymbol{Y}_0$，$\boldsymbol{Y}_1$ 便是第二层的两个码字。

第 2 步：再用上述分裂法，得到第三层的 4 个码字 $\boldsymbol{Y}_{00}$，$\boldsymbol{Y}_{01}$，$\boldsymbol{Y}_{10}$，$\boldsymbol{Y}_{11}$。这样继续下去，一直计算到树叶为止。

从上面的叙述不难看出，树形搜索的过程是逐步求近似值的过程，中间的码字只起指引路线的作用。

3. 树形搜索矢量量化器的复杂度

树形搜索矢量量化器的特点是以适当提高空间复杂度来降低时间复杂度。在搜索时间上，二叉树的搜索速度最快，全搜索最慢。在存储量上，二叉树多于全搜索。由于树形搜索并不是从整个码书中寻找最小失真的码字，因此它的量化器并不是最佳的，也就是说树形搜索矢量量化器的性能比全搜索矢量量化器的性能差。可以计算出，完成二叉树搜索所需的失真计算次数为 $2k$，失真大小比较次数为 k。全搜索时失真计算次数 2^k，失真大小比较次数为 (2^k-1) 次。当 k 值较大时，二者的差异是很大的。实际应用树形搜索矢量量化器时，可以适当选择各层的树叉型数，在搜索速度、存储量及质量三者之间得到一种折中。

习 题 6

6.1 给出矢量量化器的编码速率，说明编码速率与哪些因素有关。

6.2 在 LBG 算法中，对空胞腔是如何处理的？

6.3 在随机选择法中，如何处理非典型矢量？

6.4 一个一维信源序列{1,2,3,4,6,10,12,13,16,20}，给定初始码书{1,4,6,10}，用 LBG 算法设计一维矢量量化器。

6.5 输入信号矢量 $\boldsymbol{X}=[1,3,5,7,10]$，重构矢量 $\boldsymbol{Y}=[1,5,3.5,7,8.5]$。

(1) 求它们之间的平方失真测度。

(2) 求绝对误差失真测度。

6.6 用 Cool edit 录制一段“我到北京去”的声音作为信源序列，设计一个 16 维、$N=256$ 的矢量量化器。

(1) 随机选取初始码书。

(2) 根据分裂法选取初始码书。

6.7 把上题中的矢量量化器设计成 $N=256$ 的树形矢量量化器。

(1) 从树根设计。

(2) 从树叶设计。

第7章 语音编码原理及应用

语音编码是语音信号处理的一个分支，主要用于通信领域。语音信号的数字化传输一直是通信发展的主要方向之一，语音的数字通信与模拟通信相比，无疑具有更好的效率和性能，这主要体现在：具有更好的语音质量；具有更强的抗干扰性，并易于进行加密；可节省带宽，能够更有效地利用网络资源；更加易于存储和处理。最简单的数字化方法是直接对语音信号进行模数转换，只要满足一定的采样率和量化要求，就能够得到高质量的数字语音。但这时语音的数据量仍旧非常大，因此在进行传输和存储之前，往往要对其进行压缩处理，以减少其传输码率或存储量，即进行压缩编码。传输码率也称为数码率或编码速率，表示每秒传输语音信号所需的比特数。语音编码的目的就是要在保证语音音质和可懂度的条件下，采用尽可能少的比特数来表示语音。通常所说的"语音编码"，是特指通信传输系统中代表口语发声的300～3400Hz的信号。本章以前面学习过的语音信号处理技术和方法为基础，介绍语音编码基本原理及其应用。

7.1 语音编码的分类及特性

语音编码按编码方式大致可以分为3类：波形编码、参数编码和混合编码。波形编码是将时间域或变换域信号直接变换为数字信号，力求使重建语音波形保持原始语音信号的波形形状。参数编码又称声码器编码，它是将信源信号在频域或其他变换域提取特征参数，然后对这些特征参数进行编码和传输，在译码端再将接收到的数字信号译成特征参数，根据这些特征参数重建语音信号。混合编码将波形编码和参数编码结合起来，克服了波形编码和参数编码的缺点，吸收了它们的长处，能够在较低速率上得到高质量的合成语音。

7.1.1 波形编码

波形编码是降低量化每个语音样点的比特数，同时保持相对好的语音质量，在波形编码中要求重建语音信号$\hat{s}(n)$的各个样本尽可能地接近原始语音信号$s(n)$的样本值，如果令$e(n)=s(n)-\hat{s}(n)$表示量化误差或重构误差，那么波形编码的目的是在给定的传输比特率下，使误差序列$e(n)$的能量最小。传统的波形编码方法有脉冲编码调制（PCM）、自适应增量调制（ADM）和自适应差分脉冲编码调制（ADPCM）等。针对语音信号幅度分布不均匀的特点，PCM中用μ-律或A-律对信号抽样进行不均匀量化，需要用64kbit/s码率实现；ADM中对信号增量进行自适应量化，需要用32～16kbit/s码率实现；ADPCM利用波形样点之间的短时相关性，进行短时预测，对预测值与原始语音的差值（预测残差）进行编码，用32kbit/s码率可以再现高质量语音。波形编码具有语音质量好、适应能力强、算法简单、易于实现、抗噪性能强等优点。其缺点是所需的编码速率高，一般在16～64kbit/s之间。

7.1.2 参数编码

参数编码是以语音信号产生的数字模型为基础，对数字语音信号进行分析，提出一组特征参数（主要是指表征声门振动的激励参数和表征声道特性的声道参数），这些参数携带有语音信号的主要信息，编码它们只需要较少的比特数，在解码后可以由这些参数重新合成语音信号。码率的降低主要取决于分析和提取什么样的特征参数及合成器的类型。这种编码方法力图使重建语音信号具有尽可能高的可懂度，但重建语音信号与原始语音信号样本之间没有一一对应关系，因而合成语音的音质好坏需要借助于主观评定，而缺少客观的评定标准。共振峰声码器、线性预测声码器、余弦声码器都属于参数编码器。参数编码的优点是可实现低速率语音编码，其编码速率可低至 2.4kbit/s 以下，其缺点是语音质量差，自然度较低。这类编码器对讲话环境噪声较敏感，需要安静环境才能给出较高的可懂度。

7.1.3 混合编码

波形编码虽然能够得到很好的语音质量，但它的编码速率很高，而参数编码虽然能获得很低的编码速率，但其合成语音质量不高。混合编码在保留参数编码的技术精华的基础上，引用波形编码准则去优化激励源信号，克服了原有波形和参数编码的弱点，而吸取了它们各自的长处，在 4～16kbit/s 的速率上能够合成高质量语音。多脉冲激励线性预测编码（MPE-LPC）、码激励线性预测编码（CELP）等都属于这类混合编码器。混合编码器以复杂的算法和很大的运算量为代价，在中低速率语音编码上获得了高质语音。

7.2 语音编码性能的评价指标

语音编码的根本目标就是在尽可能低的编码速率条件下，重建得到尽可能高的语音合成质量，同时还应尽量减小编解码延时和算法复杂度，因此编码速率、编码语音质量评价、编解码延时以及算法复杂度这 4 个因素自然就成了评价一个语音编码算法性能的基本指标，这 4 个因素之间有着密切的联系，在具体评价一种语音编码算法的优劣时，需要根据具体的实际情况，综合考虑 4 个因素进行性能评价。

7.2.1 编码速率

编码速率直接反映了语音编码对语音信息的压缩程度。编码速率可以用“比特/秒”（bit/s）来度量，它代表编码的总速率，一般用 I 表示；也可以用“比特/样点”（bit/p）来度量，它代表平均每个语音样点编码时所用的比特数，用 R 表示。两者之间可以用公式 $I=R\cdot f_s$ 互相转换，其中 f_s 为抽样频率。显然，平均每样点比特数 R 越高，语音波形或参数量化则越精细，语音质量也就越容易提高，相应地对传输带宽或存储容量的要求也就越高。

降低编码速率往往是语音编码的首要目标，它直接关系到传输资源的有效利用和网络容量的提高。根据编码速率和输入语音的关系可将编码器分成两类：固定速率编码器和可变速率编码器。

现在大部分编码标准都是固定速率编码，其范围为 0.8～64kbit/s。其中，保密电话的编码速率最低，为 0.8～4.8kbit/s，其原因是它的通信信道带宽限定在 4.8kbit/s 以下。数字蜂窝移动电话和卫星电话编码器的编码速率为 3.3～13kbit/s，它使数字蜂窝系统的容量可以达到模拟系统的 3～5 倍。需要注意的是，蜂窝系统中常伴有信道编码，使总的编码速率达到20～30kbit/s。普通电话网的编码速率为 16～64kbit/s。其中有一类特别的编码器称为宽带编码器，其编码速率为 48/56/64kbit/s，用于传送 50Hz～7kHz 的高质量音频信号，如会议电视系统。在固定速率的编码器中，有些编码器采用一些特殊的技术，以提高信道利用率，例如，语音插空技术利用语音之间的自然停顿传送另一路语音或数据。

可变速率编码是近年来出现的新技术。根据统计，两方通话大约只有 40%的时间是真正有声音的，因此一个自然的想法是采用通、断状态编码。通状态对应有声期，采用固定编码速率；断状态对应无声期，传送极低速率信息（如背景噪声特征等），甚至不传送任何信息。更复杂的多状态编码还可以根据网络负荷、剩余存储容量等外部因素调节其码率。可变速率编码主要包括两个算法：一是语音激活检测（VAD），主要用于确定输入信号是语音还是背景噪声，其难点在于正确识别出语音段的开始点，确保语音的可懂度；二是舒适噪声的生成（CNG），主要用于接收端重建背景噪声，其设计必须保证发送端和接收端的同步。

7.2.2 编码语音质量评价

语音编码质量评价可以说是语音编码性能的最根本指标，评价语音质量的方法归纳起来可以分为两类：主观评价方法和客观评价方法。具体内容参考第14章。

7.2.3 编解码延时

编解码延时一般用单次编解码所需的时间来表示，在实时语音通信系统中，语音编解码延时同线路传输延时的作用一样，对系统的通信质量有很大影响。过长的语音延时会使通信双方产生交谈困难，而且会产生明显的回声而干扰人的正常思维。因此，在实时语音通信系统中，必须对语音编解码算法的编解码延时提出一定的要求。对于公用电话网，编解码延时通常要求不超过5～10ms，而对于移动蜂窝通信系统，允许最大延时不超过100ms。延时影响通话质量的另一个原因是回声。当延时较小时，回声同话机侧音及房间交混回响声相混，因而感觉不到。但当往返总延时约100ms，发话者就能从手机中听到自己的回声，从而影响通话质量。

7.2.4 算法复杂度

算法复杂度主要影响到语音编解码器的硬件实现，它决定了硬件实现的复杂程度、体积、功耗及成本等。对一些复杂的语音编码算法，一般编码算法的复杂程度与语音质量有密切关系。在同样速率的情况下，复杂一些的算法将会获得更好一些的语音质量。算法的复杂程度与硬件实时实现也有密切关系。它对数字信号处理芯片的运算能力及存储器容量都有一定的要求。运算能力可用处理每秒钟信号样本所需的数字信号处理器（DSP）指令条数来衡量其计算复杂度，用单位“百万次操作/秒”MOPS或“百万条指令/秒”MIPS等来对算法复杂度进行描述。存储器容量通常用千字节（KB）的数量来衡量。算法越复杂则运算量越大，需要一片或多片DSP芯片以及较大容量的存储区方可实现。

7.3 语音信号波形编码

7.3.1 脉冲编码调制PCM

1. 均匀量化PCM

脉冲编码调制是最简单的波形编码方法，它把语音信号样本幅值量化到$N=2^B$个码字中的一个，这样每个样本需用B比特来表示。假定信号带宽是WHz，根据取样定理，总的比特率（每秒钟比特数）将是$2WB$bit/s。均匀量化PCM和普通的A/D变换是完全相同的，它没有利用语音信号的任何性质，也没有进行压缩。这种编码方法中，输入信号$x(n)$幅值的范围被分成N个相同宽度的区间，所有落入同一区间的样本都编码成相同的二进制码字。语音是非平稳随机信号，电话语音电平变化超过 40dB。对小信号电平输入，信噪比应保证约 20～30dB，即最大信噪比应为 60～70dB。只要 N 足够大，我们可以合理地假定，量化误差 $e(n)$ 在各个宽度为 Δ 的区间里是均匀分布的，信号对量化噪声的功率比（简称信噪比）可近似地写成

$$\mathrm{SNR} = \sigma_x^2/\sigma_e^2 = \sigma_x^2/(\Delta^2/12) \tag{7.1}$$

或用分贝表示时，有

$$\mathrm{SNR(dB)} = 6.02B + 4.77 - 20\log(X_{\max}/\sigma_x) \tag{7.2}$$

式中，σ_x^2 和 σ_e^2 是输入信号和量化噪声的方差或平均能量，$X_{\max}$ 是输入信号的峰值，B 是量化的比特数。进一步假定，输入量化器的信号值范围限制在 $-4\sigma_x \sim +4\sigma_x$，即 $X_{\max}=4\sigma_x$，那么有

$$\mathrm{SNR(dB)} = 6.02B - 7.2 \tag{7.3}$$

这表明量化器每增加 1bit，信号量化噪声比增加 6dB。量化比特数 B 的选择要考虑到输入信号已有的信噪比。当要求 60dB 的 SNR 时，B 至少应取 11bit。此时，对于带宽为 4kHz 的电话语音信号，若采样率为 8kHz，则 PCM 要求的速率为 88kbit/s。这样的比特率是比较高的。

均匀量化 PCM 在下列两个假设条件下效果是很好的：①输入信号幅度变化范围是已知的；②信号幅度值在已知的范围内是均匀分布的。然而，语音信号是一个非平稳的过程，最强的音和最弱的音之间相差 30dB 以上。并且不同的人、不同场合、讲话响、轻相差甚远。因此均匀量化要求的两个条件对语音信号来讲实际上都不可能满足。如果我们设计的量化器动态范围太小，那么当输入语音信号幅度超过这个范围时，会出现过载噪声或者饱和噪声；反之，设计的量化器动态范围很大，那么量化间隔相应增加，量化噪声就大，有时甚至淹没一些微弱的语音。此外，从式(7.2)还可以看到，信号量化噪声比和输入信号的方差有关，若输入信号方差只有量化器设计范围的一半，则信噪比下降 6dB。显然一个清音段的方差也许比浊音段的方差要低 30dB，那么短时信噪比在清音段期间要比浊音段期间低得多，因此为了在均匀量化时保持听觉上满意的效果，不得不使用较多的量化比特数，而这又是不现实的，所以，必须研究更高效的编码方案。

2. 对数 PCM

改进 PCM 编码器性能的一个方法是采用非均匀的量化，即让量化间隔大小不相等。对小的输入信号值量化间隔较小，对大的信号值量化间隔较大。这样，可以对任何输入信号电平保持近似相同的信噪比。采用非均匀量化后，显然只要用较小的量化比特数，在满足小信号有一定的信噪比同时，又有足够的动态范围使大信号时不会出现过载问题。如果我们能够测定语音信号幅度的概率密度函数，那么对于某个给定的量化比特数，非均匀量化器完全可以设计得使量化噪声达到最小。然而实际的概率密度函数和设计的概率密度函数往往不容易匹配，这时量化器的性能会急剧降低。

我们希望量化器性能既不敏感于输入信号的方差，又不敏感于输入信号的概率密度函数，常用的 μ-律或 A-律量化器就是具有这种特性的非均匀量化器。下面对 μ-律量化器做一介绍。非均匀量化可以等效于把信号幅度非线性地压缩后再进行线性量化，从前面的分析不难看到，对数压缩是比较理想的。这一点可以简单地证明如下：假如均匀量化前，先用对数做幅度压缩，译码后用指数函数进行扩张，即

$$y(n) = \ln|x(n)| \tag{7.4}$$

其反变换

$$x(n) = \exp[y(n)]\mathrm{sgn}[x(n)] \tag{7.5}$$

式中，sgn[·]是符号函数。那么量化后有

$$\hat{y}(n) = Q[\ln|x(n)|] = \ln|x(n)| + e(n) \tag{7.6}$$

假设 $e(n)$ 与 $\ln|x(n)|$ 不相关，量化后对数幅度的反变换为

$$\hat{x}(n)=\mathrm{sgn}[x(n)]\exp[\hat{y}(n)]=|x(n)|\mathrm{sgn}[x(n)]\exp[e(n)]=x(n)\exp[e(n)] \tag{7.7}$$

当 $e(n)$ 很小时，上面公式近似为

$$\hat{x}(n)=x(n)[1+e(n)]=x(n)+x(n)e(n)=x(n)+f(n) \tag{7.8}$$

式中，$f(n)=x(n)e(n)$。由于 $x(n)$ 与 $e(n)$ 是统计独立的，因此有

$$\sigma_f^2=\sigma_x^2\sigma_e^2,\quad \mathrm{SNR}=\sigma_x^2/\sigma_f^2=1/\sigma_e^2 \tag{7.9}$$

这就证明了信噪比和信号方差无关，它仅取决于量化间隔。式(7.4)那样的量化器实际上是不能实现的，因为那里最大值与最小值的比假设成无限大($\ln(0)=-\infty$)，需要无限个量化单元；在实用中是将对数压缩特性作某种近似，μ-律压缩就是最常用的一种。μ-律压缩的定义为

$$y(n)=F_\mu[x(n)]=X_{\max}\frac{\ln[1+\mu|x(n)|/X_{\max}]}{\ln(1+\mu)}\mathrm{sgn}[x(n)] \tag{7.10}$$

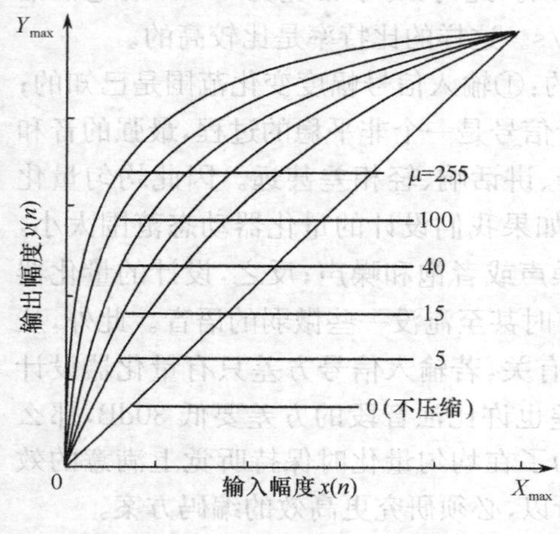

图 7.1 μ-律特性的输入输出结果

式中，$X_{\max}$ 是信号 $x(n)$ 的最大幅值，μ 是参变量，用来控制压缩程度，$\mu=0$ 表示没有压缩，μ 值越大压缩越厉害，故称之为 μ-律压缩。

图 7.1 给出了 μ-律压缩的输入输出特性曲线，根据这个特性曲线可知，当输入小幅度值时，等效量化间隔小，输入大幅度值时量化间隔大。

在 μ-律量化情况下，可推导出其信号量化噪声比公式为

$$\begin{aligned}\mathrm{SNR(dB)}=&6.02B+4.77-20\log[\ln(1+\mu)]-\\&10\log[1+(X_{\max}/\mu\sigma_x)^2+\\&\sqrt{2}(X_{\max}/\mu\sigma_x)]\end{aligned} \tag{7.11}$$

将此结果与式(7.2)比较可见，SNR 值与量($X_{\max}/\sigma_x$)的依赖关系要松得多，当 μ 增大时，SNR 对($X_{\max}/\sigma_x$)的变化越来越不敏感。

与 μ-律量化具有相同效果的还有 A-律量化，A-律压缩特性可表示成

$$F_A[x(n)]=\begin{cases}\dfrac{A|x(n)|/X_{\max}}{1+\ln A}\mathrm{sgn}[x(n)], & 0\leqslant|x(n)|/X_{\max}\leqslant 1/A\\[2ex] \dfrac{1+\ln(A|x(n)|/X_{\max})}{1+\ln A}\mathrm{sgn}[x(n)], & 1/A\leqslant|x(n)|/X_{\max}\leqslant 1\end{cases} \tag{7.12}$$

和 μ-律比较，A-律压缩的动态范围略小些，在小信号时质量要较 μ-律要差些。A-律最小量化间隔是 2/4096，而 μ-律是 2/8159，事实上这二者的差别是不易觉察到的。无论是 A-律或是 μ-律，其特性在 x 值小时都是线性的，在 x 值大时则呈现对数压缩特性。

采用 A-律或 μ-律量化的脉冲编码调制系统统称为对数 PCM 系统，是目前最为成熟的一种语音压缩编码方法。8 比特的对数 PCM(64kbit/s)于 1972 年被 ITU-T 制定为 G.711 标准，已普遍地应用于数字电话系统中。不同国家和地区的体制不同，在北美和日本 PCM 标准是采用 $\mu=255$ 的 μ-律 PCM，欧洲 PCM 标准则采用 $A=87.56$ 的 A-律 PCM，我国也采用 A-律。标准 μ-律或 A-律 PCM 编码器芯片早已问世，例如美国 TI 公司的 TCM2916、TCM2917，Motorola 公司的 MC14403、MC14405 等，它们都是 μ-律或 A-律的单片对数 PCM 编解码器，并且内含编解码所需的滤波器。

3. 自适应量化 PCM

自适应量化是指量化器的特性自适应于输入信号的幅度的变化，即一个自适应量化器的量化间隔应自适应地改变，并与输入信号的幅度方差保持相匹配，或者等效地在一个固定的量化器前，加一个自适应的增益控制，使进入量化器的输入信号方差保持为固定的常数。采用自适应量化器的 PCM 就称为"自适应脉冲编码调制"APCM。

图 7.2 是两种 APCM 方法的框图，这两种方法中，都需要随时估计输入信号的时变幅值，以修正量化间隔 $\Delta(n)$或增益 $G(n)$的值。图中上标"′"表示接收端得到的参量，如果传输信道没有引入误码，那么有 $c'(n)=c(n)$，$\Delta'(n)=\Delta(n)$，$G'(n)=G(n)$等。关于自适应的速度，如果是每个样本或者几个样本进行自适应调整，称为"瞬时自适应"；如果是较长时间才进行自适应调整的，例如浊音与清音的幅值往往相差很大，但在浊音期间或清音期间幅度方差基本保持不变，那么这时的自适应可称为"音节自适应"。根据 $\Delta(n)$和 $G(n)$的估计方法不同，自适应方案又可分为"前馈自适应"和"反馈自适应"两种。

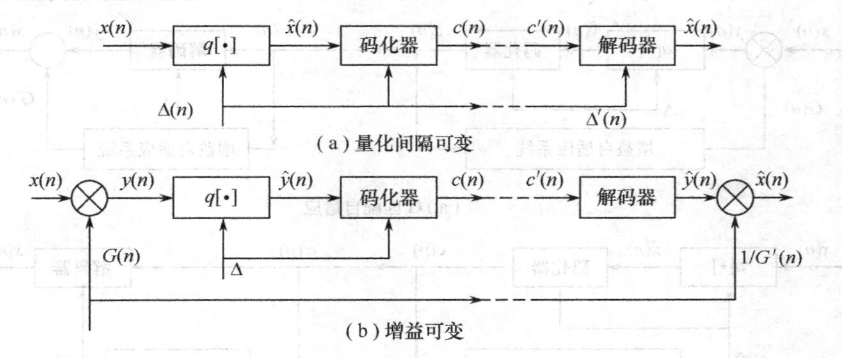

图 7.2　自适应量化框图

(1) 前馈自适应

所谓前馈自适应是指信号 $x(n)$的能量或方差是由输入信号 $x(n)$本身估算出来的，一般是先估算出 $x(n)$的方差 $\sigma^2(n)$后，令两种系统输出为

$$\Delta(n)=\Delta_0\sigma(n),\quad G(n)=G_0/\sigma(n) \tag{7.13}$$

即 $\Delta(n)$正比于 $\sigma(n)$，$G(n)$反比于 $\sigma(n)$，它们除了在发送端使用外，还作为边信息，随同语音样本码值一起传送到接收端去。通常认为，时变方差 $\sigma^2(n)$正比于语音信号的短时能量，而我们知道，短时能量可定义为 $x(n)$经低通滤波器 $h(n)$后的输出，因此有

$$\sigma^2(n)=\sum_{m=-\infty}^{+\infty}x^2(m)h(n-m) \tag{7.14}$$

式中，$h(n)$为低通滤波器的单位冲激响应，可由采用的窗函数求出。例如，设窗函数为

$$h(n)=\begin{cases}\alpha^{n-1}, & n\geqslant 1\\ 0, & \text{其他}\end{cases} \tag{7.15}$$

则

$$\sigma^2(n)=\sum_{m=-\infty}^{+\infty}x^2(m)\alpha^{n-m-1} \tag{7.16}$$

显然，$\sigma(n)$也满足差分方程

$$\sigma^2(n)=\alpha\sigma^2(n-1)+x^2(n-1) \tag{7.17}$$

为保证稳定性，要求 $0<\alpha<1$，参数 α 的取值影响 $\sigma(n)$的变化速度，例如，取 $\alpha=0.9$ 时，系统自适应的速度要比 $\alpha=0.99$ 时快得多，它们可分别对应于瞬时自适应和音节自适应。但是值得

注意的是，$\sigma(n)$的变化快慢是由低通滤波器带宽所决定的，它又决定了$\Delta(n)$和$G(n)$所需的取样率。研究$\Delta(n)$或$G(n)$的最低取样率是重要的，因为$\Delta(n)$或$G(n)$必须作为边信息传送，它们将影响整个编码系统的数码率。如果$\Delta(n)$是按帧估算的话（一般10～30ms为一帧），则边信息所需的比特率就很低了。此外，为了在40dB信号动态范围内保持一个相对稳定的SNR，那么要求$\Delta(n)$或$G(n)$的变化范围，即$\Delta_{max}/\Delta_{min}$或$G_{max}/G_{min}$值应达到100。

(2) 反馈自适应

反馈型PCM系统如图7.3所示，其特点是输入信号的方差是由量化器输出或等效地由样本码序列估算出来的，如同前馈系统一样，量化间隔$\Delta(n)$和增益$G(n)$也按式(7.13)变化。这个方案的优点是：$\Delta(n)$或$G(n)$无须保存或传送，因为编码端可以如同解码端那样直接从码序列中估算出$\sigma^2(n)$来。由于不涉及数码率增加的问题，反馈自适应中的$\Delta(n)$或$G(n)$总是逐点自适应修正，以求得较好的自适应效果。反馈自适应方案的缺点是：对码序列中由于传输产生的误差比较敏感，因为误码还将影响到$\Delta(n)$或$G(n)$的自适应，并且这一影响会不断地传播下去。

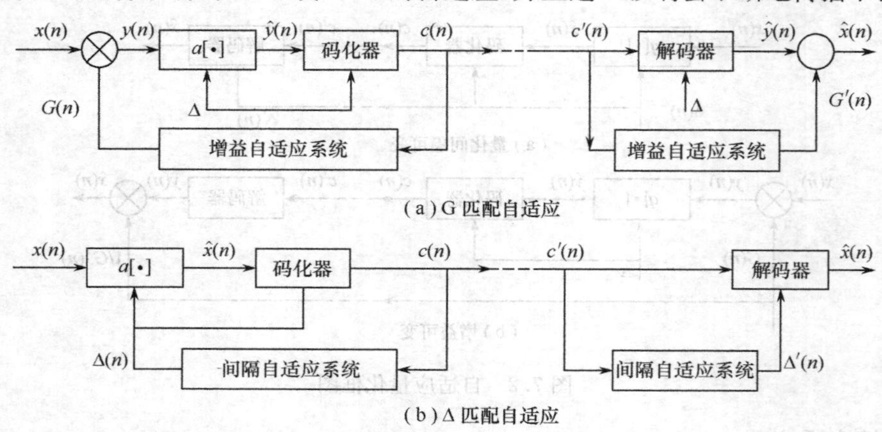

图7.3　两种反馈自适应量化方框图

一般来讲，前馈自适应和反馈自适应相比，信噪比略高一些；但是前馈自适应需要延迟一段时间去计算短时方差，而反馈自适应则是瞬时完成的。总之，自适应量化能给出超过μ-律或A-律量化的信噪比，适当选定$\Delta_{max}/\Delta_{min}$，也可使自适应动态范围与后者相当，选择较小的$\Delta_{min}$还可使无语言活动时量化噪声很低，因此自适应量化是一种很有效的编码方法。

7.3.2　自适应预测编码APC

1. 基本的自适应预测编码系统

我们在讨论语音信号的线性预测分析原理时，假定一个语音样本$s(n)$可以近似地被它过去的p个样本的线性组合所预测，预测样本值

$$\tilde{s}(n) = \sum_{i=1}^{p} a_i s(n-i) \tag{7.18}$$

式中，$a_i(1 \leqslant i \leqslant p)$称为预测系数，$p$是预测阶数，令$e(n)$表示实际值与预测值之间的误差

$$e(n) = s(n) - \tilde{s}(n) = s(n) - \sum_{i=1}^{p} a_i s(n-i) \tag{7.19}$$

$e(n)$即线性预测误差，也被称为线性预测残差。对式(7.19)两边取变换后有

$$E(z) = \left[1 - \sum_{i=1}^{p} a_i z^{-i}\right] S(z) = A(z) S(z) \tag{7.20}$$

式中

$$A(z)=1-\sum_{i=1}^{p} a_i z^{-i} \tag{7.21}$$

因此，$e(n)$可以让语音信号 $s(n)$通过一个全零点的滤波器 $A(z)$而得到。可以设想，如式(7.18)预测效果很好的话，那么预测残差 $e(n)$的幅度变化范围和平均能量必定比原来的语音信号 $s(n)$要小；如果对残差序列 $e(n)$做量化和编码，在同样信号量化噪声比条件下，所需的量化比特数就可以减少，从而达到压缩编码的目的。基于这一原理的方法称为预测编码，当预测系数是自适应地随语音信号变化时，又称自适应预测编码。

自适应预测编码系统是如何提高信噪比的呢？我们用图 7.4 来说明。

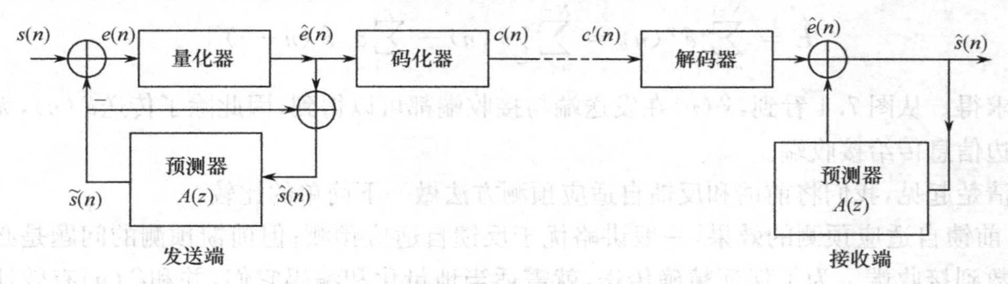

图 7.4　基本的自适应预测编码系统

从图 7.4 可以看到，不考虑传输信道的误码，系统解码后输出为

$$\begin{aligned}\hat{s}(n)&=\hat{e}(n)+\tilde{s}(n)=[e(n)+q(n)]+\tilde{s}(n)\\&=[s(n)-\tilde{s}(n)+q(n)]+\tilde{s}(n)=s(n)+q(n)\end{aligned} \tag{7.22}$$

式中，$q(n)$是残差信号 $e(n)$的量化误差

$$q(n)=\hat{e}(n)-e(n) \tag{7.23}$$

注意重构的信号 $\hat{s}(n)$在编码端和解码端都可以得到。根据信号量化噪声比的定义有

$$\text{SNR}=\frac{E[s^2(n)]}{E[q^2(n)]}=\frac{E[s^2(n)]E[e^2(n)]}{E[e^2(n)]E[q^2(n)]}=G_p\cdot\text{SNR}_q$$

$E[s^2(n)]$、$E[e^2(n)]$和 $E[q^2(n)]$分别是信号、残差和量化噪声的平均能量，不难看出，$\text{SNR}_q=E[e^2(n)]/E[q^2(n)]$是量化器的信噪比，$G_p=E[s^2(n)]/E[e^2(n)]$是自适应预测增益。图 7.5 给出了线性预测和自适应预测两种情况下预测增益和预测阶数 p 的关系。

由图 7.5 可见，阶数 $p>4$ 时，线性预测有 10dB 的增益，自适应预测有约 14dB 的增益。从以上分析可知，自适应预测编码有下列 3 个特性。

① 对同样比特数的量化器，APC 信噪比总是大于非预测编码，即 $G_p=E[s^2(n)]/E[e^2(n)]$总是大于 1。

② 增益 G_p 是随时间变化的，因为它事实上是信号频谱的函数，谱的动态范围越大，信号样本之间相关性就越强，预测增益就越高。因此我们又把这种预测器称为基于频谱包络的预测。图 7.5 中 14dB 增益表示了整个说话期间的最大值。

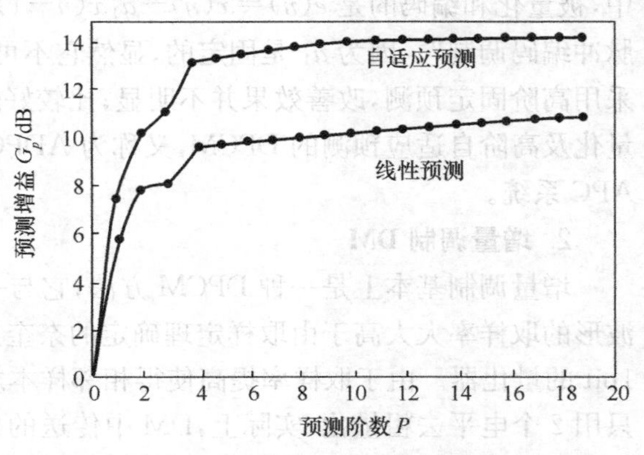

图 7.5　预测增益与预测阶数的关系

③ 量化噪声近似于白噪声，所以输出噪声的谱是平坦的。

2. 前馈与反馈自适应预测

与自适应量化器一样，自适应预测器也可分成前馈自适应和反馈自适应。前馈自适应预测器计算预测系数是通过误差

$$E = \sum_{n=0}^{N-1} e^2(n) = \sum_{n=0}^{N-1} \Big[s(n) - \sum_{i=1}^{p} a_i s(n-i) \Big]^2 \tag{7.24}$$

最小来求得。a_i 是按帧时变的，即按 10～30ms 为一帧来决定求和的样本点数 N 和系数。因为式(7.24)使用了输入语音信号 $s(n)$，它在接收端是得不到的，因此预测器系数必须作为边信息传输到接收端。对反馈自适应，预测器系数是从 $\hat{s}(n)$序列出发，使误差

$$\hat{E} = \sum_{n=0}^{N-1} \hat{e}^2(n) = \sum_{n=0}^{N-1} \Big[\hat{s}(n) - \sum_{i=1}^{p} a_i \hat{s}(n-i) \Big]^2 \tag{7.25}$$

最小来求得。从图 7.4 看到，$\hat{s}(n)$在发送端与接收端都可以得到，因此除了传送$\hat{e}(n)$，无须任何附加的边信息传给接收端。

为清楚起见，我们将前馈和反馈自适应预测方法做一下简单的比较。

① 前馈自适应预测的效果，一般讲略优于反馈自适应预测；但前馈预测的问题是必须传送预测系数到接收端。为了保证精确传送，就需适当地量化和编码它们，并和$\hat{e}(n)$有效地组合起来，达到高效率的传输，这将使发送端变得比较复杂；而反馈预测则没有这个问题。

② $\hat{e}(n)$传输误码对反馈自适应预测编码的影响较大。在前馈自适应预测编码器中，$\hat{e}(n)$的误码不影响预测器系数。当然，预测器系数的传输本身也会出现误码；但它只局限于影响本帧的结果，而且一般说来，在编码预测器系数时都采取了有效措施，即使发生了误码也不至于造成系统的不稳定。反馈自适应预测算法求得的预测器系数，不能保证它们形成的合成滤波器一定是稳定的，同时要考虑算法的收敛性、有限字长的影响等，这都使得反馈自适应算法比较复杂。

7.3.3 G.721 编码及算法实现

1. 差分脉冲编码调制 DPCM

这是 APC 的一种特殊情况，它的预测器具有简单的形式：

$$A(z) = 1 - a_1 z^{-1} \tag{7.26}$$

式中，a_1 是一个固定的常数，可以根据信号频谱的长期平均估算最优 $A(z)$而得到。在 DPCM 中，被量化和编码的是 $e(n)=x(n)-a_1 x(n-1)$，即传送的是相邻样本的差值，所以又称为“差分脉冲编码调制”。因为 a_1 是固定的，显然它不可能对所有讲话者以及所有语音内容都是最佳的。采用高阶固定预测，改善效果并不明显；比较好的方法当然是采用高阶自适应预测。采用自适应量化及高阶自适应预测的 DPCM，又称为 ADPCM，它本质上也是自适应预测编码，即属于一种 APC 系统。

2. 增量调制 DM

增量调制基本上是一种 DPCM 方法，它与一般 DPCM 的主要区别有两点：一是增量调制中波形的取样率大大高于由取样定理确定的奈奎斯特取样速率，二是差值信号使用 2 个电平，即用 1bit 的量化器。由于取样率提高使得相邻样本之间的相关性变大，差值信号能量减小，从而允许只用 2 个电平去粗量化，实际上，DM 中传送的仅是差值信号的极性，即表征这个取样值比上一个取样值是增加了还是减少了；在接收端根据传输的极性符号，在前一个取样值上增加或减小一个增量即可。因此，DM 系统的比特率就等于波形的取样率，图 7.6给出了 DM 的编码情况。图 7.6 是一段原始语音信号（虚线）和根据增量调制编码序列所恢复的阶梯信号的波形，各阶梯的

高度等于编码器中的量化电平 Δ。在均匀量化时，Δ 的大小与信号电平无关，始终保持恒定，因而 $x(n)$ 的量化值 $\hat{x}(n)$ 构成的增加和减小都将是线性的。这样，在译码器中，所恢复的阶梯波的上升或下降有可能跟不上信号的变化，因而产生滞后，这就造成了失真，称为"斜率过载"失真，如图 7.6 的 AB 段。斜率过载期间的码字将是一连串的 0 或一连串的 1。为了避免这种失真，要求阶梯波的上升和下降的斜率等于或大于语音信号的最大变化斜率，即

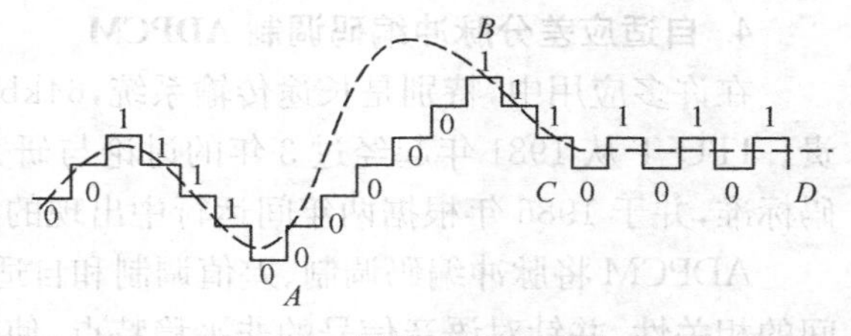

图 7.6　增量调制示意图

$$\frac{\Delta}{T} \geqslant \max\left|\frac{\mathrm{d}x_{\mathrm{a}}(t)}{\mathrm{d}t}\right| \tag{7.27}$$

式中，$x_{\mathrm{a}}(t)$ 是原始模拟语音信号，T 是其取样时间间隔。

当语音信号不发生变化或变化很缓慢时，预测误差信号将等于零或具有很小的绝对值。这种情况下预测误差信号被量化为 Δ 和 −Δ 的概率是相等的，因此，经量化后成为幅度为 2Δ 的等幅振荡，编码为 0 和 1 交替出现的序列。在译码器中所得到的将是峰－峰值等于 2Δ 的等幅脉冲序列。这便形成一种噪声，称为"颗粒噪声"，如图 7.6 的 CD 段所示。

从式(7.27)看出，为减小斜率过载失真，要求选取较大的 Δ 值；而为减小颗粒噪声，却应当将 Δ 值取得小些。这是相互矛盾的。因此，通常需要对这两方面的要求折中加以考虑。

一般情况下，人的听觉器官不易察觉斜率过载失真，而颗粒噪声在整个音频范围内都会产生影响，对音质影响严重。因此，常常将 Δ 取得尽可能小(但应当与语音信号电平相匹配)。与此同时，也要兼顾到斜率过载失真不能太严重。在 Δ 选定后，如果斜率过载失真太严重，以至于无法接受，这时可以用加大取样频率的办法来降低斜率过载失真(因为从式(7.27)看出，T 的减小可以减小斜率过载失真)。然而，应当注意到不要因此让比特率增加得过多。

3. 自适应增量调制 ADM

ADM 的基本思想是：使增量 Δ 自适应语音信号的平均斜率变化，当信号波形平均斜率变大时，Δ 自动增大、反之则减小；从而缓解 DM 中由于 Δ 固定引起的矛盾。ADM 一般采用反馈自适应方式，即增量 Δ 由量化后的代码来控制，例如

$$\Delta(n)=M\Delta(n-1),\quad 其中\ \Delta(n)满足\ \Delta_{\min}\leqslant\Delta(n)\leqslant\Delta_{\max} \tag{7.28}$$

这里 $\Delta_{\max}$，$\Delta_{\min}$ 是预先确定的增量的上下限，乘数 M 是当前码字 $c(n)$ 和前一个码字 $c(n-1)$ 的函数，一般选择

$$\begin{aligned} &c(n)=c(n-1)=c(n-2), &则\ M>1\\ &c(n)\neq c(n-1), &则\ M<1 \end{aligned} \tag{7.29}$$

另一种自适应增量调制是所谓"连续可变斜率增量调制"(CVSD)，它的自适应规则是

$$\left.\begin{aligned} &\Delta(n)=\beta\Delta(n-1)+D_2,\ c(n)=c(n-1)=c(n-2)\\ &\Delta(n)=\beta\Delta(n-1)+D_1,\ 其他 \end{aligned}\right\} \tag{7.30}$$

这里，$0<\beta<1$，$D_2\gg D_1>0$；$\Delta(n)$ 递推公式中的最小值和最大值是固定的。与前面一样，其基本原理是：按照码序中表示斜率过载的情况增大增量，假定接连 3 个码字是"1"或者全是"0"，则增量 $\Delta(n)$ 增加一个量，不出现这种码序时，$\Delta(n)$ 一直减小到 $\Delta_{\min}$(因为 $\beta<1$)。参数 β 控制自适应的速度，若 β 接近于 1，则 $\Delta(n)$ 的增加和衰减速率减慢；但若 β 比 1 小很多，则自适应速度加快。

CVSD 编码器在数码率低于 2.4kbit/s 时，产生的语音质量优于 APC 编码器，主要是颗粒噪声低，听起来比较清晰；但是在 16kbit/s 的数码率，CVSD 的语音质量要比相同数码率下的 APC 编码器差。

4. **自适应差分脉冲编码调制 ADPCM**

在许多应用中，特别是长途传输系统，64kbit/s 的 G. 711 标准占用的频带太宽，通信成本太贵。ITU-T 从 1981 年起经过 3 年的讨论与研究，于 1984 年提出了 G. 721 32kbit/s ADPCM编码标准，并于 1986 年根据两年间运行中出现的问题做了进一步修正。

ADPCM 将脉冲编码调制、差值调制和自适应技术三者结合起来，进一步利用语音信号样点间的相关性，并针对语音信号的非平稳特点，使用了自适应预测和自适应量化，在 32kbit/s 速率上能够给出网络等级语音质量，从而符合进入公用网的要求。图 7. 7 是 G. 721 算法的框图，其中虚线部分是解码器框图。由图中可以看出，编码器中嵌入一个解码器，使得编码器的自适应修正完全取决于信号的反馈值。这个反馈值与解码器的输出是一致的，所以后续的差值采样就补偿了量化误差，从而避免了量化误差的积累。

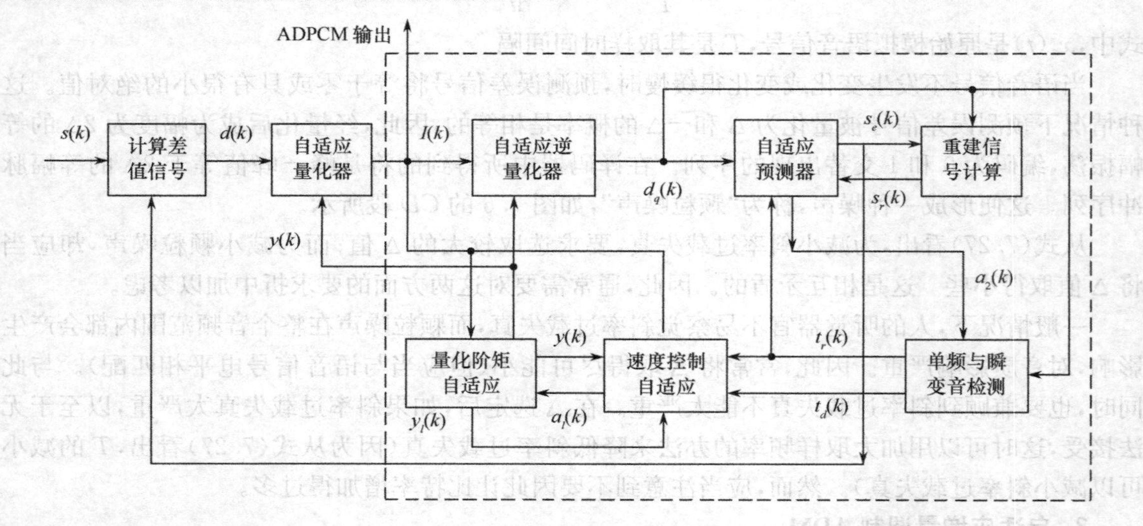

图 7. 7　G. 721 编码器原理框图

下面详细介绍 G. 721 各部分算法。

① 求采样值 $s(k)$ 与其估值 $s_e(k)$ 之差

$$d(k)=s(k)-s_e(k) \tag{7.31}$$

② 自适应量化 $d(k)$ 并编码输出 $I(k)$

$$I(k)=\log_2|d(k)|-y(k) \tag{7.32}$$

其中，$I(k)$ 还含有一位符号。表 7. 1 给出 $I(k)$ 的编码值。$y(k)$ 是量化阶矩自适应因子，它由调整短时能量变化较快的语音信号的 $y_u(k)$ 和调整数据类慢变信号的 $y_l(k)$ 两部分，经速度调整因子 $a_l(k)$ 加权平均而成

$$y(k)=a_l(k)\cdot y_u(k-1)+[1-a_l(k)]y_l(k-1)\quad 0\leqslant a_l\leqslant 1 \tag{7.33}$$

对快变信号，$a_l(k)$ 趋于 1，而对慢变信号 $a_l(k)$ 趋于 0。

③ 阶矩自适应因子

$y_u(k)$ 称快速非锁定标度因子，它的取值范围在 $1.06\leqslant y_u(k)\leqslant 10$ 区间，对应的线性域为 $\Delta_{\min}=2^{1.06}=2.085$，$\Delta_{\max}=2^{10}=1024$。

$$y_u(k)=(1-2^{-5})y(k)+2^{-5}w[I(k)] \tag{7.34}$$

$w[I(k)]$ 的取值如表 7. 2 所示。

表 7.1 G.721 编码器量化表

归一化输入 $\log_2\|d(k)\|-y(k)$	输出代码 $I(k)$	归一化量化输出 $\log_2\|d_q(k)\|-y(k)$
[3.12,+∞]	7	3.32
[2.72,3.12]	6	2.91
[2.34,2.72]	5	2.52
[1.91,2.34]	4	2.13
[1.38,1.91]	3	1.66
[0.62,1.38]	2	1.05
[−0.98,0.62]	1	0.031
[−∞,−0.98]	0	−∞

表 7.2 $w[I(k)]$的取值

$\|I(k)\|$	7	6	5	4	3	2	1	0
$w[I(k)]$	70.13	22.19	12.38	7.00	4.00	2.56	1.13	−0.75

为了适应语音预测差值信号中的基音引起的能量突变，$w[I(k)]$的高端取值都很大。对于带内数据，信号短时能量基本上是平稳的，阶矩自适应采用

$$y_l(k)=(1-2^{-6})y_l(k-1)+2^{-6}y_u(k) \tag{7.35}$$

式中，$y_l(k)$称为锁定标度因子。

④ 速度控制

$a_l(k)$是速度控制因子，它是通过$I(n)$的长时平均幅度值$d_{\mathrm{ml}}(k)$与短时平均幅度值$d_{\mathrm{ms}}(k)$的差求出的。它反映了预测余量信号的变化率。

长时：
$$d_{\mathrm{ml}}(k)=(1-2^{-7})d_{\mathrm{ml}}(k-1)+2^{-7}F[I(k)] \tag{7.36}$$

短时：
$$d_{\mathrm{ms}}(k)=(1-2^{-5})d_{\mathrm{ms}}(k-1)+2^{-5}F[I(k)] \tag{7.37}$$

函数$F[I(k)]$的取值如表 7.3 所示。

表 7.3 $F[I(k)]$的取值

$\|I(k)\|$	7	6	5	4	3	2	1	0
$F[I(k)]$	7	3	1	1	1	0	0	0

当余量信号短时能量平稳时，$I(k)$的统计特性随时间变化很小，$d_{\mathrm{ml}}(k)$与$d_{\mathrm{ms}}(k)$相差不大。而当余量信号短时能量起伏较大时，它们出现差值。利用这一特性先计算中间参数$a_p(k)$：

$$a_p(k)=\begin{cases}(1-2^{-4})a_p(k-1)+2^{-3}, & \text{当}\ |d_{\mathrm{ms}}(k)-d_{\mathrm{ml}}(k)|\geqslant 2^{-3}d_{\mathrm{ml}}(k) \\ & \text{或当}\ y(k)<3 \\ (1-2^{-4})a_p(k-1), & \text{其他情况}\end{cases} \tag{7.38}$$

显然，当$I(k)$幅度变化较大时$a_p(k)\to 2$，而差别较小时$a_p(k)\to 0$。条件$y(k)<3$表明输入信号很小，处于清音段或噪声段，这时也有$a_p(k)\to 2$，以便使量化器处于快速自适应状态来等待输入信号的突然变化。量化器速度控制因子$a_l(k)$通过对$a_p(k)$限幅得到

$$a_l(k)=\begin{cases}1, & \text{当}\ a_p(k-1)\geqslant 1 \\ a_p(k-1), & \text{当}\ a_p(k-1)<1\end{cases} \tag{7.39}$$

这样，量化器从快速自适应向慢速自适应转变有一个延迟。对于带内调幅数据，这种延迟效应可

以防止自适应速度过早变慢，从而避免脉冲沿产生太大的畸变。

⑤ 自适应逆量化器输出

$$d_q(k)=2^{y(k)+I(k)} \tag{7.40}$$

⑥ 自适应预测

预测器采用 6 阶零点，二阶极点的模型。预测信号为

$$s_e(n)=\sum_{i=1}^{2}a_i(n-1)s_r(n-i)+s_{ez}(n)$$

$$s_{ez}(n)=\sum_{j=1}^{6}b_j(n-1)d_q(n-j) \tag{7.41}$$

重建信号为

$$s_r(n)=s_e(n)+d_q(n) \tag{7.42}$$

极点、零点预测器系数分别是 a_i 和 b_j。其调整方式为

$$b_j(n)=(1-2^{-8})b_j(n-1)+2^{-7}\mathrm{sgn}[dq(n)]\cdot\mathrm{sgn}[dq(n-j)] \tag{7.43}$$

此式隐含差 $|b_j(n)|\leqslant 2$，为保证算法稳定，二阶极点预测器系数限制如下

$$|a_2(n)|\leqslant 0.75;\quad |a_1(n)|\leqslant 1-a_2(n)-2^{-4}$$

它们的调整方式为

$$a_1(n)=(1-2^{-8})a_1(n-1)+3\cdot 2^{-8}\mathrm{sgn}[p(n)]\cdot\mathrm{sgn}[p(n-1)] \tag{7.44}$$

$$\begin{aligned}a_2(n)=(1-2^{-7})a_2(n-1)+2^{-7}\mathrm{sgn}[p(n)]\cdot\\ \{\mathrm{sgn}[p(n-2)]-f[a_1(n-1)]\cdot\mathrm{sgn}[p(n-1)]\}\end{aligned} \tag{7.45}$$

式中

$$p(n)=dq(n)+s_{ez}(n) \tag{7.46}$$

$$f(a_1)=\begin{cases}4a_1, & \text{当}|a_1|\leqslant\dfrac{1}{2}\\ 2\mathrm{sgn}[a_1], & \text{当}|a_1|>\dfrac{1}{2}\end{cases} \tag{7.47}$$

⑦ 单频和瞬变调整

当 ADPCM 编码器遇到频移键控信号(FSK)或其他窄带瞬变信号时，需要将系统从慢速自适应状态强制性地调整到快速自适应状态。为此，引入单频信号判定条件 t_d 和窄带信号瞬变判据 t_r：

$$t_d(n)=\begin{cases}1, & \text{若}\ a_2(n)<-0.71875\\ 0, & \text{其他}\end{cases} \tag{7.48}$$

$$t_r(n)=\begin{cases}1, t_d(n)=1\ \text{同时}\ |d_q(n)|>24.2^{y_l(n)}\\ 0,\text{其他}\end{cases} \tag{7.49}$$

当 $t_d(n)=1$ 时，认为出现了单频信号或频率瞬变。这时强制将量化器处于快速自适应状态。当 $t_r(n)=1$ 时，还需将 $a_i(n)$ 和 $b_j(n)$ 同时置零。采用这些措施后，G. 721 ADPCM 可以传递 4. 8kbit/s 的 FSK 信号。同时 a_p 的判定也由下式决定

$$a_p(n)=\begin{cases}(1-2^{-4})a_p(n-1)+2^{-3}, & \text{若}\ |d_{ms}(n)-d_{ml}(n)|\geqslant 2^{-3}d_{ml}(n)\\ & \text{或}\ y(n)<3\ \text{或}\ t_d(n)=1\\ 1, & t_r(n)=1\\ (1-2^{-4})a_p(n-1), & \text{其他}\end{cases} \tag{7.50}$$

当 ADPCM 与 PCM 之间发生换码级联时，需要在 ADPCM 内部进行 PCM 级联同步调整。方法是在解码端将重建信号 $s_r(n)$ 重新编码成 ADPCM 码 $I_{dx}(n)$ 并与输入的 $I(n)$ 比较，根据差值调整重建信号 $s_r(n)$ 的电平级别。经过同步调整过程，ADPCM 可以有效地防止同步级联误差累积。

5. G. 721 ADPCM 语音编码标准的 MATLAB 实现

为了便于理解 G. 721 语音编解码算法的 MATLAB 程序，特对各模块程序功能介绍如下：

G721. m 是主函数程序文件，完成赋初值、信号输入及调用语音编解码函数，在 MATLAB 中加载 G. 721MATLAB 程序文件后，在命令窗口中输入 G721 并回车，即可完成 G. 721 语音编解码算法。

adpcm. m 语音编解码函数文件
Sek_com. m 自适应预测
Dk_com. m 采样值与其估值差值计算
yu_result. m 快速非锁定标度因子计算
y1_result. m 锁定标度因子计算
Tdk_com. m 单频信号判定
Trk_com. m 窄带信号瞬变判定
Alk_com. m 自适应速度控制与自适应预测
Yk_com. m 量化阶矩自适应因子计算
Ik_com. m 自适应量化并编码输出
Dqk_com. m 自适应逆量化器输出
Srk_com. m 重建信号输出
f_com. m 自适应预测中 f 函数值计算
sgn_com. m 算法中用到的符号函数
wi_result. m 量化器标度因子自适应 wi 的选取
fi_ result. m 速度控制中 F[I(k)]计算

【程序 7. 1】 G721. m

```
clc
clear
coe=[1,0,1,0,0,0,0,0,0,0,0,0];                          %初始化系数
coe1=[0,0,0] ;
coe2=[0,0,0,0,0,0,0,0,0,0,0];
coe3=[0];
Dqk=zeros(1,7);
fid=fopen('zhongguo. txt','rt');                         %读文件，文件格式为 . txt
a=fscanf(fid,'%e\n');
fclose(fid);
%fid=('ling11. wav');wavwrite(44100,fid);                 %转换回 wav 格式音频文件
fid=fopen('zhongguo. 721. txt','wt');
for   i=1:size(a,1)
    Slk=a(i);                                            %输入信号
    [coe,coe1,coe2,coe3,Dqk]=adpcm(Slk,coe,coe1,coe2,coe3,Dqk);
                                                         %调用语音编解码函数
    fprintf(fid,'%f\n',coe2(5));
end
```

```
fclose(fid)
%------------------------------------波形显示------------------------------------
fid=fopen('zhongguo.txt','rt');
a=fscanf(fid,'%e\n');
fid=fopen('zhongguo.721.txt','rt');
b=fscanf(fid,'%e\n');
subplot(211),plot(a);
title('输入语音波形');
subplot(212),plot(b);
title('解码输出波形');
```

语音编解码子函数程序 adpcm.m:

```
function [coe,coe1,coe2,coe3,Dqk]=adpcm(Slk,coe,coe1,coe2,coe3,Dqk)  %语音编解码函数
Yk_pre=coe2(1);                                                      %初值传递
Sek_pre=coe2(2);
Ik_pre=coe2(3);
Ylk_pre_pre=coe2(4);
Srk_pre=coe2(5);
Srk_pre_pre=coe2(6);
a2=coe2(7);
Tdk_pre =coe2(8);
Trk_pre =coe2(9);
Num=coe2(10);

        coe2(10)=coe2(10)+1;
        [Sek,coe]=Sek_com(Srk_pre,Srk_pre_pre,Dqk,coe);              %自适应预测

        Dk=Dk_com( Slk, Sek );                                       %采样值与其估值差值计算

        Yuk_pre=yu_result( Yk_pre, wi_result(abs(Ik_pre)) );         %快速非锁定标度
                                                                     %因子计算

        if    Yuk_pre<1.06
                Yuk_pre=1.06;
        elseif   Yuk_pre>10.00
              Yuk_pre=10.00;
        end

        Ylk_pre=yl_result( Ylk_pre_pre, Yuk_pre );                   %锁定标度因子计算
        Trk_pre=Trk_com( a2, Dqk(6), Ylk_pre );                      %窄带信号瞬变判定
        Tdk_pre=Tdk_com( a2 );                                       %单频信号判定
        [Alk,coe1]= Alk_com( Ik_pre, Yk_pre ,coe1,Tdk_pre,Trk_pre);
        %自适应速度控制与自适应预测

        if  Alk<0.0
              Alk=0.0;
        elseif   Alk>1.0
              Alk=1.0;
        end
```

```
    [Yk,coe3]=Yk_com(Ik_pre,Alk,Yk_pre,coe3);           %量化阶矩自适应因子计算

    Ik=Ik_com( Dk, Yk );                                %自适应量化并编码输出

    Yk_pre=Yk;
    Srk_pre_pre=Srk_pre;
    Sek_pre=Sek;
    Ylk_pre_pre=Ylk_pre;
    Ik_pre=Ik;

    coe2(1)= Yk;
    coe2(6)= Srk_pre;
    coe2(2)= Sek;
    coe2(4)= Ylk_pre;
    coe2(3)= Ik;

    Dqk(1)=Dqk(2);
    Dqk(2)=Dqk(3);
    Dqk(3)=Dqk(4);
    Dqk(4)=Dqk(5);
    Dqk(5)=Dqk(6);
    Dqk(6)=Dqk(7);

    Dqk(7)=Dqk_com( Ik_pre,Yk_pre);                     %自适应逆量化器输出
    Srk_pre=Srk_com( Dqk(7), Sek_pre);                  %重建信号输出
    coe2(5)=Srk_pre;
```

自适应预测子函数程序 Sek_com.m：

```
function [g,f]=Sek_com(Srk_pre,Srk_pre_pre,Dqk,coe)
%自适应预测函数
  a1_pre=coe(1);
  a2_pre=coe(2);
  b1_pre=coe(3);
  b2_pre=coe(4);
  b3_pre=coe(5);
  b4_pre=coe(6);
  b5_pre=coe(7);
  b6_pre=coe(8);
  Sezk_pre=coe(9);
  p_pre2 =coe(10);
  p_pre3=coe(11);
%6 阶零点预测器系数
  b1=( 1 - 2^(-8)) * b1_pre+2^(-7) * sgn_com( Dqk(7)) * sgn_com( Dqk(6) );
  b2=( 1 - 2^(-8)) * b2_pre+2^(-7) * sgn_com( Dqk(7) ) * sgn_com( Dqk(5) );
  b3=( 1 - 2^(-8)) * b3_pre+2^(-7) * sgn_com( Dqk(7) ) * sgn_com( Dqk(4) );
  b4=( 1 - 2^(-8)) * b4_pre+2^(-7) * sgn_com( Dqk(7) ) * sgn_com( Dqk(3) );
  b5=( 1 - 2^(-8)) * b5_pre+2^(-7) * sgn_com( Dqk(7) ) * sgn_com( Dqk(2) );
  b6=( 1 - 2^(-8)) * b6_pre+2^(-7) * sgn_com( Dqk(7) ) * sgn_com( Dqk(1) );
```

```
%2阶极点预测器系数
  Sezk=b1*Dqk(7)+b2*Dqk(6)+b3*Dqk(5)+b4*Dqk(4)+b5*Dqk(3)+b6*Dqk(2);
  p_pre1=Dqk(7)+Sezk_pre;
  if abs(p_pre1)<=0.000001
      a1=( 1 -2^(-8))*a1_pre;
      a2=( 1 -2^(-7) )*a2_pre;
  else
      a1=( 1 -2^(-8))*a1_pre+( 3*2^(-8))*sgn_com(p_pre1 )*sgn_com(p_pre2 );
      a2=( 1 - 2^(-7) )*a2_pre+2^(-7)*( sgn_com( p_pre1 )*sgn_com( p_pre3 ) - f_com( a1_
          pre )*sgn_com( p_pre1 )*sgn_com( p_pre2 ) );
  end
%自适应预测和重建信号计算器
  coe(1)= a1;
  coe(2)= a2;
  coe(3)= b1;
  coe(4)= b2;
  coe(5)= b3;
  coe(6)= b4;
  coe(7)= b5;
  coe(8)= b6;
  coe(9)= Sezk;
  coe(10)=p_pre1;
  coe(11)=p_pre2;
  g=(a1*Srk_pre+a2*Srk_pre_pre+Sezk) ;
  f=coe;
```

采样值与其估值差值计算子函数 Dk_com. m：

```
function d=Dk_com(Slk,Sek)                          %采样值与其估值差值计算函数
Dk=Slk-Sek;
d=Dk;
```

快速非锁定标度因子计算子函数 yu_result. m：

```
function yu=yu_result( y_now, wi_now)               %快速非锁定标度因子计算函数
yu=(1 -2^(-5) )*y_now+2^(-5)*wi_now ;
yu=yu;
```

锁定标度因子计算子函数 y1_ result. m：

```
function yl=yl_result( yl_pre, yu_now)              %锁定标度因子计算函数
yl=( 1 - 2 ^( -6 ) )*yl_pre+2 ^( -6)*yu_now;
yl=yl;
```

单频信号判定子函数 Tdk_com. m：

```
function Tdk=Tdk_com(A2k)                           %单频信号判定函数
    if ( A2k<-0.71875 ) Tdk=1;
    else Tdk=0;
    end
    Tdk=Tdk;
```

窄带信号瞬变判定子函数 Trk_com. m：

```
function Trk=Trk_com( A2k, Dqk, Ylk)                %窄带信号瞬变判定
    if ( ( A2k<-0.71875 ) & ( fabs(Dqk) > pow(24.2,Ylk) ) )   Trk=1;
    else      Trk=0;
    end
    Trk=Trk;
```

自适应速度控制与自适应预测子函数 Alk_com.m：

```
function [h,coe1]=Alk_com(Ik_pre,Yk_pre,coe1,Tdk_pre,Trk_pre)   %量化器速度控制函数
    Dmsk_p2=coe1(1);
    Dmlk_p2=coe1(2);
    Apk_pre2=coe1(3);
    Dmsk_p1=( 1 - 2^(-5) ) * Dmsk_p2+2^(-5) * fi_result(abs(Ik_pre));   %Ik 短时平均幅度值
Dmlk_p1=( 1 - 2^(-7) ) * Dmlk_p2+2^(-7) * fi_result(abs(Ik_pre));   %Ik 长时平均幅度值
coe1(1)= Dmsk_p1;
coe1(2)=Dmlk_p1;

    if ((abs( Dmsk_p1 - Dmlk_p1 ) >=2^(-3) * Dmlk_p1 )| (Yk_pre<3 )| (Tdk_pre==1))
        Apk_pre1=( 1 - 2^(-4) ) * Apk_pre2+2^(-3);
     elseif  ( Trk_pre == 1 )    Apk_pre1=1;
            else Apk_pre1=( 1 - 2^(-4) ) * Apk_pre2;
    end
    coe1(3)= Apk_pre1;
    if  Apk_pre1>=1
        Alk=1;
    else  Alk=Apk_pre1;
    end
    h=Alk;
```

量化阶矩自适应因子计算子函数 Yk_com.m：

```
function [Yk,coe3]=Yk_com(Ik_pre,Alk,Yk_pre,coe3)    %量化阶矩自适应因子计算
Yl_pre_pre=coe3;
Yu_pre=( 1 - 2^(-5) ) * Yk_pre+2^(-5) * wi_result(abs(Ik_pre));   %快速非锁定标度因子计算
Yl_pre=yl_result(Yl_pre_pre,Yu_pre);   %锁定标度因子计算
coe3=Yl_pre;
Yk=Alk * Yu_pre+( 1 - Alk) * Yl_pre;
```

自适应量化并编码输出子函数 Ik_com.m：

```
function f=Ik_com( Dk, Yk)   %编码输出函数
    if  Dk>0   Dsk=0;
else     Dsk=1;
end
if Dk==0   Dk=Dk+0.0001;
end

Dlk=log( abs(Dk) ) / log(2);
Dlnk=Dlk - Yk;   %归一化输入
x=Dlnk;
a=10;
if  Dlnk<-0.98   Ik=0 ;   %编码输出 Ik
end
if -0.98 <= Dlnk & Dlnk <  0.62    Ik=1;
end
if 0.62 <= Dlnk & Dlnk <  1.38    Ik=2;
end
if 1.38 <= Dlnk & Dlnk <  1.91    Ik=3;
end
if 1.91 <= Dlnk & Dlnk <  2.34    Ik=4;
```

```
end
if   2.34 <= Dlnk & Dlnk <  2.72    Ik=5;
end
if   2.72 <= Dlnk &Dlnk <  3.12     Ik=6;
end
if  Dlnk >= 3.12      Ik=7;
end
if Dsk == 1     Ik=-Ik;
end
f= Ik;
```

自适应逆量化器输出子函数 Dqk_com. m：

```
function f=Dqk_com(Ik,Yk)                    %自适应逆量化器输出函数
if  Ik>=0      Dqsk=0;
        i=Ik;
else
        Dqsk=1;
        i=-Ik;
end
switch  i
case 7
          Dqlnk=3.32;
case 6
          Dqlnk=2.91;
case 5
          Dqlnk=2.52;
case 4
          Dqlnk=2.13;
case 3
          Dqlnk=1.66;
case 2
          Dqlnk=1.05;
case 1
          Dqlnk=0.031;
case 0
          Dqlnk=-1000;
      end
%归一化量化输出
    Dqlk=Dqlnk+Yk;
    Dqk=2^Dqlk;
    if Dqsk==1
        Dqk=-Dqk;
    end
f=Dqk;
```

重建信号输出子函数 Srk_com. m：

```
function Srk=Srk_com(Dqk,Sek)                %重建信号计算函数
Srk=Dqk+Sek;
```

自适应预测中 f 函数值计算子函数 f_com. m：

```
function b=f_com(a)                          %f 函数值计算
if abs(a)<=0.5
      b=4 * a;
```

```
else b=2 * sgn_com(a);
  end
```

算法中用到的符号函数子函数 sgn_com. m:

```
function b=sgn_com(a)                    %符号函数
if a>=0.000001       b=1;
else    b=-1;
end
```

量化器标度因子自适应 wi 的选取子函数 wi_result. m:

```
function J=wi_result(in)
switch in
case 0
  wi=-0.75;
case 1
  wi=1.13;
case 2
  wi=2.56;
case 3
  wi=4.00;
case 4
  wi=7.00;
case 5
  wi=12.38;
case 6
  wi=22.19;
case 7
  wi=70.13;
end
J=wi;
```

速度控制中 F[I(k)]计算子函数 fi_ result. m:

```
function w=fi_result(in)                 %F[I(k)]计算函数
switch in
case 0
    fi=0;
case 1
    fi=0;
case 2
    fi=0;
case 3
    fi=1;
case 4
    fi=1;
case 5
    fi=1;
case 6
    fi=3;
case 7
    fi=7;
end
w=fi;
```

7.4 语音信号参数编码

基于参数编码理论的编码器由于其数码率比较低，通常称为声码器。最早的声码器是通道声码器，它是基于短时傅里叶变换的语音分析合成系统，由于其性能较差，现在已很少用。

根据语音信号的共振峰模型提出了共振峰声码器，该声码器通过对语音信号整体进行分析，提取共振峰的位置、幅度、带宽等参数，构成浊音和清音两个声道滤波器。浊音滤波器采用全极点滤波器，由多个二阶滤波器级联而成；清音滤波器一般采用一个极点和一个零点的数字滤波器。这些滤波器的参数都是时变的。与通道声码器相比，共振峰声码器合成出的语音质量更好，比特率更低。

在声码器中最具有代表性的是线性预测(LPC)声码器及其改进型。

7.4.1 LPC 声码器原理

LPC 声码器是应用最成功的低速率语音编码器。它基于全极点声道模型的假定，采用线性预测分析合成原理，对模型参数和激励参数进行编码传输。LPC 声码器遵循二元激励的假设，即浊音语音段采用间隔为基音周期的脉冲序列作为激励，清音语音段采用白噪声序列作为激励。因此，声码器只需对 LPC 参数、基音周期、增益和清浊音信息进行编码。LPC 声码器可以得到很低的比特率(2.4kbit/s 以下)。其工作原理如图 7.8 所示。

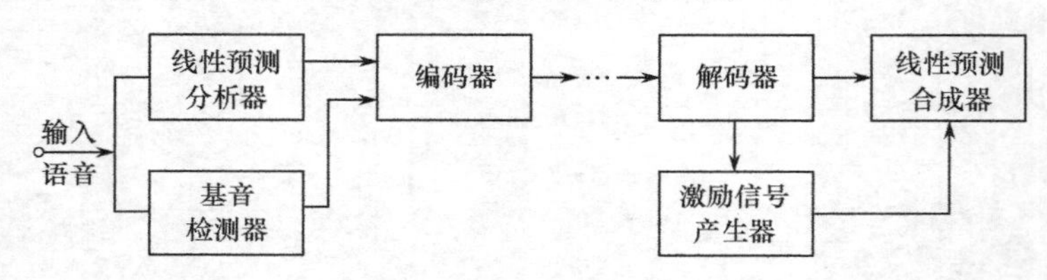

图 7.8　LPC 声码器原理图

虽然 LPC 声码器与 ADPCM 一样，都是基于线性预测分析来实现对语音信号的编码压缩，但是它们之间有着本质的区别，LPC 声码器不考虑重建信号波形是否与原来信号的波形相同，而努力使重建信号具有尽可能高的可懂度和清晰度，所以不必量化和传输预测残差，只需要传输 LPC 参数和重构激励信号的基音周期和清浊音信息。

LPC 声码器中，必须传输的参数是 p 个预测器系数、基音周期、清浊音信息和增益参数。直接对预测系数量化后再传输是不合适的，因为它的谱灵敏度极不均匀，有些系数很小的变化，就可能会引起频谱发生很大的变化。而且线性预测系数的内插特性也很差，内插得到的新参数，不一定能够构成稳定的合成滤波器。为此，可将预测器系数变换成其他更适合于编码和传输的参数形式，可参见第 5 章的内容。

7.4.2 LPC-10 编码器

LPC 声码器在通信领域，尤其是军事通信领域得到了广泛的应用。1976 年美国确定用 LPC 声码器标准 LPC-10 作为 2.4kbit/s 速率上的推荐编码方式。1981 年这个算法被官方接受，作为联邦政府标准 FS-1015 被公布。利用这个算法可以合成清晰、可懂的语音，但是抗噪声能力和自然度比较差。自 1986 年以来，美国第三代保密电话装置采用了速率为 2.4kbit/s 的 LPC-10e(LPC-10 的增强型)作为语音处理手段。下面介绍图 7.9 所示的 LPC-10 的工作原理和一些改进措施。

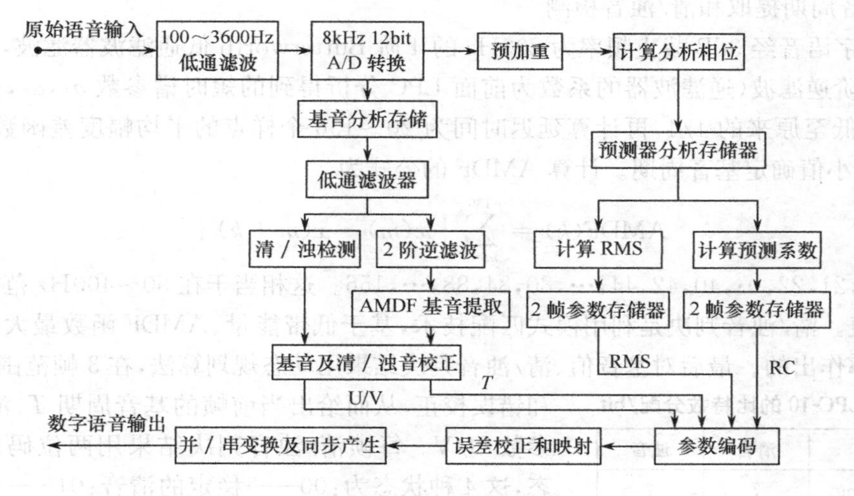

图 7.9 LPC-10 的编码器框图

1. 编码器

(1) 编码器基本原理

图 7.9 为 LPC-10 的编码器框图。原始语音经过 100～3600Hz 的锐截止的低通滤波器之后，输入 A/D 转换器，以 8kHz 采样率 12bit 量化得到数字化语音，然后每 180 个采样点(22.5ms)为一帧，以帧为处理单元。编码器分两个支路同时进行，其中一个支路用于提取基音周期 T 和清浊音 U/V 判决信息；另一支路用于提取声道滤波器参数 RC 和增益因子 RMS。提取基音周期的支路把 A/D 变换后输出的数字化语音缓存，经过低通滤波、二阶逆滤波后，再用平均幅度差函数 AMDF 计算基音周期，经过平滑、校正得到该帧的基音周期。与此同时，对低通滤波后输出的数字语音进行清浊音标志。提取声道参数支路需先进行预加重处理。预加重的目的是加强语音谱中的高频共振峰，使语音短时谱以及 LPC 分析中的残差频谱变得更为平坦，从而提高了谱参数估值的精确性。预加重滤波器的传递函数为

$$H_{p\omega}(z)=1-0.9375z^{-1} \tag{7.51}$$

(2) 计算声道滤波器参数

采用 10 阶 LPC 分析滤波器，利用协方差法对 LPC 分析滤波器 $A(z)=1-\sum_{i=1}^{10}a_iz^{-i}$ 计算预测系数 $a_1,a_2,\cdots,a_{10}$，并将其转换成反射系数 RC，或者部分相关系数 PARCOR 来代替预测系数进行量化编码。理论上 RC 参数和 PARCOR 参数互为相反数，系统稳定条件是其绝对值小于 1，这在量化时是容易保证的。LPC 分析采用半基音同步算法，即浊音帧的分析帧长取为 130 个样本以内的基音周期整数倍值，来计算 RC 和 RMS。这样，每一个基音周期都可以单独用一组系数处理。在接收端恢复语音时也是如此处理。清音帧是取长度为 22.5ms 的整帧中点为中心的 130 个样本形成分析帧来计算 RC 和 RMS。

(3) 增益因子 RMS 的计算

用如下公式计算 RMS：

$$\text{RMS}=\sqrt{\frac{1}{N}\sum_{i=1}^{N}x^2(i)} \tag{7.52}$$

式中，$x(i)$是经过预加重的数字语音；N 是分析帧的长度。

(4) 基音周期提取和清/浊音检测

输入数字语音经3dB截止频率为800Hz的4阶Butterworth低通滤波器滤波，滤波后的信号再经过二阶逆滤波(逆滤波器的系数为前面LPC分析得到的短时谱参数 $a_1,a_2,\cdots,a_{10}$)。把取样频率降低至原来的1/4，再计算延迟时间为20～156个样点的平均幅度差函数AMDF，由AMDF的最小值确定基音周期。计算AMDF的公式为

$$\mathrm{AMDF}(k)=\sum_{m=1}^{130}|x(m)-x(m+k)| \tag{7.53}$$

式中，$k=20,21,22,\cdots,40,42,44,\cdots,80,84,88,\cdots,156$。这相当于在50～400Hz范围内计算60个AMDF值。清/浊音判决是利用模式匹配技术，基于低带能量、AMDF函数最大值与最小值之比、过零率作出的。最后对基音值、清/浊音判决结果用动态规划算法，在3帧范围内进行平滑和错误校正，从而给出当前帧的基音周期 T、清/浊音判决参数U/V。每帧清/浊音判决结果用两位码表示4种状态，这4种状态为：00——稳定的清音；01——清音向浊音转换；10——浊音向清音转换；11——稳定的浊音。

表7.4 LPC-10的比特数分配/bit

	清音	浊音
T/Voicing	7	7
RMS	5	5
Sync	1	1
k_1	5	5
k_2	5	5
k_3	5	5
k_4	5	5
k_5	4	
k_6	4	
k_7	4	
k_8	4	
k_9	3	
k_{10}	2	
误差校正	0	20
总计	54	53

(5) 参数编码与解码

在LPC-10的传输数据流中，将10个反射系数($k_1,k_2,\cdots,k_{10}$)、增益因子(RMS)、基音周期 T、清/浊音U/V、同步信号Sync编码成每帧54bit。由于传输速率为44.4帧/s，因此，码率为2.4kbit/s。同步信号采用相邻帧1,0码交替的模式。表7.4是浊音帧和清音帧的比特数分配。

2. 解码器

LPC-10接收端解码器框图如图7.10所示。接收到的语音信号经串/并变换及同步后，利用查表法对数码流进行检错，纠错。纠错译码后的数据经参数解码得到基音周期、清/浊音标志、增益以及反射系数的数值，解码结果延时一帧输出。输出数据在过去的一帧、当前帧和将来的一帧共3帧内进行平滑。由于每帧语音只传输一组参数，但一帧之内可能有不止一个基音周期，因此要对接收数值进行由帧块到基音块的转换和插值。

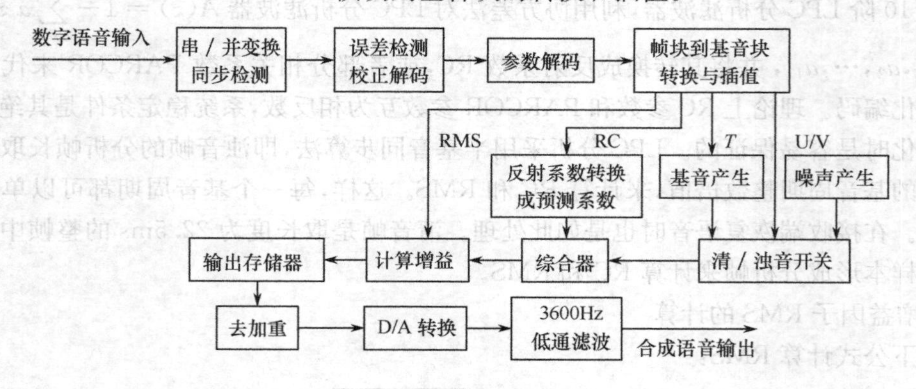

图7.10 LPC-10解码器框图

(1) 参数插值原则

对数面积比参数值每帧插值两次；RMS参数值在对数域进行基音同步插值；基音参数值用基音同步的线性插值；在浊音向清音过渡时对数面积比不插值。每个基音周期更新一次预测系数、增益、基音周期、清/浊音等参数，这个过程在帧块到基音块的转换和插值中完成。

(2) 激励源

根据基音周期和清/浊音标志决定要采用的激励信号源。清音帧用随机数作为激励源；浊音帧用周期性冲激序列通过一个全通滤波器来生成激励源，这个措施改善了合成语音的尖峰性质。语音合成滤波器输入激励的幅度保持恒定不变，输出幅度受RMS参数加权。下面给出一组有41个样点的浊音激励信号：

$$
\begin{aligned}
e(n)=\{&0,0,0,0,0,0,0,0,5,-8,13,-24,43,-83,147,-252,359,\\
&-364,92,336,-306,-336,92,364,359,252,\\
&147,81,43,24,13,8,5,0,0,0,0,0,0,0,0\}
\end{aligned}
$$

若当前的基音周期不等于41个样点，则将此激励源截短或者填零，使之与基音周期等长。

(3) 语音合成

用Levinson递推算法将反射参数$k_1,k_2,\cdots,k_p$，变换成预测系数$a_1,a_2,\cdots,a_p$。接收端合成器应用直接型递归滤波器$H(z)=1/(1-\sum_{i=1}^{p}a_iz^{-i})$合成语音。对其输出进行幅度校正、去加重，并变换为模拟信号，最后经3600Hz的低通滤波器后输出模拟语音。

3. **LPC-10编解码器的缺点及改进**

LPC-10虽然有编码速率低的优点，但是合成语音听起来很不自然，即使提高编码速率也无济于事。这主要是因为清浊音判决和浊音信号的基音检测很难做到十分可靠。有些摩擦音本身就清浊难分，在辅音与元音的过渡段或者有背景噪声的情况下，检测结果就更容易发生错误。这种错误对合成语音的清晰度影响特别严重。此外采用简单的二元激励形式，也不符合实际情况，因而造成自然度的下降。在增强型LPC-10e中采用了如下一些措施来改善语音的质量。

(1) 改善激励源

采用混合激励代替简单的二元激励。此时，浊音的激励源是由经过低通滤波的周期脉冲序列与经过高通滤波的白噪声相加而成的，周期脉冲与噪声的混合比例随输入语音的浊化程度变化。清音的激励源是白噪声加上位置随机的一个正脉冲跟随一个负脉冲的脉冲对形成的爆破脉冲。对于爆破音，脉冲对的幅度增大，与语音的突变成正比。采用混合激励可以使原来二元激励合成引起的金属声、重击声、音调噪声等得到改善。

采用激励脉冲加抖动的方式。将基音相关性不是很强或残差信号中有大的峰值的语音帧判定为抖动的浊音帧。除采用脉冲加噪声的混合激励外，激励信号中的周期脉冲的相位要做随机地抖动，即对每个基音周期的长度乘上一个0.75～1.25之间均匀分布的随机数，这样可以改善语音的自然度。

采用单脉冲与码本相结合的激励模式。可取多脉冲激励线性预测编码与码本激励线性预测编码各自的长处，对不同的语音段采用不同的激励模式。对于具有周期性的语音段用以基音周期重复的单脉冲作为激励源，非周期性语音段用从码本中选择的随机序列作为激励源。

(2) 改进基音提取方法

计算线性预测残差信号或者语音信号的自相关函数，并利用动态规划的平滑算法来更准确地提取基音周期。将一帧的线性预测残差信号低通滤波后，求出所有可能的基音时延点上的归一化自相关系数，选出其中 L 个最大值，再用相邻 3 帧的每帧 L 个最大值，用动态规划算法求得最佳基音值。

(3) 选择线谱对参数 LSP 作为声道滤波器的量化参数。

7.5 语音信号混合编码

混合编码是在保留参数编码的技术精华的基础上，引用波形编码准则去优化激励源信号，克服原有波形编码和参数编码的弱点，而吸取它们各自的长处，在 4～16kbit/s 的速率上能够合成高质量语音。其中用到的主要技术就是合成分析技术和感觉加权滤波器，目标是改进激励模型，合成高质语音。

7.5.1 合成分析技术和感觉加权滤波器

近几十年来，人们在 LPC 算法的基础上，对 16kbit/s 以下的高质量语音编码技术进行了广泛深入的研究和实践。在此速率下，能用于残差信号编码的比特数是较少的。若对残差信号进行直接量化并且使残差信号与它的量化值之间的误差达到最小，并不能保证原始语音与重建语音之间的误差最小，而只有采用合成分析法来计算残差信号的编码量化值才能使得重建语音与原始语音的误差最小。换句话说，合成分析法的改进主要就是对激励的改进，它不是寻找与残差信号相匹配的激励，而是寻找给定合成滤波器的最优激励，使其通过合成滤波器时产生的合成语音最接近于原始语音。由于合成滤波器具有递归结构，因此激励信号的每个样点将影响合成语音的许多样点。也就是说，最佳量化模型的选择不是立即决定的，而是要延迟至少几个样点才被决定。因为这种决定依赖于原始语音和合成语音的残差信号，分析过程即包含有合成过程，所以称为“合成分析预测编码”。

感觉加权滤波器的依据是利用人耳听觉的掩蔽效应(Masking Effect)，在语音频谱中能量较高的频段即共振峰处的噪声相对于能量较低频段的噪声而言不易被感知。因此在度量原始语音与合成语音之间的误差时可以计入这一因素，在语音能量较高的频段，允许二者的误差大一些，反之则小一些。为此可以引入一频域感觉加权滤波器 $W(f)$来计算二者的误差，如下所示

$$e = \int_0^{f_s} | S(f) - \hat{S}(f) |^2 W(f) \mathrm{d}f \tag{7.54}$$

其中，f_s 是抽样率，$S(f)$，$\hat{S}(f)$分别是原始语音与合成语音的傅里叶变换。不难证明，只要使积分项在整个域内保持常数值，就可以使 e 达到最小值。这样只要在能量最大的的语音频段内使 $W(f)$较小，而能量较小的频段内 $W(f)$较大，这就能抬高前者的误差能量而降低后者的误差能量，为此选取感觉加权滤波器的 z 域表达式 $W(z)$为

$$W(z) = \frac{A(z)}{A(z/\gamma)} = \frac{1 - \sum_{i=1}^{p} a_i z^{-i}}{1 - \sum_{i=1}^{p} a_i \gamma^i z^{-i}} \tag{7.55}$$

感觉加权滤波器的特性由预测系数$\{a_i\}$和 γ 来确定。γ 取值在 0～1 之间，由它控制共振峰区域误差的增加。当 $\gamma=1$ 时，$W(z)=1$，此时没有进行感觉加权；当 $\gamma=0$ 时，有

$$W(z) = 1 - \sum_{i=1}^{p} a_i z^{-i} \tag{7.56}$$

它等于语音的 p 阶全极点模型谱的倒数，由此得到的噪声频谱能量分布与语音频谱的能量分布是一致的。图 7.11 中示出了一段原始语音的谱，经感觉加权后所得的误差信号的谱以及感觉加权滤波器的频率响应。由图不难看出，感觉加权滤波器的作用就是使实际误差信号的谱不再平坦，而是有着与语音信号谱相似的包络形状。这就使得误差度量的优化过程与感觉上的共振峰对误差的掩蔽效应相吻合，产生较好的主观听觉效果。实际听音的结果表明：在 8kHz 采样率下，γ 取值为 0.8 左右较为适宜。注意到加权过程既不会引起位率的增加，也不会增加合成过程的复杂度，它仅使编码器的复杂性有所增加。

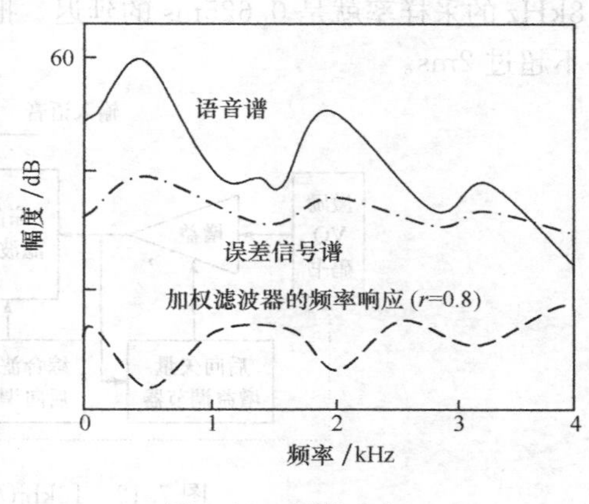

图 7.11　频率响应

7.5.2　激励模型的演变

过于简单的二元激励模型是制约 LPC 编码器声音质量的主要因素。针对此问题，1982 年，Bishnu S. Atal 和 Joel R. Remde 首先提出多脉冲激励线性预测编码(MPE-LPC)算法，在该算法中，每 20ms 语音帧里，传送 16～20 个激励脉冲的位置和幅度信息，能够在 9.6～16kbit/s 速率上，获得相当于 6 位 PCM 编码的质量。1985 年由 Ed. F. Deprettere 和 Perter Kroon 首先提出规则脉冲激励线性预测编码（RPE-LPC）算法，1986 年 K. Hellwig R. Hojmann 和 P. Wary R. J. sluyter 等人在此基础上，改进算法，加入了长时预测 LTP，并使速率降为 13kbit/s，形成长时预测规则脉冲激励(LTP-RPE-LPC)编码方案。它的特点是算法简单，语音质量达到了通信等级。该算法在 1988 年被确定为泛欧标准全速语音编码方案，称为 GSM 标准。1985 年，Manfred R. Schroeder 和 Bishnu S. Atal 首次提出了用矢量量化码本作为激励源的线性预测编码技术 CELP。CELP 以高质量的合成语音及优良的抗噪声和多次转接性能，在 4.8～16kbit/s 速率上得到广泛的应用。1988 年，美国政府采用由美国国防部与 AT&T 贝尔实验室共同研制的 4.8kbit/s CELP 声码器(FED-STD-1016)作为语音编码器标准；1989 年 8kbit/s 速率的北美数字移动通信全速率编译码器标准采用了修改的 CELP 技术——矢量和激励线性预测编码 VSELP；1991 年 ITU 通过了用短延时码激励线性预测编码 LD-CELP 作为 16kbit/s 语音编码器的 G.728 标准。1996 年 ITU 通过了共轭结构代数码激励线性预测编码器 CS-ACELP 作为 8kbit/s 语音编码器 G.729 标准，这些是码激励的典型算法。

7.5.3　G.728 语音编码标准简介

图 7.12 和图 7.13 分别是 G.728 标准算法中编码器和解码器部分的原理框图。编码部分的工作原理是：首先将速率为 64kbit/s 的 A-律或 μ-律 PCM 输入信号转换成均匀量化的 PCM 信号，接着由 5 个连续的语音样点 $s_u(5n)$，$s_u(5n+1)$，…，$s_u(5n+4)$ 组成一个五维语音矢量 $s(n)=[s_u(5n),s_u(5n+1),\cdots,s_u(5n+4)]$。激励码书中共有 1024 个五维的码矢量。对于每个输入语音矢量，编码器利用合成分析方法从码书中搜索出最佳码矢量，然后将 10bit 的码矢标号通过信道传送给解码器。每 4 个相邻的输入矢量(共 20 个样点)构成一个自适应周期，或者称为帧，每帧更新一次 LPC 系数。因为在 LD-CELP 算法中采用的是后向自适应预测技术，当前的激励增益和综合滤波器的输出是分别对先前量化过的增益和语音信息进行 LPC 分析而得出的，所以向解码器传送的信息只是激励矢量的地址标号，这就使得编码器只有 5 个样点的缓冲延迟，对于

8kHz 的采样率就是 0.625ms 的延迟。把处理延迟和传输延迟包括在内,总的一路编译码延迟不超过 2ms。

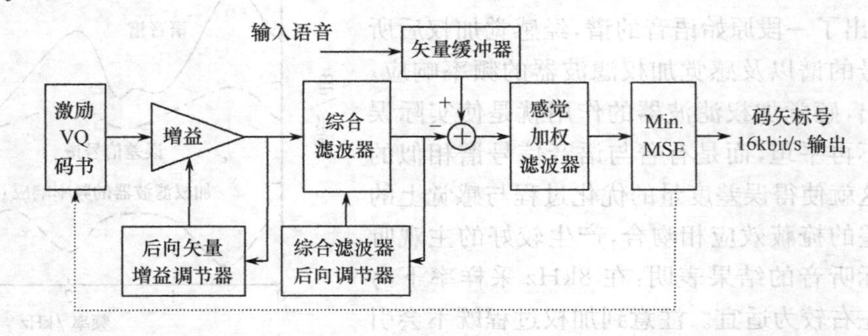

图 7.12　16kbit/s LD-CELP 语音编码器原理框图

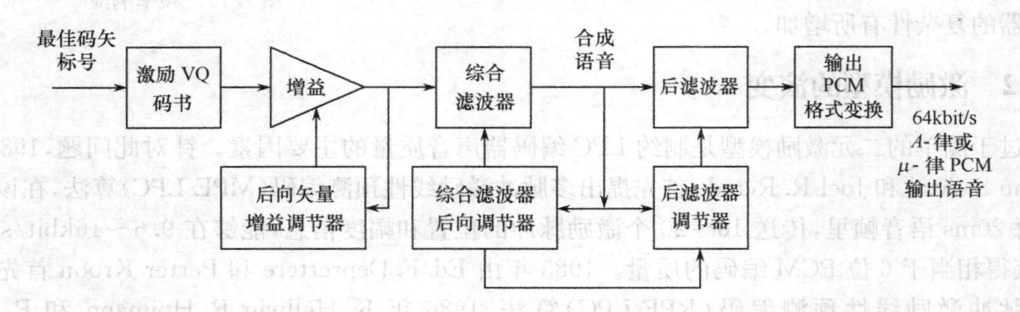

图 7.13　16kbit/s LD-CELP 语音解码器原理框图

解码操作也是逐个矢量进行的。根据接收到的码矢标号,从激励码书中找到对应的激励矢量,经过增益调整后,得到激励信号,将激励信号输入合成滤波器,就得到合成语音信号。再将合成语音信号进行自适应后滤波处理,以增强语音的主观感觉质量。

7.6　语音信号宽带变速率编码

传统的数字语音通信标准都是基于 300～3400Hz 的电话带宽,这种窄带语音仅可以保证语音的可理解性,但在语音的自然度及一些特殊音处理方面还不尽人意。如视频会议、第三代移动通信、高保真存储、交互式多媒体服务器等,都要求更大的信号带宽来保持语音的自然度、听觉舒适性及说话者在特定环境下的现场感。50～7000Hz 的语音带宽通常被称为宽带语音频带,包括了人类发声的绝大部分能量范围。同窄带语音相比,宽带语音信号 50～300Hz 的低频部分增加了语音的自然度、现场感和听觉舒适性,3400～7000Hz 的高频部分,可以更好地区分摩擦音,从而增强了语音的可理解性。因此宽带语音不仅提高了语音的可理解性和自然度,而且还增加了透明传输的感觉,使说话方的个人特征体现得更充分。

传统的定速率语音编码从总体上来讲,较高速率的编码算法对语音质量较易保证,但占用网络资源较大;较低速率的编码算法占用网络资源小,但对语音质量较难保证。语音激活检测(VAD)技术的出现和发展,使对有无语音进行判决成为可能,从而可以对背景噪声和激活的语音部分以不同的速率进行编码,降低了平均速率,也就是采用变速率语音编码的方法。人类在进行语音通信时,约 70%的空闲时间没有讲话,始终用一个速率进行语音编码对信道资源是一个浪费。变速率语音编码算法可以根据需要动态调整编码速率,在合成语音质量和系统容量之间取得灵活的折中,最大限度地发挥系统的效能,而且非常适合分组交换网络。

国际标准组织多年来一直在努力定义宽带语音编码标准。早期定义的宽带语音编码标准主要应用于会议电视，近期定义的则主要应用于移动通信和 VoIP。宽带语音编码标准 G. 722、G. 722. 1 及 G. 722. 2(AMR-WB)的详细对比如表 7.5 所示。

表 7.5　宽带语音编码标准对比

标　准	G. 722	G. 722. 1	G. 722. 2(AMR-WB)
公布时间	1988 年	1999 年	2002 年
编码速率(kbit/s)	64,56,48	32,24	23. 85,23. 05,19. 85,18. 25,15. 85,14. 25,12. 65,8. 85,6. 60
编码算法	Sub-Band ADPCM	Transform Coder	ACELP
性　能	在 64kbit/s 接近于透明编码	一些条件下语音质量差，音乐性能较好	12. 65kbit/s 以上语音质量高 15. 85kbit/s 与 G. 722 56kbit/s 相当 23. 85kbit/s≥G. 722 64kbit/s 相当 音乐性能较差
VAD/DTX/CNG	无	无	有
RAM	1KB	2KB	5. 3KB
应用	ISDN，视频会议	ISDN，视频会议，VoIP	ISDN，视频会议，VoIP，GSM，WCDMA

G. 722 是 ITU-T 64kbit/s 宽带语音编码标准，也是第一个采样率为 16kHz 的宽带语音编码算法，有 3 种速率模式，分别为 64kbit/s、56kbit/s 和 48kbit/s，其中 64kbit/s 速率的语音编码器的 MOS 值可以达到 4. 75，它使用了子带-自适应差分脉冲编码 SB-ADPCM 技术。G. 722 的编码器有两个子带，每个子带的信号用 ADPCM 编码，使用的技术是类似于 G. 726 的窄带标准。在编码器端，语音信号以 16kHz 的速率采样，并被分解成相同带宽的两个子带，每个子带的信号在编码前采样速率减半。在解码器端，量化的子带语音信号的采用频率被使用同编码器端分解信号相同的滤波器加倍。重新建立的子带信号被加到一起形成合成信号。

1999 年美国 PictureTel 公司的 Siren 编码算法被 ITU-T 确立为新的宽带语音编码国际标准 G. 722. 1。G. 722. 1 主要是为了降低 G. 722 的编码速率，可实现比 G. 722 编码器更低的比特率以及更大的压缩，它有两种编码速率，分别为 24kbit/s 和 32kbit/s。G. 722. 1 使用了变换编码技术。

2000 年 12 月，3GPP 选择 AMR-WB 语音编码算法作为第三代移动通信推荐使用的语音编解码算法，于 2001 年 3 月最终确定并正式公布。2002 年 1 月，ITU-T 采纳了 AMR-WB 作为宽带语音编码的新标准，AMR-WB 是通信史上第一种可以同时用于有线与无线业务的语音编码系统。这种算法支持 9 种速率模式(5. 6，8. 85，12. 65，14. 25，15. 85，18. 25，19. 85，23. 05 和 23. 85kbit/s)，相对于 AMR-NB，AMR-WB 语音带宽有所扩展，采样率提升了一倍，音质更加接近面对面交流的效果。

语音编码还有很多方法，这里不一一叙述，有兴趣者可参考相关文献。

习　题　7

7. 1　在 LPC-10 编码器中的基音周期提取环节，试设计一种切比雪夫滤波器取代现有的 4 阶巴特沃斯低通滤波器，并比较二者对基音提取效果的影响。

7. 2　讨论 G. 728 标准算法中增益码书和波形码书设计的算法思想及原理。

7. 3　以 LPC—10 编码方式为例，分析编码质量、编码速率及算法复杂度之间的相互影响关系。

7.4　某平稳语音信号 $x(n)$，均值为零且方差为 σ_x^2，$\phi(1)$为该信号的自相关函数。若对其进行一阶线性预测

$$\tilde{x}(n)=\alpha x(n-1)$$

试证明：预测误差 $d(n)=x(n)-\tilde{x}(n)$的方差为

$$\sigma_d^2=\sigma_x^2\left[1+\alpha^2-\frac{2\alpha\phi(1)}{\sigma_x^2}\right]$$

7.5　一个模拟音频信号的电平峰值范围在 16～64 之间，且在该范围内的信噪比为 58dB，有用信号带宽不低于 10kHz，请问：

(1) 对该信号进行模数或数模转换时，需要多少二进制比特位？

(2) 在模数转换之前和数模转换后，应该分别选用何种类型模拟滤波器？

7.6　在 PCM-ADPCM 码变换系统中，对抽样信号 $x(n)=x_a(nT)$经 PCM 编码后输出信号

$$y(n)=x(n)+e_1(n)$$

$y(n)$再经 ADPCM 量化后的信号为

$$\hat{y}(n)=y(n)+e_2(n)$$

其中，$e_1(n)$、$e_2(n)$分别为 PCM、ADPCM 的量化误差，并假设二者不相关，试证明：PCM-ADPCM 系统的总信噪比为

$$\mathrm{SNR}=\frac{\sigma_x^2}{\sigma_{e_1}^2+\sigma_{e_2}^2}$$

第8章 语音合成

语音合成是人机语声通信的一个重要组成部分，语音合成技术赋予机器“人工嘴巴”的功能，即解决让机器像人那样说话的问题。本章重点叙述语言合成的基本理论和方法。

8.1 语音合成的原理及分类

让机器像人类一样说话，可以仿照人的言语过程模型，设想在机器中首先形成一个要讲的内容，它一般以表示信息的字符代码形式存在；然后按照复杂的语言规则，将信息的字符代码的形式，转换成由基本发音单元组成的序列，同时检查内容的上下文，决定声调、重音、必要的停顿等韵律特性，以及陈述、命令、疑问等语气，并给出相应的符号代码表示。这样组成的代码序列相当于一种“言语码”。从“言语码”出发，按照发音规则生成一组随时间变化的序列，去控制语音合成器发出声音，犹如人脑中形成的神经命令，以脉冲形式向发音器官发出指令，使舌、唇、声带、肺等部分的肌肉协调动作发出声音一样，这样一个完整的过程正是语音合成的全部含义。

实际上，人在发出声音之前要进行一段大脑的高级神经活动，即先有一个说话的意向，然后围绕该意向生成一系列相关的概念，最后将这些概念组织成语句发音输出。

按照人类言语功能的不同层次，语音合成可分成3类层次，如图8.1所示。它们是：①按规则从文字到语音的合成（Text-To-Speech）；②按规则从概念到语音的合成（Concept-To-Speech）；③按规则从意向到语音的合成（Intention-To-Speech）。

这3类层次反映了人类大脑中形成说话内容的不同过程，涉及人类大脑的高级神经活动。由于迄今为止我们对人类言语现象的理解仅停留在声道系统的发声过程上，对大脑的高级神经活动还知道得很少，这就使得语音合成的研究，在一段相当长的时期内只能集中于低级阶段，即按规则文-语转换阶段，或者说将书面语言转换成口头语言。这就意味着，目前机器只能达到朗读文章的水平，更高层次的研究还有待于通信、计算机方面的专家和生物学家、语言学家、人工智能专家等的共同努力。

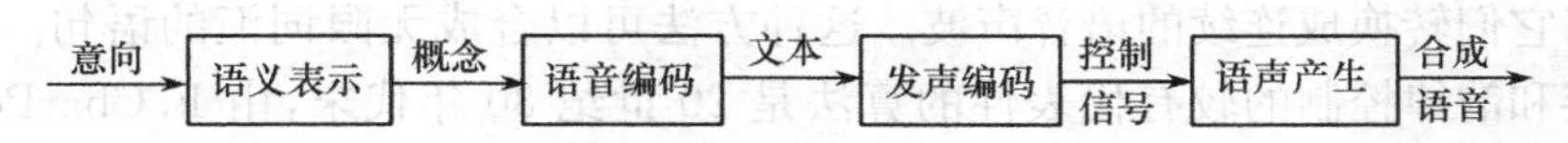

图8.1 语音合成的各个阶段

语音合成的研究已有多年的历史，现在研究出的语音合成方法的分类，从技术方式讲可分为波形合成法、参数合成法和规则合成方法。

8.1.1 波形合成法

波形合成法一般有两种形式，一种是波形编码合成，它类似于语音编码中的波形编解码方法，该方法直接把要合成的语音的发声波形进行存储或者进行波形编码压缩后存储，合成重放时再解码组合输出。这种语音合成器只是语音存储和重放的器件。其中最简单的就是直接进行A/D变换和D/A变换，或称为PCM波形合成法。显然，用这种方法合成语音，词汇量不可能很大，因为所需的存储容量太大。波形合成法是一种相对简单的语音合成技术，通常只能合成有限词汇的语音段，目前许多专门用途的语音合成器都采用这种方式，如自动报时、报站和报警等。另一种是波形编辑合成，它把波形编辑技术用于语音合成，通过选取音库中采取自然语言的合成单元的波形，对这些波形进行编辑拼接后输出。它采用语音编码技术，存储适当的语音基元，合成时，经解码、波形编辑拼接、平滑处理等输出所需的短语、语句或段落。与规则合成方法不同，这类方法在合成语音段时所用的基元并不做大的修改，最多只是对相对强度和时长做一点简单的调整。因此这类方法必须选择比较大的语音单位作为合成基元，如选择词、词组、短语、甚至语句作为合成基元，这样在合成语音段时基元之间的相互影响很小，容易达到很高的合成语音质量。

8.1.2 参数合成法

参数合成法也称为分析合成法，是一种比较复杂的方法。为了节约存储容量，必须先对语音信号进行分析，提取出语音的参数，以压缩存储量，然后由人工控制这些参数的合成。参数合成法一般有发声器官参数合成和声道模型参数合成。发声器官参数合成法是对人的发声过程直接进行模拟。它定义了唇、舌、声带的相关参数，如唇开口度、舌高度、舌位置、声带张力等，由发声参数估计声道截面积函数，进而计算声波。由于人的发音生理过程的复杂性和理论计算与物理模拟的差别，合成语音的质量不理想。声道模型参数语音合成是基于声道截面积函数或声道谐振特性合成语音的。早期语音合成系统的声学模型，大多通过模拟人的口腔的声道特性来产生。后来又产生了基于 LPC、LSP 等声学参数的合成系统。这些方法用来建立声学模型的过程为：首先录制声音，这些声音涵盖了人发音过程中所有可能出现的读音；提取出这些声音的声学参数，并整合成一个完整的音库。在发音过程中，首先根据需要发的音，从音库中选择合适的声学参数，然后根据韵律模型中得到的韵律参数，通过合成算法产生语音。参数合成方法的优点是其音库一般较小，并且整个系统能适应的韵律特征的范围较宽，这类合成器比特率低，音质适中；缺点是参数合成技术的算法复杂，参数多，并且在压缩比较大时，信息丢失也大，合成出的语音总是不够自然、清晰。为了改善音质，近几年发展了混合编码技术，主要是为了改善激励信号的质量，虽然比特率有所增大，但音质得到了提高。

8.1.3 规则合成法

这是一种高级的合成方法。规则合成方法通过语音学规则产生语音。合成的词汇表不是事先确定的，系统中存储的是最小的语音单位的声学参数，以及由音素组成音节、由音节组成词、由词组成句子和控制音调、轻重音等韵律的各种规则。给出待合成的字母或文字后，合成系统利用规则自动地将它们转换成连续的语音声波。这种方法可以合成无限词汇的语句。这种算法中，用于波形拼接和韵律控制的较有代表性的算法是 20 世纪 80 年代末，由 F. CharPentier 等人提出的基音同步叠加 PSOLA 技术，该方法既能保持所发音的主要音段特征，又能在拼接时灵活调整其基频、时长和强度等韵律特征。其主要特点是：在语音波形片断拼接之前，首先根据语义，用 PSOLA 算法对拼接单元的韵律特征进行调整，使合成波形既保持了原始语音基元的主要音段特征，又使拼接单元的韵律特征符合语义，从而获得很高的可懂度和自然度。在对拼接单元的韵律特征进行调整时，它以基音周期（而不是传统的定长的帧）为单位进行波形的修改，把基音周期的完整性作为保证波形及频谱的平滑连续的基本前提。PSOLA 算法使语音合成技术向实用化迈进一大步。当前，越来越多的人研究波形拼接语音合成技术，并设计了相应的算法和系统。国内的文语转换系统，也主要采用基于 PSOLA 方法的语音合成技术。汉语音节的独立性较强，音节的音段特征比较稳定，但汉语音节的音高、音长和音强等韵律特征在连续语流中变化复杂，而这些韵律特征又是影响汉语合成语音自然度的主要因素。因此，汉语很适合采用基于 PSOLA

技术的波形拼接法来合成。表 8.1 列出了 3 种语音合成方式的特征比较。

表 8.1　3 种语音合成方式的比较

项目		波形合成方式	参数合成方式	按规则合成方式
语音质量	可懂度	高	高	中
	自然度	高	中	低
词汇量		小(500 字以下)	大(数千字)	无限
合成方法		PCM,ADPCM	LPC,LSP,共振峰	LPC,LSP 共振峰
数码率		9.6～64kbit/s	2.4～9.6kbit/s	50～75kbit/s
1Mb 可合成的语音长度		15～100 秒	100 秒～7 分	无限
合成基元		音节、词组、句子	音节、词组、句子	音素、双音素、音节
装置		简单	比较复杂	复杂
硬件主体		存储器	存储器和处理器	处理器

8.2　共振峰合成法

共振峰合成是目前一种比较成熟的参数合成方法。其理论基础是语音生成的数学模型。在该模型中,语音生成过程是在激励信号的激励下,经过谐振腔(声道),由口或鼻腔辐射声波。因此,声道参数、声道谐振特性一直是研究的重点。共振峰合成模型是把声道视为一个谐振腔,利用腔体的谐振特性,如共振峰频率及带宽,以此为参数构成一个共振峰滤波器。因为音色各异的语音有不同的共振峰模式,以每个共振峰频率及宽带为参数,可以构成一个共振峰滤波器。将多个这种滤波器组合起来模拟声道的传输特性,对激励声源发生的信号进行调制,经过辐射即可得到合成语音。这便是共振峰语音合成器的构成原理。实际上,共振峰滤波器的个数和组合形式是固定的,只是共振峰滤波器的参数,随着每一帧输入的语音参数而改变,以此表征音色各异的语音的不同的共振峰模式。基于共振峰的理论有以下 3 种实用模型。

8.2.1　级联型共振峰模型

对于一般元音,其共振峰特性可以用一个全极点模型来描述,每对极点表示一个共振峰,而每对共轭极点可以用一个二阶滤波器实现,因此用多个二阶滤波器级联就可以实现整个模型。在该模型中,声道被认为是一组串联的二阶谐振器,共振峰滤波器首尾相接,其传递函数为各个共振峰的传递函数相乘的结果。如图 8.2 所示就是有 5 个极点的共振峰级联模型,其传递函数为

$$V(z)=\frac{G}{1-\sum_{k=1}^{10}a_k z^{-k}} \tag{8.1}$$

即

$$V(z)=G\cdot\prod_{i=1}^{5}V_i(z)=G\cdot\prod_{i=1}^{5}\frac{1}{1-b_i z^{-1}-c_i z^{-2}} \tag{8.2}$$

式中,G 为增益因子。

8.2.2　并联型共振峰模型

对于鼻化元音等非一般元音以及大部分辅音,上述级联型模型不能很好地加以描述和模拟,因此,产生了并联型共振峰模型。在并联型模型中,输入信号先分别进行幅度调节,再加到每一

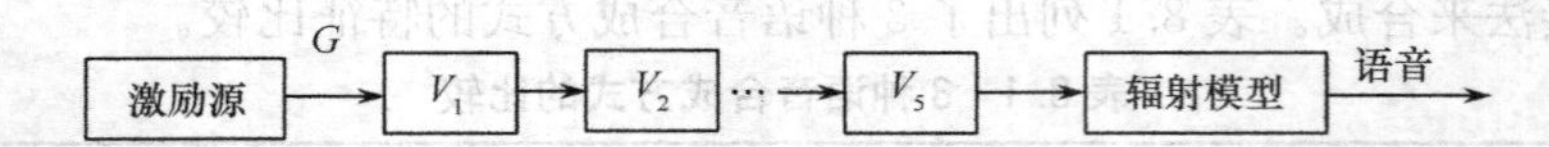

图 8.2　共振峰级联模型

个共振峰滤波器上，然后将各路的输出叠加起来。其传递函数为

$$V(z)=\frac{\sum_{r=0}^{R}b_r z^{-r}}{1-\sum_{k=1}^{p}a_l z^{-k}} \tag{8.3}$$

上式可分解成部分分式之和为

$$V(z)=\sum_{l=1}^{M}\frac{A_l}{1-B_l z^{-1}-C_l z^{-2}} \tag{8.4}$$

其中，A_l 为各路的增益因子。图 8.3 就是一个 $M=5$ 的并联型共振峰模型。

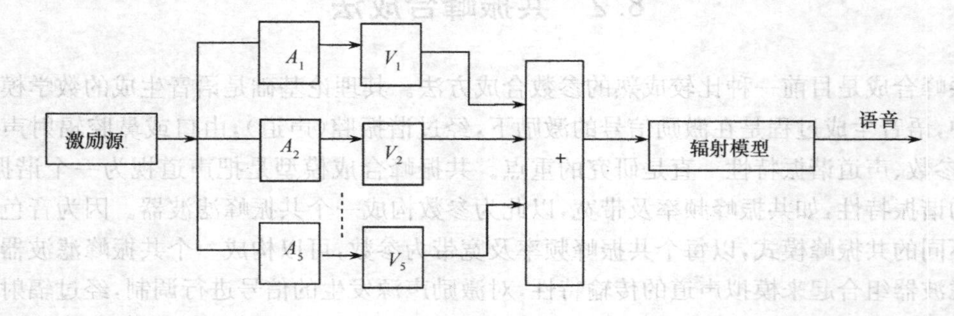

图 8.3　并联型共振峰模型

8.2.3　混合型共振峰模型

比较以上两种模型，对于大多数的元音，级联型合乎语音产生的声学理论，并且无须为每一个滤波器分设幅度调节；而对于大多数清擦音和塞音，并联型则比较合适，但是其幅度调节很复杂。于是考虑将两者结合在一起，提出了混和型共振峰模型，如图 8.4 所示。

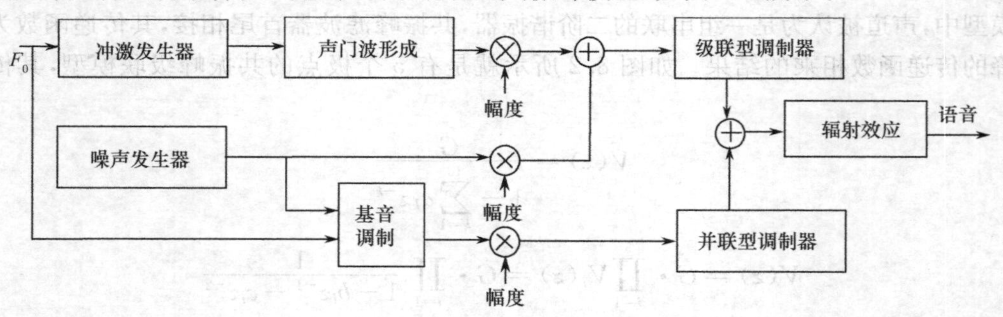

图 8.4　混和型共振峰模型

对于共振峰合成器的激励，简单地将其分为浊音和清音两种类型是有缺陷的，因为对浊辅音，尤其是其中的浊擦音，声带振动产生的脉冲波和湍流同时存在，这时噪声的幅度要被声带振动周期性的调制。因此，为了得到高质量的合成语音，激励源应具备多种选择，以适应不同的发

音情况。图 8.4 中激励源有 3 种类型：合成浊音语音时用周期冲激序列；合成清音语音时用伪随机噪声；合成浊擦音语音时用周期冲激调制的噪声。激励源对合成语音的自然度有明显的影响。发浊音时，最简单的是三角波脉冲，但这种模型不够精确，对于高质量的语音合成，激励源的脉冲形状是十分重要的，可以采用其他更为精确的形式。合成清音时的激励源一般使用白噪声，实际实现时用伪随机数发生器来产生。

共振峰模型是基于对声道的一种比较准确的模拟，因而可以合成出自然度相对较高的语音，另外，由于共振峰参数有着明确的物理意义，直接对应于声道参数，因此，可以比较容易地利用共振峰描述自然语流中的各种现象，总结出声学规则，最终用于共振峰合成系统。但是，共振峰合成技术也有明显的弱点。首先由于它是建立在对声道的模拟上，因此，声道模型的不精确势必会影响其合成质量。另外，实际工作中共振峰模型虽然描述了语音中最基本最主要的部分，但并不能表征影响语音自然度的其他许多细微的语音成分，从而影响了合成语音的自然度。其次，共振峰合成器控制十分复杂，对于一个好的合成器来说，其控制参数往往达到几十个，实现起来十分困难。

一般的共振峰合成器模型中，声源和声道间是互相独立的，没有考虑它们之间的相互作用。然而，研究表明，在实际语言产生的过程中，声源的振动对声道里传播的声波有不可忽略的作用。因此提高合成音质的一个重要途径，还必须采用更符合语音产生机理的语音生成模型。高级共振峰合成器可合成出高质量的语音，几乎和自然语音没有差别，因此，长期以来，共振峰合成器也一直处于主流地位。但关键是如何得到合成所需的控制参数，如共振峰频率、带宽、幅度等。而且，求取的参数还必须逐帧修正，才能使合成语音与自然语音达到最佳匹配。在以音素为基元的共振峰合成中，可以存储每个音素的参数，然后根据连续发音时音素之间的影响，从这些参数内插得到控制参数轨迹。尽管共振峰参数理论上可以计算，但实验表明，这样产生的合成语音在自然度和可懂度方面均不令人满意。理想的方法是从自然语音样本出发，通过调整共振峰合成参数，使合成出的语音和自然语音样本在频谱的共振峰特性上达到最佳匹配，即误差最小，此时的参数作为控制参数，这就是合成分析法。

8.3 线性预测参数合成法

线性预测参数合成法是目前比较简单和实用的一种语音合成方法，以其低数据率、低复杂度、低成本，受到特别的重视。20 世纪 60 年代后期发展起来的线性预测编码（LPC）语音分析方法可以有效地估计基本语音参数，如基音、共振峰、谱、声道面积函数等，可以对语音的基本模型给出精确的估计，而且计算速度较快。

线性预测合成方法是目前比较简单和实用的一种语音合成方法，它以其低数据率、低复杂度、低成本，受到特别的重视。20 世纪 60 年代后期发展起来的 LPC 语音分析方法可以有效地估计基本语音参数，如基音、共振峰，谱、声道面积函数等，可以对语音的基本模型给出精确的估计，而且计算速度较快。因此，LPC 语音合成器利用 LPC 语音分析方法，通过分析自然语音样本，计算出 LPC 系数，就可以建立信号产生模型，从而合成出语音。线性预测合成模型是一种“源滤波器”模型，由白噪声序列和周期脉冲序列构成的激励信号，经过选通、放大并通过时变数字滤波器，就可以再获得原语音信号。这种参数编码的语音合成器的框图如图 8.5 所示。

图 8.5 所示的线性预测合成的形式有两种：一种是直接用预测器系数 a_i 构成的递归型合成滤波器，其结构如图 8.6 所示，用这种方法定期地改变激励参数 $u(n)$ 和预测系数 a_i，就能合成出

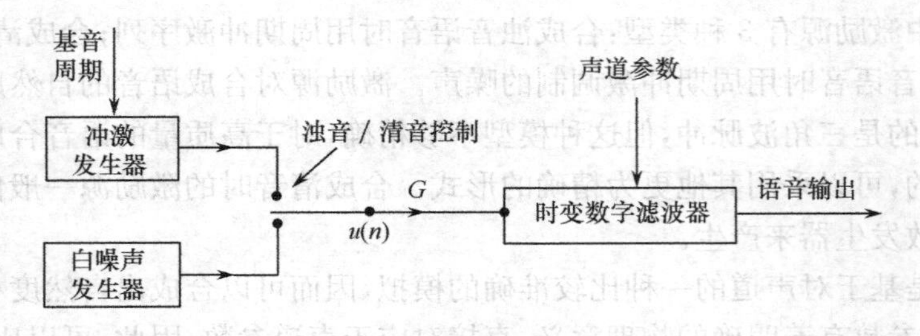

图 8.5　LPC 语音合成器的框图

语音。这种结构简单而直观，为了合成一个语音样本，需要进行 p 次乘法和 p 次加法。它合成的语音样本由下式决定

$$s(n)=\sum_{i=1}^{p}a_i s(n-i)+Gu(n) \tag{8.5}$$

其中，a_i 为预测系数；G 为模型增益；$u(n)$为激励；合成样本为 $s(n)$；p 为预测器阶数。

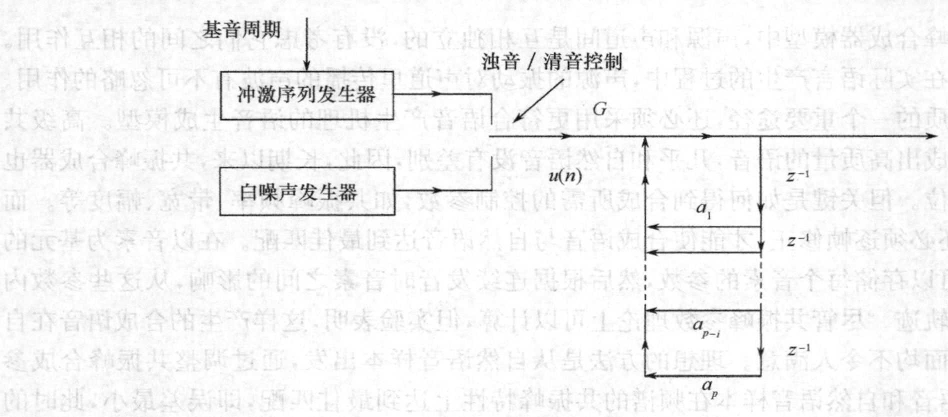

图 8.6　直接用预测器系数 a_i 构成的合成滤波器

直接形式的预测系数滤波器结构的优点是简单、易于实现，所以曾经被广泛采用。其缺点是合成语音样本需要很高的计算精度。这是因为这种递归结构对系数的变化非常敏感，其系数的微小变化就可以导致滤波器极点位置的很大变化，甚至出现不稳定现象。所以，由于预测系数 a_i 的量化所造成的精度下降，使得合成的信号不稳定，容易产生振荡的情况。而且预测系数的个数 p 变化时，系数 a_i 的值的变化也很大，很难处理，这是直接形式的线性预测法的缺点。

另一种合成的形式是采用反射系数 k_i 构成的格型合成滤波器。它的合成语音样本由下式决定

$$s(n)=Gu(n)+\sum_{i=1}^{p}k_i b_{i-1}(n-1) \tag{8.6}$$

其中，G 为模型增益；$u(n)$为激励；k_i 为反射系数；$b_i(n)$为后向预测误差；p 为预测器阶数。

由式(8.6)可以看出，只要知道反射系数，激励位置(即基音周期)和模型增益就可以由后向误差序列迭代计算出合成语音。合成一个语音样本需要$(2p-1)$次乘法和$(2p-1)$次加法。采用反射系数 k_i 的格型合成滤波器结构，虽然运算量大于直接型结构，却具有一系列优点：其参数 k_i 具有$|k_i|<1$ 的性质，因而滤波器是稳定的；同时与直接结构形式相比，它对有限字长引起的量化效应灵敏度较低。此外，基音同步合成需要对控制参数进行线性内插，以得到每个基音周期的起始处的值。然而预测器系数本身却不能直接内插，但可以证明，对于部分相关系数进行内插，如果原来的参数是稳定的，则结果必定稳定。无论选用哪一种滤波器结构形式，LPC 合成模

型中所有的控制参数都必须随时间不断修正。

在实际进行语音合成时，除了构成合成滤波器之外，还必须有激励信号作为音源。在合成浊音的情况下，要有一定基音周期的脉冲序列作为音源；在合成清音的情况下，将白噪声作为音源。同时，还需要进行清/浊音判别并确定音源强度。

普通的线性预测编码方式存在一些不足，对于共振峰的音节，如鼻音和鼻化元音，很难被模拟，对于短的爆破音，由于时域长度可能比用于分析的帧长更短，模拟质量不好。因此，用标准的LPC方法合成语音的质量通常很差。但是，在对基本模型作出一些改进后，合成质量可以被提高。为此，在基本的LPC模型基础上发展了其他的线性预测方法，如由误差信号作为激励信号的残差激励线性预测(RELP)等，这些方法中的激励信号与普通的LPC语音合成方法中的激励信号相比有所改进，可以更准确地合成出语音信号。近些年，在利用LPC合成技术进行语音合成的基础上，又引进了多脉冲激励LPC(MPE-LPC)技术、矢量量化技术(VQ)、码激励(CELP)技术，这些技术对于LPC合成技术的应用起了很大的作用，进一步提高了LPC语音合成法的应用效果和领域。

LPC语音合成和共振峰语音合成是两种经典的语音合成技术，因此有必要对这两种技术做一个归纳性的比较：

① LPC语音合成有比较简单和完全自动的分析步骤，合成器结构也比较简单，采用格形滤波器时，量化特性和稳定性都比较好，硬件实现容易；而共振峰合成需要较多的参数调整，合成器结构相对讲要复杂些。

② 共振峰合成原理和实际发声原理联系紧密，它的模型控制参数对合成语音谱特性的影响比较直观。基于我们对人类发声的了解，容易确定语音合成所需要的参数变化轨迹以及在语音段边界处的参数内插。在LPC合成中，控制LPC系数的变化轨迹是十分有限的，因为合成语音频谱特性由系数多项式决定，每一个系数都在一个宽的范围内，以相当复杂的方式影响着合成语音的频谱特性，很难找出简便的调整方法。

③ 共振峰语音合成比较灵活，允许简单地变换以模仿不同人的发音，通过共振峰频率的移动，容易改变语声中和讲话人特征有关的部分；而LPC合成则比较困难，只有将LPC的反射系数转变成极点的位置，才有可能做类似的修正。

④ 由于线性预测方法对谱包络的谷点的模型要比峰点差得多，因此共振峰带宽的估计一般是不合适的；而共振峰合成方法中，共振峰的带宽还可以从离散傅里叶变换谱来估计，尽管也有一定的困难，但相对来说，带宽的估计要正确些。

⑤ 标准LPC的全极点模型，对具有零点谱特性的那些音，特别是鼻音，效果比较差；共振峰合成方法则可以采用反谐振器来直接模拟鼻音中最重要的频谱零点，使合成语音音质得以提高。

从总体上说，选择LPC语音合成还是共振峰合成，基于两个因素的折中：LPC合成具有简单、可自动进行系数分析的优点；而比较复杂的共振峰合成可望产生较高质量的合成语音。

8.4 基音同步叠加法

基音同步叠加PSOLA算法是一种波形编辑技术，其核心思想是直接对存储于音库中的语音运用PSOLA算法进行拼接，从而整合成完整的语音。有别于传统概念中只是将不同的语音单元进行简单拼接，该系统首先要在大量语音库中，选择最合适的语音单元用于拼接，并且在选择语音单元的过程中往往采用多种复杂的技术，最后在拼接时，使用PSOLA算法，根据上下文的要求，对其合成语音的韵律特征进行修改。而且，音库中的采样波形保留了一部分原发音人的语音特征，这样使合成语音的自然度和清晰度都得到了显著提高。

决定语音波形韵律的主要时域参数包括音长、音强、音高等。音长的调节对于稳定的波形段是比较简单的，只需以基音周期为单位加/减波形即可。但由于语音单元本身的复杂性，实际处理时采用特定的时长缩放法；音强对应于语音波形的幅度，音强改变只要加权波形数据即可，但对一些重音有变化的音节，其幅度包络也需要改变；音高的大小对应于波形的基音周期。对大多数通用语言，音高仅代表语气的不同和说话人的更替，但汉语的音高曲线构成声调，声调具有区分语义作用，因此汉语的音高修改比较复杂。

由于韵律修改所针对的侧面不同，PSOLA 算法的实现目前有 3 种方式。分别为时域基音同步叠加 TD-PSOLA、线性预测基音同步叠加 LPC-PSOLA 和频域基音同步叠加 FD-PSOLA。其中 TD-PSOLA 算法计算效率较高，已被广泛应用，是一种经典算法，这里只介绍 TD-PSOLA 算法原理。

8.4.1 基音同步叠加 PSOLA 算法原理

PSOLA 法来源于利用短时傅里叶变换重构信号的叠接相加法。信号 $x(n)$ 的短时傅里叶变换为

$$X_n(\mathrm{e}^{\mathrm{j}\omega}) = \sum_{m=-\infty}^{+\infty} x(m)w(n-m)\mathrm{e}^{-\mathrm{j}\omega m}, \quad n \in Z \tag{8.7}$$

其中，$w(n)$ 是长度为 N 的窗序列，Z 表示全体整数集合。注意到 $X_n(\mathrm{e}^{\mathrm{j}\omega})$ 是变量 n 和 ω 的二维时频函数，对于 n 的每个取值都对应有一个连续的频谱函数，显然存在较大的信息冗余，所以可以在时域每隔若干个（如 R 个）样本取一个频谱函数就可以重构原信号 $x(n)$。令：

$$Y_r(\mathrm{e}^{\mathrm{j}\omega}) = X_n(\mathrm{e}^{\mathrm{j}\omega})\big|_{n=rR}, \quad r, n \in Z \tag{8.8}$$

其傅里叶逆变换为

$$y_r(m) = \frac{1}{2\pi}\int_{-\infty}^{\infty} Y_r(\mathrm{e}^{\mathrm{j}\omega})\mathrm{e}^{\mathrm{j}\omega m}\,\mathrm{d}\omega, \quad m \in Z \tag{8.9}$$

然后将 $y_r(\mathrm{e}^{\mathrm{j}\omega})$ 叠接相加便可得

$$y(m) = \sum_{r=-\infty}^{\infty} y_r(m) = \sum_{r=-\infty}^{\infty} x(m)w(rR-m) = x(m)\sum_{r=-\infty}^{\infty} w(rR-m) \quad m \in Z \tag{8.10}$$

通常选 $w(n)$ 是对称的窗函数，所以有 $w(rR-n)=w(n-rR)$，可以证明，对于汉明窗来说，当 $R \leqslant N/4$ 时，无论 m 为何值都有

$$\sum_{r=-\infty}^{\infty} w(rR-m) = \frac{W(\mathrm{e}^{\mathrm{j}0})}{R} \tag{8.11}$$

所以

$$y(n) = x(n) \cdot \frac{W(\mathrm{e}^{\mathrm{j}0})}{R} \tag{8.12}$$

其中，$W(\mathrm{e}^{\mathrm{j}\omega})$ 为 $w(n)$ 的傅里叶变换。式(8.12)说明，用叠接相加法重构的信号 $y(n)$ 与原信号 $x(n)$ 只相差一个常数因子。

在这里讨论叠接相加法的目的不是为了完全重构原信号，而是要对原信号进行基频、时长、短时能量等韵律特征的修改，使信号的动态谱包络不发生大的改变。这涉及在合成信号时，是采取波形逼近还是谱包络逼近的原则问题。波形逼近，实际上就是对信号进行重构，它所能提供的

韵律调整余地较小；谱包络逼近，虽然失掉了相位信息，但获得了较大的调整空间，且人耳对于声波的相位感知并不灵敏。这里采用原始信号谱与合成信号谱均方误差最小的叠接相加合成公式。定义两信号 $x(n)$ 和 $y(n)$ 之间谱距离测度为

$$D[x(n),y(n)]=\sum_{t_g}\frac{1}{2\pi}\int_{-\pi}^{\pi}|X_{t_m}(e^{j\omega})-Y_{t_g}(e^{j\omega})|^2 d\omega \tag{8.13}$$

其中，$X_{t_m}(e^{j\omega})$ 为 $n=t_m$ 处的加窗短时信号 $w_1(n-t_m)x(n)$ 的短时傅里叶变换；$Y_{t_g}(e^{j\omega})$ 为 $n=t_g$ 处的加窗短时信号 $w_2(n-t_g)y(n)$ 的短时傅里叶变换；$\{t_m\}$ 和 $\{t_g\}$ 分别为 $x(n)$ 和 $y(n)$ 的基音标注点，是一系列与基音同步的在信号时间轴上的标注点，可以取每个基音周期中信号绝对值为最大值的位置。$w_1(n-t_m)x(n)$ 即是与 t_m 同步的短时信号。为了得到合成信号，将 $w_1(n-t_m)x(n)$ 调整成为与 t_g 同步的短时信号 $w_2(n-t_g)y(n)$ 时，是按韵律规则进行的。根据移位定理和 Parseval 定理，上式可改写为

$$\begin{aligned}D[x(n),y(n)]&=\sum_{t_g}\sum_{n=-\infty}^{\infty}\{w_1[t_m-(n+t_m)]x(n+t_m)-w_2[t_g-(n+t_g)]y(n+t_g)\}^2\\&=\sum_{t_g}\sum_{n=-\infty}^{\infty}[w_1(n+t_g)x(n+t_g+t_m)-w_2(n+t_g)y(n)]^2\end{aligned} \tag{8.14}$$

要求合成信号 $y(n)$ 满足谱距离 $D[x(n),y(n)]$ 最小，可以令

$$\frac{\partial D[x(n),y(n)]}{\partial y(n)}=0 \tag{8.15}$$

解得

$$y(n)=\frac{\sum_{t_g}w_1(n+t_g)w_2(n+t_g)x(n+t_g+t_m)}{\sum_{t_g}w_2^2(n+t_g)} \tag{8.16}$$

窗函数 $w_1(n)$ 和 $w_2(n)$ 可以是两种不同的窗函数，其长度也可以不相等。式(8.16)就是在谱均方误差最小意义下的时域基音同步叠接相加合成公式。从此式可以看出，如果原信号是与 $\{t_m\}$ 为基音同步的短时信号的叠加，合成后的信号就变成了式(8.16)所表示的与 $\{t_g\}$ 为基音同步的短时信号的叠加，而这时引入的谱失真量是最小的。

实际合成时，$w_1(n)$ 和 $w_2(n)$ 可以用完全相同的窗，分母可视为常数，而且可以加一个短时幅度因子 α_{t_g} 来调整短时能量，即

$$y(n)=\frac{\sum_{t_g}\alpha_{t_g}w_1(t_g-n)w_2(t_g-n)x(n-t_g+t_m)}{\sum_{t_g}w_2^2(t_g-n)} \tag{8.17}$$

当窗长取为对应目标基音周期的 2 倍时，可取 $\alpha_{t_g}=1$。

基音同步叠接相加法是具有良好的韵律调整能力的，但也有不足之处，当基音频率修改过大时有可能出现严重的谱包络失真，即共振峰特性产生不可接受的变异。

8.4.2 基音同步叠加 PSOLA 算法实现步骤

概括起来说，用 PSOLA 算法实现语音合成时主要有 3 个步骤，分别为基音同步分析、基音同步修改和基音同步合成。

1. 基音同步分析

同步标记是与合成单元浊音段的基音保持同步的一系列位置点，用它们来准确反映各基音

周期的起始位置。同步分析的功能主要是对语音合成单元进行同步标记设置。PSOLA 技术中,短时信号的截取和叠加,时间长度的选择,均是依据同步标记进行的。对于浊音段有基音周期,而清音段信号则属于白噪声,所以这两种类型需要区别对待。在对浊音信号进行基音标注的同时,为保证算法的一致性,一般令清音的基音周期为一常数。以语音合成单元的同步标记为中心,选择适当长度(一般取两倍的基音周期)的时窗对合成单元做加窗处理,获得一组短时信号 $x_m(n)$为

$$x_m(n)=w_m(t_m-n)x(n) \tag{8.18}$$

其中,t_m为基音标注点,$w_m(n)$一般取汉明窗,窗长大于原始信号的一个基音周期,因此窗间有重叠。窗长一般取为原始信号的基音周期的 2~4 倍。

2. **基音同步修改**

同步修改在合成规则的指导下,调整同步标记,产生新的基音同步标记。具体地说,就是通过对合成单元同步标记的插入、删除来改变合成语音的时长;通过对合成单元标记间隔的增加、减小来改变合成语音的基频等。这些短时合成信号序列在修改时与一套新的合成信号基音标记同步。在 TD-PSOLA 方法中,短时合成信号是由相应的短时分析信号直接复制而来。若短时分析信号为 $x(t_a(s),n)$,短时合成信号为 $x(t_s(s),n)$,则有

$$x(t_a(s),n)=x(t_s(s),n) \tag{8.19}$$

式中,$t_a(s)$为分析基音标记,$t_s(s)$为合成基音标记。

3. **基音同步合成**

基音同步合成是利用短时合成信号进行叠加合成。如果合成信号仅仅在时长上有变化,则增加或减少相应的短时合成信号;如果是基频上有变化,则首先将短时合成信号变换成符合要求的短时合成信号再进行合成。

基音同步叠加合成的方法有很多,这里使用前面给出的式(8.17)。利用式(8.17),可以通过对原始语音的基音同步标志 t_m间的相对距离的伸长和压缩,对合成语音的基音进行灵活的提升和降低,同样还通过对音节中的基音同步标志的插入和删除来实现对合成语音音长的改变,最终得到一个新的合成语音的基音同步标志 t_g,并且可以通过对式(8.17)中能量因子 a_{t_g} 的变化来调整语流中不同部位的合成语音的输出能量。图 8.7 所示即为同步叠加算法改变语音基音和时长的示意图。

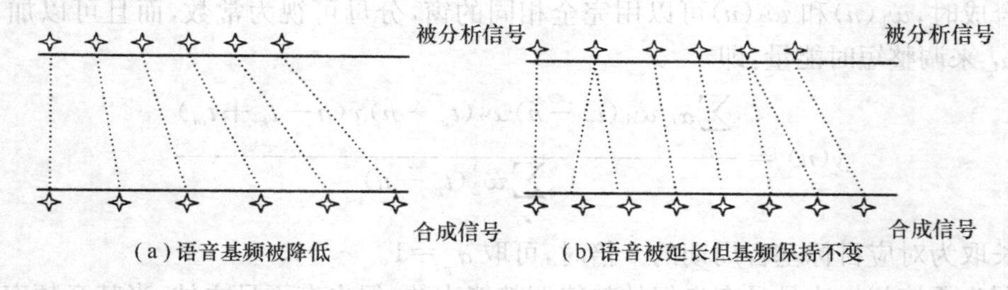

图 8.7 时域基频同步合成语音

8.5 文语转换系统

8.5.1 文语转换系统的组成

为了使文语转换 TTS 系统输出的语音清晰、自然、流畅,系统中应当具有一个性能优良的语音合成模块。但是仅仅将一个个单字的发音机械地连接起来,这样合成的语音缺乏自然度。语

音的自然度取决于其发音声调的变化，而在连续语流中一个字的发音不仅与这个字本身的发音有关，而且还要受到它前后与其相邻字的发音的影响。所以在文语转换系统中，必须事先对文本进行分析，根据上下文的关系来确定每个字发音的声调应如何变化，然后用这些声调变化参数去控制语音的合成。因此，文语转换系统还应当具有文本分析和韵律控制功能的模块。文本分析、韵律控制和语音合成这三个模块是文语转换系统的三个核心部分，其结构如图 8.8 所示。

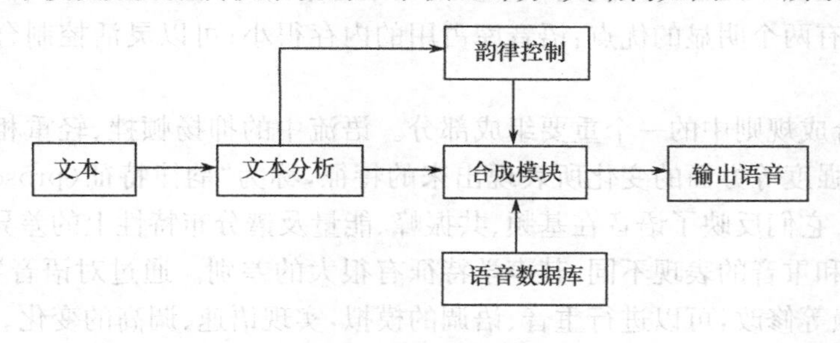

图 8.8　TTS 系统基本框图

1. **文本分析**

文本分析的主要功能是使计算机能够识别文字，并根据上下文关系在一定程度上对文本进行理解，从而知道要发什么音、怎么发音，并将发音的方式告诉计算机，另外还要让计算机知道文本中哪些是词，哪些是短语、句子，发音时应该停顿的位置和时长等。文本分析的工作过程包括：① 将输入的文本规范化，在这个过程中处理用户可能的拼写错误，并将文本中出现的一些不规范或无法发音的字符过滤掉；② 分析文本中的词或短语的边界，确定文字的读音，同时在这个过程中分析文本中出现的数字、姓氏、特殊字符以及各种多音字的读音方式；③ 根据文本的结构、组成和不同位置出现的标点符号，来确定发音时语气的变换以及不同音的轻重方式。最终，文本分析模块将输入的文字转换成计算机能够处理的内部参数，便于后续模块进一步处理并生成相应的信息。

2. **韵律控制**

任何人说话都有韵律特征，有不同的声调、语气、停顿方式，发音长短也各不相同，这些都属于韵律特征。而韵律参数则包括了能影响这些特征的声学参数，如基频、音长、音强等。最终系统能够用来进行语音信号合成的具体韵律参数，还要靠韵律控制模块。

3. **语音合成**

文语转换系统的合成语音模块一般采用波形拼接来合成语音的方法，其中最具代表性的是前面介绍过的基音同步叠加法 PSOLA。

8.5.2　汉语按规则合成

通过语音学规则产生语音，对于不同的语种，其规则是完全不同的，这里仅讨论文语转换层次上的汉语按规则合成中有关韵律规则的几个基本问题。

文语转换系统首先接收键盘或文件按一定格式输入的文本信息；然后按照给定的语言学规则决定各字的发音（合成）基元序列，以及基元组合时的韵律特性，如音长、重音、声调、语调等；从而决定为合成整个文本所需的“言语码”；最后再用这些代码控制机器去语音库中取出相应的语音参数，进行合成运算，得到语音输出。汉语语音属于声调语言，有复杂的韵律结构。汉语语句结构中的语音层次为：音素→音节→词语→句子。声学基元是指拼接的基本单位，它可能是音素、双音素、三音素、半音节（首音、尾音）、音节、词语和语句等。基元越小，语音数据库越小，拼接越灵活，韵律特征的变化就越复杂。按规则合成无限词汇的汉语语音时，基元的选择一般应选声母和韵母。如果选择音素为基元,虽然其存储量可以做到很小,但是汉语中音素的音位变体规律非常复杂。因此,在汉语语音合成中,采用音素或双音素作为基元是不合适的。另一方面,如果采用音节甚至采用单词为合成基元,虽然这时所需的规则要简单些,但是语音库的存储容量要大大增加。折中考虑,一般采用声母与韵母作为合成基元,存储容量不大,而所需的规则大体上只是:"辅音→元音、元音→元音转接规则"和"多字词中各字的声调变调规则"等。与其他合成技术相比较,规则合成有两个明显的优点:语音库占用的内存很小;可以灵活控制合成语音的声学特征和韵律特征。

韵律规则是合成规则中的一个重要组成部分。语流中的抑扬顿挫、轻重相随、节奏分明,就是由音高、音长和强度等方面的变化所表现出来的特征,称为"韵律特征(prosodic feature)",也叫"超音段特征"。它们反映了语音在基频、共振峰、能量及谱分布特性上的差异。对于同一个基元,由于语境不同和重音的表现不同,其声学特征有很大的差别。通过对语音数据的声学参数,如基频、音长、音强等修改,可以进行重音、语调的模拟,实现语速、调高的变化。韵律特征主要包括声调、语调、重音等。声调属于音节层的韵律;语调属于句子层的韵律。韵律对合成语音的自然度、可懂度及流畅性影响极大。

1. 重音规则

重音在语言交流中起到重要作用。一般说汉语的重音,是指说话或朗读时读的比较重的音节或词语。然而,汉语的重音并不像非声调的重音那样说的声大一点,用劲一点,而是要时间长一点,音程大一点,也就是使低的更低,高的更高。一般可以将汉语重音分为词重音和句重音两大类。所谓词重音,指词的某个音节可分为重轻等级。音长特征是区分这个等级的主要标志,轻声的音长较短。另外一个重要的区分特征是声调域,轻声的声调域缩小,这就使轻声字所需的能量减少,但强度并不一定减弱。汉语重音的声学特征表现在音域加宽、音程加大,气流加强。

2. 转接与音渡规则

转接与音渡是音素序列转变成语音流时的动态变化规律。人在说话时,发声器官的运动是连续的,而声道的形状不可能突变。因此连续语音流决不是相邻的各音素简单的组合和拼接,它们之间有着不同程度的相互影响。特别当发音速度较快时,前一个音素还没有发完,舌、口、唇等已经向下一个位置移动,准备或开始发下一个音了。由于实际发音时牵涉到各个发声器官,所以音素之间的过渡现象十分复杂。在汉语发音中,存在两种基本的过渡,即辅音与元音组合和元音与元音组合。前者出现在声母和韵母的拼接过程中,称为"转接";后者出现在复合韵母内部,称为"音渡"。

所谓转接是指前一个辅音对其后元音共振峰的影响。同一元音的共振峰特性受不同辅音的影响会有很大的变化,表现出来的转接现象不同;反之,同一辅音对不同元音的影响也是不同的。共振峰的转接现象比较复杂,至今尚没找到普遍的规律,但是通过大量的实验人们也发现了一些基本规则。Delattre 在语音合成实验中发现,转接对于辅音的感知十分重要,尤其是后接元音第二共振峰的转接走向与程度,对前面辅音的听辨起着决定性的作用,如果没有这一段转接特征,听起来就不像这个辅音了。他们分析了 3 个塞音[b,d,g]后接不同的元音[i,e,ε,a,ɔ,o,u]时共振峰转接现象(参见图 8.9),发现尽管不同元音转接的走向与程度是不同的,但同一个辅音造成的共振峰转接走向往往趋于同一点。例如[b]使后接元音的共振峰走向趋于 700Hz 这一点,这一点被称为"音轨"。事实上,音轨是由观察到的共振峰转接频率轨迹向前外推 50Hz 而得到的,它表征了辅-元转接中共振峰移动起始频率。[d]的音轨在 1800Hz 左右;[g]的情况则不同,它有两个音轨,一个在 3000Hz 左右、另一个在 1200Hz。

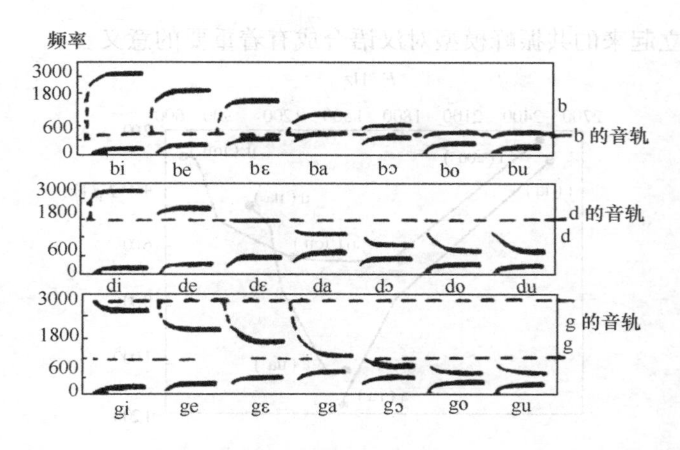

图 8.9 共振峰的转接

对汉语所做的听辨实验也表明:①转接现象主要出现在第二共振峰上,第一与第三共振峰的转接规律比较简单:一般第一共振峰的辅-元转接总是向下,音轨为 0Hz,第三共振峰的转接可以忽略;②辅-元转接对辅音听辨的影响,以塞音最大、塞擦音次之、擦音最小;鼻音和边音因为具有元音性质,可不予考虑;③转接音轨与辅音发音位置有密切关系,对照辅音音素表,从左到右,基本上符合音轨逐渐由小变大的原则,但对舌根音[g,k,h]来说,由于它们的发音部位与元音的舌位非常接近,因此它们的音轨与后接元音有关,通常有两个音轨。

由此可见,辅音的发音部位不同时,音轨也就不同。元音舌位也会对音轨产生影响,后高元音[u]对辅音音轨影响最大。

应该指出,音轨本身是从大量实验中得到的统计结果,目前还无法对它作定量分析;但它同下面讲述的元音目标值结合,可以较好地反映辅-元转接规则。

下面我们再看元音之间的音渡问题。在汉语中有 13 个复元音韵母,它们是由两个以上音素组成。习惯上常把复韵母分为头音(韵头),主元音(韵腹)和尾音(韵尾)三个部分,而且往往把它们看成是几个相对独立和相对稳定的元音。其实不然,复合韵母是一大串飞速滑动过去的音素组合,这种滑动的过程就称为为音渡或者动程。在复合元音的发音过程中,发音器官都处于不断地连续变化之中。例如,发前响二合元音[ai,ao,ou,ei]时,舌位由低到高,口开度也随之由大变小。发后响二合元音[ia,ua,ie,ue,uo]时,则正好相反,舌位由高变低,口开度由小变大。发三合元音[iao,iou]或[uai,uei]时,舌位由高变低又变高,口开度由小变大又变小等。这些反映在复合元音频谱中共振峰是连续变化的,很难确切地划分各个元音之间的界限。图 8.10给出了几个复合元音的声学音渡图,由图可清楚地看出,复合元音中共振峰连续变化的动向。但我们也看到在复合元音的滑动变化过程中出现几个极点(二合元音有两个极点、三合元音有 3 个极点)。通常所说的头音、主元音和尾音,就是指这些渐变的极点,这些极点称之为元音滑动的目标值。复合元音中的目标值和单个元音情况不同,实验表明:复合元音起始极点的目标值要受前面的邻接辅音影响,一般达不到零声母时的极点位置;主元音的极点位置主要受后接尾音的影响,等等。知道了复合元音极点位置之后,可以用内插的方法得到复合元音的近似共振峰动态轨迹,假如元音滑动轨迹呈现二次曲线特性,那么也可以采用抛物插值方法。一般地说,前响二合元音的共振峰动态轨迹近似线性变化,后响二合元音的共振峰动态轨迹近似曲线,且起始弯曲厉害,后部比较平坦,三合元音的共振峰变化比较复杂,可近似看成两个二合元音。总之,适当选取极点的个数和位置,就可以在一定的范围内改变复合元音的动程和共振峰动态轨迹;运用极点值加内插的方法可以描述汉语韵母内的音渡现象;而音轨至元音目标值的内插可以描述汉语声韵母的转接现象，因此，这样建立起来的共振峰模型对汉语合成有着重要的意义。

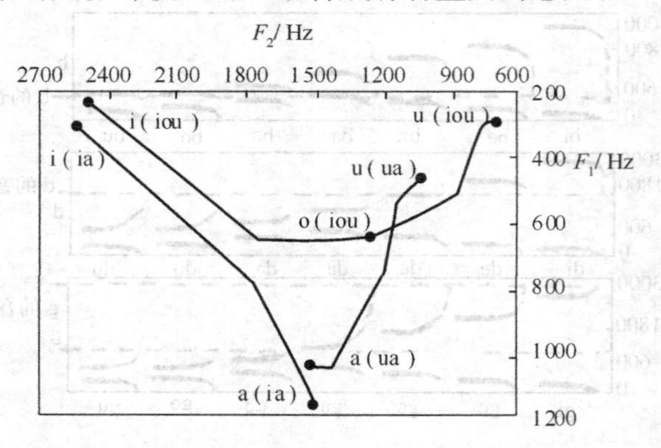

图 8.10 几个复合元音的声学音渡图

需要注意的是：复合元音的共振峰动态轨迹，不可能完全从音渡图上反映出来，因为音渡图只指明了变化的路径，更重要的是要知道变化的速率，也就是共振峰轨迹与时间的对应关系，这将牵涉到复合元音的音长以及各元音的音长比例，在辅-元转接中也存在着同样的问题。

汉语中还有 16 个复鼻音尾韵母，它们也都是 2～3 个音素组成，尾音是鼻韵尾-n 或-ng，它们和元音复合之后成为一个整体。发音时，发声器官由元音的发音状态逐渐向鼻音的发音状态滑动，最后完全变成鼻音，但这时声带仍然振动，鼻腔没有阻塞，因此鼻韵尾-n 和-ng 具有元音的性质，在建立共振峰动态轨迹时可以近似把它们当作元音一样看待。实验表明，这样近似是可行的，能够反映出鼻韵尾的效果。

3. **声调与变调规则**

汉语是一种"声调语音"，在用汉语相互交谈中，人们不但凭不同的声母、韵母(或元音，辅音)来辨别字和词的意义，还需要从不同的声调来区别它们，这就是"声调语音"的特点。例如，星(xing)、形(xing)、醒(xing)、姓(xing)这 4 个字的音中，声母和韵母都是相同的，但意义不同，这正是声调不同所致。再如：树木，书目；北京，背景；中药，重要等的区别，也是靠声调来实现的。因此汉语的声调具有辨义的功能，它和辅音、元音在语音的区别特征上同样重要。

声调就是音节的高低升降曲折变化，汉语音节的声调主要体现在信号的基音频率随时间而变化的规律上。声调的调值用音高或基音的变化来描写。就不同人来说，妇女和儿童的声音高一些；老年和男人的低一些。同一个人的音高也会有不同，兴奋时的声音略高升，情绪低落时声音略低沉。绝对音高对区别词义是没有作用的，真正对辨义起作用的是音高的相对幅度变化。一般可以从声调的调类、调值和调型来考虑声调特征。对于汉语普通话，声调的调类可以分为阴平、阳平、上声、去声。此外还有一个"轻声"，它是声调的变体。而声调的调值就是声调的实际读法。在传统汉语语音学中，用五度标记法具体描写调值变化，分别用 1、2、3、4、5 表示声调的低、半低、中、半高、高五度。如普通话的 4 个声调的调值：阴平 55、阳平 35、上声 214、去声 51。调型的简单标记方法是用符号"_、/、∨、\"冠于音节之上。声调的调型就是从声调起始点高度向右延伸，到达声调结束点的高度连接起来；若是曲线形的声调，就要在转折处再加上一个点，然后把这 3 个点连起来，这就得出了不同的声调调型。根据语音实验，普通话 4 个声调的音高变化如图 8.11 所示。这与基音时变曲线的变化趋势基本相同，因此，一般说可以用基音频率的时变规律来表示声调的变化。

除了单字调外，还有在音节与音节连续发音时，受语音规律等制约而出现的连续变调。显然连续变调在语句中不应该造成单字调和连续调型太大的变化，否则会产生辨义混淆，甚至误解。这就

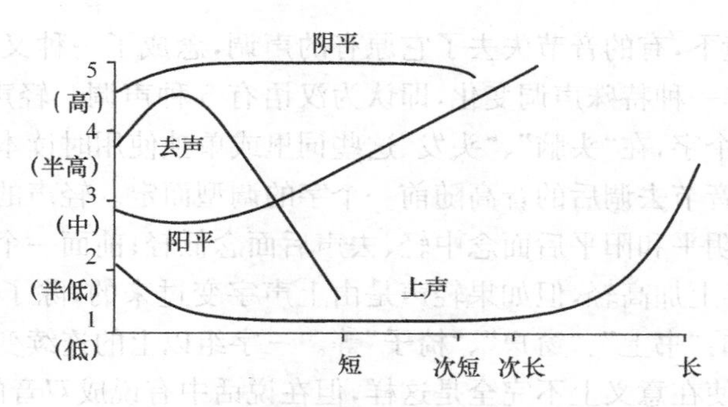

图 8.11　汉语普通话单字调实测值

是说字调和连续变调应该有它们的约定关系和一定模式，在语句中应遵守一定的规律变化，这样纵然语句形式有千变万化，我们仍能听得明白。也就是说，除了音质以外，基本调型还在起着作用，掌握好基本调型以及动态语流中的变调规律，将有助于提高合成汉语的语音质量。

汉语普通话语句中的变调以二字连续变调最为重要，因为二字词在整个汉语词汇中约占74.3%。当两个字连在一起读时，不论它们是一个词或是一个意群，都会造成变调，其调型原则上是两个字的原单字调型的接续，但受连读的影响会出现变调。变调常常是由后一个字的声调的影响引起，这就是所谓的“逆变规律”。二字调变化规律大致有下列几条：

① 上声字加阴平、阳平、去声、轻声字时，前面的上声字的声调变成半上声。设上声的调值为214，则半上声的调值为21，因去掉了调值的上升部分所以称为半上声。例如，“语音”、“满意”、“水平”等。

② 两个上声连读，前一个上声变得像阳平，调值由214变为35。如，“五五”、“总理”、“古老”等。

③ 两个去声字相连，前一个去声变成半去，去声字在单独念时是个全降调，从最高的5度降到最低的1度；而半去则从最高5度降到中间值3度，即调值为53。例如“字调”，“论证”，“预报”。

④ 叠字形容词变调，二字重叠做形容词时，第二个字变读阴平。例如，“好好看”，“慢慢走”等，这是顺变规律，可算是规则中的一种特例。

根据上面的变化规律，总结出16种二字连续基本调型，如图8.12所示，因为上声与上声连读时，前一个上声变成阳平，与阳平上声连读时相同，因此实际上只有15种双字调型。

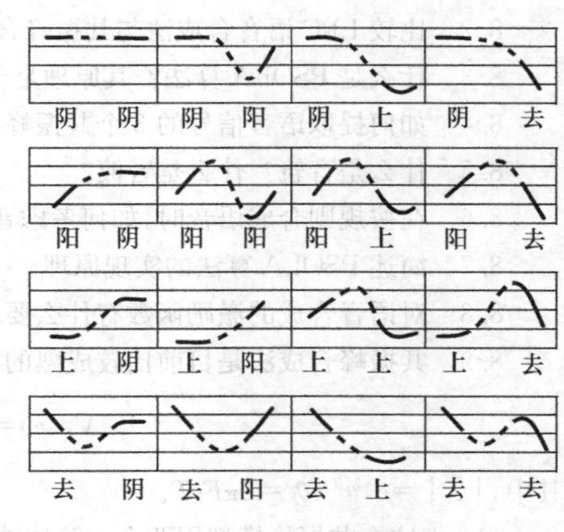

图 8.12　二字连续基本调型

对汉语二字调所做的统计实验，二字调的起始和结尾部分总存在“弯头”和“降尾”的过渡状态，它们占全声调过程的10%～15%。二字词第二字的调长比第一个字的调长稍短，大约为第一字调长的66%。注意到变调规律的这些细节，将会有助于改进合成语音的自然度。有些字在句子中的变调现象比较特殊，例如：不(bu)字，一般情况下念原声调去声；但在后接去声连读时，变调为阳平；“不”字夹在重叠动词或其他词语之间时读轻声，例如，“不!”，“不安”，“不是”，“不可”，“是不是”，“拿不动”，“了不起”等。再如，一(yi)字，单念或在词语末尾时，念本调阳平、去声前念阴平、在其他非去声前念去声、夹在叠用动词之间念轻声。如“一”、“天下第一”、“一生”、“一年”、“一定”、“等一等”。其他尚有一些特殊情况，不一一例举，可参阅有关汉语语音学方面的文献。

在一定的语音环境下，有的音节失去了它原有的声调，念成了一种又轻又短的音，这就是轻声。有时也把轻声看作一种特殊声调变化，即认为汉语有5种声调。轻声一般出现在二字组的后一个字，例如“头”这个字，在“头脑”、“头发”这些词里或单独使用时读本调阳平；在“木头”、“甜头”则读成轻声。轻声音节去调后的音高随前一个字的调型而定。轻声的音高分为高轻、中轻和低轻三种。粗略地说，阴平和阳平后面念中轻、去声后面念低轻；前面一个字如果是上声，一般情况上声加轻声变调为半上加高轻，但如果轻声是由上声字变过来的，除了上面那种变法外，还可以变成阳平加轻声。如：“书上”、“窗户”、“椅子”等。三字组以上的连续变调，一般都可以认为是单音和双字的组合，即使在意义上不完全是这样，但在说话中有说成双音的习惯。三字组在意群上可以有“单双”、“双单”、“单单单”3种形式，例如：“总理讲”3个字由上声字组成，由于“总理”是二字组，它们将按二字变调规律变化：“总”读阳平；“理”虽和后面的“讲”相邻，且都是上声，但“总理讲”是“双单”格，所以“理”不随“讲”变调。由于说话习惯往往把“单单单”读成“双单”的调型。四字组以“双双”结构的成语居多，五字组以上的情况基本单元仍是单字调和双字调。这对于按规律合成汉语是很有利的。

4. 音长问题

音长也是语音的重要特征之一，对语音的可懂度、自然度都有一定的影响。汉语中音长主要体现在韵母的调型段长度上，调长和调型是密切相关的，通常认为，上声音节最长，阴平、阳平次之，去声最短。在连续语流中调长的变化和声调一样，也要受到连读时上下文的牵连。例如，轻声音节的调长往往比重读时缩短近一半；在双音节中，后一音节的调长要比前一个音节的调长稍短等。在按规则汉语合成中，可将调长和调型一致起来，即凡是平调、升调的调长适中，凡是降升调的调长较长，凡是降调的调长较短，轻声调长最短。声母的音长相对比较稳定。此外，根据实验语音学提供的经验，句子的最后一个音节的调长应比通常情况加长20%左右。除音长外，音节之间的间隙也对合成语音效果有一定的影响，适当的间隙会使语言听起来更为生动。

习　题　8

8.1　语音合成方法有哪些？各自的优缺点是什么？

8.2　比较LPC语音合成法与共振峰合成法的优缺点。

8.3　什么是PSOLA算法？其原理是什么？

8.4　如何提取语音信号的3个共振峰参数？有哪些方法？

8.5　什么是音轨？什么是音渡？

8.6　在按规则合成语音时，如何考虑音长的规则？在汉语中有哪些有关音长或调长的规律？

8.7　简述PSOLA算法的实现原理。

8.8　对语音合成的激励函数有什么要求？在汉语中，对各种音段应使用什么样的激励函数比较合适？

8.9　共振峰合成法是目前比较成熟的参数合成方法，有一个共振峰谐振器，其传递函数表达式为

$$V_k(z)=\frac{1-2|z_k|\cos\theta_k+|z_k|^2}{1-2|z_k|\cos\theta_k z^{-1}+|z_k|^2 z^{-2}}$$

其中，$|z_k|=e^{-\sigma_k T}$，$\theta_k=2\pi F_k T$。

(1) 把这个共振峰模型用两个一阶滤波器级联的形式来表达。

(2) 画出这个共振峰级联模型的数字网络图。

8.10　设一个共振峰的传递函数表达式为

$$V(z)=\frac{G}{\prod_{i=1}^{N}(1-z_k z^{-1})}$$

(1) 试证 $V(z)$可以表示成部分分式展开的形式

$$V(z)=\sum_{i=1}^{M}\left[\frac{G_k}{1-z_k z^{-1}}+\frac{G_k^*}{1-z_k^* z^{-1}}\right]$$

其中 M 是$(N+1)/2$ 中的最大整数，且假定 $V(z)$的所有极点均为复数。请给出上式中 G_k 的表示式。

(2) 把上述部分分式展开中的两项合并，证明

$$V(z)=\sum_{k=1}^{M}\frac{B_k-C_k z^{-1}}{1-2|z_k|\cos\theta_k z^{-1}+|z_k|^2 z^{-2}}$$

其中，$Z_k=|z_k|\mathrm{e}^{-j\theta_k}$。并给出以 G_k 和 z_k 的 B_k 和 C_k 表示式，这一表示式是 $V(z)$的并联形式表示式。

(3) 画出 $M=3$ 时并联形共振峰模型的数字网络图。

第 9 章　语音识别基本原理与应用

9.1　语音识别系统概述

语音识别以语音为研究对象，它是语音信号处理的一个重要研究方向，是模式识别的一个分支，涉及到生理学、心理学、语言学、计算机科学，以及信号处理等诸多领域，其最终目的是实现人与机器进行自然语言通信，用语言操纵计算机。

语音识别系统的分类方式及依据是根据对说话人说话方式的要求，可以分为孤立字(词)语音识别系统、连接字语音识别系统以及连续语音识别系统。进一步分为两个方向：一是根据对说话人的依赖程度可以分为特定人和非特定人语音识别系统；二是根据词汇量大小，可以分为小词汇量、中等词汇量、大词汇量，以及无限词汇量语音识别系统。

不同的语音识别系统，尽管设计和实现的细节不同，但所采用的基本技术是相似的。一个典型的语音识别系统如图 9.1 所示。主要包括预处理、特征提取和训练识别网络。

图 9.1　语音识别系统组成部分

9.1.1　语音信号预处理

在信号处理系统里，对原始信号进行预处理是必要的，这样可以保证系统获得一个比较理想的处理对象。在语音识别系统中，语音信号的预处理主要包括抗混叠滤波、预加重及端点检测等内容。

1. 抗混叠滤波与预加重

研究表明，语音信号的频谱分量主要集中在 300～3400Hz 的范围内。因此需用一个防混叠的带通滤波器将此范围内的语音信号的频谱分量取出，然后对语音信号进行采样，得到离散的时域语音信号。根据采样定理，如果模拟信号的频谱的带宽是有限的(例如，不包含高于 f_m 的频率成分)，那么用等于或高于 $2f_m$ 的取样频率进行采样，则所得到的信号能够完全唯一的代表原模拟信号，或者说能够由取样信号恢复出原始信号。实际应用中，大多数情况选用 8kHz 的采样频率。尽管如此，还必须顾及到语音信号本身包含着 4kHz 以上频率成分这样一个事实。即使有的语音的频谱能量主要集中在低频段，但由于噪声环境的宽带随机噪声叠加的结果，使得在采样之前，语音信号总包含着 4kHz 以上的频率成分。因此，为了防止混叠失真和噪声干扰，必须在采样前用一个锐截止模拟低通滤波器对语音信号进行滤波。该滤波器称为反混叠滤波器或去伪滤波器。

语音从嘴唇辐射会有 6dB/oct 的衰减，因此在对语音信号进行处理之前，希望能按6dB/oct 的比例对信号加以提升(或加重)，以使得输出信号的电平相近似。当用数字电路来实现 6dB/oct 预加重时，可采用以下差分方程所定义的数字滤波器

$$y(n)=x(n)-ax(n-1) \tag{9.1}$$

式中，系数 a 常在 0.9～1 之间选取。

2. 端点检测

语音信号起止点的判别是任何一个语音识别系统必不可少的组成部分。因为只有准确地找出语音段的起始点和终止点，才有可能使采集到的数据是真正要分析的语音信号，这样不但减少了数据量、运算量和处理时间，同时也有利于系统识别率的改善。常用的端点检测方法有下面两种。

(1) 短时平均幅度

端点检测中需要计算信号的短时能量，由于短时能量的计算涉及平方运算，而平方运算势必扩大了振幅不等的任何相邻取样值之间的幅度差别，这就给窗的宽度选择带来了困难，因为必须用较宽的窗才能对取样间的平方幅度起伏有较好的平滑效果，然而又可能导致短时能量反映不出语音能量的时变特点。而用短时平均幅度来表示语音能量，在一定程度上可以克服这个弊端。

(2) 短时平均过零率

当离散信号的相邻两个取样值具有不同的符号时，便出现过零现象，单位时间内过零的次数称为过零率。如果离散时间信号的包络是窄带信号，那么过零率可以比较准确地反映该信号的频率。在宽带信号情况下，过零率只能粗略的反映信号的频谱特性。

在前面的第 3 章中，介绍了使用两级判决法的端点检测技术，可参考。

9.1.2 语音识别特征提取

语音识别的一个重要步骤是特征提取，有时也称为前端处理，与之相关的内容则是特征间的距离度量。所谓特征提取，即对不同的语音寻找其内在特征，由此来判别出未知语音，所以每个语音识别系统都必须进行特征提取。特征的选择对识别效果至关重要，选择的标准应体现对异音字之间的距离尽可能大，而同音字之间的距离应尽可能小。若以前者距离与后者距离之比为优化准则确定目标量，则应是该量最大。同时，还要考虑特征参数的计算量，应在保持高识别率的情况下，尽可能减少特征维数，以减小存储要求和利于实时实现。

孤立词语音识别系统的特征提取一般需要解决两个问题，一个是从语音信号中提取(或测量)有代表性的合适的特征参数(即选取有用的信号表示)；另一个是进行适当的数据压缩。而对于非特定人语音识别来讲，则希望特征参数尽可能多地反映语义信息，尽量减少说话人的个人信息(对特定人语音识别来讲，则相反)。从信息论角度讲，这也是信息压缩的过程。

语音信号的特征主要有时域和频域两种。时域特征如短时平均能量、短时平均过零率、共振峰、基音周期等；频域特征有线性预测系数(LPC)、LP 倒谱系数(LPCC)、线谱对参数(LSP)、短时频谱、Mel 频率倒谱系数(MFCC)等。现在还有结合时间和频率的特征，即时频谱，充分利用了语音信号的时序信息。基于听觉模型的特征参数提取，如感知线性预测(PLP)分析，试图从不同于声道模型的另一个方面进行研究。所有这些特征都只包含了语音信号的部分信息。为了充分表征语音信号，人们尝试综合各种特征，并取得了一定的效果。但由于目前语音识别分类器的限制和数学模型描述的局限性，人们尚未充分利用已有的部分信息，于是特征的变换与取舍、特征时序信息的使用等成了重要的研究课题。有关特征研究的另外一个重要方面是特征的抗噪声性能，由于语音识别的最终目标是在现实世界中使用，背景噪声的干扰成为不可忽视的因素，因此必须研究一种方法，使得特征的提取尽可能不受噪声的影响。下面介绍几种特征提取方法。

1. 线性预测系数(LPC)

线性预测分析从人的发声机理入手，通过对声道的短管级联模型的研究，认为系统的传递函数符合全极点数字滤波器的形式，从而某一时刻的信号可以用前若干时刻的信号的线性组合来估计。通过使实际语音的采样值和线性预测采样值之间达到最小均方误差(MSE)，即可得到线性预测系数 LPC。

根据语音产生的模型，语音信号 $S(z)$ 是一个线性非移变因果稳定系统 $V(z)$ 受到信号 $E(z)$ 激励产生的输出。在时域中，语音信号 $s(n)$ 是该系统的单位取样响应 $v(n)$ 和激励信号 $e(n)$ 的卷积。语音产生的声道模型在大多数情况下是一个可用式(9.2)阐述的全极点模型

$$H(z)=\frac{1}{1-\sum_{k=1}^{p}a_k z^{-k}} \tag{9.2}$$

根据最小均方误差对该模型参数 a_k 进行估计，就得到了线性预测编码(LPC)算法，求得的 $\hat{a}_p$ 即为 LP 系数(p 为预测器阶数)。对 LPC 的计算方法有自相关法(Levinson-Durbin)、协方差法、格型法等。计算上的快速有效保证了这一声学特征的广泛使用。

2. LPC 倒谱系数(LPCC)

倒谱系数是信号的 z 变换的对数模函数的逆 z 变换，一般先求信号的傅里叶变换，取模的对数，再求傅里叶逆变换得到。既然线性预测也是一种参数谱估计方法，而且其系统函数的频率响应 $H(e^{j\omega})$ 反映了声道的频率响应和被分析信号的谱包络，因此用 $\log|H(e^{j\omega})|$ 做傅里叶逆变换求出的倒谱系数，应该是一种描述信号的良好参数。其主要优点是比较彻底地去掉了语音产生过程中的激励信息，反映了声道响应，而且往往只需要几个倒谱系数就能够很好地描述语音的共振峰特性。

3. Mel 频率倒谱系数(MFCC)

Mel 频率倒谱系数是先将信号频谱的频率轴转变为 Mel 刻度，再变换到倒谱域得到倒谱系数。其计算过程如下：

① 将信号进行短时傅里叶变换得到其频谱。

② 求频谱幅度的平方，即能量谱，并用一组三角滤波器在频域对能量进行带通滤波。这组带通滤波器的中心频率是按 Mel 频率刻度均匀排列的(间隔 150Mel，带宽 300Mel)，每个三角滤波器的中心频率的两个底点的频率分别等于相邻的两个滤波器的中心频率，即每两个相邻的滤波器的过渡带互相搭接，且频率响应之和为 1。滤波器的个数通常与临界带数相近，设滤波器数为 M，滤波后得到的输出为：$X(k)$，$k=1,2,\cdots,M$。

③ 对滤波器的输出取对数，然后做 $2M$ 点傅里叶逆变换即可得到 MFCC。由于对称性，此变换可简化为

$$C_n=\sum_{k=1}^{M}\log X(k)\cos[\pi(k-0.5)n/M],\quad n=1,2,\cdots,L \tag{9.3}$$

其中，MFCC 系数的个数 L 通常取最低的 12～16。在谱失真测度定义中通常不用 0 阶倒谱系数，因为它是反映倒谱能量的。上面所说的在频域进行带通滤波是对能量谱进行滤波，这样做的根据是考虑到一个多分量信号的总能量应该是各个正交分量的能量之和。

4. 过零峰值幅度(ZCPA)

特征参数的好坏直接决定着系统的识别性能。要想使识别系统有好的鲁棒性，必须要求提取的特征参数有很强的抗噪性。经典的特征参数在无噪声环境下都取得了相当好的效果，但在噪声环境下，系统的识别率会显著下降。人类的听觉系统在噪声环境下能够很好工作，所以如果语音识别系统能模拟人类听觉感知的处理特点，噪声环境下识别率一定会提高。近年来，基于听觉模型的语音特征提取方法在语音识别领域日益受到重视，就是因为听觉模型最接近人耳对声音信号的处理过程，提取的特征能反映声音的本质，具有很好的鲁棒性。过零峰值幅度特征 ZCPA 就是基于人类听觉特性的一种特征。

人耳由外耳、中耳、内耳3个部分构成。语音信号在外耳的耳膜上转化为机械振动，通过中耳传递到内耳的耳蜗上，中耳充当外耳和内耳的匹配阻抗。而语音信号的主要处理任务是在内耳中进行的，尤其是在内耳的耳蜗中进行的。耳蜗中的基底膜对外来的声音信号有频率选择和调谐的作用，在耳蜗基部通过前庭窗传递来的语音信号被转化为基底膜的行波，沿基底膜传播，其峰值出现在基底膜的不同位置。频率越低，振动峰值位置越靠近蜗孔，随频率增高，该峰值越靠近基底膜根部。约800Hz以上，声音频率沿基底膜按对数分布。其位移和频率的关系为

$$F=A(10^{ax}-1) \tag{9.4}$$

其中，F 是频率(Hz)，x 是基底膜的归一化距离，A 和 a 是常数，分别为 $A=165.4$、$a=2.1$。

在听觉系统中耳蜗对声音的感受和换能作用是整个复杂的听觉系统中非常重要的一个环节，同时耳蜗具有串/并转换器的功能，它实际上相当于一组并联的带通滤波器，串行输入的声音信号在耳蜗中被分解并以多路并行的方式输出。这样为仿真耳蜗滤波器的模型提供了一定的依据。图9.2给出了基于人耳听觉特性的ZCPA特征提取原理图。

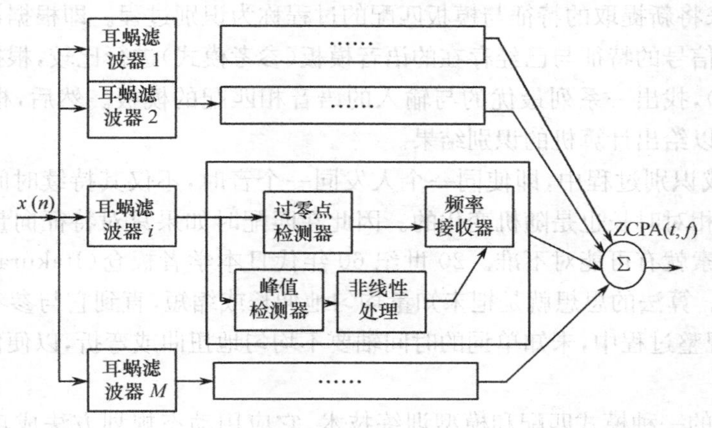

图9.2　ZCPA系统原理框图

该系统由带通滤波器组、过零检测器、峰值检测器、非线性压缩和频率接收器组成。带通滤波器组由16个FIR滤波器组成，用来仿真耳蜗基底膜；过零检测器、峰值检测器、非线性压缩部分则仿真听觉神经纤维。从过零检测器获得频率信息，峰值检测器获得强度信息，经非线性压缩后，用频率接收器合成频率信息和强度信息，最后将16路所获得的信息合成为语音信号的特征。

分析表明：在噪声存在的情况下，随着门限值的提高，门限跨越的间隔扰动也变得越大，此时过零率就显得更具有鲁棒性，因此它能够提供一种较好的用于噪声环境下的语音信号表示方法。ZCPA模型的原理与传统的信号处理方案有显著的不同，它需要测量信号在一个时间段内的瞬时频率和强度信息，并在随后需要进行一个时域信息的积累操作以获取最终输出。

9.1.3　语音训练识别模型

常用的语音训练识别方法有4种：基于声道模型和语音知识的方法、模式匹配的方法、统计模型方法及机器学习方法。基于声道模型和语音知识的方法起步较早，在语音识别技术提出的开始，就有了这方面的研究，但由于其模型及语音知识过于复杂，现阶段没有达到实用的阶段。后3种方法是目前常用的方法，它们都已达到了实用阶段。模式匹配常用的技术有矢量量化(VQ)和动态时间规整(DTW)；统计型模型方法常见的是隐马尔可夫模(HMM)；语音识别常用的机器学习方法包括基于经验非线性的神经网络方法(ANN)及基于统计学习理论的VC(Vapnik Chervonenks)维理论和结构风险最小化原则的支持向量机(SVM)机器学习等方法，神经网

络包括反向传播(BP)网络、径向基函数网络(RBF)及小波网络,本书重点介绍经典的隐马尔可夫模型和识别效果较好的支持向量机技术及其在语音识别中的应用。

模式匹配法用于语音识别共有4个步骤:特征提取、模板训练、模板分类、判决。图9.3是模式匹配法的原理框图。

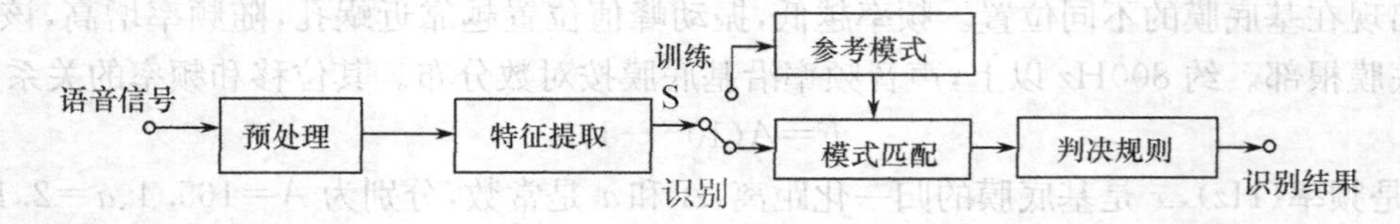

图9.3　语音识别系统模式匹配法原理框图

图9.3中,语音经过话筒变成电信号(即图中语音信号)后加在识别系统输入端。经过预处理后,语音信号的特征被提取出来,首先在此基础上建立所需的模板,这个建立模板的过程称为训练过程。接下来将新提取的特征与模板匹配的过程称为识别过程。即根据语音识别的整体模型,将输入的语音信号的特征与已经存在的语音模板(参考模式)进行比较,根据一定的搜索和匹配策略(判决规则),找出一系列最优的与输入的语音相匹配的模板。然后,根据此模板号的定义,通过查表就可以给出计算机的识别结果。

由于在训练或识别过程中,即使同一个人发同一个音时,不仅其持续时间长度会随机地改变,而且各音素的相对时长也是随机变化的。因此在匹配时如果只对特征向量系列进行线性时间规整,其中的音素就有可能对不准。20世纪60年代日本学者板仓(Itakura)提出了动态时间规整(DTW)算法。算法的思想就是把未知量均匀地伸长或缩短,直到它与参考模式的长度一致时为止。在时间规整过程中,未知单词的时间轴要不均匀地扭曲或弯折,以便使其特征与模型特征对正。

DTW是较早的一种模式匹配和模型训练技术,它应用动态规划方法成功解决了语音信号特征参数序列比较时时长不等的难题,在孤立词语音识别中获得了良好性能。但因其不适合连续语音大词汇量语音识别系统,目前已被HMM模型和ANN替代。

隐马尔可夫模型是对语音信号的时间序列结构建立统计模型,将之看作一个数学上的双重随机过程:一个是用具有有限状态数的马尔可夫链来模拟语音信号统计特性变化的隐含的随机过程,另一个是与马尔可夫链的每一个状态相关联的观测序列的随机过程。前者通过后者表现出来,但前者的具体参数是不可测的。人的言语过程实际上就是一个双重随机过程,语音信号本身是一个可观测的时变序列,是由大脑根据语法知识和言语需要(不可观测的状态)发出的音素的参数流。可见,HMM合理地模仿了这一过程,很好地描述了语音信号的整体非平稳性和局部平稳性,是较为理想的一种语音模型。

与模式匹配法相比,HMM是一种迥然不同的概念。在模式匹配法中,“参考样本”是由事先存储起来的“模式”本身充当的,而HMM则是把这一“参考样本”用一个数字模型来表示(马尔可夫链),然后待识别的语音与这一数学模型相比较,这就从概念上较前深化了一步。图9.4给出了一个基于HMM的孤立词语音识别原理图。

采用HMM进行语音识别,实质上是一种概率运算。根据训练集数据计算得出模型参数后,测试集数据只需分别计算各模型的条件概率(Viterbi算法),取此概率最大者即为识别结果。由于马尔可夫过程各状态间的转移概率和每个状态下的输出都是随机的,故这种模型更能适应语音发音的各种微妙的变化,使用起来比模板匹配方法灵活得多。除训练时需运算量较大外,识别时的运算量仅有模式匹配法的几分之一。

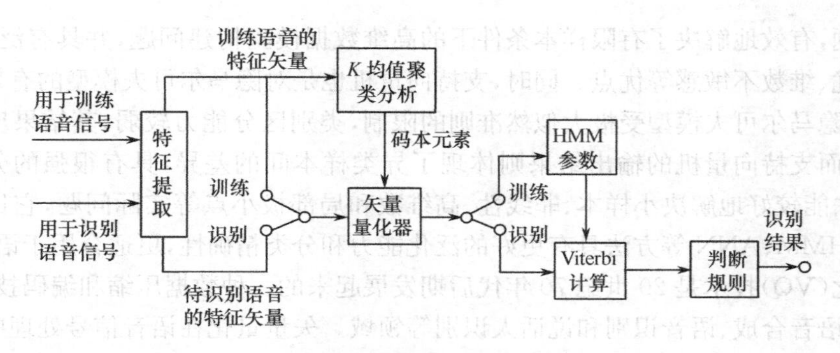

图 9.4　隐马尔可夫模型用于孤立词语音识别框图

人工神经网络(ANN)在语音识别中的应用是当前研究的热点。人工神经网络本质上是一个自适应非线性动力学系统,模拟了人类神经元活动的原理,具有自适应性、并行性、鲁棒性、容错性和学习特性。目前用于语音识别的神经网络有多层感知机,Kohonen 自组织神经网和预测神经网。

人工神经网络是采用物理上可实现的系统来模拟人脑神经细胞的结构和功能的系统。它是由很多简单的处理单元有机地连接起来进行并行的工作,人工神经网络中大量神经元并行分布运算的原理、高效的学习算法以及对人的认知系统的模仿能力等都使它极适宜于解决类似于语音识别这一类课题。由于神经网络反映了人脑功能的基本特征,具有自组织性、自适应性和连续学习的能力。这种网络是可以训练的,即可以随着经验的积累而改变自身的性能。同时由于高度的并行性,它们能够进行快速判决并具有容错性,特别适合于解决像语音识别这类难以用算法来描述而又有大量样本可供学习的问题,图 9.5 给出了神经网络用于语音识别的原理图。

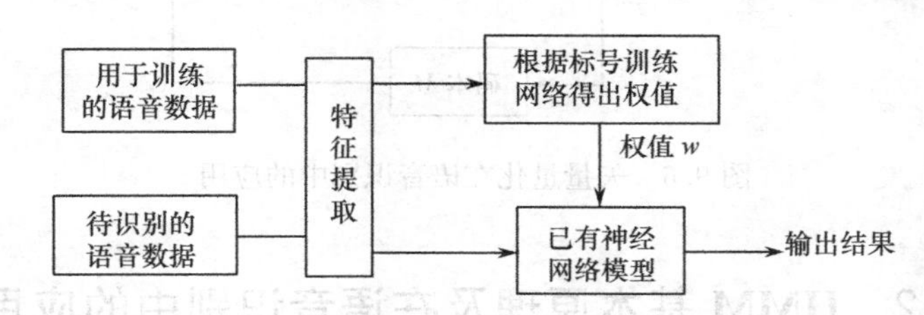

图 9.5　基于神经网络的语音识别原理图

神经网络的一项非常重要的功能是通过学习实现对于输入矢量的分类。这就是说每输入一个矢量,人工神经网络输出一个该矢量所属类别的标号。在传统的语音识别方法中,通过特征参数的提取及模式匹配完成识别。由于语音信号的高度多变性,输入模式要与标准模式完全匹配是几乎不可能的。神经网络的语音识别方法与传统方法的差异在于提取了语音的特征参数后,不像传统方法那样有输入模式与标准模式的比较匹配及统计参数,而是靠神经网络中大量的连接权对输入模式进行非线性运算,产生最大兴奋的输入点就代表了输入模式对应的分类。神经网络的连接权系数是在使用中根据识别结果的正确与否不断地进行自适应修正。

近年来发展起来的支持向量机技术是建立在统计学习理论(Statistical Learning Theory, SLT)的 VC 维理论和结构风险最小化原则基础上的机器学习方法。统计学习理论不仅考虑了对渐近性能的要求,而且追求在有限的信息条件下获得最优的结果。VC 维理论为衡量预测模型的复杂度提出了有效的理论框架。与神经网络相比,支持向量机具有更坚实的数学理论基础,可以有效地克服神经网络方法所固有的过学习和欠学习的问题,另一方面支持向量机有很强的非线性分类能力,它通过引入核函数,将输入空间样本的非线性划分问题转化为高维特征空间的线性划分问题，有效地解决了有限样本条件下的高维数据模型构建问题，并具有泛化能力强、收敛到全局最优、维数不敏感等优点。同时，支持向量机也是对隐马尔可夫模型的有效补充。从原理上来分析，隐马尔可夫模型受极大似然准则的限制，类别区分能力较弱，其结果反映了同类样本的相似度，而支持向量机的输出结果则体现了异类样本间的差异，具有很强的分类能力。因此，SVM 方法能较好地解决小样本、非线性、高维数和局部极小点等实际问题，它比基于经验风险最小化的 HMM、ANN 等方法具有更好的泛化能力和分类精确性，更适合用于语音识别。

矢量量化（VQ）技术是 20 世纪 70 年代后期发展起来的一种数据压缩和编码技术，广泛应用于语音编码、语音合成、语音识别和说话人识别等领域。矢量量化在语音信号处理中占有十分重要的地位，在许多重要的研究课题中，矢量量化都起着非常重要的作用。

矢量量化技术在语音识别中应用时，一般是先用矢量量化的码本作为语音识别的参考模板，即系统词库中的每一个（字）词，做一个码本作为该（字）词的参考模板。识别时对于任意输入的语音特征矢量序列 $X_1, X_2, \cdots, X_N$，计算该序列对每一个码本的总平均的失真量化误差，即语音每一帧特征矢量与码本的失真之和除以该语音的长度（帧数）。总平均失真误差最小的码本所对应的（字）词即为识别结果，这一过程如图 9.6 所示。

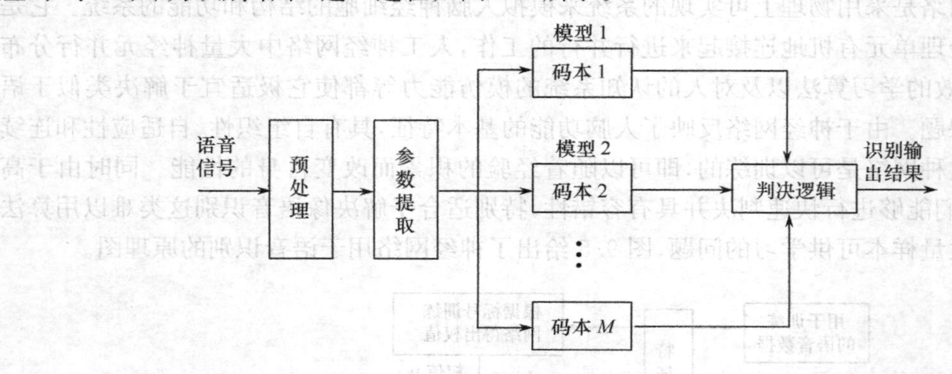

图 9.6　矢量量化在语音识别中的应用

9.2　HMM 基本原理及在语音识别中的应用

9.2.1　隐马尔可夫模型

马尔可夫过程（或马尔可夫链）描述的是一类重要的随机过程，它是由俄国数学家 A. Markov 于 1907 年提出来的。它的直观解释是：在已知系统目前的状态（现在）的条件下，“将来”与“过去”无关。这种过程也称为无记忆的单随机过程。如果这种单随机过程的取值（状态）是离散的，又可以将它称为无记忆的离散随机过程。假设有一个系统，它在任何时间可以认为处在有限多个状态的某个状态下。在均匀划分的时间间隔上，系统的状态按一组概率发生改变（包括停留在原状态），这组概率值和状态有关，而且这个状态对应于一个可观测的物理事件，因此称为可观测马尔可夫过程。相对马尔可夫过程，人们又提出了一种状态及其行为都为不可测（随机）的双随机过程。从外界来看，这种过程的状态是随机且不可见（隐藏）的，这是一个基本随机过程。这个过程只能通过另一组随机过程才能观测到，另一组随机过程产生出观测序列（行为），而这组行为是可见不可测的。因此，这种双随机过程称为隐马尔可夫模型（或隐马尔可夫过程）。通常，HMM 对应的状态被假设为离散的，且其演变是无记忆的，因而，HMM 也被称为无记忆的离散双随机过程。

隐马尔可夫过程是一个双重随机过程：一重用于描述非平稳信号的短时平稳段的统计特征（信号的瞬态特征，可直接观测到）；另一重随机过程描述了每个短时平稳段如何转变到下一个短时平稳段，即短时统计特征的动态特性（隐含在观察序列中）。基于这两重随机过程，HMM 既可有效解决怎样辨识具有不同参数的短时平稳信号段，又可解决怎样跟踪它们之间的转化等问题。

人的言语过程也是这样一个双重随机过程。因为语音信号本身是一个可观察的序列，而它又是由大脑里的（不可观察的）、根据言语需要和语法知识（状态选择）所发出的音素（词、句）的参数流，同时，大量实验表明，HMM 的确可以非常精确地描述语音信号的产生过程。

一个隐马尔可夫模型由下列参数来决定：

① N——模型的状态数目。虽然 HMM 的状态是隐藏起来的，但在许多实际应用中，模型的状态常常有某种物理意义，状态的集合表示为 $S=\{S_1,S_2,\cdots,S_N\}$，t 时刻的状态表示为 q_t。

② M——观测符号数。即每个状态可能输出的观测符号的数目。观测符号集合表示为 $O=\{O_1,O_2,\cdots,O_M\}$。

③ $\boldsymbol{A}$——状态转移概率分布。这是由状态转移概率构成的矩阵。

$$\boldsymbol{A}=\{a_{ij}\},a_{ij}=P[q_{t+1}=S_j|q_t=S_i],1\leqslant i,j\leqslant N \tag{9.5}$$

其中 a_{ij} 具有以下性质：

$$a_{ij}\geqslant 0 \quad 且\sum_{j=1}^{N}a_{ij}=1 \tag{9.6}$$

④ $\boldsymbol{B}$——状态 S_j 的观测符号概率分布。

$$\boldsymbol{B}=\{b_j(O_k)\},b_j(O_k)=P[在\ t\ 时刻的输出符号为\ O_k|q_t=S_j]$$
$$1\leqslant j\leqslant N,1\leqslant k\leqslant M \tag{9.7}$$

⑤ π——初始状态分布。

$$\pi=\{\pi_i\},\pi_i=P[q_1=S_i],1\leqslant i\leqslant N \tag{9.8}$$

为了完整地描述一个隐马尔可夫模型，应当指定状态数 N，观测符号数 M，以及 3 个概率密度 $\boldsymbol{A}$、$\boldsymbol{B}$ 和 π。这些参数之间有一定的联系，因此为了方便，HMM 常用 $\lambda=(\boldsymbol{A},\boldsymbol{B},\pi)$ 来简记。

9.2.2 隐马尔可夫模型的 3 个基本问题

给定 HMM 的形式后，为了将其应用于实际，必须解决以下 3 个基本关键问题：

- 已知观测序列 $O=\{O_1,O_2,\cdots,O_T\}$ 和模型 $\lambda=(\boldsymbol{A},\boldsymbol{B},\pi)$，如何有效地计算在给定模型条件下产生观测序列 O 的概率 $P(O|\lambda)$；
- 已知观测序列 $O=\{O_1,O_2,\cdots,O_T\}$ 和模型 $\lambda=(\boldsymbol{A},\boldsymbol{B},\pi)$，如何选择相应的在某种意义上最佳的（最好解释观测序列的）状态序列；
- 给定观测序列，如何调整参数 $(\boldsymbol{A},\boldsymbol{B},\pi)$ 使条件概率 $P(O|\lambda)$ 最大。

1. 第一个问题的求解

这是一个评估问题，即已知模型和一个观测序列，怎样来评估这个模型（它与给定序列匹配得如何），或怎样给模型打分，这个问题通常被称为“前向－后向”的算法解决。

（1）前向算法

首先要定义一个前向变量 $\alpha_t(i)$

$$\alpha_t(i)=P(O_1,O_2,\cdots,O_t;q_t=S_i|\lambda) \tag{9.9}$$

即在给定模型 λ 的条件下，产生 t 以前的部分观测符号序列（包括 O_t 在内）$\{O_1, O_2, \cdots, O_t\}$，且 t 时刻又处于状态 S_i 的概率。以下是前向变量进行迭代计算的步骤：

① 初始化

$$\alpha_1(i) = \pi_i b_i(O_1), 1 \leqslant i \leqslant N \tag{9.10}$$

② 迭代计算

$$\alpha_{t+1}(j) = \left[\sum_{i=1}^{N} \alpha_t(i) a_{ij}\right] b_j(O_{t+1}), 1 \leqslant t \leqslant T-1; 1 \leqslant j \leqslant N \tag{9.11}$$

③ 最后计算

$$P(O \mid \lambda) = \sum_{i=1}^{N} \alpha_T(i) \tag{9.12}$$

其中，a_{ij} 为状态转移矩阵中的元素，$b_j(O_t)$ 为观测符号矩阵中的元素。

（2）后向算法

同理，可以类似地定义后向变量 $\beta_t(i)$

$$\beta_t(i) = P(O_{t+1}, O_{t+2}, \cdots, O_T; q_t = S_i \mid \lambda) \tag{9.13}$$

即在给定模型 λ 及 t 时刻处于状态 S_i 的条件下，产生 t 以后的部分观测符号序列 $\{O_{t+1}, O_{t+2}, \cdots, O_T\}$ 的概率。后向变量也可以用迭代法进行计算，步骤如下：

① 初始化

$$\beta_T(i) = 1, 1 \leqslant i \leqslant N \tag{9.14}$$

② 迭代计算

$$\beta_t(i) = \sum_{i=1}^{N} a_{ij} b_j(O_{t+1}) \beta_{t+1}(j), t = T-1, T-2, \cdots, 1, 1 \leqslant i \leqslant N \tag{9.15}$$

（3）最后计算

$$P(O \mid \lambda) = \sum_{i=1}^{N} \beta_1(i) \tag{9.16}$$

前向和后向算法对于求解第一个问题和第二个问题也是有帮助的。

由于 $\alpha_t(i)$ 表示 t 时刻处于状态 S_i 且部分观测序列为 $\{O_1, O_2, \cdots, O_t\}$，而 $\beta_t(i)$ 表示 t 时刻处于状态 S_i 且剩下部分的观测序列为 $\{O_{t+1}, O_{t+2}, \cdots, O_T\}$，因而 $\alpha_t(i)$、$\beta_t(i)$ 表示产生整个观测序列 O 且 t 时刻处于状态 S_i 的概率，即

$$\alpha_t(i)\beta_t(i) = P(O, q_t = S_i \mid \lambda) \tag{9.17}$$

那么，第一个问题也可以通过同时使用前向后向概率来求解，即

$$P(O \mid \lambda) = \sum_{i=1}^{N} \alpha_t(i)\beta_t(i), t = 1, 2, \cdots, T; i = 1, 2, \cdots, N \tag{9.18}$$

2. 第二个问题的求解

这个问题是求取伴随给定观测序列产生的最佳状态序列。这一最佳判据，目的就是要使正确的状态数目的期望值最大。它通常用 Viterbi 算法解决，用于模型细调。

为了得到问题二的求解，首先定义变量 $\gamma_t(i)$ 为

$$\gamma_t(i) = P(q_t = S_i \mid O, \lambda) \tag{9.19}$$

它是在给定观测序列 O 和模型 λ 的条件下，t 时刻处在状态 S_i 的概率，则根据式(9.18)，$\gamma_t(i)$ 可

用前后向变量表示为

$$\gamma_t(i)=\frac{\alpha_t(i)\beta_t(i)}{\sum_{i=1}^{N}\alpha_t(i)\beta_t(i)}=\frac{\alpha_t(i)\beta_t(i)}{P(O\mid\lambda)} \tag{9.20}$$

根据式(9.17)

$$\gamma_t(i)=\frac{P(O,q_t=S_i\mid\lambda)}{P(O\mid\lambda)} \tag{9.21}$$

且有

$$\sum_{i=1}^{N}\gamma_t(i)=1 \tag{9.22}$$

利用 $\gamma_t(i)$，可以求出在各个时刻所处的最可能的状态为

$$q_t=\underset{1\leqslant i\leqslant N}{\operatorname{argmax}}[\gamma_t(i)],1\leqslant t\leqslant T \tag{9.23}$$

但是，上式的求解仅仅从每个时刻出现最可能的状态来考虑的，而没有考虑到状态序列的发生概率(如没有考虑全局结构，时间上相邻状态以及观测序列的长度，等等)。

上述问题的解决办法是对最佳判据进行修正。最广泛应用的判据是寻找单个最佳状态序列(路径)，亦即使 $P(Q|O,\lambda)$ 最大。下面介绍的 Viterbi 算法就是一种以动态规划为基础的寻找单个最佳状态序列的方法。

首先定义一个变量 $\delta_t(i)$

$$\delta_t(i)=\max_{q_1,q_2,\cdots,q_{t-1}}P[q_1,q_2,\cdots,q_t=S_i,O_1,O_2,\cdots,O_t\mid\lambda] \tag{9.24}$$

即 $\delta_t(i)$ 意为在 t 时刻，沿着一条路径抵达状态 S_i，并生成观察序列 $\{O_1,O_2,\cdots,O_t\}$ 的最大概率。$\delta_t(i)$ 可用迭代法进行计算

$$\delta_{t+1}(j)=[\max_i\delta_t(i)a_{ij}]b_j(O_{t+1}) \tag{9.25}$$

为了实际找到这个状态序列，需要跟踪使式(9.25)最大的参数变化的轨迹(对每个 t 和 j)，即为了能够得到最优的状态序列，在求解过程中，对每一个时刻和状态，需要保留使得上式中最大化条件得以满足的上一刻的状态。可以借助阵列来做到这一点，完整的算法如下所述。

① 初始化

$$\delta_1(i)=\pi_i b_i(O_1),1\leqslant i\leqslant N,\psi_1(i)=0 \tag{9.26}$$

② 迭代计算

$$\delta_t(j)=\max_{1\leqslant i\leqslant N}[\delta_{t-1}(i)a_{ij}]b_j(O_t),2\leqslant t\leqslant T,1\leqslant j\leqslant N \tag{9.27}$$

$$\psi_t(j)=\underset{1\leqslant i\leqslant N}{\operatorname{argmax}}[\delta_{t-1}(i)a_{ij}],2\leqslant t\leqslant T,1\leqslant j\leqslant N \tag{9.28}$$

③ 最后计算

$$p^*=\max_{1\leqslant i\leqslant N}[\delta_T(i)] \tag{9.29}$$

$$q_T^*=\underset{1\leqslant i\leqslant N}{\operatorname{argmax}}[\delta_T(i)] \tag{9.30}$$

④ 路径(状态序列)回溯

$$q_t^*=\psi_{t+1}(q_{t+1}^*),t=T-1,T-2,\cdots,1 \tag{9.31}$$

3. 第三个问题的求解

这个问题是调整模型参数($\boldsymbol{A},\boldsymbol{B},\pi$)，使观测序列在给定模型条件下发生概率最大。即模型

参数重估问题(训练问题)。事实上,给定任何有限观测序列作为训练数据,没有一种最佳方法能估计模型参数。但是可以利用迭代处理方法(Baum-Welch 法,或称期望值修正法)来选择$(\boldsymbol{A},\boldsymbol{B},\pi)$以使得 $P(O|\lambda)$最大,可以用参数重估来解决。

为了说明问题,首先定义变量 $\xi_t(i,j)$

$$\xi_t(i,j)=P(q_t=S_i,q_{t+1}=S_j|O,\lambda) \tag{9.32}$$

即给定模型和观测序列条件下,在时间 t 处于状态 S_i,而在时间 $t+1$ 处于状态 S_j 的概率。根据前后向变量的定义,从图 9.7 可以看出,$\xi_t(i,j)$可写成如下形式

$$\xi_t(i,j)=\frac{\alpha_t(i)a_{ij}b_j(O_{t+1})\beta_{t+1}(j)}{P(O\mid\lambda)}=\frac{\alpha_t(i)a_{ij}b_j(O_{t+1})\beta_{t+1}(j)}{\sum_{i=1}^{N}\sum_{j=1}^{N}\alpha_t(i)a_{ij}b_j(O_{t+1})\beta_{t+1}(j)} \tag{9.33}$$

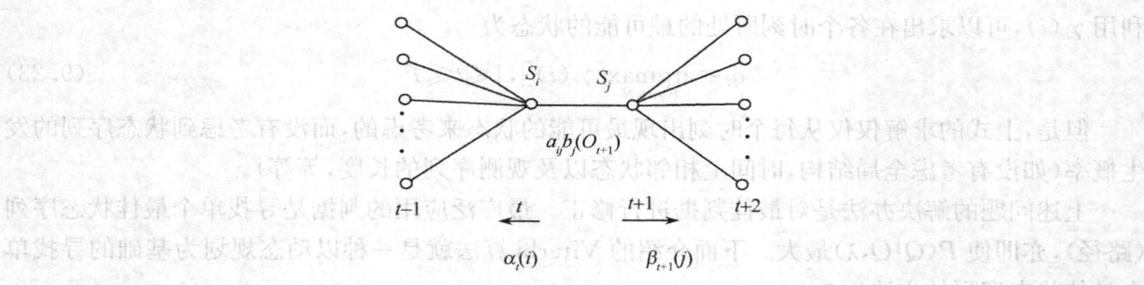

图 9.7 $\xi_t(i,j)$计算示意图

此前已经定义了 $\gamma_t(i)$为在给定模型λ和观察序列O 的条件下,在时刻 t 位于状态为 S_i 的条件概率,将 $\xi_t(i,j)$对 j 求和,可把两者联系起来,即

$$\gamma_t(i)=\sum_{j=1}^{N}\xi_t(i,j) \tag{9.34}$$

利用上面的公式及计算事件发生的概念,可以得到估计隐马尔可夫模型参数的方法,其计算公式如下(参考式(9.20)和式(9.32)):

(1) π 的重估公式

$$\bar{\pi}_i=\gamma_1(i)=\frac{\alpha_1(i)\beta_1(i)}{\sum_{i=1}^{N}\alpha_1(i)\beta_1(i)} \tag{9.35}$$

即在时间 $t=1$ 处于状态 S_i 的次数的期望值。

(2) a_{ij} 的重估公式

$$\overline{A}_{ij}=\frac{\sum_{t=1}^{T-1}\xi_t(i,j)}{\sum_{t=1}^{T-1}\gamma_t(i)}=\frac{\sum_{t=1}^{T-1}\alpha_t(i)a_{ij}b_j(O_{t+1})\beta_{t+1}(j)/P(O\mid\lambda)}{\sum_{t=1}^{T-1}\alpha_t(i)\beta_t(i)/P(O\mid\lambda)} \tag{9.36}$$

将 $\gamma_t(i)$对 t(t 从 1 到 $T-1$)求和,将得到一个量,可解释为从状态 S_i 进行转移的次数的期望值。类似地,将 $\xi_t(i,j)$对时间 t(t 从 1 到 $T-1$)求和,可以得到从状态 S_i 转移到 S_j 的期望值。

即从状态 S_i 转移到状态 S_j 次数的期望与从状态 S_i 转移出去次数的期望的比值。

(3) $b_j(O_k)$的重估公式

$$\overline{B}_j(O_k)=\frac{\sum_{t=1}^{T}\gamma_t(j)_{O_k=v_k}}{\sum_{t=1}^{T}\gamma_t(j)}=\frac{\sum_{\substack{t=1\\O_k=v_k}}^{T}\alpha_t(i)\beta_t(i)/P(O\mid\lambda)}{\sum_{t=1}^{T}\alpha_t(i)\beta_t(i)/P(O\mid\lambda)} \tag{9.37}$$

它表示在状态 S_j 观测到符号 v_k 的次数的期望与出现状态 S_j 的次数的期望之比。

把现在的模型定义为 $\lambda=(\boldsymbol{A},\boldsymbol{B},\pi)$，把重估模型定义为 $\bar{\lambda}=(\bar{\boldsymbol{A}},\bar{\boldsymbol{B}},\bar{\pi})$。以上述方法为基础，如果不断地用 $\bar{\lambda}$ 代替 λ，并重复上述重估计算，那么就能够改善由模型观测到 O 的概率，直到达到某个极限点为止。

4. 解决下溢问题后的重估公式

我们可以看到上面的重估公式均涉及了前向变量和后向变量的计算，而每个前向变量 $\alpha_t(i)$ 和后向变量 $\beta_t(j)$ 都是通过递推计算得到的，即是由连续相乘的概率值组成的。当 t 达到较大数值（如 100）时，二者的动态范围会超过任何计算机的精度范围从而导致下溢，因此要用软件实现此算法，必须在计算过程中使用定标算法。即每递推计算一次便对运算结果乘以一个适当放大的比例因子。下面给出了详细的定标过程并且推导了加入定标因子后 3 个参数的重估公式（包括单序列和多序列重估公式）。

定标的基本方法是对 $\alpha_t(i)$ 和 $\beta_t(j)$ 乘以一个定标系数，该系数与 i 无关（即它只取决于 t），目的是使定标后的 $\alpha_t(i)$ 和 $\beta_t(j)$ 总是处在计算机的动态范围之内，在计算结束后，应当去掉所有的定标系数。下面给出完整的定标过程。

（1）对前向变量进行定标

定标过程需要引入几个新的变量：$\bar{\alpha}_t(i)$ 和 $\hat{\alpha}_t(i)$。$\alpha_t(i)$ 是待求前向变量值，设 $\bar{\alpha}_t(i)$ 为递推值，$\hat{\alpha}_t(i)$ 为修正递推值，由于 $\alpha_t(i)$ 的下溢问题，在实际计算过程中这个变量不能出现，所以公式中的 $\alpha_t(i)$ 必须用修正递推值 $\hat{\alpha}_t(i)$ 代替。设 c_t 为标度（定标）因子

$$c_t=\frac{1}{\sum_{i=1}^{N}\bar{\alpha}_t(i)} \tag{9.38}$$

则前向变量的递推计算按下面步骤进行。

初始化

$$\bar{\alpha}_1(i)=\alpha_1(i) \tag{9.39}$$

$$\hat{\alpha}_1(i)=c_1\bar{\alpha}_1(i)=c_1\alpha_1(i) \tag{9.40}$$

$$c_1=\frac{1}{\sum_{i=1}^{N}\bar{\alpha}_1(i)}=\frac{1}{\sum_{i=1}^{N}\alpha_1(i)}=\frac{1}{P(O_1\mid\lambda)} \tag{9.41}$$

递推

$$\hat{\alpha}_t(i)=c_t\bar{\alpha}_t(i) \tag{9.42}$$

定标后前向变量的计算公式为

$$\bar{\alpha}_{t+1}(j)=\sum_{i=1}^{N}\hat{\alpha}_t(i)a_{ij}b_j(O_{t+1}) \tag{9.43}$$

根据上两个公式可得

$$\begin{aligned}\hat{\alpha}_2(j)&=c_2\bar{\alpha}_2(j)=c_2\sum_{i=1}^{N}\hat{\alpha}_1(i)a_{ij}b_j(O_2)\\&=c_2c_1\sum_{i=1}^{N}\alpha_1(i)a_{ij}b_j(O_2)=c_2c_1\alpha_2(j)\end{aligned} \tag{9.44}$$

根据递推式(9.41)和式(9.42)可以证明下式成立

$$\hat{\alpha}_t(j)=c_t c_{t-1} c_{t-2} \cdots c_1 \alpha_t(j) \tag{9.45}$$

即

$$\alpha_t(j)=\hat{\alpha}_t(j)(c_1 c_2 \cdots c_t)^{-1} \tag{9.46}$$

由于前向概率 $P(O \mid \lambda)=\sum_{i=1}^{N} \alpha_T(i)$，用修正递推值表示为

$$P(O \mid \lambda)=\sum_{i=1}^{N}(c_1 c_2 \cdots c_T)^{-1} \hat{\alpha}_T(i) \tag{9.47}$$

根据式(9.38)可得

$$\sum_{i=1}^{N} \hat{\alpha}_T(i)=c_T \sum_{i=1}^{N} \bar{\alpha}_T(i)=1 \tag{9.48}$$

所以有

$$P(O|\lambda)=(c_1 c_2 \cdots c_T)^{-1} \tag{9.49}$$

(2) 对后向变量进行定标

同上，引入两个变量，即递推值 $\bar{\beta}_t(j)$ 和修正递推值 $\hat{\beta}_t(j)$。

初始化

$$\bar{\beta}_T(j)=\beta_T(j)=1 \tag{9.50}$$

令

$$\hat{\beta}_T(j)=c_T \bar{\beta}_T(j) \tag{9.51}$$

同理类似于前向概率的定标最终可得

$$\beta_t(j)=(c_T c_{T-1} \cdots c_t)^{-1}(\hat{\beta}_t(j)) \tag{9.52}$$

加入定标算法后(即用修正递推值代替原来的前后向变量)改写 3 个参数重估公式。

根据式(9.20)和式(9.46)可得

$$\bar{\pi}_i=\gamma_1(i)=\frac{\alpha_1(i) \beta_1(i)}{\sum_{i=1}^{N} \alpha_1(i) \beta_1(i)}=\frac{c_1^{-1} \hat{\alpha}_1(i)(c_T c_{T-1} \cdots c_1)^{-1} \hat{\beta}_1(i)}{\sum_{i=1}^{N} c_1^{-1} \hat{\alpha}_1(i)(c_T c_{T-1} \cdots c_1)^{-1} \hat{\beta}_1(i)} \tag{9.53}$$

又根据式(9.49)得到 π 定标后的重估公式

$$\bar{\pi}_i=\frac{\hat{\alpha}_1(i) \hat{\beta}_1(i) P(O \mid \lambda) c_1^{-1}}{\sum_{i=1}^{N} \hat{\alpha}_1(i) \hat{\beta}_1(i) P(O \mid \lambda) c_1^{-1}} \tag{9.54}$$

同理，式(9.36)变为

$$\begin{aligned}
\bar{A}_{ij} &= \frac{\sum_{t=1}^{T-1} \hat{\alpha}_t(i)(c_1 c_2 \cdots c_t)^{-1} a_{ij} b_j(O_{t+1}) \beta_{t+1}(j)(c_{t+1} c_{t+2} \cdots c_T)^{-1} / P(O/\lambda)}{\sum_{t=1}^{T-1} \alpha_t(i)(c_1 c_2 \cdots c_t)^{-1} \beta_t(i)(c_t c_{t+1} \cdots c_T)^{-1} / P(O/\lambda)} \\
&= \frac{\sum_{t=1}^{T-1} \hat{\alpha}_t(i) a_{ij} b_j(O_{t+1}) \hat{\beta}_{t+1}(j) P(O \mid \lambda) / P(O \mid \lambda)}{\sum_{t=1}^{T-1} \hat{\alpha}_t(i) \hat{\beta}_t(i) c_t^{-1} P(O \mid \lambda) / P(O \mid \lambda)}
\end{aligned} \tag{9.55}$$

显然，消去上述式子中的概率值，所以最终的重估公式为

$$\overline{A}_{ij}=\frac{\sum_{t=1}^{T-1}\hat{\alpha}_t(i)a_{ij}b_j(O_{t+1})\hat{\beta}_{t+1}(j)}{\sum_{t=1}^{T-1}\hat{\alpha}_t(i)\hat{\beta}_t(i)c_t^{-1}} \tag{9.56}$$

式(9.37)定标后的推导如下。

同样，类似于前两个重估公式的推导，根据式(9.20)和式(9.46)有

$$\overline{B}_j(O_k)=\frac{\sum_{\substack{t=1\\O_k=v_k}}^{T}\alpha_t(i)\beta_t(i)/P(O\mid\lambda)}{\sum_{t=1}^{T}\alpha_t(i)\beta_t(i)/P(O\mid\lambda)}=\frac{\sum_{\substack{t=1\\O_k=v_k}}^{T}\hat{\alpha}_t(i)\hat{\beta}_t(i)c_t^{-1}}{\sum_{t=1}^{T}\hat{\alpha}_t(i)\hat{\beta}_t(i)c_t^{-1}}$$

$$=\frac{\hat{\alpha}_1(i)\hat{\beta}_1(i)c_1^{-1}+[\hat{\alpha}_2(i)\hat{\beta}_2(i)c_2^{-1}|_{O_k=v_k}+\cdots+\hat{\alpha}_t(i)\hat{\beta}_t(i)c_t^{-1}|_{O_k=v_k}+\cdots+\hat{\alpha}_T(i)\hat{\beta}_T(i)c_T|_{O_k=v_k}]}{\hat{\alpha}_1(i)\hat{\beta}_1(i)c_1^{-1}+\hat{\alpha}_2(i)\hat{\beta}_2(i)c_2^{-1}+\cdots+\hat{\alpha}_t(i)\hat{\beta}_t(i)c_t^{-1}+\cdots+\hat{\alpha}_T(i)\hat{\beta}_T(i)c_T} \tag{9.57}$$

根据式(9.42)、式(9.43)有

$$\hat{\alpha}_t(j)c_t^{-1}=\sum_{i=1}^{N}\hat{\alpha}_{t-1}(i)a_{ij}b_j(O_t) \tag{9.58}$$

所以式(9.57)可以写为

$$\overline{B}_j(O_k)=\frac{\hat{\alpha}_1(i)\hat{\beta}_1(i)c_1^{-1}+\sum_{\substack{t=2\\O_k=v_k}}^{T}\sum_{i=1}^{N}\hat{\alpha}_{t-1}(i)a_{ij}b_j(O_t)\hat{\beta}_t(i)}{\hat{\alpha}_1(i)\hat{\beta}_1(i)c_1^{-1}+\sum_{t=2}^{T}\sum_{i=1}^{N}\hat{\alpha}_{t-1}(i)a_{ij}b_j(O_t)\hat{\beta}_t(i)} \tag{9.59}$$

前面给出了单个序列训练模型参数的重估公式。对于非特定人识别系统，如果语音的全部知识只是词汇表中每个单词的一个例词，却期望识别器具有非常优良的性能是不可能的，应该给识别器提供单词模式的各种变异情况。比较好的办法就是每个单词要有多个例词发音。所以不能用一个观测序列来训练模型，为了有足够的数据来可靠地估计模型参数，必须使用多个观测序列。即每个模型参数都要使用多个样本来训练，假设有 L 个样本(对应于 L 个观测序列[$O^{(1)}$，$O^{(2)}$，…，$O^{(L)}$])，现假定每个观测序列都是相互独立的，调整模型 λ 的参数以使 L 个 $P(O|\lambda)$ 乘积的值最大，此时对重估公式的修正办法是把每个观测序列的概率加在一起，这样修正后多序列的重估公式为

$$\overline{\pi}_i=\frac{\sum_{l=1}^{L}\hat{\alpha}_1^{(l)}(i)\hat{\beta}_1^{(l)}(i)P(O\mid\lambda)c_1^{(l)^{-1}}}{\sum_{i=1}^{N}\sum_{l=1}^{L}\hat{\alpha}_1^{(l)}(i)\hat{\beta}_1^{(l)}(i)P(O\mid\lambda)c_1^{(l)^{-1}}} \tag{9.60}$$

$$\overline{A}_{ij}=\frac{\sum_{l=1}^{L}\sum_{t=1}^{T_l-1}\hat{\alpha}_t^{(l)}(i)a_{ij}b_j(O_{t+1})\hat{\beta}_{t+1}^{(l)}(j)}{\sum_{l=1}^{L}\sum_{t=1}^{T_l-1}\hat{\alpha}_t^{(l)}(i)\hat{\beta}_t^{(l)}(i)c_t^{(l)^{-1}}} \tag{9.61}$$

$$\overline{B}_j(O_k)=\frac{\sum_{l=1}^{L}\left[\hat{\alpha}_1^{(l)}(i)\hat{\beta}_1^{(l)}(i)c_1^{(l)^{-1}}+\sum_{\substack{t=2\\O_k=v_k}}^{T_l}\sum_{i=1}^{N}\hat{\alpha}_{t-1}^{(l)}(i)a_{ij}b_j(O_t)\hat{\beta}_t^{(l)}(i)\right]}{\sum_{l=1}^{L}\left[\hat{\alpha}_1^{(l)}(i)\hat{\beta}_1^{(l)}(i)c_1^{(l)^{-1}}+\sum_{t=2}^{T_l}\sum_{i=1}^{N}\hat{\alpha}_{t-1}^{(l)}(i)a_{ij}b_j(O_t)\hat{\beta}_t^{(l)}(i)\right]} \tag{9.62}$$

单序列和多序列 π_i 的重估公式中都出现了概率 P 的计算，这样又会引入新的下溢问题，解决办法是在迭代计算 P 的过程中，每次都乘以一个较大的数，这样分子分母每次都乘以一个相同的数，二者在同一数量级上，所以对重估公式没有影响。

9.2.3 隐马尔可夫模型用于语音识别

1. 实验方法

我们用 C++语言在 Windows 操作系统上实现了一个基于离散 HMM 的孤立词语音识别系统，实验的方框图如图 9.4 所示。对于一个孤立词识别系统，输入的语音信号是一个个的孤立单词。系统共使用了 50 词 16 个人的不同信噪比的语音数据来做实验(包括无噪声、15dB、20dB、25dB、30dB 的数据)，每人每个词发音 3 次，其中 9 人的语音数据(某种 SNR)用于训练模型，另外 7 个人的语音数据(同一 SNR 下的)用于识别，得到这种 SNR 下语音的识别结果。每个词的 HMM 参数使用 27 个样本(9 人×3 次)来训练，测试样本文件的数目依实验所用的词汇量而不同。

具体实验步骤如下。

第 1 步:特征提取

特征提取一般要解决两个问题:一是从语音信号中提取(或测量)有代表性的合适的特征参数(即选取有用的信号表示);另一个是进行适当的数据压缩。语音的特征参数是分帧提取的，每帧特征参数一般构成一个矢量，因此语音特征是一个矢量序列。系统中前端语音信号的采样率为 11.025kHz，帧长 10ms，110 个样点，帧移为 5ms。使用的特征提取方法是过零峰值幅度，即 ZCPA 特征。每个单词的 ZCPA 特征经时间和幅度归一化处理后得到统一的 64×16(1024)维的语音特征矢量序列。

第 2 步:矢量量化

特征提取后得到的语音特征矢量序列的数据率一般会很高，不便于其后的进一步处理，因此有必要采用一定的编码方法对数据进行压缩。由于系统中后端的识别方法采用离散 HMM，且单词的矢量维数较高，所以提取的特征需要经过矢量量化处理。矢量量化是一种很有效的数据压缩技术，矢量量化的过程中首先需要生成码书，本节使用 LBG 法来聚类生成码书。其中初始码书的生成采用随机法，即从聚类前的矢量空间中随机选取 N 个(码书尺寸)M 维(码矢维数)矢量数据作为初始码字。这种方法易于实现且码书训练时间短，故常用于语音识别。语音信号中提取出来的特征经过数据压缩后便成为语音的模式，显然，语音模式是否具有代表性是语音识别成功与否的关键之一。首先将所有用来训练的单词特征组成一个大的语音特征矢量集(如 50 词矢量数目为 50×27×(1024/4))，这个矢量集用来训练码书。系统采用的码书尺寸为 128，码矢维数是 4 维，这些矢量被分到 128 个类中，每个聚类有一个标号(从 1～128)。然后每个单词的 1024 维特征进入已训练好的矢量量化器，1024 个数值每 4 维一个形成 256 个矢量，按照最近邻准则，对 256 个矢量进行矢量量化，每个矢量用它所在类的标号表示(从 1～128)。最后，用各单词的特征矢量被量化后形成的码矢标号代替原来的 1024 维矢量成为每个单词的语音模式作为下一步处理的输入信号。

第 3 步:训练隐马尔可夫模型

上一步处理得到的单词特征标号即为离散 HMM 的输入序列$\{O_1,O_2,\cdots,O_T\}$。对于离散 HMM,每个单词用一个 HMM 模型参数表示(即$\lambda=(A,B,\pi)$),每个单词用 27 个样本序列来训练。系统采用自左向右无跨越形式的 HMM 模型,每个单词的模型为 5 个状态(如图 9.8 所示),图 9.9 给出了用离散 HMM 训练好的的某个单词模型参数的状态转移矩阵示例。此外,由于码书尺寸为 128,故观测符号数目 $N=128$。

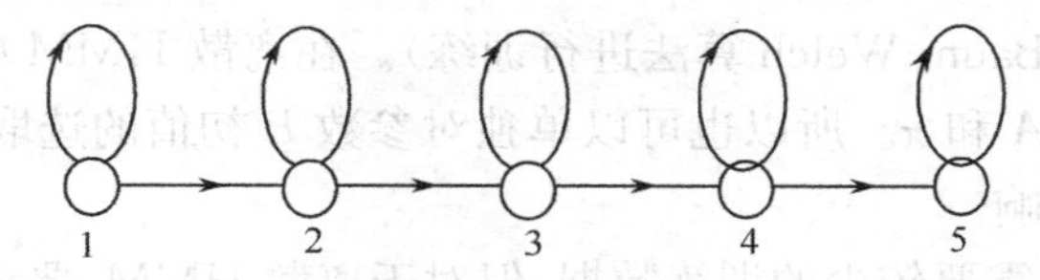

图 9.8 无跨越由左向右模型

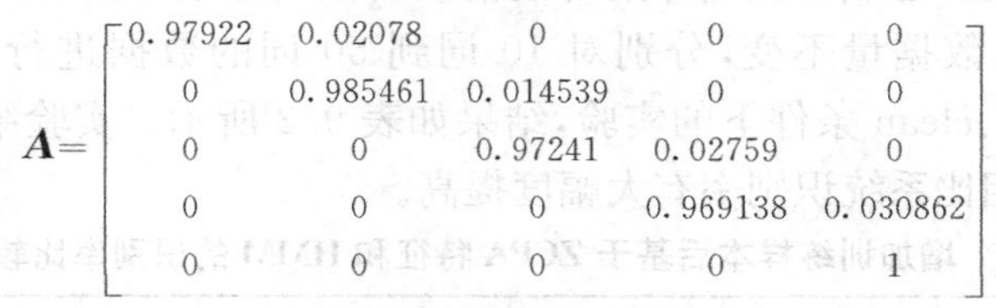

$$\boldsymbol{A}=\begin{bmatrix} 0.97922 & 0.02078 & 0 & 0 & 0 \\ 0 & 0.985461 & 0.014539 & 0 & 0 \\ 0 & 0 & 0.97241 & 0.02759 & 0 \\ 0 & 0 & 0 & 0.969138 & 0.030862 \\ 0 & 0 & 0 & 0 & 1 \end{bmatrix}$$

图 9.9 状态转移矩阵

对于初值的设定,本系统模型中的三个参数均设定为等概率初值。训练方法使用经典的 Baum-Welch 算法,训练迭代终止条件为根据模型计算的一次发音概率值取对数(目的是避免下溢)后,在参数重估前后变化值的绝对值小于某个阈值(实验中选取 0.01)。本系统每个单词模型参数均使用多个样本序列来训练,故采用定标后的多序列重估式(9.60)、式(9.61)和式(9.62)来训练模型。实验结果证明,本系统可以保持良好的收敛性,每个单词训练 30 次左右即可收敛。

第 4 步:对测试集单词进行识别

经过上一步的训练,每个单词都生成一套模型参数。类似于训练集数据的矢量量化,将用于测试的(即另外 7 个人在某种 SNR 的语音数据)每个单词的特征矢量送入第 2 步生成的矢量量化器。这样,每个单词也是一个码矢编号序列,每个序列都经过所有单词的 HMM 模型参数计算概率值,这个过程采用 Viterbi 解码算法。这个算法使用的判据是寻找单个最佳状态序列(路径),即使 $P(Q|O,\lambda)$最大,这等效于使 $P(Q,O|,\lambda)$最大。这样概率最大值所对应的模型即为识别结果。最后用识别正确的单词数与所有测试集单词数做比值即为识别率。

2. 实验结果及讨论

表 9.1 为使用 ZCPA 特征和 HMM 的不同词汇量单词在各种 SNR 下的识别结果比较。

表 9.1 基于 ZCPA 特征用 HMM 所得识别率比较(%)

SNR(dB)	15	20	25	30	clean
10 词	85.7	84.7	86.2	85.7	89.1
20 词	76.6	81.2	82.4	81.7	85.7
30 词	77.1	81.9	83.1	82.9	83.5
40 词	76.6	79.0	81.3	82.6	83.0
50 词	72.1	74.5	80.1	79.0	81.7

下面是关于系统性能影响因素的讨论。

(1) 矢量量化影响

由于系统使用的是离散隐马尔可夫模型方法,所以需要事先对每个单词的特征参数进行矢量量化，这样不可避免地会引入量化误差，所以应使用好的方法生成码书，以减小由此引起的失真，从而使系统性能所受影响尽可能减小。

(2) 初值设定影响

文中介绍的 HMM 训练方法(Baum-Welch 算法)本质上是一种梯度下降方法，在训练过程中有可能到达局部最小值。因此，初值的选取比较重要，好的初值可以避免局部极小问题。我们可以加入一定的优化方法来选取初值(如可采取人工免疫算法在某个初值设定区间中选取一组最优参数作为初值，再用 Baum-Welch 算法进行训练)。在离散 HMM 中，参数 B 对系统的性能有很大影响，超过了参数 A 和 π。所以也可以单独对参数 B 初值的选取采用一定的优化方法。

(3) 训练数据量的影响

连续隐马尔可夫模型需要较少的训练数据，但对于离散 HMM，要求的训练数据量较大。为了训练出可靠的参数模型，必须加大训练集的数据。当在训练集中又加入了 5 个人的语音数据(共 16 人数据)，测试集数据量不变，分别对 10 词到 50 词的数据进行了无噪声及信噪比为 15dB、20dB、25dB、30dB、clean 条件下的实验，结果如表 9.2 所示。实验结果表明增加训练集的样本数后，与 9 人训练相比系统识别率有大幅度提高。

表 9.2　增加训练样本后基于 ZCPA 特征和 HMM 的识别率比较(%)

SNR(dB)	15	20	25	30	clean
10 词	88.0	88.7	90.7	91.3	92.0
20 词	86.0	87.7	90.3	89.3	91.7
30 词	84.2	87.3	89.1	89.6	90.4
40 词	82.8	87.7	88.7	90.7	90.8
50 词	81.7	85.6	87.7	86.7	89.3

(4) 输出概率矩阵的平滑问题

训练集的有限性使得训练完以后的 $\boldsymbol{B}$ 矩阵中有一些零元素，这些不合理的零概率会给识别带来一定的影响，解决这个问题有三种方法：基数法，距离法和同现法。实验中采用的是最简单的基数法，它是将 $\boldsymbol{B}$ 矩阵中小于某个给定最小值的元素 e(e 依据生成矩阵确定)赋给一个值 ε(ε 取 10^{-4} ～10^{-6})，然后修改$\boldsymbol{B}$矩阵的其他元素使它满足约束条件：即在第 j 个状态下 $\sum_{k=1}^{M} b_j(k)=1$。具体方法如下：

设 $\boldsymbol{B}=\{b_j(k)\}$ 的第 j 行中有 R_j 个零值，则作如下参数调整

$$b_j(k)=\begin{cases}(1-R_j\varepsilon)b_j(k), & b_j(k)\leqslant e \\ \varepsilon, & b_j(k)>e\end{cases} \tag{9.63}$$

经过实验得出：将 $\boldsymbol{B}$ 矩阵进行平滑处理后，对训练集内的数据做识别测试时(称为特定人识别)识别率随 ε 值的增大而下降，未进行平滑前训练集内数据的识别率为 100%，平滑处理后识别率略有下降，这是由于 ε 的设置改变了原有训练参数而引起的。而对测试集数据进行识别测试时(称为非特定人识别)，识别率随 ε 值的增加而上升。说明对于测试集，ε 越小，适应能力越差。所以这种输出概率矩阵平滑方法只适用于 HMM 的非特定人识别。在我们前述的识别系统中，选取 $\varepsilon=10^{-4}$，结果表明识别率较没有进行输出矩阵平滑前增加了 10%左右。

9.3 支持向量机在语音识别中的应用

9.3.1 支持向量机分类原理

支持向量机(SVM)是20世纪90年代中期发展起来的新的机器学习技术,与传统的神经网络技术不同,SVM是以统计学习理论为基础,而统计学习理论是一种专门研究小样本情况下机器学习规律的理论,它为机器学习问题建立了一个很好的理论框架。支持向量机方法的提出,摆脱了长期以来形成的从生物仿生学的角度构建学习机器的束缚,在解决小样本机器学习问题中表现出许多特有的优势,开始成为克服“维数灾难”和“过学习”等传统困难的有力手段。

1. 最优分类面

SVM的分类原理是从线性可分问题下的最优分类面发展而来的,其基本思想可用如图9.10所示的两类线性可分情况说明。图中实心点和空心点分别表示两类的训练样本,H为没有错误地把两类样本分开的分类线,用线性函数$g(x)=w\cdot x+b$表示。事实上,能将两类点正确分开的直线很多(如H_3),此时的分类问题就是要寻找一条合适的直线划分整个二维平面,即确定法向量w和截距b。不改变法向量w,平行地向右上方和左下方推移直线H直到碰到某类训练点,这样就得到了两条极端的直线H_1、H_2,它们是过两类样本中离分类线H最近的点的直线,H_1、H_2之间的距离为两类的分类间隔(margin)。可以想象,应该选取使“margin”达到最大的那个法向量。进一步,对于选定的法向量w,会有两条极端的直线,选取b使得要找的直线为两条极端直线“中间”的那条线,称为最优分类线。

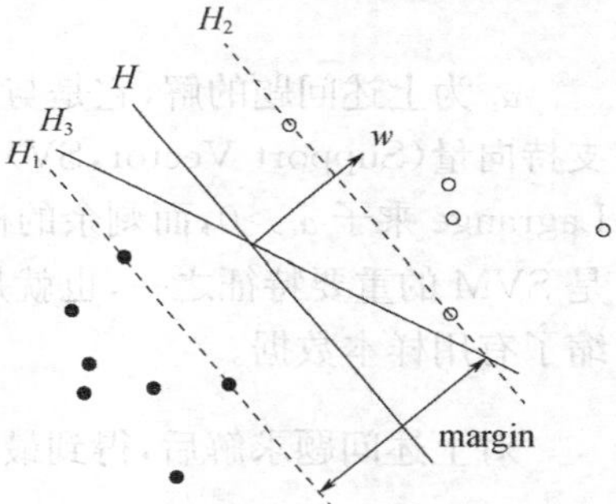

图9.10 二维线性可分问题

将上述直线方程规范化,即调整w和b,使得两条极端的直线H_1、H_2分别表示为

$$w\cdot x_i+b=1 \text{ 和 } w\cdot x_i+b=-1 \tag{9.64}$$

而中间的最优分类线H为

$$w\cdot x+b=0 \tag{9.65}$$

由此可知,最优分类线不但要能把两类样本无错误地分开,而且要使两类的分类间隔最大。按照结构风险最小化准则,前者是保证经验风险最小,使分类间隔最大实际上就是使推广性的界中的置信范围最小,从而使真实风险最小。显然,最优分类线由离它最近的直线H_1、H_2上少数样本点(称为支持向量)决定,只有支持向量对最终求得的最优分类线有影响,而与其他样本无关。推广到高维空间,最优分类线就成为最优分类面。

2. 线性可分问题

用一条直线把训练集正确地分开,没有错分点的这类问题称为线性可分问题。

考虑一个线性可分的二类分类问题,设线性可分的l个训练样本集$\{(x_i,y_i),\ i=1,2,\cdots,l\}$,输入样本空间$x_i$的维数为$d$,$y_i\in\{1,-1\}$标明它所对应的样本向量$x_i$属于两类中的哪一类。由这一组样本可以确定一个分类超平面$w\cdot x+b=0$,使得离它最近的每类点与它的距离达到最大值,对于两类所有样本都满足条件

$$y_i(w\cdot x_i+b)\geqslant 1 \qquad i=1,2,\cdots,l \tag{9.66}$$

此时相应的分类间隔为

$$d(w,b)=\min_{\{x_i|y_i=1\}}\frac{w\cdot x_i+b}{\|w\|}-\max_{\{x_i|y_i=-1\}}\frac{w\cdot x_i+b}{\|w\|}$$

$$=\frac{1}{\|w\|}-\frac{-1}{\|w\|}=\frac{2}{\|w\|} \quad (9.67)$$

使分类间隔最大就是使 $2/\|w\|$ 最大或使 $\|w\|/2$ 最小，满足式(9.66)且使 $2/\|w\|$ 最大的分类面即为最优分类面。使分类间隔最大体现了对推广能力的控制，这是 SVM 的核心思想之一。

综上可知，最优超平面的求解可变为求解下列对变量 w 和 b 的最优化问题，或称原始问题

$$\left.\begin{aligned}&\min_{w,b} \quad \frac{1}{2}\|w\|^2\\&s.t. \quad y_i(w\cdot x_i+b)\geqslant 1 \quad i=1,2,\cdots,l\end{aligned}\right\} \quad (9.68)$$

这就是原始的 SVM。对于问题式(9.68)，支持向量机方法不直接求解，而是通过求解该问题的对偶问题来得到它的解。利用 Lagrange 乘子法可以把上述最优化问题转化为其对偶问题(二次优化或二次规划问题)

$$\left.\begin{aligned}&\min_{\alpha} \quad \frac{1}{2}\sum_{i=1}^{l}\sum_{j=1}^{l}\alpha_i\alpha_j y_i y_j(x_i\cdot x_j)-\sum_{i=1}^{l}\alpha_i\\&s.t. \quad \sum_{i=1}^{l}\alpha_i y_i=0\\&\qquad\quad \alpha_i\geqslant 0 \quad i=1,2,\cdots,l\end{aligned}\right\} \quad (9.69)$$

α_i 为上述问题的解，它是与第 i 个样本对应的 Lagrange 乘子，$\alpha_i>0$ 对应的样本点 x_i 就是支持向量(Support Vector，SV)。从图 9.10 中可以看出，由于只有少部分样本是支持向量，其 Lagrange 乘子 $\alpha_i>0$，而剩余的样本满足 $\alpha_i=0$。我们称解 α_i 的这种性质为"稀疏性"，这个特性是 SVM 的重要特征之一，也就是说只需少量样本(支持向量)就可构成最优分类器，这样大大压缩了有用样本数据。

对上述问题求解后，得到最优解 $\alpha^*=(\alpha_1^*,\alpha_2^*,\cdots,\alpha_l^*)^{\mathrm{T}}$，计算 $w^*=\sum_{i=1}^{l}\alpha_i^* y_i x_i$，选择 α^* 的一个正分量 α_j^*，并据此计算出 $b^*=y_j-\sum_{i=1}^{l}y_i\alpha_i^*(x_i\cdot x_j),\forall j\in\{j\mid\alpha_j^*>0\}$，构造分划超平面 $(w^*\cdot x)+b^*=0$，进而得到相应的决策函数

$$\begin{aligned}f(x)&=\operatorname{sgn}(g(x))=\operatorname{sgn}((w^*\cdot x)+b^*)\\&=\operatorname{sgn}\left(\sum_{i=1}^{l}\alpha_i^* y_i(x_i\cdot x)+b^*\right)\end{aligned} \quad (9.70)$$

其中，x 为每一个待识别样本。式(9.70)中求和只对支持向量进行，因此，SVM 的最终决策函数只由少数的支持向量所确定，识别时的计算复杂性取决于支持向量的数目，而不是样本空间的维数，这在某种意义上避免了"维数灾难"。

统计学习理论指出，在 d 维空间中，设所有样本分布在一个半径为 R 的超球范围内，则满足条件 $\|w\|^2\leqslant A$ 的规范化超平面构成的分类面 $f(x,w,b)=\operatorname{sgn}[(w\cdot x)+b]$ 的 VC 维满足下面的界

$$h=\min([R^2A],d)+1 \quad (9.71)$$

因此使 $\|w\|^2$ 最小就是使 VC 维的上界最小，从而实现 SRM 准则中对函数复杂性的选择。

3. 近似线性可分问题

近似线性可分问题是指训练样本不能用直线完全正确地划分，只能大体上把训练集分开。如图 9.11 所示。

这类问题如果仍然用直线去划分，必然会出现错分点。因此，放宽要求，希望错分的程度尽可能小，也就是不要求所有训练点满足约束条件 $y_i(w \cdot x_i + b) \geqslant 1$。为此对第 i 个训练点 (x_i, y_i) 引入非负松弛变量 ξ_i，约束条件放松为 $y_i(w \cdot x_i + b) + \xi_i \geqslant 1$。显然，$\sum_{i=1}^{l} \xi_i$ 描述训练集被错分的程度。这样就有了两个目标：仍希望间隔 $2/\|w\|$ 尽可能大，同时希望错分程度 $\sum_{i=1}^{l} \xi_i$ 尽可能小。把这两个目标综合起来，并引入一个大于 0 的惩罚参数 C 作为两个目标的权重，就得到下面的软间隔 SVM(C-SVM)原始问题

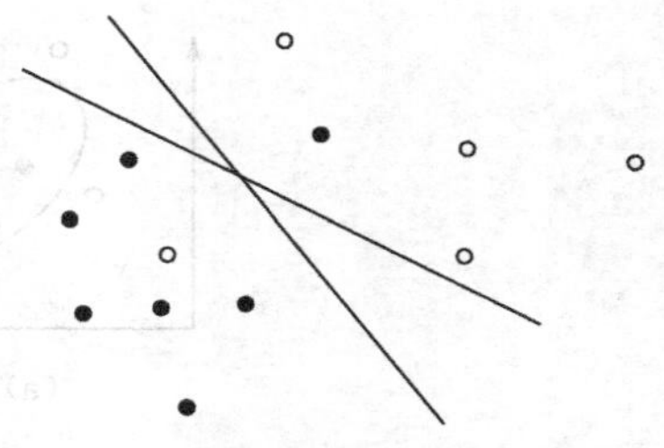
图 9.11　近似线性可分问题

$$\left.\begin{aligned}&\min_{w,b,\xi} \frac{1}{2}\|w\|^2 + C\sum_{i=1}^{l}\xi_i \\ &s.t. \quad y_i(w \cdot x_i + b) \geqslant 1 - \xi_i \quad i = 1,2,\cdots,l \\ &\qquad \xi_i \geqslant 0 \quad i = 1,2,\cdots,l\end{aligned}\right\} \tag{9.72}$$

可以看出，惩罚参数 C 越大表示对错误分类的惩罚越大。式(9.72)中第一项是最大化分类间隔，第二项则是最小化训练误差。C 起着调节这两个目标的作用。选取大的 C 值，意味着更强调最小化训练误差，C 值本身没有确切的意义，但它的选取是 SVM 算法的一个难点。同前所述，问题(9.72)的对偶问题为

$$\left.\begin{aligned}&\min_{\alpha} \quad \frac{1}{2}\sum_{i=1}^{l}\sum_{j=1}^{l}\alpha_i\alpha_j y_i y_j (x_i \cdot x_j) - \sum_{i=1}^{l}\alpha_i \\ &s.t. \quad \sum_{i=1}^{l}\alpha_i y_i = 0 \\ &\qquad 0 \leqslant \alpha_i \leqslant C \quad i = 1,2,\cdots,l\end{aligned}\right\} \tag{9.73}$$

对上述问题求解后得到最优解 $\alpha^* = (\alpha_1^*, \alpha_2^*, \cdots, \alpha_l^*)^{\mathrm{T}}$，计算 $w^* = \sum_{i=1}^{l}\alpha_i^* y_i x_i$，选择 α^* 的一个分量 $0 < \alpha_j^* < C$，并据此计算出 $b^* = y_j - \sum_{i=1}^{l} y_i \alpha_i^* (x_i \cdot x_j)$，$\forall j \in \{j \mid \alpha_j^* > 0\}$，构造分划超平面 $(w^* \cdot x) + b^* = 0$，进而得到相应的决策函数

$$\begin{aligned} f(x) &= \mathrm{sgn}(g(x)) = \mathrm{sgn}((w^* \cdot x) + b^*) \\ &= \mathrm{sgn}\left(\sum_{i=1}^{l}\alpha_i^* y_i (x_i \cdot x) + b^*\right) \end{aligned} \tag{9.74}$$

4. 线性不可分问题

对于图 9.12(a)所示的输入空间，显然用直线划分会产生很大的误差，这类线性不可分问题，可以通过引入一个非线性变换 $\phi: R^d \mapsto H$ 将原输入空间中的向量 x_i 映射为某个高维特征空间 H 中的向量 $\phi(x_i)$，然后在这个新空间中求取最优线性分类面，如图 9.12(b)所示，从而将原输入空间中的线性不可分问题转化为高维特征空间中的线性可分问题。图 9.12 为非线性变换过程的示意图。

一般来说，这种非线性变换 ϕ 的形式非常复杂，很难实现。但是注意到在线性可分问题中，不论是优化的目标函数还是分类函数，都只涉及向量的点积运算，即 $x_i \cdot x_j$ 的形式，那么在高维特征空间中进行线性划分时，也必然只涉及 $\phi(x_i) \cdot \phi(x_j)$ 的形式。所以，如果存在一个核函数 K，满足 $K(x_i, x_j) = \phi(x_i) \cdot \phi(x_j)$，那么就能用原输入空间中的函数来实现高维特征空间中的点积，从而就不必知道映射 ϕ 的具体形式了。

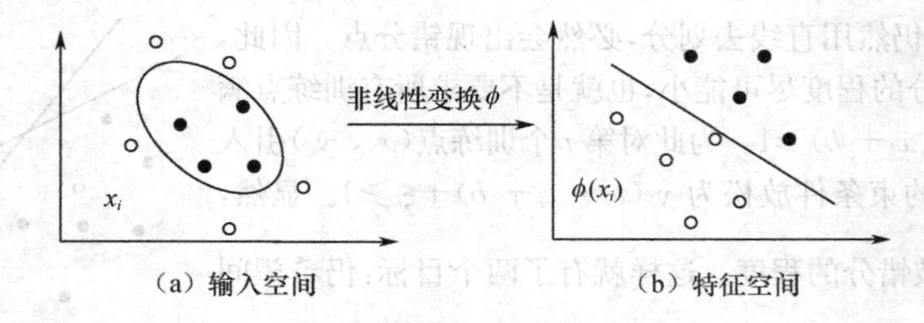

图 9.12　非线性变换示意图

非线性情况下的分类超平面为

$$w \cdot \phi(x_i)+b=0 \tag{9.75}$$

此时 C-SVM 的原始问题为

$$\left.\begin{aligned}\min_{w,b,\xi}\quad & \frac{1}{2}\|w\|^2+C\sum_{i=1}^{l}\xi_i\\ s.t.\quad & y_i(w\cdot\phi(x_i)+b)\geqslant 1-\xi_i\quad i=1,2,\cdots,l\\ & \xi_i\geqslant 0\quad i=1,2,\cdots,l\end{aligned}\right\} \tag{9.76}$$

引入核函数 $K(x_i,x_j)$ 后，得到对偶最优化问题

$$\left.\begin{aligned}\min_{\alpha}\quad & \frac{1}{2}\sum_{i=1}^{l}\sum_{j=1}^{l}\alpha_i\alpha_j y_i y_j K(x_i\cdot x_j)-\sum_{i=1}^{l}\alpha_i\\ s.t.\quad & \sum_{i=1}^{l}\alpha_i y_i=0\\ & 0\leqslant\alpha_i\leqslant C\quad i=1,2,\cdots,l\end{aligned}\right\} \tag{9.77}$$

相应的决策函数变为

$$f(x)=\mathrm{sgn}\left(\sum_{i=1}^{l}\alpha_i^* y_i K(x_i,x)+b^*\right) \tag{9.78}$$

其中，$b^*=y_j-\sum_{i=1}^{l}y_i\alpha_i^*K(x_i,x_j),\ \forall j\in\{j\mid 0<\alpha_j^*<C\}$。

SVM 的非线性分类问题是用核函数来代替映射函数 $\phi(\cdot)$ 的内积运算，并不需要显式地知道特征空间 H 和 $\phi(\cdot)$ 的具体形式，只要知道核函数 K 就可以确定一个支持向量机。

5. C-SVM 算法

支持向量机算法的基本思想是通过非线性映射 $\phi(\cdot)$ 将输入向量 x 映射到一个高维（特征）空间，在这个高维空间中求取最优线性分类面，而这种非线性映射是通过定义适当的内积函数实现的，即用原空间的函数实现新空间的内积。

C-SVM 引入了核函数 $K(x_i,x)$ 和惩罚参数 C，具体算法如下：

① 已知 l 个训练样本集 $T=\{(x_1,y_1),\cdots,(x_l,y_l)\}\in(X\times Y)^l$，其中 $x_i\in X=R^n$（n 维欧式空间），$y_i\in Y=\{-1,1\}$，$i=1,\cdots,l$，输入样本空间 x_i 的维数为 d；

② 选取适当的核函数 $K(x_i,x)$ 和合适的惩罚参数 C，构造并求解最优化问题

$$\left.\begin{aligned}\min_{\alpha}\quad & \frac{1}{2}\sum_{i=1}^{l}\sum_{j=1}^{l}\alpha_i\alpha_j y_i y_j K(x_i\cdot x_j)-\sum_{i=1}^{l}\alpha_i\\ s.t.\quad & \sum_{i=1}^{l}\alpha_i y_i=0\\ & 0\leqslant\alpha_i\leqslant C\quad i=1,2,\cdots,l\end{aligned}\right\} \tag{9.79}$$

求得最优解 $\alpha^*=(\alpha_1^*,\alpha_2^*,\cdots,\alpha_l^*)^{\mathrm{T}}$；

③ 选取 α^* 中的一个分量 α_j^*，满足 $0<\alpha_j^*<C$，据此算出

$$b^* = y_j - \sum_{i=1}^{l} y_i \alpha_i^* K(x_i, x_j) \tag{9.80}$$

④ 构造决策函数

$$f(x) = \mathrm{sgn}\left(\sum_{i=1}^{l} \alpha_i^* y_i K(x_i, x) + b^*\right) \tag{9.81}$$

图 9.13 为支持向量机分类器的结构图，其中 $x=\{x^1, x^2, \cdots, x^d\}$ 是 d 维输入向量，$w_i=\alpha_i y_i$ $(i=1,2,\cdots,l)$ 为权值。SVM 求得的分类函数形式上类似于一个神经网络，其输出是若干中间层节点的线性组合，而每个中间层节点对应于输入样本与一个支持向量的内积。

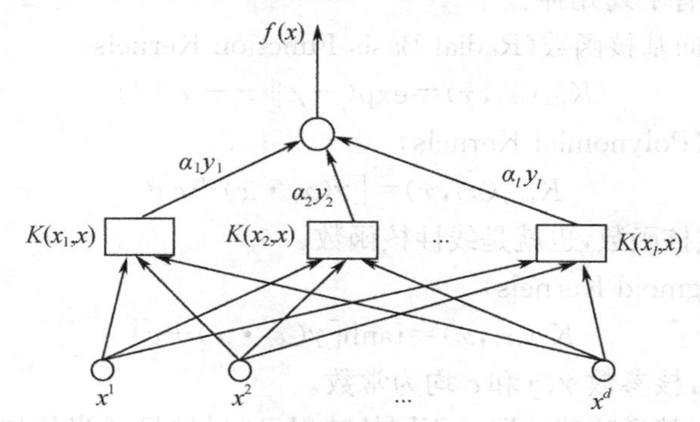

图 9.13　支持向量机结构图

9.3.2　支持向量机的模型参数选择问题

SVM 的显著特点是通过引入核函数技术把低维空间的输入数据通过非线性变换映射到高维特征空间，从而在低维空间的非线性问题可以在高维空间用线性方法来解决，并且不用知道非线性变换及其对应特征空间的形式。SVM 由核函数和训练集完全刻画。SVM 分类性能的好坏，核函数的选择及核参数的取值起着非常关键的作用。

不同的核函数所表现出的特点各不相同，由此所构成的 SVM 的性能也完全不同，因此寻找一个适合给定问题的核函数是 SVM 算法的关键，但有关核函数选择的理论依据非常少。对核函数的研究主要集中在核函数理论和核函数构造、核函数参数的选择及特定对象特性（生物序列、文本、图像）的核函数构造和使用等方面，并得到了一些结论，但远非指导性依据。

1. 核函数概念

设输入空间 X 是 R^n 中的一个子集，称定义在 $X\times X$ 上的函数 $K(x,x')$ 是核函数，如果存在着从 X 到某一个 Hilbert 空间 H 的映射 $\phi: X\rightarrow H, x\mapsto\phi(x)$，使得 $K(x,x')=(\phi(x)\cdot\phi(x'))$，其中 $(\cdot)$ 表示 H 中的内积。

Mercer 给出了一个函数为核的充分必要条件，核是满足如下 Mercer 条件的任何对称函数。

Mercer 条件：对于任意的对称函数 $K(x,x')$，能以系数 $\alpha_k>0$ 展开成

$$K(x,x') = \sum_{k=1}^{\infty} \alpha_k \phi_k(x) \phi_k(x') \tag{9.82}$$

（即 $K(x,x')$ 是某个特征空间的一个内积），其充分必要条件是，对于任意的 $\phi(x)\neq 0$，且 $\int \phi^2(x)\mathrm{d}x<\infty$，有

$$\iint K(x,x')\phi(x)\phi(x')\mathrm{d}x\mathrm{d}x' \geqslant 0 \tag{9.83}$$

可以看出核应满足两个条件：一是对称性，即 $K(x,x')=K(x',x)$；二是 Cauchy-Schwarts 不等式 $K^2(x,x')\leqslant K(x,x)K(x',x')$。对称正定的函数在统计上称为协方差，所以核从本质上来讲是协方差。从式(9.82)可以看出，核函数实际上是一个凸锥。

统计学习理论指出，根据泛函分析中 Hilbert-Schmidt 理论，只要一种运算满足 Mercer 条件，它就对应某一变换空间中的内积。

满足 Mercer 条件的函数可被用作支持向量机的核函数。核函数的引入使 SVM 得以实用化，因为它避免了显式高维空间中向量内积而造成的大量运算。

2. 常用的核函数

目前常用的核函数有下列几种。

(1) Gaussian 或径向基核函数(Radial Basis Function Kernels)

$$K_{\text{rbf}}(x_i,x)=\exp(-\gamma\|x_i-x\|^2) \tag{9.84}$$

(2) 多项式核函数(Polynomial Kernels)

$$K_{\text{ploy}}(x_i,x)=[\gamma(x_i\cdot x)+c]^q \tag{9.85}$$

q 取 1 时，为一阶多项式核函数，也就是线性核函数。

(3) S 形核函数(Sigmoid Kernels)

$$K_{\text{s}}(x_i,x)=\tanh[\gamma(x_i\cdot x)+c] \tag{9.86}$$

式(9.84)～式(9.86)中，核参数 γ、q 和 c 均为常数。

选择不同的核函数，就意味着选取了不同的映射，通过选择适当的核函数，可使算法达到更好的效果；核参数也是影响支持向量机性能的关键因素，选择一组合理的参数，也可以提高支持向量机的性能。因此，支持向量机学习性能的好坏与核函数及其参数选择有着直接的关系。

3. 模型选择

SVM 的模型选择是指选择适当的核函数类型、核函数的参数和惩罚因子，从而使所得到的支持向量机在对未知样本进行测试时表现出更好的分类性能。

在选用核函数时，尽管满足 Mercer 条件的函数在理论上都可以作为核函数来使用，但是不同的核函数构成的 SVM 的分类性能却不同。即使已经选择了某一类型的核函数，其相应的参数也存在如何选择的问题。然而，到目前为止，参数选择只能根据经验、大量的反复实验进行对比等方法来进行。

在核函数确定的情况下，核函数的参数和误差惩罚因子 C 的选择也是 SVM 取得满意分类效果的关键。

核参数决定了输入空间到高维特征空间的非线性映射的本质，主要影响样本数据在高维特征空间中分布的复杂程度。例如，Gaussian 核函数中核参数 γ 的改变实质上是改变了非线性变换函数，从而改变了样本在数据子空间中分布的复杂程度(维数)。所以，对于给定 γ 值的 Gaussian 核函数，就对应于一个具有确定维数的数据子空间，也就限定了在该数据子空间中所能构造的最优分类面的复杂程度。

当 γ 较大时，$K(x_i,x_j)\to 0$。此时，每个点只有它附近的点才对它起作用，这会导致过学习问题，即分类器能把训练样本正确分开，但对未知样本不具有任何推广能力。当 γ 较小时，$K(x_i,x_j)\to 1$。此时，几乎每个点都对其他点起作用，所有的点看起来差不多。这会导致欠学习问题，分类器会将样本划分为样本数较大的一类。

惩罚因子 C 的作用是在确定的特征空间中调节支持向量机的置信范围和经验风险的比例。由式(9.79)可知，它对拉格朗日乘子加以限制，较大的 C 使训练错误率较小，而较小的 C 会导致没有边界向量，测试精度较低。

综上所述,要获得推广能力良好的 SVM 分类器,首先要选择合适的核参数将数据映射到合适的高维特征空间,然后针对确定的特征空间寻找合适的惩罚因子 C,使得支持向量机的经验风险和置信范围达到最佳的比例。

事实上,当用 SVM 解决一个实际问题时,多数情况下,需要尝试用多个核函数,然后根据测试结果决定采用哪一个核函数。因为目前的研究还没有能深入到足以指导我们如何去选取核函数,更谈不上根据具体的问题构造一个核函数。但是利用核函数性质选取核函数及参数,这个工作还是有一定成效的。

9.3.3 支持向量机用于语音识别的 MATLAB 实现

实现一个基于 SVM 的语音识别系统,首先要将原始语音信号进行预加重、加窗和分帧等处理。预加重通过一个传递函数为 $H(z)=1-\alpha z^{-1}(0.9<\alpha<1.0)$的滤波器进行滤波;加窗分帧选用 Hamming 窗。经过预处理后,提取语音信号的特征参数,作为 SVM 分类器的输入的语音数据。实验所用的语音特征是 MFCC 参数。

SVM 本身是一个两类问题的判别方法,对于中等词汇量的非特定人语音的识别,需要将 N 个词汇分开,这是一个多类分类问题,因此涉及多类问题到二类问题的转换。本实验采用一对一分类法来进行 SVM 多类分类。即在 k 个不同类别训练集中找出所有不同类别的两两组合,构建 $P=k(k-1)/2$ 个子分类器,将测试数据分别对 P 个 SVM 子分类器进行测试,在 P 个决策函数结果中得票数最多的类别为测试数据的类别。

实验中所采用的语音样本均为孤立词,语音信号采样率为 11.025kHz。

实验使用了 9 人在不同 SNR(15dB、20dB、25dB、30dB、无噪声)下的发音作为训练数据库,噪声为人为添加的 Gaussian 白噪声。语音样本数据的词汇量分别为 10 词、20 词、30 词、40 词和 50 词,每人每个词发音 3 次。因此,整个数据集在不同 SNR 下分别有 10、20、30、40、50 个类别。测试样本由另外 7 人在相应 SNR 和词汇量下,对每个词发音 3 次得到。实验是在 LIBSVM 工具箱平台上完成的。

1. LIBSVM 工具箱简介

LIBSVM 工具箱是台湾大学林智仁(C. J Lin)等人开发设计的一个简单、易于使用和快速有效的 SVM 模式识别与回归的软件包,可以解决分类问题(包括 C-SVC、n-SVC)、回归问题(包括 e-SVR、n-SVR)及分布估计(one-class-SVM)等问题。它不但提供了编译好的可在 Windows 系统运行的执行文件,还提供了源代码,方便改进、修改及在其他操作系统上应用。该软件还有一个特点,就是对 SVM 所涉及的参数调节相对比较少,提供了很多的默认参数,利用这些默认参数就可以解决很多问题;并且提供了交互检验的功能。下面详细介绍 LIBSVM 软件包中主要函数的调用格式及注意事项。

(1) SVM 使用的数据格式

该软件使用的训练数据和预测数据文件格式如下:

<label><index1>:<value1><index2>:<value2> ...

其中,<label>是训练样本集的目标值,对于分类问题,它是标识某类的整数(支持多个类);对于回归问题是任意实数。<index>是以 1 开始的整数,可以是不连续的;<value>为实数,也就是我们常说的自变量。检验数据文件中的 label 只用于计算准确度或误差,如果它是未知的,只需用一个数填写这一栏,也可以空着不填。

(2) SVM 训练函数 svmtrain

函数 svmtrain 用于创建一个 SVM 模型,其调用格式为:

```
model = svmtrain ( train_label, train_data, 'libsvm_options' );
```

其中,train_label 为训练集样本对应的类别标签;train_data 为训练集样本的输入矩阵;libsvm_options 为 SVM 模型的参数及其取值(具体的参数、意义及其取值请参考 LIBSVM 软件包的参数说明文档,此处不再赘述);model 为训练好的 SVM 模型。

(3) SVM 预测函数 svmpredict

函数 svmpredict 用于利用已创建的 SVM 模型进行仿真预测,其调用格式为:

```
[predict_label, accuracy] = svmpredict ( test_label, test_data, model);
```

其中,test_label 为测试集样本对应的类别标签;test_data 为测试集样本的输入矩阵;model 为利用函数 svmtrain 训练好的 SVM 模型;predict_label 为预测得到的测试集样本的类别标签;accuracy 为测试集的分类正确率。

需要说明的是,若测试集样本的类别标签 test_label 未知,可随机填写,此时 accuracy 就没有具体意义,只需关注预测的类别标签 predict_label 即可。

2. SVM 用于语音识别的 MATLAB 实现

在 Windows 操作系统上,利用 MATLAB 语言实现一个基于 SVM 模型对语音进行识别并对该模型性能进行评价的大体步骤如下:

(1) 产生训练/测试集

按照 LIBSVM 软件包对输入数据格式的要求,转换特征提取后训练集样本和测试集样本的输入语音特征矢量序列和类别标签以满足函数 svmtrain 和函数 svmpredict 调用格式的要求。

(2) 训练 SVM 模型

利用函数 svmtrain 可以方便地训练一个 SVM 模型,但由于核函数类型和参数的选择对模型泛化能力有较大的影响,因此,需要确定核函数的类型及选取较好的参数值。一般情况选用径向基核函数,且利用交叉验证方法寻优产生最佳模型参数。

(3) 仿真测试

当训练好 SVM 模型后,输入测试集样本和矩阵函数 svmpredict 就可得到对应的预测类别标签和准确率。此时输出的准确率即为该模型的语音识别率。

(4) 语音识别性能评价

根据函数 svmpredict 得到的正确率,对建立的模型进行评价。若语音识别率不理想,应从以下 3 方面进行调整:训练集的选择、核函数的选择和模型参数的取值。

在此,我们使用的是 libsvm－3.1－[FarutoUltimate3.1Mcode]加强工具箱。它在原 LIBSVM 工具箱的 MATLAB 环境里增加了一些 SVM 的辅助函数,使用起来更加方便。

程序 9.1 是采用 MFCC 方法提取训练集样本或测试集样本语音特征参数的 MATLAB 程序。值得注意的是,在实现该程序仿真时需要先将 voicebox 语音处理工具箱添加到 MATLAB 软件中。

【程序 9.1】 MFCC.m

```
clear
clc
data = readall_txt('C:\Users\Administrator\Desktop\train15db10ci');   %读取原始语音文件输入路径
bank=melbankm(24,256,11025,0,0.5,'m');                    %Mel 滤波器的阶数为 24,信号采样频
                                                          %率为 11025Hz,帧长为 256 点
%归一化 Mel 滤波器组系数
bank=full(bank);
bank=bank/max(bank(:));

%设定 DCT 系数
```

```
for k=1:12
    n=0:23;
    dctcoef(k,:)=cos((2 * n+1) * k * pi/(2 * 24));
end
%归一化倒谱提升窗口
w = 1 + 6 * sin(pi * [1:12]./ 12);
w = w/max(w);

for i=1:270;
  str= ['C:\Users\Administrator\Desktop\train15db10ci\',num2str(i),'.txt' ];     %数据输出路径
  fid = fopen(str,'wt');
  x= data{i};

  %预加重滤波器
  xx=double(x);
  xx1=filter([1 -0.98],1,xx);

  %语音信号分帧
  xx2=enframe(xx1,256,128);

  %计算每帧的 MFCC 参数
  for i=1:size(xx2,1)                       %size(xx2,1)返回 xx2 的维数
      y = xx2(i,:);
      s = y'. * hamming(256);               %加窗
      t = abs(fft(s));                      %对信号 s 进行 fft 计算
      t = t.^2;                             %计算能量

  %对 fft 参数进行 Mel 滤波取对数再计算倒谱
      c1=dctcoef * log(bank * t(1:129));   %dctcoef 为 DCT 系数,bank 归一化 Mel 滤波器组系数
      c2 = c1. * w';                        %w 为归一化倒谱提升窗口
      m(i,:)=c2;                            %mfcc 参数
  end
      fprintf(fid,'%f\n',m');
      fclose(fid);
      m=[];
end
```

其中,readall_txt()为文件读取函数,其 MATLAB 程序如下:

```
% readall_txt.m
function data = readall_txt(path)
%读取同一路径 path 下的所有 txt 文件中的数据赋给 data
% txt 文件中含有一个数据项
% 输出 cell 格式以免各 txt 中数据长度不同
A = dir(fullfile(path,'*.txt'));           %列出该文件夹下.txt 格式的文件
A = struct2cell(A);                         %将结构数组转换为单元数组
num = size(A);                              %输出数组 A 的行数和列数
for k =0:num(2)-1
    x(k+1) = A(5 * k+1);                    %找出 name 序列
end
for k = 1:num(2)
    newpath = strcat(path,'\',x(k));
    data{k} = load(char(newpath));
end
```

针对不同语音库的特点,为了进一步提高语音的识别率,根据实际情况有时还需对已提取的

语音特征参数进行诸如时间归一化处理、标签化等处理。程序 9.2 是用 SVM 模型进行语音识别的 MATLAB 程序。

【程序 9.2】SVM.m

```
clear;
clc;
load('smtrain15.mat');                        %smtrain15.mat 为训练语音特征文件
load('smtest15.mat');                         %smtest15.mat 为测试语音特征文件
train_data=smtrain15(:,:);                    %将 smtrain15 数据赋值给训练集样本 train_data
train_label=smtrain15(:,1);                   %产生训练集样本标签
test_data=smtest15(:,:);                      %将 smtrain15 数据赋值给测试集样本 test_data
test_label=smtest15(:,1);                     %产生测试集样本标签
model=svmtrain(train_label,train_data,'-c100-g 0.01');
                                              %训练 SVM 模型,c 为惩罚因子,g 为核函数参数
[predict_label,accuracy]=svmpredict(train_label,train_data,model);
                                              %训练集样本的分类正确率
[predict_label,accuracy]=svmpredict(test_label,test_data,model);
                                              %测试集样本的分类正确率
```

程序运行结果如下:

Accuracy = 100% (1600/1600) (classification)

Accuracy = 76.5417% (1837/2400) (classification)

上述程序运行后,所得分类正确率 100%和 76.5417%分别为训练集样本和测试集样本的语音识别率。

习 题 9

9.1 语音识别系统主要包括预处理、特征提取和训练识别网络等组成部分,简述各组成部分的作用。

9.2 语音特征提取方法有哪些?每种方法的鲁棒性如何?

9.3 按照 9.3.3 节所描述的方法,用 MATLAB 提取 Mel 频率倒谱系数 MFCC 语音特征参数;选择合适的核函数和参数,实现基于 SVM 的简单孤立词汇的语音识别系统。

9.4 已知离散 HMM 的观测序列 $O=\{O_1,O_2,\cdots,O_T\}$ 和模型 $\lambda=(\boldsymbol{A},\boldsymbol{B},\pi)$,思考以下问题:

(1) 如何有效地求解给定模型条件下产生观测序列 O 的概率 $P(O|\lambda)$?

(2) 如何求取伴随给定观测序列产生的最佳状态序列?

(3) 如何调整参数 $(\boldsymbol{A},\boldsymbol{B},\pi)$ 使条件概率 $P(O|\lambda)$ 最大?

(4) 如何将隐马尔可夫模型用于语音识别?

9.5 已知 l 个训练样本集 $T=\{(x_1,y_1),\cdots,(x_l,y_l)\}\in(X\times Y)^l$,其中 $x_i\in X=R^n$ (n 维欧氏空间),$y_i\in Y=\{-1,1\}$,$i=1,\cdots,l$,输入样本空间 x_i 的维数为 d;若 C-SVM 引入核函数 $K(x_i,x)$ 和惩罚参数 C,其最优化问题为

$$\left.\begin{aligned}&\min_{\alpha}\quad \frac{1}{2}\sum_{i=1}^{l}\sum_{j=1}^{l}\alpha_i\alpha_j y_i y_j K(x_i\cdot x_j)-\sum_{i=1}^{l}\alpha_i\\&s.t.\quad \sum_{i=1}^{l}\alpha_i y_i=0\\&\qquad\quad 0\leqslant\alpha_i\leqslant C\quad i=1,2,\cdots,l\end{aligned}\right\}$$

针对语音识别系统,问基于 Gaussian 核函数 $K_{\mathrm{rbf}}(x_i,x)=\exp(-\gamma\parallel x_i-x\parallel^2)$ 的 SVM 最优化问题转化为怎样的凸优化问题?其核参数 γ 和惩罚参数 C 如何选择?

第10章　语音增强原理及应用

在自然界中，语音作为语言的主要声学表现形式，在人类传输信息和交流感情的过程中起着传输媒介的作用，同时也成为人类重要、有效、常用和方便的通信方式。语音通信也作为人机交互中的重要通信方式之一，自然而然成为信息时代最重要的信息交流手段。然而，人们在语音交流、通信及人机交互的过程中，系统不可避免地受到来自周围环境、传输媒介、电气机器设备本身等各种因素造成的噪声干扰，使得最终的接收者，包括人和机器，接收到的不再是需要的纯净语音信号，而是受到“各种噪声”干扰的带噪语音信号，导致接收到的语音质量下降，产生失真，使得人耳对它的听觉感知度降低，产生听觉疲劳感，甚至使语音处理系统的性能失效。针对这一问题，语音增强技术应运而生，它是从带噪语音中去掉“噪声”干扰，提取尽可能纯净语音的技术，具有减小语音失真、提高语音质量、降低听觉疲劳感、提高听觉感知度等作用。

10.1　语音和噪声的主要特性

目前，很多的语音增强算法都是依赖于语音和噪声信号的特性而产生的。所以，对语音和噪声特性的了解和分析，是学习语音增强算法的前提。不同的语音特性、不同的噪声类型将会出现不同的语音增强算法，了解其中机理有助于算法的改进，能进一步拓展算法的应用。

10.1.1　语音的主要特性

对语音信号的研究采用的是数字信号处理的知识，是从时域或频域、长时或短时、平稳或非平稳等角度来分析的，语音的主要特性有以下3点：

① 语音是时变的、非平稳的随机信号，同时又具有短时平稳性；

② 语音可分为清音和浊音两大类；

③ 语音信号可以用统计分析特性来描述。

10.1.2　噪声的特性

噪声广泛地存在于人们的现实生活中，来源于实际的应用环境，因而其特性时刻变化。它的存在破坏了语音信号原有的声学特征和模型参数，模糊了不同语音之间的差别，使语音质量下降，可懂度降低，甚至使人产生听觉疲劳。更有甚者，强噪声环境还能使讲话人改变惯有的发音方式，比如提高音量、声音嘶哑，这些都改变了语音的特征参数，使得语音分析变得更加困难，对语音信号的处理无法实现。在对纯净语音的干扰方式上，噪声可以分为加性的和非加性的噪声。因为加性噪声更普遍、更易于分析，且有些非加性噪声可以通过变换转变为加性噪声。加性噪声大致可以分为周期性噪声、冲激噪声、宽带噪声和语音干扰噪声。

① 周期性噪声，具有许多离散的窄峰谱，通常来源于发动机等周期运转的机械。如50Hz或60Hz的交流声会引起周期性噪声。如果出现周期性噪声，可以通过功率谱发现，并通过滤波或变换技术将其去掉。

② 冲激噪声，其特点是在时域波形中突然出现窄脉冲，它通常是放电的结果。对这种噪声的消除，可以根据带噪语音信号幅度的平均值确定阈值，当信号幅度超过该阈值时，判为冲激噪

声并对其消除。

③ 宽带噪声，其特点是与语音信号在时域和频域上完全重叠，且只有在语音间歇期才单独存在，消除它也最困难。宽带噪声的来源很多，如热噪声、气流(如风、呼吸)噪声及各种随机噪声源。通常用到的高斯白噪声就是平稳的宽带噪声，而对于其他不具有这种频谱的宽带平稳噪声，可以先进行白化处理。对于非平稳的宽带噪声，情况就更复杂一些。

④ 语音干扰噪声，是指干扰信号和待传信号同时在一个信道中传输所造成的噪声。利用人体内部语音理解机理具有的一种感知能力，通常人耳可以在两人以上讲话环境中分辨出所需要的声音，这种分辨能力被称为"鸡尾酒会效应"。但当多个语音叠加在一起进行单信道传输时，双耳信号因合并而消失。这时只能利用基音差别来区分有用信号和干扰噪声信号。考虑到一般情况下两种语音的基音不成整倍关系，这样可以用梳状滤波器提取基音和各次谐波，再恢复出有用信号。

10.2 语音增强算法的分类

针对从20世纪70年代到至今涌现出的所有的语音增强算法，再也无法用单调的依据对算法进行分类，因为这无法准确描述算法的不同。于是，根据不同的划分标准，语音增强算法可以有多种分类方法。

根据是否建立模型，目前应用的算法大致可以分为模型算法和非模型算法。模型算法又分为参数方法和统计方法。其中参数方法是指首先要建立一个语音生成模型或噪声模型，提取出这些模型参数，然后再在此基础上进行去噪。典型的算法有梳状滤波器、维纳滤波器、卡尔曼滤波器、人工神经网络、子空间等。统计方法也要建立模型库，利用语音和噪音的统计特性，通过训练过程获得初始统计参数，如语音周期，通过加强语音的特性、衰减噪声的特性达到语音增强的目的。典型的算法有最小均方误差估计MMSE、听觉掩蔽效应、小波变换等。而非模型方法因为不需要从带噪信号中估计模型参数，简单易行，应用范围也比较广。但由于没有利用真实的语音统计信息，故结果一般不是最优的。这类方法包括谱减法、盲源分离法等。

其次，根据麦克风数量的不同，语音增强算法可分为单通道语音增强算法和多通道语音增强算法。其中，单通道语音增强算法是基于各种噪声消除方法，并结合语音信号的特征来研究具有针对性的算法，因为具有良好的噪声抑制性能且算法简单而受到广泛关注，代表算法如谱减法、维纳滤波法、听觉掩蔽法、信号子空间法、小波(包)变换法、盲源分离法等；多通道语音增强算法是指采用麦克风阵列来获取多通道信号数据进行处理，并通过很好地利用阵列信号的信号源方向、说话人的位置等空间特性，增强所需要的声源信号，抑制不需要的声源信号和噪声，达到语音增强的目的。代表性的算法有自适应波束形成算法、结合波束形成与后滤波算法及各种基于信号子空间、统计模型算法等。

最后，根据对语音信号处理的所在域的不同，分为基于时域、频域、巴克域、子空间域、小波域等变换域的语音增强算法。时域语音增强是在时间域里利用语音信号的短时平稳特征、自相关特性、周期性等来设计具有针对性的噪声消除算法，恢复出纯净语音信号；代表性的算法有自适应噪声抵消算法、卡尔曼滤波算法等；频域语音增强算法是利用离散傅里叶变换(Discrete Fourier Transformation，DFT)把语音信号转换到频域，利用频域中的带噪语音信号的频谱、频率系数等特性设计相应的算法恢复出纯净语音的频谱分量，最后再通过反傅里叶变换来获得纯净语音，代表性的算法有经典谱减法、短时谱估计法；巴克域语音增强算法是利用声音在基底膜的传输特性，把语音信号的频率按照巴克尺度划分到巴克域，通过计算巴克域中噪声的掩蔽阈值，然后再通过它来调节噪声抑制系数，从而达到增强的目的，经典的算法有听觉掩蔽法和相应的改进算法；子空间域的语音增强算法是带噪语音信号通过 K-L 变换（Karhunen-Loeve Transformation，KLT）得到带噪信号的特征值，通过去除噪声特征值并对信号加噪声特征值空间进行估计，得到语音信号的特征值，再通过 K-L 反变换，得到所需要的纯净语音，代表算法有子空间法和相应的改进算法；小波域的语音增强算法是通过小波变换（Wavelet Packet Transformation，WTP）把语音信号变换到小波域，利用噪声和信号的小波系数的差异，保留有用的语音信号小波系数，抑制无用的噪声小波系数，再通过反变换恢复出语音，代表算法是小波模极大值、小波阈值、小波空域的语音增强算法。

因为语音信号在时域中存在相关性，而变换域在从时域变换到其他域时，既充分利用变换域中语音与背景噪声更为显著的特征区别，且又能有效地消除相关性，因此变换域对于带噪语音的增强效果要优于时域语音增强算法。

10.3 单通道语音增强算法及 MATLAB 仿真实现

10.3.1 谱减法

谱减法（Spectral Subtraction，SS）的主要思想是：首先把带噪信号转换到频域，计算带噪语音的功率谱，并利用噪声估计算法得到噪声的功率谱；其次利用带噪语音的功率谱减去噪声的功率谱就得到纯净语音功率谱估计，并对它开方，就得到增强语音幅度谱估计；最后直接提取带噪语音的相位，将其相位恢复后再采用反傅里叶变换恢复时域信号，得到增强语音。谱减法的基本原理图如图 10.1 所示。

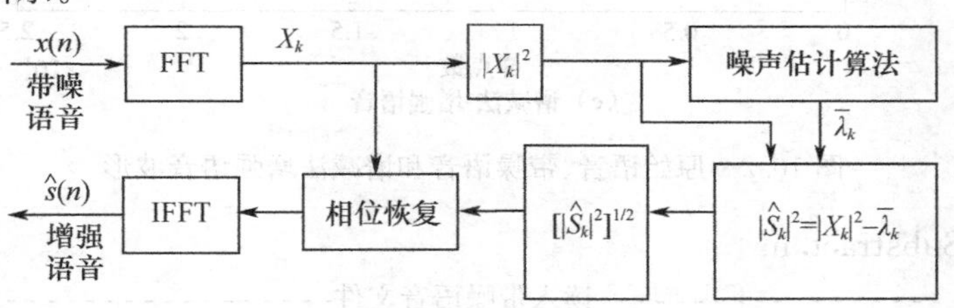

图 10.1 谱减法原理图

谱减法原理的数学描述如下：

设带噪语音信号为 $x(n)$，纯净语音信号为 $s(n)$，噪声信号为 $n(n)$，且为平稳加性高斯噪声，$x(n)$ 和 $n(n)$ 是统计独立的、零均值的，它们满足

$$x(n)=s(n)+n(n) \tag{10.1}$$

其中，n 代表采样的时间标号，且 $1\leqslant n\leqslant K$，K 为信号帧长，帧号为 l，总帧数为 L，且 $l=1,\cdots,L$。

设 $x(n)$ 的傅里叶变换为 $X_k=|X_k|\exp(\mathrm{j}\theta_k)$、纯净语音 $s(n)$ 的傅里叶变换为 $S_k=|S_k|\exp(\mathrm{j}\alpha_k)$、噪声 $n(n)$ 的傅里叶变换为 N_k，并假设各个傅里叶系数之间互不相关的，由式（10.1）可得到

$$X_k=S_k+N_k$$

带噪语音的功率谱为

$$|X_k|^2=|S_k|^2+|N_k|^2+S_kN_k^*+S_k^*N_k \tag{10.2}$$

由于 $s(n)$ 和 $n(n)$ 相互独立，N_k 为零均值的高斯分布，对式（10.2）求数字期望后变为

$$E\{|X_k|^2\}=E\{|S_k|^2\}+E\{|N_k|^2\} \tag{10.3}$$

因为分析的前提是语音加窗分帧，所以对于一个分析帧内的短时平稳信号，可以表示为

$$|X_k|^2=|S_k|^2+\bar{\lambda}_k \tag{10.4}$$

其中，$\bar{\lambda}_k$ 为无语音时 $|N_k|^2$ 的统计平均值，根据带噪语音的功率谱减去噪声的功率谱，就是语音信号的功率谱，再结合式(10.4)，可得

$$|\hat{S}_k| = [|X_k|^2 - E(|N_k|^2)]^{1/2} = [|X_k|^2 - \bar{\lambda}_k]^{1/2} \tag{10.5}$$

这就得到了最终增强后语音信号的幅度 $|\hat{S}_k|$，然后经过相位处理，再经过傅里叶反变换，最后把短时分析帧的语音经过叠接相加法综合就得到所需要的增强语音。

图 10.2 给出了一段取自 863 语音库的原始语音、带噪语音、增强语音的图，其 MATLAB 仿真程序如程序 10.1 所示，其中噪声为 NOISEX.92 数据库的高斯白噪声，语音信号的采样率为 8kHz，帧长 K 为 256 个采样点。在纯净语音中加入 10dB 高斯白噪声作为带噪语音。

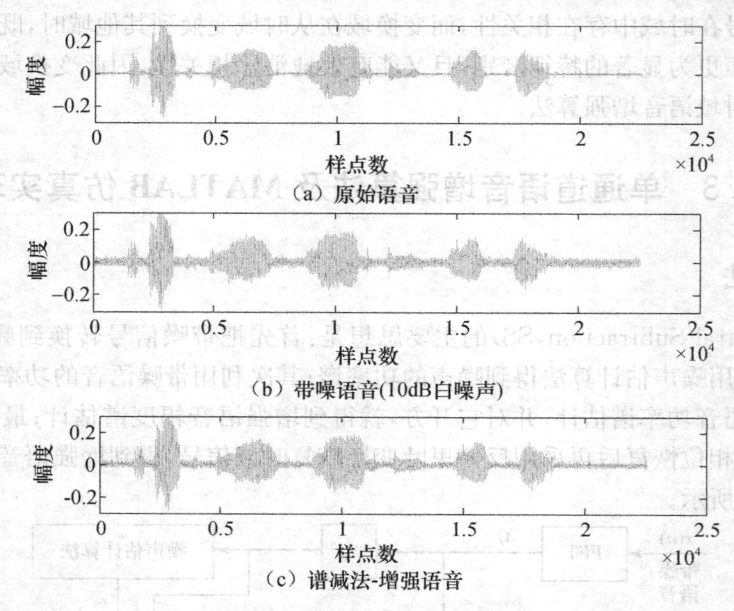

图 10.2　原始语音、带噪语音和谱减法增强语音波形

【程序 10.1】Substract.m

```
%------------------------------ 读入带噪语音文件------------------------------
[filename,pathname]=uigetfile('*.wav','请选择纯净语音文件:');
tidy=wavread([pathname filename])';
[filename,pathname]=uigetfile('*.wav','请选择带噪语音文件:');
wavin=wavread([pathname filename])';
%------------------------------ 参数定义------------------------------
frame_len=256;                                    %帧长
step_len=0.5*frame_len;                           %分帧时的步长,相当于重叠50%
wav_length=length(wavin);
R = step_len;
L = frame_len;
f = (wav_length-mod(wav_length,frame_len))/frame_len;
k = 2*f-1;                                        % 帧数
h = sqrt(1/101.3434)*hamming(256)';               % 汉明窗乘以系数的原因是使其复合条件要求
wavin = wavin(1:f*L);                             % 带噪语音与纯净语音长度对齐
tidy= tidy(1:f*L);
win = zeros(1,f*L);
enspeech = zeros(1,f*L);
%------------------------------分帧------------------------------
```

```
for r = 1:k
y = wavin(1+(r-1) * R:L+(r-1) * R);                 % 对带噪语音帧间重叠一半取值
    y = y. * h;                                     % 对取得的每一帧都加窗处理
    w = fft(y);                                     % 对每一帧都做傅里叶变换
    Y(1+(r-1) * L:r * L) = w(1:L);                  % 把傅里叶变换值放在 Y 中
end
%---------------------------- 估计噪声-----------------------------
NOISE= stationary_noise_evaluate(Y,L,k);            %噪声最小值跟踪算法
%------------------------- 谱减法---------------------------------------
for  t = 1:k
    X = abs(Y).^2;
    S = X(1+(t-1) * L:t * L)-NOISE(1+(t-1) * L:t * L);   % 含噪语音功率谱减去噪声功率谱
    S = sqrt(S);
    A = Y(1+(t-1) * L:t * L)./abs(Y(1+(t-1) * L:t * L));% 带噪语音的相位
    S = S. * A;                                     % 因为人耳对相位的感觉不明显,所以恢复时用
                                                    %的是带噪语音的相位信息

    s = ifft(S);
    s = real(s);                                    % 取实部
    enspeech(1+(t-1) * L/2:L+(t-1) * L/2) = enspeech(1+(t-1) * L/2:L+(t-1) * L/2)+s;
                                                                          % 在实域叠接相加
    win(1+(t-1) * L/2:L+(t-1) * L/2) = win(1+(t-1) * L/2:L+(t-1) * L/2)+h;
                                                                          % 窗的叠接相加

    end
    enspeech = enspeech./win;                       % 去除加窗引起的增益得到增强的语音
    %----------------------- 画出波形-------------------------------------
    subplot(3,1,1);plot(tidy);title('(a)原始语音');xlabel('样点数^ylabell('幅度'));axis([0 2.5 * 10^4 -
0.3 0.3]);
    subplot(3,1,2);plot(wavin);title('(b)带噪语音(10dB 白噪声)');xlabel('样点数^ylabell'(幅度'));axis
([0 2.5 * 10^4 -0.3 0.3]);
    subplot(3,1,3);plot(enspeech);title('(c)谱减法-增强语音');xlabel('样点数^ylabel('幅度'));axis([0
2.5 * 10^4 -0.3 0.3]);
```

其中,NOISE 为子函数,其 MATLAB 程序如下:

```
function NOISE= stationary_noise_evaluate(Y,L,k);          % 定义子函数
%粗略噪声功率谱密度 p 的计算
for b = 1:L                                                % 外循环开始,b 表示频率分量,
                                                           % 这里我们穷举了所有的频率分量

    p = [0.15 * abs(Y(b)).^2,zeros(1,k)];
    a = 0.85;
    for d = 1:k-1
      p(d+1) = a * p(d)+(1-a) * abs(Y(b+d * L)).^2;
    end
%噪声方差 actmin 的估计
    for e = 1:k-95
      actmin(e) = min(p(e:95+e));
    end
    for l = k-94:k
      m(l-(k-95)) = min(p(l:k));
    end
      actmin = [actmin(1:k-95),m(1:95)];
      c(1+(b-1) * k:b * k) = actmin(1:k);
```

```
    end                                          % 外循环结束,从外循环开始到结束
                                                 % 中间是对某个具体的频率分量进
                                                 % 行计算
    for t = 1:k
        for j = 1:L
            d(j) = c(t+(j-1) * k);
        end
        n(1+(t-1) * L:t * L) = d(1:L);
    end
    NOISE =n;
```

谱减法是在频域中用带噪语音的短时功率谱减去相应的噪声谱来实现语音增强,不必使用端点检测的方法检测语音段和无声段,算法简单。但是减去噪声谱后的增强语音会有些较大的功率谱分量的剩余部分,在频域上呈现出随机出现的尖峰,相应地在时域上就呈现出一些类正弦信号的叠加,呈现出音乐的特性,此类残留噪声具有一定的节奏性起伏感,故被称为“音乐噪声”,在听觉上形成残留噪声。

10.3.2 维纳滤波法

维纳滤波器(Wiener Filter,WF)是建立在谱减法的基础上,特点是增强后的残留噪声类似白噪声,而不是有起伏的音乐噪声。因此,维纳滤波法可以有效抑制音乐噪声。维纳滤波法原理如图 10.3 所示。

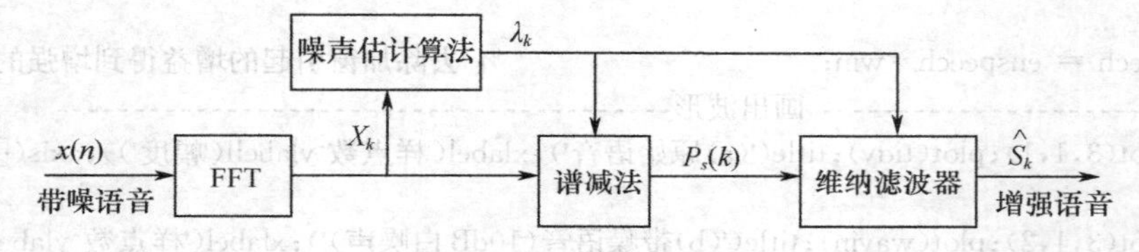

图 10.3　维纳滤波法原理图

维纳滤波法的数学描述如下:

设带噪语音为 $x(n)=s(n)+n(n)$,设计一个数字 FIR 滤波器 $h(n)$,$h(k)(k=0,1,\cdots,M-1)$是滤波器的系数,带噪语音通过这个数字滤波器,输出为

$$\hat{s}(n)=x(n)*h(n)=\sum_{k=0}^{M-1}h(k)y(n-k) \tag{10.6}$$

根据最小均方准则,滤波器的均方误差的期望值为

$$E\{e(n)^2\}=E\{(\hat{s}(n)-s(n))^2\} \tag{10.7}$$

再根据带噪信号与误差信号的正交性原理有

$$E\{x(n-k)e^*(n)\}=0,\quad k=0,1,2,\cdots,M-1 \tag{10.8}$$

假设 $x(n)$和 $s(n)$是零均值广义平稳过程时,滤波器的系数满足

$$\sum_{i=0}^{M-1}h(i)r_x(i-k)=r_{sx}(-k),\quad k=0,1,2,\cdots,M-1 \tag{10.9}$$

$$r_x(i-k)=E\{x(n-k)x^*(n-i)\} \tag{10.10}$$

$$r_{sx}(-k)=E\{x(n-k)s^*(n)\} \tag{10.11}$$

将式(10.11)、式 (10.10)代入式(10.9)并对式(10.9)两边做离散傅里叶变换到频域,得

$$H(k)=\frac{P_{sx}(k)}{P_x(k)} \tag{10.12}$$

式中，$P_x(k)$为$x(n)$的功率谱密度，$P_{sx}(k)$为$s(n)$与$x(n)$的互功率谱密度。由于$s(n)$与$n(n)$不相关，则可得

$$P_{sx}(k)=P_s(k) \tag{10.13}$$

$$P_x(k)=P_s(k)+P_n(k) \tag{10.14}$$

因此，设计的滤波器的增益，用G_k表示增益，可表示为

$$G_k=H(k)=\frac{P_s(k)}{P_s(k)+P_n(k)} \tag{10.15}$$

$$G_k=H(k)=\frac{P_s(k)}{P_s(k)+\lambda_k} \tag{10.16}$$

式中，$P_n(k)=\lambda_k$；$P_s(k)$，λ_k分别为语音和噪声功率谱密度。

根据增益，基于维纳滤波的增强语音可表示为

$$\hat{S}_k=G_k \cdot P_x(k) \tag{10.17}$$

从上式可以看到，需要知道信号的功率谱，这对于短时谱的语音来说，功率谱无法预先得到，于是把式(10.16)对应地改为

$$G_k=\frac{E[|S_k|^2]}{E[|S_k|^2]+\lambda_k} \tag{10.18}$$

从式(10.18)可以看出，涉及$E[|S_k|^2]$的求解可以有多种途径，比如用谱减法或其他谱估计方法先得到$|S_k|^2$，然后把相邻帧的$|S_k|^2$作平滑估计得到$E[|S_k|^2]$。

图10.4给出了经维纳滤波法后的图形，原始语音和带噪语音同图10.2，程序10.2是维纳滤波法的MATLAB程序。

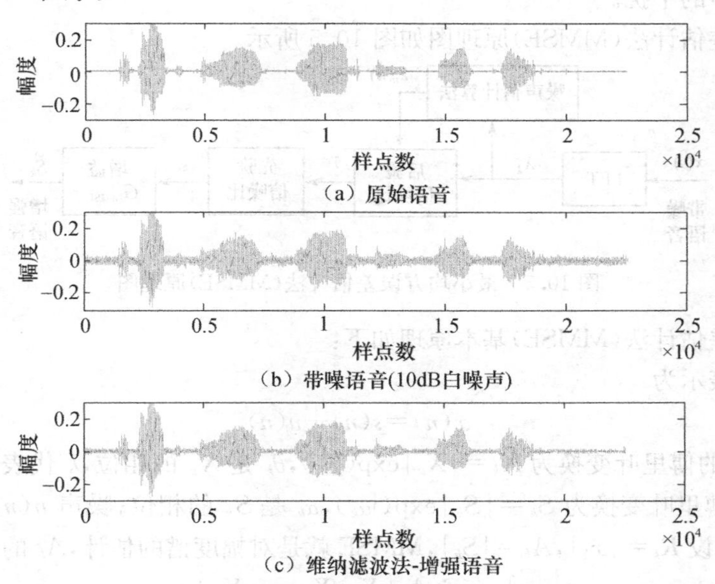

图10.4　原始语音、带噪语音和维纳滤波法增强语音波形

另外，它还有一种推广的扩展形式

$$G_k=\left[\frac{E[|S_k|^2]}{E[|S_k|^2]+\beta\lambda_k}\right]^{\alpha} \tag{10.19}$$

其中，不同的α，β参数可以获得多种不同变化形式，也就对应着不同的维纳滤波器。

【程序10.2】 Wiener.m

```
%先读入带噪语音文件、参数定义、对语音分帧、估计噪声，程序参见Substract.m;
```

```
%----------------------------------wiener-------------------------------------------
for t = 1:k
    X = abs(Y).^2;
    S=max((X(1+(t-1)*L:t*L)-NOISE(1+(t-1)*L:t*L)),0);
    G_k=(X(1+(t-1)*L:t*L)-NOISE(1+(t-1)*L:t*L))./X(1+(t-1)*L:t*L);
    S = sqrt(S);
    A1=G_k.*S;
    A = Y(1+(t-1)*L:t*L)./abs(Y(1+(t-1)*L:t*L)); % 带噪语音的相位
    S = A1.*A; % 因为人耳对相位的感觉不明显,所以恢复时用的是带噪语音的相位信息
    s = ifft(S);
    s = real(s);                                              % 取实部
    enspeech(1+(t-1)*L/2:L+(t-1)*L/2) = enspeech(1+(t-1)*L/2:L+(t-1)*L/2)+s;
                                                              % 在实域叠接相加
    win(1+(t-1)*L/2:L+(t-1)*L/2) = win(1+(t-1)*L/2:L+(t-1)*L/2)+h;
                                                              % 窗的叠接相加
end
enspeech = enspeech./win; % 去除加窗引起的增益得到增强的语音;
%最后画出波形,程序参见 Substract.m
```

10.3.3 最小均方误差估计法

最小均方误差估计(Minimum Mean Square Error,MMSE)语音增强方法由 Yariv Ephraim 和 David Malah 于 1983 年提出,是一种对特定的失真准则和后验概率不敏感的估计方法,能有效地降低音乐噪声的干扰。

最小均方误差估计法(MMSE)原理图如图 10.5 所示。

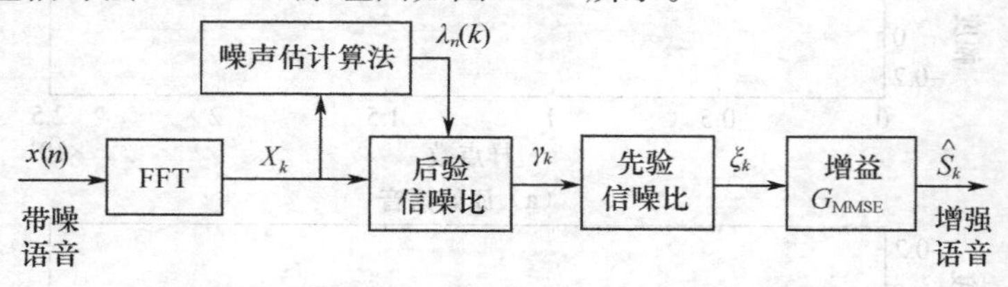

图 10.5 最小均方误差估计法(MMSE)原理图

最小均方误差估计法(MMSE)基本原理如下:

带噪语音可表示为

$$x(n)=s(n)+n(n) \tag{10.20}$$

同样设 $x(n)$的傅里叶变换为 $X_k=|X_k|\exp(\mathrm{j}\theta_k)$,$\theta_k$ 是 X_k 的相位,k 代表第 k 个频谱分量;纯净语音 $s(n)$的傅里叶变换为 $S_k=|S_k|\exp(\mathrm{j}\alpha_k)$,$\alpha_k$ 是 S_k 的相位;噪声 $n(n)$的傅里叶变换为 N_k。为运算方便,设 $R_k=|x_k|$,$A_k=|S_k|$,MMSE 就是对幅度谱的估计,A_k 的估计式为

$$\hat{A}_k=E(A_k|X_0,X_1,\cdots,X_N) \tag{10.21}$$

由贝叶斯公式

$$\hat{A}_k=E(A_k|X_k)=\frac{\int_0^{2\pi}\int_0^{\infty}a_k p(X_k|a_k,\alpha_k)p(a_k,\alpha_k)\mathrm{d}a_k\mathrm{d}\alpha_k}{\int_0^{2\pi}\int_0^{\infty}p(X_k|a_k,\alpha_k)p(a_k,\alpha_k)\mathrm{d}a_k\mathrm{d}\alpha_k} \tag{10.22}$$

其中,a_k 代表 A_k 的样本值。假设噪声信号 $n(n)$为平稳的高斯噪声,则 $p(X_k|a_k,\alpha_k)$和 $p(a_k,\alpha_k)$为

$$p(X_k|a_k,\alpha_k)=\frac{1}{\pi\lambda_n(k)}\exp\left\{-\frac{1}{\lambda_k(k)}|X_k-a_k\mathrm{e}^{\mathrm{j}\alpha_k}|^2\right\} \tag{10.23}$$

$$p(a_k,\alpha_k)=\frac{a_k}{\pi\lambda_s(k)}\exp\left\{-\frac{a_k^2}{\lambda_s(k)}\right\} \tag{10.24}$$

这里$\lambda_s(k)=E\{|S_k|^2\}$,$\lambda_n(k)=E[|N_k|^2]$为第$k$个频率分量下的语音和噪声的方差。将两式代入式(10.22)得

$$\hat{A}_k=\Gamma(1.5)\frac{\sqrt{v_k}}{\gamma_k}\exp\left(-\frac{v_k}{2}\right)\left[(1+v_k)I_0\left(\frac{v_k}{2}\right)+v_kI_1\left(\frac{v_k}{2}\right)\right]R_k \tag{10.25}$$

$\Gamma(\cdot)$表示伽玛函数,$\Gamma(1.5)=\sqrt{\pi}/2$,$I_0(\cdot)$和$I_1(\cdot)$分别表示零阶和一阶贝叶斯函数,v_k定义为

$$v_k=\frac{\xi_k}{1+\xi_k}\gamma_k \tag{10.26}$$

$$\xi_k=\frac{\lambda_s(k)}{\lambda_n(k)} \tag{10.27}$$

$$\gamma_k=\frac{R_k^2}{\lambda_n(k)} \tag{10.28}$$

ξ_k和γ_k分别代表先验与后验信噪比,若将$\hat{A}_k$看作R_k乘以一个增益,定义这个增益为

$$G_{\mathrm{MMSE}}(\xi_k,\gamma_k)=\frac{\hat{A}_k}{R_k}=\Gamma(1.5)\frac{\sqrt{v_k}}{\gamma_k}\exp\left(-\frac{v_k}{2}\right)\left[(1+v_k)I_0\left(\frac{v_k}{2}\right)+v_kI_1\left(\frac{v_k}{2}\right)\right] \tag{10.29}$$

上面的推导是在假设语音存在时得到的,若考虑语音在观测信号中的不确定性,将式(10.25)改写为

$$\hat{A}_k=\frac{\wedge(X_k,q_k)}{1+\wedge(X_k,q_k)}E\{A_k\mid X_k,H_k^1\} \tag{10.30}$$

$$\wedge(X_k,q_k)=\mu_k\frac{p(X_k\mid H_k^1)}{p(X_k\mid H_k^0)} \tag{10.31}$$

其中,$\wedge(X_k,q_k)$是归一化的语音存在概率,$\mu_k=(1-q_k)/q_k$,q_k是第k个频率分量的语音存在概率。H_k^0和H_k^1分别代表语音不存在与语音存在的两种假设情况。

将式(10.24)和式(10.25)代入式(10.30),得

$$\wedge(X_k,q_k)=\mu_k\frac{\exp(v_k)}{1+\xi_k} \tag{10.32}$$

最终的语音幅度估计为

$$\hat{A}_k=\frac{\wedge(\xi_k,\gamma_k,q_k)}{1+\wedge(\xi_k,\gamma_k,q_k)}G_{\mathrm{MMSE}}(\xi_k,\gamma_k)R_k \tag{10.33}$$

实际上,在最小均方误差计算过程中,采用对数谱更加合适。于是,语音的幅度谱由下式估算

$$\hat{A}_k=\exp\{E[\ln A_k\mid X_k],0\leqslant t\leqslant T\} \tag{10.34}$$

最终推导得出幅度谱的估计式为

$$\hat{A}_k=\frac{\xi_k}{1+\xi_k}\exp\left\{\frac{1}{2}\int_{v_k}^{\infty}\frac{\mathrm{e}^{-t}}{t}\mathrm{d}t\right\}R_k \tag{10.35}$$

增益函数$G_{\mathrm{MMSE}}(\xi_k,\gamma_k)$可以写成

$$G_{\mathrm{MMSE}}(\xi_k,\gamma_k)=\frac{\hat{A}_k}{R_k}=\frac{\xi_k}{1+\xi_k}\exp\left\{\frac{1}{2}\int_{v_k}^{\infty}\frac{\mathrm{e}^{-t}}{t}\mathrm{d}t\right\} \tag{10.36}$$

上面的积分式可用一个近似计算代替

$$\exp\ \mathrm{int}(v_k)=\int_{v_k}^{\infty}\frac{\mathrm{e}^{-x}}{x}\mathrm{d}x=\begin{cases}-2.31\log_{10}(v_k)-0.6 & v_k<0.1\\ -1.544\log_{10}(v_k)+0.166 & 0.1\leqslant v_k\leqslant 1\\ 10^{-0.52v_k-0.26} & v_k>1\end{cases} \tag{10.37}$$

增益就可以写成

$$G_{\mathrm{MMSE}}(\xi_k,\gamma_k)=\frac{\xi_k}{1+\xi_k}\exp\left(\frac{1}{2}\exp\ \mathrm{int}(v_k)\right) \tag{10.38}$$

MMSE 的 MATLAB 仿真实现如程序 10.3 所示，结果如图 10.6 所示。

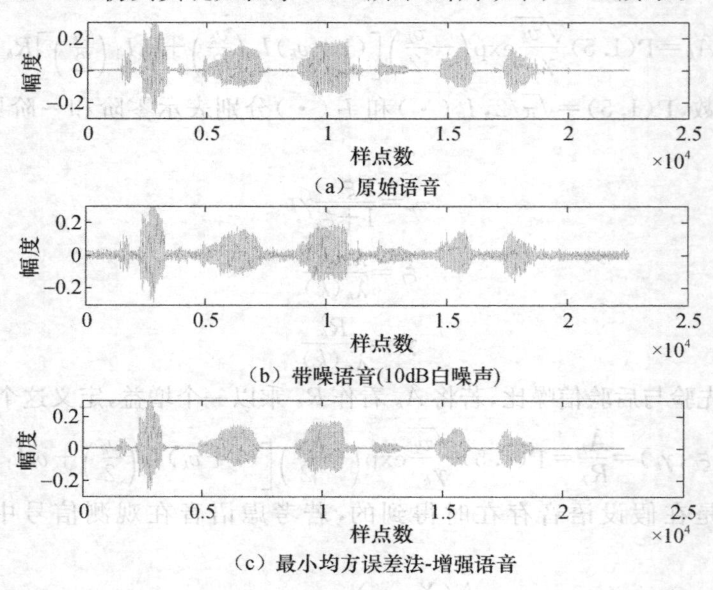

图 10.6　原始语音、带噪语音和 MMSE 增强语音波形

【程序 10.3】 MMSE. m

```
%先读入带噪语音文件、参数定义、对语音分帧、估计噪声,程序参见 Substract. m
%----------------------------------- MMSE-----------------------------------------
for b = 1:L;
    a = 0.98;                                              % 系数
    q = 0.2;                                               % 第 k 个频率分量的语音存在概率
    A = [0.1 * abs(Y(b)),zeros(1,k-1)];                    % 语音幅度
    s1 = [a * abs(Y(b)).^2/NOISE(b),zeros(1,k-1)];         % 先验信噪比
    for t = 1:k-1                                          % 先算每一帧的第一点
        x1(t+1) = abs(Y(b+t * L)).^2;                      % 带噪语音幅度
        r(t+1) = x1(t+1)/NOISE(b+t * L);                   % 后验信噪比
        if r(t+1) >= 700
          r(t+1) = 700;
        elseif r(t+1) < 1
          r(t+1) = 1.5 ;
        end
        s1(t+1) = a * (A(t).^2/NOISE(b+(t-1) * L))+(1-a) * max(r(t+1)-1,0); % 先验信噪比;
        v(t+1) = (s1(t+1)/(1+s1(t+1))) * r(t+1);
        if  v(t+1) < 0.1
            expint(t+1) = -2.31 * log10(v(t+1))-0.6;
        elseif  v(t+1) >= 0.1&v(t+1) <= 1
                expint(t+1) = -1.544 * log10(v(t+1))+0.166;
        elseif  v(t+1) > 1
                expint(t+1) = 10.^(-0.52 * (v(t+1))-0.26);
        end
        Gmmse(t+1) = (s1(t+1)/(1+s1(t+1))) * exp(0.5 * expint(t+1));
```

```
        w(t+1) = ((1-q)/q) * (exp(v(t+1))/(1+s1(t+1)));
            A(t+1) = (w(t+1)/(1+w(t+1))) * Gmmse(t+1) * abs(Y(b+t * L));
        end
        A1(1+(b-1) * k:b * k) = A(1:k);
    end
    %下面程序的作用是把每一帧的点依次还原成原来的存放顺序
    for     t1 = 1:k
        for  j = 1:L
            d(j) = A1(t1+(j-1) * k);
        end
        A2(1+(t1-1) * L:t1 * L) = d(1:L);
    end
    for t2 = 1:k
        S = A2(1+(t2-1) * L:t2 * L);
        ang = Y(1+(t2-1) * L:t2 * L)./abs(Y(1+(t2-1) * L:t2 * L));         % 带噪语音的相位
        S = S. * ang; % 因为人耳对相位的感觉不明显,所以恢复时用的是带噪语音的相位信息
        s = ifft(S);
        s = real(s);                                                          % 取实部
        enspeech(1+(t2-1) * L/2:L+(t2-1) * L/2) = enspeech(1+(t2-1) * L/2:L+(t2-1) * L/2)+s;
                                    % 在实域叠接相加,把分帧后的序列恢复成原来序列的长度
        win(1+(t2-1) * L/2:L+(t2-1) * L/2) = win(1+(t2-1) * L/2:L+(t2-1) * L/2)+h;
                                                                          % 窗的叠接相加
    end
    enspeech = enspeech./win;                         % 去除加窗引起的增益得到增强的语音
    %最后画出波形,程序参见 Substract.m
```

10.3.4 子空间语音增强算法

纯净语音信号矢量的协方差矩阵有很多零特征值,代表有效信号的能量特征值分布在它对应空间的某个子集中,而噪声矢量存在于整个带噪信号张成的空间中。当语音信号受到噪声污染时,纯净语音空间的语音矢量也受到干扰,形成与噪声叠加的纯净语音加噪声的子空间,而其他零特征值的空间变成了纯噪声的空间。因此,带噪语音信号的矢量空间就由一个纯净语音加噪声的子空间和一个纯噪声的子空间构成。因此,只要用适当的方法消除纯噪声子空间,并用最有效的算法对语音加噪声子空间进行估计,尽可能地恢复纯净语音的子空间,就可以有效地提高信噪比,改善语音质量,这就是子空间语音增强算法的思想。简单地说,就是通过空间分解将整个空间分为噪声子空间和信号加噪声子空间,然后通过去除噪声子空间并用最优约束估计器估计语音特征值来实现语音增强,只要分解无误,带噪语音中的噪声就会减少,并且不会产生任何失真,所以子空间对信号的失真和残留噪声有很好的调控机制,因此得到了快速的发展。

1. 信号与噪声的子空间描述

设纯净语音信号 $\boldsymbol{S}$ 为 K 维基矢量,通过一无失真通道,受到加性噪声矢量 $\boldsymbol{N}$ 的污染,$\boldsymbol{N}$ 也为 K 维基矢量,则带噪语音 K 维矢量 $\boldsymbol{X}$ 可以用下式表示

$$\boldsymbol{X}=\boldsymbol{S}+\boldsymbol{N} \tag{10.39}$$

这里 $\boldsymbol{X}=[\boldsymbol{X}_1,\boldsymbol{X}_2,\cdots,\boldsymbol{X}_M]^{\mathrm{T}}$,其中 $\boldsymbol{X}_i=[x_{i1},x_{i2},\cdots,x_{iK}]$,$1\leqslant i\leqslant M,M<K$

$\boldsymbol{N}=[\boldsymbol{N}_1,\boldsymbol{N}_2,\cdots,\boldsymbol{N}_M]^{\mathrm{T}}$,其中 $\boldsymbol{N}_i=[n_{i1},n_{i2},\cdots,n_{iK}]$,$1\leqslant i\leqslant M,M<K$

$\boldsymbol{S}=[\boldsymbol{S}_1,\boldsymbol{S}_2,\cdots,\boldsymbol{S}_M]^{\mathrm{T}}$,其中 $\boldsymbol{S}_i=[s_{i1},s_{i2},\cdots,s_{iK}]$,$1\leqslant i\leqslant M,M<K$

单通道语音增强系统就是要通过单通道的带噪语音恢复出纯净语音。噪声假定为零均值的随机过程，纯净语音信号的线性模型为

$$\boldsymbol{S}=\boldsymbol{VZ}=\sum_{i=0}^{M}\boldsymbol{Z}_i\boldsymbol{V}_i \quad M\leqslant K \tag{10.40}$$

其中，$\boldsymbol{Z}=[\boldsymbol{Z}_1,\boldsymbol{Z}_2,\cdots,\boldsymbol{Z}_M]^{\mathrm{T}}$，是零均值随机变量序列，$\boldsymbol{Z}_i=[z_{i1},z_{i2},\cdots,z_{iK}]$，$1\leqslant i\leqslant M$；

$\boldsymbol{V}=[\boldsymbol{V}_1,\boldsymbol{V}_2,\cdots,\boldsymbol{V}_M]$，其中 $\boldsymbol{V}_i=[v_{i1},v_{i2},\cdots,v_{iK}]^{\mathrm{T}}$，$1\leqslant i\leqslant M$，$V$ 是 $K\times M$ 维的矩阵，且它的秩等于 M。$\boldsymbol{Z}$ 和 $\boldsymbol{V}$ 线性独立。

当 $M\leqslant K$ 时，所有语音信号矢量 $\{\boldsymbol{S}\}$ 可以构成由 $\boldsymbol{V}$ 的列向量张成的欧式空间 R^K 的一个子空间，称为信号子空间。

当 $M=K$ 时，信号子空间和欧式空间是一致的。使用这种构造的线性模型进行语音增强时，增强效果与模型具体类型的关系并不大，真正起作用的是 M 和 K 的关系要满足 $M<K$。

所以，K 维带噪语音向量表示为

$$\boldsymbol{X}=\boldsymbol{VZ}+\boldsymbol{N} \tag{10.41}$$

其协方差矩阵为

$$\boldsymbol{R}_X=\boldsymbol{E}\{\boldsymbol{XX}^{\mathrm{T}}\}=\boldsymbol{VR}_Z\boldsymbol{V}^{\mathrm{T}}+\boldsymbol{R}_N \tag{10.42}$$

则矩阵 $\boldsymbol{R_X}$ 的特征向量即为矩阵 $\boldsymbol{R_Z}$ 和 $\boldsymbol{R_N}$ 的特征向量。矩阵 $\boldsymbol{R_Z}$ 的秩为 M，则 $\boldsymbol{R_Z}$ 具有 M 个正的特征值和 $K-M$ 个零特征值，其中，$\boldsymbol{R_N}$ 是噪声向量的协方差矩阵，若噪声是高斯白噪声，则 $\boldsymbol{R_N}=E(\boldsymbol{NN}^{\mathrm{T}})=\sigma_N^2\boldsymbol{I}$，噪声协方差矩阵的秩等于矢量空间的维数 K，其特征值都等于 σ_N^2。因此，噪声不仅存在于信号子空间的补空间（噪声子空间）中，也存在于信号子空间中。

对 $\boldsymbol{R_X}$ 进行特征值分解，得

$$\boldsymbol{R_X}=\boldsymbol{U\Lambda_X U}^{\mathrm{T}} \tag{10.43}$$

其中，$\boldsymbol{U}=\{\boldsymbol{u}_1,\boldsymbol{u}_2,\cdots,\boldsymbol{u}_M\}$ 是 $\boldsymbol{R_X}$ 的特征向量 $\{\boldsymbol{u}_k\in \boldsymbol{R}^K,k\leqslant M\}$ 组成的正交矩阵，$\boldsymbol{\Lambda}_{X,1}=\mathrm{diag}(\lambda_X(1),\lambda_X(2),\cdots,\lambda_X(M))$ 为 $\boldsymbol{R_X}$ 的特征值构成的对角阵。同样，$\boldsymbol{R_X}$ 的特征向量同样是 $\boldsymbol{R_S}$ 和 $\boldsymbol{R_N}$ 的特征向量。

假设 M 个正定的特征值为 $\boldsymbol{\Lambda}_{S,1}=\mathrm{diag}(\lambda_S(1),\lambda_S(2),\cdots,\lambda_S(M))$，其相应的特征向量为 $\{u_1,u_2,\cdots,u_M\}$。假定 $\{\lambda_S(1),\lambda_S(2),\cdots,\lambda_S(M)\}$ 以降序排列，即 $\lambda_S(1)\geqslant\lambda_S(2)\geqslant\lambda_S(M)$。特征值分解式(10.42)中的三个协方差矩阵，可得

$$\lambda_X(k)=\begin{cases}\lambda_S(k)+\sigma_N^2, & k=1,2,\cdots,M\\ \sigma_N^2, & k=M+1,\cdots,K\end{cases} \tag{10.44}$$

矩阵 $\boldsymbol{R_X}$ 和 $\boldsymbol{R_S}$ 的特征值分解分别由下式给出

$$\boldsymbol{R_X}=\boldsymbol{U\Lambda_X U}^{\mathrm{T}} \tag{10.45}$$

$$\boldsymbol{\Lambda_X}=\mathrm{diag}[\boldsymbol{\Lambda}_{X,1},\sigma_N^2\boldsymbol{I}] \tag{10.46}$$

$$\boldsymbol{R_S}=\boldsymbol{U\Lambda_S U}^{\mathrm{T}} \tag{10.47}$$

$$\boldsymbol{\Lambda_S}=\mathrm{diag}[\boldsymbol{\Lambda}_{S,1},0\boldsymbol{I}] \tag{10.48}$$

其中

$$\boldsymbol{\Lambda}_{S,1}=\mathrm{diag}(\lambda_S(1),\lambda_S(2),\cdots,\lambda_S(M))=\Lambda_{X,1}-\sigma_N^2\boldsymbol{I} \tag{10.49}$$

$\boldsymbol{\Lambda}_{X,1}$，$\boldsymbol{\Lambda}_{S,1}$ 和其对应的特征向量分别称为矩阵 $\boldsymbol{R_X}$，$\boldsymbol{R_S}$ 的主特征值和主特征向量。

令 $\boldsymbol{U}=[\boldsymbol{U}_1 \quad \boldsymbol{U}_2]$，$\boldsymbol{U}_1$ 为 $K\times M$ 维矩阵，由矩阵 $\boldsymbol{R_S}$ 的主特征向量组成，可以表示为

$$\boldsymbol{U}_1=\{\boldsymbol{u}_k:\lambda_{S(k)}>\sigma_N^2\} \tag{10.50}$$

由于矩阵 $\boldsymbol{U}$ 是矩阵 $\boldsymbol{R_X}$ 的特征向量矩阵，因而 $\boldsymbol{U}$ 是正交矩阵，满足

$$\boldsymbol{I}=\boldsymbol{U}_1\boldsymbol{U}_1^{\mathrm{T}}+\boldsymbol{U}_2\boldsymbol{U}_2^{\mathrm{T}} \tag{10.51}$$

从式(10.51)可以看出，矩阵 $\boldsymbol{U}_1\boldsymbol{U}_1^{\mathrm{T}}$ 是等幂的厄米特矩阵，也是一个正交投影矩阵。将信号投影到由 $\boldsymbol{U}_1$ 的列向量所张成的空间中，$\boldsymbol{U}_1\boldsymbol{U}_1^{\mathrm{T}}$ 为投影到该子空间的正交投影矩阵，且 $\mathrm{span}\boldsymbol{U}=\mathrm{span}\boldsymbol{V}$，即为信号子空间；与其互补的正交子空间是由矩阵 $\boldsymbol{U}_2$ 的列向量所张成的子空间即为噪声子空间，$\boldsymbol{U}_2\boldsymbol{U}_2^{\mathrm{T}}$ 是投影到噪声子空间的正交投影矩阵。

根据式(10.51)，$\boldsymbol{X}$ 可以变换为

$$\boldsymbol{X}=\boldsymbol{U}_1\boldsymbol{U}_1^{\mathrm{T}}\boldsymbol{X}+\boldsymbol{U}_2\boldsymbol{U}_2^{\mathrm{T}}\boldsymbol{X} \tag{10.52}$$

其中，$\boldsymbol{U}_1\boldsymbol{U}_1^{\mathrm{T}}X$ 是向量 X 到信号子空间的正交投影，$\boldsymbol{U}_2\boldsymbol{U}_2^{\mathrm{T}}\boldsymbol{X}$ 是 $\boldsymbol{X}$ 到噪声子空间的正交投影。而 $\boldsymbol{U}_1^{\mathrm{T}}\boldsymbol{X}$ 和 $\boldsymbol{U}_2^{\mathrm{T}}\boldsymbol{X}$ 是两个投影的系数向量，分别为 $\boldsymbol{U}^{\mathrm{T}}\boldsymbol{X}$ 即向量 $\boldsymbol{X}$ 的 KL 变换。用公式表示为

$$E\{\boldsymbol{U}^{\mathrm{T}}\boldsymbol{X}\}=0 \tag{10.53}$$

$$\mathrm{cov}\{U^{\mathrm{T}}X\}=\mathrm{diag}(\boldsymbol{\Lambda}_{X,1}+\sigma_N^2\boldsymbol{I},\sigma_N^2\boldsymbol{I}) \tag{10.54}$$

$$\mathrm{cov}\{\boldsymbol{U}_2^{\mathrm{T}}\boldsymbol{X}\}=\sigma_N^2\boldsymbol{I} \tag{10.55}$$

即向量 $\boldsymbol{U}_2^{\mathrm{T}}\boldsymbol{X}$ 中的语音信号能量为零，即使是噪声，在估计纯净语音信号时，此向量可以被直接去除。

2. 子空间语音增强算法

子空间语音增强算法(A Signal Subspace Approach for Speech Enhancement，ASSASE)就是通过空间分解将整个空间分为噪声子空间和信号加噪声子空间，然后去除噪声子空间并用最优估计器估计语音特征值来实现语音增强。设计合理的估计器，即要满足在保持残差信号的能量和频谱的同时，使估计信号的失真最小。另外，要得到信号的子空间需要对其协方差矩阵进行特征值分解，首先对带噪语音进行 KL 变换，它是一种正交变换，对语音信号具有最优的能量集中特性，然后将代表噪声子空间的 KL 分量置零，同时在信号子空间内对其代表纯净语音信息的 KL 进行估计，最后通过 KL 反变换恢复出时域中的纯净语音信号。基于最优约束估计器的子空间语音增强方法的原理如图 10.7 所示。

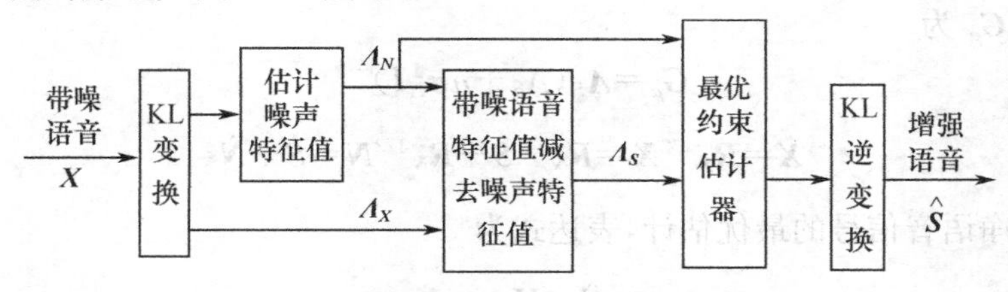

图 10.7 基于最优约束估计器的子空间语音增强方法原理图

假设带噪语音信号 $\boldsymbol{X}$ 和噪声信号 $\boldsymbol{N}$ 互不相关，且纯净语音信号为 $\boldsymbol{S}$，令带噪语音

$$\boldsymbol{X}=\boldsymbol{S}+\boldsymbol{N} \tag{10.56}$$

式中，$\boldsymbol{X}$，$\boldsymbol{S}$ 和 $\boldsymbol{N}$ 分别为 K 维的带噪语音矢量、纯净语音矢量和噪声信号矢量。

令 $\hat{\boldsymbol{S}}$ 为增强的语音信号，$\boldsymbol{H}$ 为 $K\times K$ 的线性预测估计器矩阵，则增强语音可以表示为

$$\hat{\boldsymbol{S}}=\boldsymbol{H}\boldsymbol{X} \tag{10.57}$$

预测值和真实值的误差为

$$\boldsymbol{\varepsilon}=\hat{\boldsymbol{S}}-\boldsymbol{S}=\boldsymbol{H}\boldsymbol{X}-\boldsymbol{S}=\boldsymbol{H}(\boldsymbol{S}+\boldsymbol{N})-\boldsymbol{S}=(\boldsymbol{H}-\boldsymbol{I})\boldsymbol{S}+\boldsymbol{H}\boldsymbol{N}=\boldsymbol{\varepsilon}_S+\boldsymbol{\varepsilon}_N \tag{10.58}$$

其中，$\boldsymbol{\varepsilon}_S$ 和 $\boldsymbol{\varepsilon}_N$ 分别表示语音信号的失真和残留噪声，它们相应的能量分别为

$$\overline{\boldsymbol{\varepsilon}}_S^2=E[\boldsymbol{\varepsilon}_S^{\mathrm{T}}\boldsymbol{\varepsilon}_S]=\mathrm{Tr}([\boldsymbol{\varepsilon}_S^{\mathrm{T}}\boldsymbol{\varepsilon}_S])=\mathrm{Tr}(\boldsymbol{H}\boldsymbol{R}_S\boldsymbol{H}^{\mathrm{T}}-\boldsymbol{H}\boldsymbol{R}_S-\boldsymbol{R}_S\boldsymbol{H}^{\mathrm{T}}+\boldsymbol{R}_S) \tag{10.59}$$

$$\overline{\boldsymbol{\varepsilon}}_N^2=E[\boldsymbol{\varepsilon}_N^{\mathrm{T}}\boldsymbol{\varepsilon}_N]=\mathrm{Tr}([\boldsymbol{\varepsilon}_N^{\mathrm{T}}\boldsymbol{\varepsilon}_N])=\mathrm{Tr}(\boldsymbol{H}\boldsymbol{R}_N\boldsymbol{H}^{\mathrm{T}}) \tag{10.60}$$

$\boldsymbol{R}_X$，$\boldsymbol{R}_S$ 和 $\boldsymbol{R}_N$ 分别表示 $\boldsymbol{X}$，$\boldsymbol{S}$ 和 $\boldsymbol{N}$ 的协方差矩阵。

最优约束估计器设计的思想是在约束条件下失真信号的能量最小，即

$$\min_{H} \bar{\boldsymbol{\varepsilon}}_S^2 \quad \left(在\frac{1}{K}\bar{\boldsymbol{\varepsilon}}_N^2 \leqslant \alpha\sigma^2，其中，0\leqslant\alpha\leqslant 1 条件下，\sigma^2 为常数\right) \tag{10.61}$$

根据该准则得到的估计器，对所有残留噪声范围为 $\alpha\sigma^2$ 的线性滤波器的信号失真都做了最小化处理。当 $\alpha\geqslant 1$ 时，满足约束条件且能得到最小信号失真的滤波器为 $\boldsymbol{H}=\boldsymbol{I}$。

对于式(10.61)的约束最优化可以用 Lagrange 乘子法来解决。它满足如下的 Lagrange 梯度方程

$$L(\boldsymbol{H},\mu)=\bar{\boldsymbol{\varepsilon}}_S^2+\mu(\bar{\boldsymbol{\varepsilon}}_N^2-\alpha K\boldsymbol{\sigma}_N^2) \tag{10.62}$$

$$\mu(\bar{\boldsymbol{\varepsilon}}_N^2-\alpha K\boldsymbol{\sigma}_N^2)=0,\quad \mu>0 \tag{10.63}$$

由梯度 $\nabla_H L(\boldsymbol{H},\mu)=0$ 可以求得最优约束估计器

$$\boldsymbol{H}_{\text{opt}}=\boldsymbol{R}_S(\boldsymbol{R}_S+\mu\boldsymbol{R}_N)^{-1} \tag{10.64}$$

白噪声时

$$\boldsymbol{H}_{\text{opt}}=\boldsymbol{R}_S(\boldsymbol{R}_S+\mu\boldsymbol{\sigma}_N^2\boldsymbol{R}_N)^{-1} \tag{10.65}$$

这里 μ 是 Lagrange 算子。由式(10.62)得

$$\bar{\boldsymbol{\varepsilon}}_N^2-\alpha K\boldsymbol{\sigma}_N^2=0 \tag{10.66}$$

于是参数 μ 和 α 的关系为

$$\alpha=\frac{1}{K}\text{Tr}\{\boldsymbol{R}_X^2(\boldsymbol{R}_X+\mu\boldsymbol{\sigma}_N^2\boldsymbol{I})^{-2}\} \tag{10.67}$$

对式(10.64)中的协方差矩阵应用特征值分解，即 $\boldsymbol{R}_S=\boldsymbol{U}\boldsymbol{\Lambda}_S\boldsymbol{U}^{\text{T}}$，可将最优约束估计器改写为

$$\boldsymbol{H}_{\text{opt}}=\boldsymbol{U}\boldsymbol{\Lambda}_S(\boldsymbol{\Lambda}_S+\mu\boldsymbol{\sigma}_N^2\boldsymbol{I})^{-1}\boldsymbol{U}^{-\text{T}} \tag{10.68}$$

即

$$\boldsymbol{H}_{\text{opt}}=\boldsymbol{U}\begin{bmatrix}\boldsymbol{G}_\mu & 0\\ 0 & 0\end{bmatrix}\boldsymbol{U}^{-\text{T}} \tag{10.69}$$

这里的增益函数 $\boldsymbol{G}_\mu$ 为

$$\boldsymbol{G}_\mu=\boldsymbol{\Lambda}_S(\Lambda_S+\mu\boldsymbol{\sigma}_N^2\boldsymbol{I})^{-1} \tag{10.70}$$

$$\hat{\boldsymbol{X}}=\boldsymbol{R}_N^{-1/2}\boldsymbol{X}=\boldsymbol{R}_N^{-1/2}\boldsymbol{S}+\boldsymbol{R}_N^{-1/2}\boldsymbol{N}=\hat{\boldsymbol{S}}+\hat{\boldsymbol{N}} \tag{10.71}$$

最终获得纯净语音信号的最优估计，表达式为

$$\hat{\boldsymbol{S}}=\boldsymbol{H}_{\text{opt}}\cdot\boldsymbol{X} \tag{10.72}$$

图 10.8 给出了子空间语音增强算法的图形，原始语音同图 10.2，程序 10.4 是其 MATLAB 仿真程序。

【程序 10.4】 Subspace.m

```
clear all;
%-------------------------------- 参数定义 --------------------------------
frame_len=80;                          %帧长
step_len=0.5 * frame_len;              %分帧时的步长，相当于重叠 50%
N=2;                                   %计算 Toeplitz 协方差矩阵时用到前后相邻的
                                       %帧数，N 为偶数
v=0.05;                                %噪声抑制系数，推荐 v=2 或 3；
u=0.05;
%---------------------------- 读入带噪语音文件 ----------------------------
[filename,pathname]=uigetfile('*.wav','请选择纯净语音文件：');
[tidy,fs,nbits]=wavread([pathname filename]);
```

```
[filename,pathname]=uigetfile('*.wav','请选择带噪语音文件:');
[wavin,fs,nbits]=wavread([pathname filename]);
wav_length=length(wavin);
%------------------------------ 分帧------------------------------------------------
R = step_len;
L = frame_len;
f = (wav_length-mod(wav_length,frame_len))/frame_len;
k = 2*f-1;                                    % 帧数
frame_num=k;
for r = 1:k
  y = wavin(1+(r-1)*R:L+(r-1)*R);            % 对带噪语音帧间重叠一半取值;
  out(1+(r-1)*L:r*L) = y(1:L);               % 得到一个新帧数的序列
end
inframe=reshape(out,frame_len,k);             % 改变序列的形状
%------------------------- 子空间语音增强---------------------------
%求噪声的 Toeplitz 协方差矩阵,Rn=n_var*I;
n_var=var(wavin(1:2200),1);                   %取前 3000 采样点用于估计噪声方差
xv=n_var;                                     %定义 Rx 的特征值判别阈值
Rn=n_var*eye(frame_len);
Ry=zeros(frame_len,frame_len);                %定义帧信号的 Toeplitz 协方差矩阵
seq=zeros(1,frame_len);                       %定义相邻 6 帧的自相关序列,长度等于帧长
L=N*frame_len;                                %定义相邻 N 帧的长度
outframe=zeros(frame_len,frame_num);          %定义增强后的矩阵
%---------------------- 估计噪声的特征值-----------------------------------
% Ann=noise_evaluate_min(wavin,frame_len,frame_num,N,step_len,xv);
for i=(N+1):(frame_num-N-2)
%构造当前帧的 Toeplitz 协方差矩阵
    for j=0:(frame_len-1)
        bgn_point=(i-N-1)*step_len+1;         %相邻 6 帧的起始点
        end_point=(i+N-1)*step_len;           %相邻 6 帧的终点
        seq(j+1)=wavin(bgn_point:(end_point-j))'*...
            wavin((bgn_point+j):end_point)/L;
    end;
    Ry=Toeplitz(seq);
%对 Ry 进行特征分解,求它的特征向量矩阵 Uy 和特征值矩阵 Ay
    [Uy,Ay]=eig(Ry);
    [I,J]=find(Ay>xv);
    M=length(I);
    Ax=zeros(M,M);
    Ux=zeros(frame_len,M);
    Ay_seq=zeros(1,frame_len);
    A=sort(Ay);
    seq1=A(frame_len,:);
    [Ay_seq,IX]=sort(seq1);
%------------------------------ Wiener--------------------------------------
    for k=1:M
      num=frame_len-k+1;
          Ax(k,k)=Ay_seq(num)-xv;
          Ux(:,k)=Uy(:,IX(num));
    end;
    Gu=Ax./(Ax+u*n_var);
```

```
    outframe(:,i)=Ux * Gu * (conj(Ux)') * inframe(:,i);
end;
%------------------------ 将增强后的帧信号连接成语音---------------------------
wavout=zeros(1,(frame_num-1) * step_len+frame_len);
for t=1:frame_num
    num1=(t-1) * step_len+1;
    num2=(t+1) * step_len;
    wavout(num1:num2)=wavout(num1:num2)+(hamming(frame_len). * outframe(:,t))';
end;
wavout=wavout';
%最后画出图形,程序参见 Substract. m
```

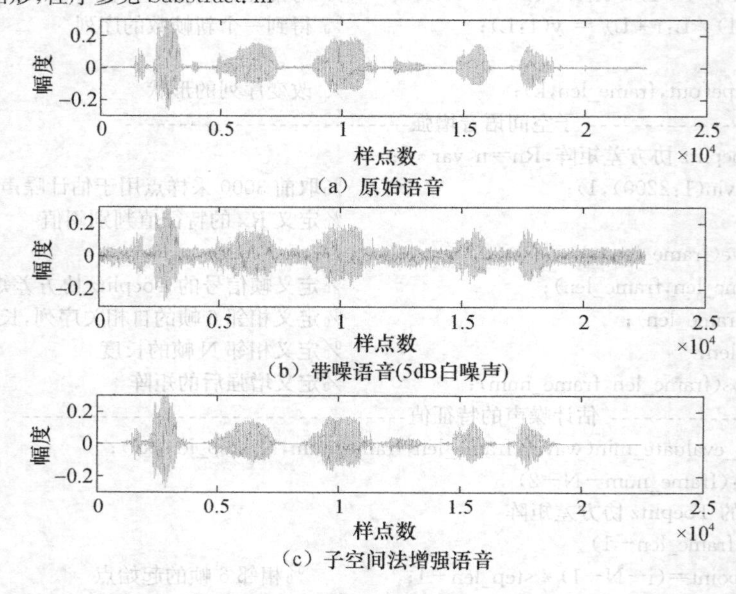

图 10.8　原始语音、带噪语音和子空间增强语音波形

10.4　多通道语音增强算法及 MATLAB 仿真实现

10.4.1　阵列信号系统模型

所谓麦克风阵列系统,就是指在一定的空间区域里,按某种方式分布排列的一系列传感器组成了阵列系统,各传感器的输出由所接收的几个源信号和噪声信号组合而成。对这一系列传感器收集来的信号经过适当处理可以提取所需信号的属性信息,包括信号源的数目、方向、幅度等。这一阵列系统应用到语音信号处理领域,就称为麦克风阵列系统。

在空气中,声音传播的速度随着环境温度和压力的变化而变化,但在标准温度和压力的条件下,该速度 V_s 约为 342m/s。考虑一个平稳声源 S 和一个麦克风 M,这里假设声源是一个真正的点源,这种源可以是一个说话人的嘴、一个音响设备或者其他固定声音产生器的模型。声源与麦克风之间的距离为 d,声音从 S 至 M 所用的时间为 τ,这里 $\tau=\dfrac{d}{V_s}$,$V_s\approx$342m/s。

如果声源产生的信号是 $s(n)$,则麦克风接收的信号为

$$x(n)=\alpha s(n-\tau)+v(n) \tag{10.73}$$

式中，τ 为时延，α 是衰减常数，α 与距离 d 之间的关系为 $\alpha \propto \frac{1}{d}$。$v(n)$表示噪声，可以表示成两部分的和

$$v(n)=v_I(n)+v_R(n) \tag{10.74}$$

式中，$v_I(n)$是由于竞争声源所产生的干扰噪声，$v_k(n)$是混响噪声。前者一般是由风扇、房间里其他人的活动或吹口哨、空气循环、电子噪声等产生的，与 $s(n)$不相关；后者是由于房间墙壁反射产生的回波，与 $s(n)$相关。这样，传感器接收到的由声源所产生的信号为

$$M_R(n)=\alpha s(n-\tau)+v_R(n)=h(n) * s(n) \tag{10.75}$$

于是，式(10.73)可写成如下形式

$$x(n)=h(n) * s(n)+v_I(n) \tag{10.76}$$

10.4.2 麦克风阵列近场模型与远场模型

根据信号源到麦克风的距离，当信号源到麦克风阵列距离较远时，信号到达每个阵元的幅度差相对较小，可忽略不计，阵列波前使用的是平面波模型；当信号源到麦克风阵列距离较近时，信号到达麦克风阵列每个阵元的幅度差较大，必须予以考虑，阵列波前使用的应当是球面波前模型。近场与远场模型如图 10.9 所示。

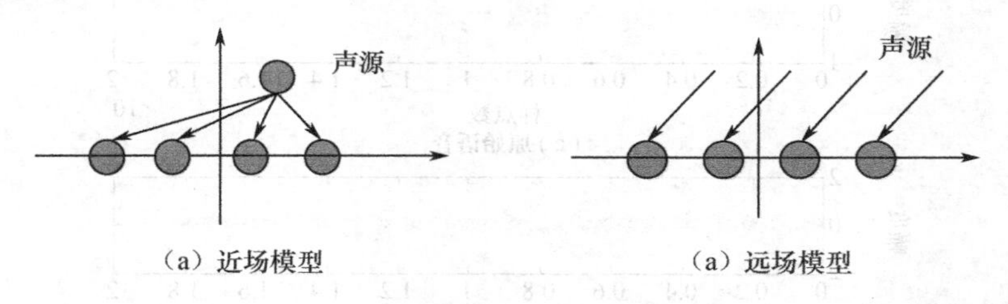

图 10.9　麦克风阵列近场和远场模型

由图 10.9 可知，远场模型忽略了信号到达麦克风每个阵元的幅度差，大大地简化了计算处理的难度，可当远场假设不成立时，算法性能将受到很大的影响。目前，对于近场模型与远场模型的划分，常用一个经验公式来区分

$$r=\frac{2L^2}{\lambda} \tag{10.77}$$

式中，L 为阵列长度，λ 为声波波长。在实际应用中，可比较声源到阵元参考点的距离 r_0 与式中的 r 来区分近远场，当 $r_0>r$ 时为远场模型，当 $r_0<r$ 时为近场模型。

10.4.3 经典麦克风阵列的语音增强算法

1. 固定波束形成算法

固定波束形成器的含义是其波束形成器的权值固定不变，与麦克风阵列的接收信号无关，其原理如图 10.10 所示。

固定波束形成器包括：延时-求和波束形成与滤波-求和波束形成两种。设麦克风阵列的输入信号为 $x_i(n)$，滤波器传递系数为 $w_i(n)$，则滤波-求和波束形成器系统输出为

$$y(n)=\sum_{i=1}^{M}(w_i(n) * x_i(n-\tau_i)) \tag{10.78}$$

式中，M 为麦克风数目。滤波器系数为单一加权常数时，滤波-求和波束形成则简化为延时-求和

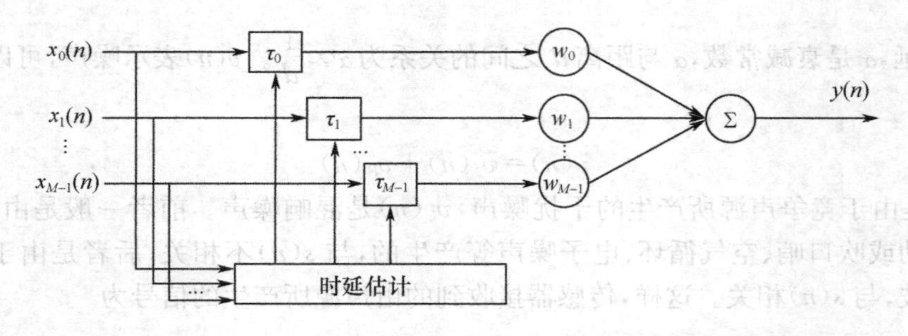

图 10.10　固定波束形成算法原理图

波束形成，即

$$y(n) = \sum_{i=0}^{M-1} w_i(n) x_i(n - \tau_i) \tag{10.79}$$

式中，τ_i 为经估计得到的时延补偿。在理想情况下，麦克风接收信号中的语音信号被相关地加起来。当 $w_i = 1/M$ 时，波束形成器输出信噪比可提高 $10\log_{10} M$dB。可以看出这种方法语音增强能力的提高是以增加阵列中麦克风数目为代价的。

图 10.11 所示为固定波束形成算法仿真图。

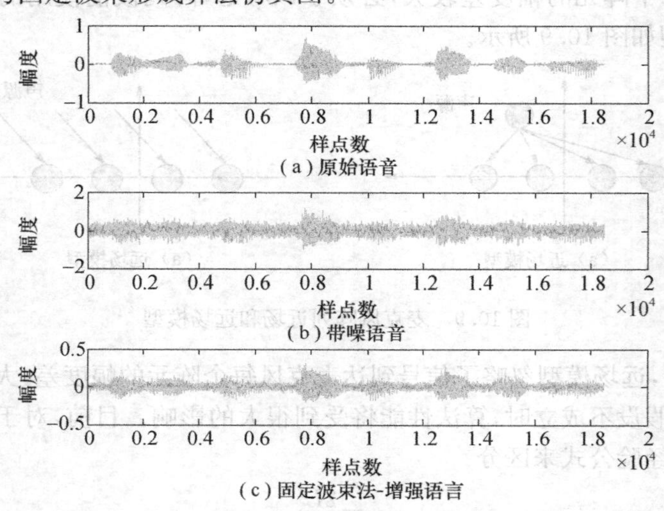

图 10.11　5 个阵元时固定波束形成算法仿真图

图 10.11 为 5 个阵元时的仿真图，阵元数目越多，语音增强效果越好。程序如程序 10.5 所示。

【程序 10.5】 FixedBeam. m

```
[hc,fs]=wavread('clean.wav');        %调出语音信号
s=hc;
% 参数设置
M=5;                                  % 阵元数目
N=length(s);                          % 采样快拍数
c=340;                                % 信号的传播速度,采用语音信号的传播速度
f0=fs;                                % 信号的中心频率
fj=1000;                              %聚焦频率
lamda=c/f0;                           % 信号的波长
d=0.04;                               % 阵元间距采取信号波长的一半
snr_dB=-5;                            % 信噪比
```

```
snr=10^(snr_dB/10);                                     % 线性信噪比
sir_dB=-5;                                              % 信干比均为-10dB
sir=10^(sir_dB/10);                                     % 线性信干比
theta_s=0 * pi/180;                                     % 信号到达方向
theta_i1=45 * pi/180;                                   % 干扰1到达方向
angle=[theta_s theta_i1];
degrad=pi/180;
% 信号源、干扰源及噪声信号
power_s=0;
for t=1:N
  power_s=power_s+(s(t))^2;
end
power_s=power_s/N;                                      % 信号源能量
power_i=power_s/sir;                                    % 干扰源能量
power_n=power_s/snr;                                    % 噪声信号能量
noise=0.15 * wgn(M,N,power_n);                          % 噪声信号
% 固定波束形成
tao1=d * sin(theta_s)/c;
tao2=d * sin(theta_i1)/c;
Ts=1.399/N;
L1=ceil(tao1/Ts);
L2=ceil(tao2/Ts);
s1=s';
i1=0.5 * s1;                                            %干扰源
x1=s1+i1+noise(1,:);
x2=[zeros(1,L1),s1(1:N-L1)]+[zeros(1,L2),i1(1:N-L2)]+noise(2,:); %各麦克风接收到的信号
x3=[zeros(1,2 * L1),s1(1:N-2 * L1)]+[zeros(1,2 * L2),i1(1:N-2 * L2)]+noise(3,:);
x4=[zeros(1,3 * L1),s1(1:N-3 * L1)]+[zeros(1,3 * L2),i1(1:N-3 * L2)]+noise(4,:);
x5=[zeros(1,4 * L1),s1(1:N-4 * L1)]+[zeros(1,4 * L2),i1(1:N-4 * L2)]+noise(5,:);
X1=[x1;x2;x3;x4;x5];
X2=1/15 * (x1+x2+x3+x4+x5);
% 输出信噪比
e=X2-s1;
% ps1=10 * log10(sum((s1).^2)/N);
% pnout=10 * log10(sum((e).^2)/N);
% snr1=ps1-pnout;
ps1=sum((s1).^2)/N;
pnout=sum((e).^2)/N;
snr1=10 * log10(ps1/pnout)                              %增强后的语音信噪比
pnout1=sum(i1).^2/N+power_n;
snr2=10 * log10(ps1/pnout1);                            %未经增强的语音信噪比
snr3=snr1-snr2;
% 画出波形
subplot(3,1,1);plot(s1);title('(a)原始语音');xlabel('样点数');ylabel('幅度');axis([0 2 * 10^4 -1 1]);
subplot(3,1,2);plot(s1+i1+noise(1,:));title('(b)带噪语音');xlabel('样点数');ylabel('幅度');axis([0 2
* 10^4 -1 1]);
subplot(3,1,3);plot(real(X2));title('(c)固定波束法-增强语音');xlabel('样点数');ylabel('幅度');axis
([0 2 * 10^4 -1 1]);
```

2. 自适应波束形成算法

固定波束形成器的权值选取是独立于麦克风阵列接收信号的，仅与本身的设定有关，与阵列

接收到的信号无关。如果波束形成的加权系数是基于麦克风阵列接收到的信号产生的，那么即为自适应波束形成。其理论原型如图 10.12 所示。

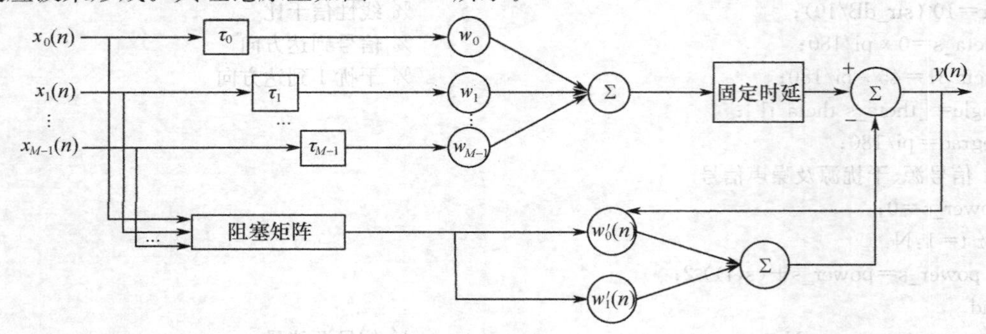

图 10.12　自适应波束形成算法原理图

自适应波束形成算法由 3 个功能模块组成：第一个模块为固定波束形成器，用来产生语音参考信号；第二个模块为阻塞矩阵，用来产生噪声参考信号；第三模块为自适应噪声抵消模块，用来抑制固定波束形成器输出端的残留噪声。从图 10.12 可以看出，自适应波束形成通道可分为主通道和辅助通道，主通道上是固定波束形成器，主要收集目标语音信号；辅助通道是阻止矩阵加自适应滤波模块，可对限定方向（麦克风阵列的指向方向）的信号加以阻止而使其他方向的信号得以通过。对于自适应系数的调整，可以采用 LMS 或 RLS(Recursive Least square) 等算法作为自适应更新的算法。所以，自适应波束形成算法就是通过自适应滤波器模块中自适应系数的调整，使输出功率最小，从而实现语音增强的目的。

习　题　10

10.1　语音增强的定义是什么？可以应用在什么方面？

10.2　音乐噪声是由什么引起的？用所学到的知识如何消除？

10.3　解释维纳滤波的原理，你能想出几种扩展方式吗？

10.4　MMSE 与谱减法相比，优势表现在哪里？为什么？

10.5　请用 MATLAB 对一个 5dB 的带噪语音进行仿真，分别用谱减法和维纳滤波法，对比其各自的性能。

10.6　请用 MATLAB 对一个 5dB 的带噪语音，用 5 元麦克风阵列进行仿真，分别用固定波束和自适应波束法，对比其各自的性能。

10.7　已知序列 $x(n)=\begin{cases} a^n & n\geqslant n_0 \\ 0 & n<n_0 \end{cases}$。

(1) 求 $x(n)$ 的傅里叶变换，并说明在什么条件下存在傅里叶变换。

(2) 若叠加一个方差为 1、均值为 0 的高斯白噪声，它们的能量和是多少？

10.8　如图 10.13 所示，$x(n)=s(n)+n(n)$ 信号与噪声系统统计独立，其中 $R_{ss}(m)=0.6^{|m|}$，其中噪声是方差为 1 的高斯白噪声，试设计一个 $N=2$ 的维纳滤波器来估计 $s(n)$，并求最小均方误差。

$x(n)$ → $h(n)$ → $\hat{s}(n)$

图 10.13　习题 10.8 图

10.9　设语音信号 $x(n)=[x_1,x_2,\cdots,x_n]$ 是服从正态分布的随机变量，假设均值为 a，方差为 σ，它的最大似然函数用下式表达

$$p(x_i\mid a,\sigma)=\left(\frac{1}{\sqrt{2\pi\sigma}}\right)^n\prod_{i=1}^{n}\exp\left[-\frac{(x_i-a)}{2\sigma^2}\right]$$

用合适的方法来估计正态分布的均值和方差。

10.10　假设带噪语音信号 $\boldsymbol{X}$ 和噪声信号 $\boldsymbol{N}$ 互不相关，且纯净语音信号为 $\boldsymbol{S}$，令带噪语音

$$\boldsymbol{X}=\boldsymbol{S}+\boldsymbol{N}$$

式中,$\boldsymbol{X}$,$\boldsymbol{S}$ 和 $\boldsymbol{N}$ 分别为 K 维的带噪语音矢量、纯净语音矢量和噪声信号矢量。

令 $\hat{\boldsymbol{S}}$ 为增强的语音信号,$\boldsymbol{H}$ 为 $K\times K$ 的线性预测器估计器矩阵。$\boldsymbol{R_X}$,$\boldsymbol{R_S}$ 和 $\boldsymbol{R_N}$ 分别表示 $\boldsymbol{X}$,$\boldsymbol{S}$ 和 $\boldsymbol{N}$ 的协方差矩阵。

(1) 用信号和噪声的协方差矩阵表示增强语音和真实语音的误差。

(2) 在 $\frac{1}{K}\bar{\varepsilon}_N^2\leqslant\alpha\sigma^2$(其中,$\sigma^2$ 为常数 $0\leqslant\alpha\leqslant1$)条件下,寻找合适的代价函数,使失真信号的能量最小,即 $\min\limits_{\boldsymbol{H}}\bar{\varepsilon}_S^2$。

(3) 根据(2)设计一个最优约束估计器。

第 11 章　小波分析及在语音信号处理中的应用

小波变换(Wavelet Transform,WT)是一种新的变换分析方法,它继承和发展了短时傅里叶变换局部化的思想,同时又克服了窗口大小不随频率变化等缺点,能够提供一个随频率改变的"时间-频率"窗口,是进行信号时频分析和处理的理想工具。小波分析可以通过变换充分突出某些方面的特征,能对时间(空间)频率的局部化分析,通过伸缩平移运算对信号(函数)逐步进行多尺度细化,最终达到在低频部分具有较高的频率分辨率和较低的时间分辨率,在高频部分具有较高的时间分辨率和较低的频率分辨率,能自动适应时频信号分析的要求,从而可聚焦到信号的任意细节,所以被誉为"数学显微镜"。小波分析的这一特点与语音信号的"短时平稳"特点刚好吻合,因此小波分析在语音信号处理中得到了广泛的应用。

11.1　基础理论

给定一个基本函数 $\psi(t)$,令

$$\psi_{a,b}(t)=\frac{1}{\sqrt{a}}\psi\left(\frac{t-b}{a}\right) \tag{11.1}$$

式中,a,b 均为常数,且 $a>0$。显然,$\psi_{a,b}(t)$是基本函数 $\psi(t)$先作移位再作伸缩后得到的。若 a,b 不断地变化,由此可得到一组函数 $\psi_{a,b}(t)$。式(11.1)中,b 的作用是确定待分析函数 $x(t)$的时间位置,也即时间中心。尺度因子 a 的作用是对基本小波 $\psi(t)$做伸缩,将 $\psi(t)$变成 $\psi\left(\frac{t}{a}\right)$,当 $a>1$ 时,若 a 越大,则 $\psi\left(\frac{t}{a}\right)$的时域支撑范围(即时域宽度)较之 $\psi(t)$变得越大;反之,当 $a<1$ 时,a 越小,则 $\psi\left(\frac{t}{a}\right)$的宽度越窄。

给定平方可积的信号 $x(t)$,即 $x(t)\in L^2(R)$,则 $x(t)$的小波变换定义为

$$\begin{aligned}\mathrm{WT}_x(a,b) &= \frac{1}{\sqrt{a}}\int x(t)\psi^*\left(\frac{t-b}{a}\right)\mathrm{d}t \\ &= \int x(t)\psi_{a,b}^*(t)\,\mathrm{d}t = \langle x(t),\psi_{a,b}(t)\rangle\end{aligned} \tag{11.2}$$

等效的频域表示为

$$\begin{aligned}\mathrm{WT}_x(a,b) &= \frac{1}{2\pi} < X(\Omega),\Psi_{a,b}(\Omega) > \\ &= \frac{\sqrt{a}}{2\pi}\int_{-\infty}^{+\infty} X(\Omega)\Psi^*(a\Omega)\mathrm{e}^{\mathrm{j}\Omega b}\,\mathrm{d}\Omega\end{aligned} \tag{11.3}$$

11.2　小波的特性

若基本小波 $\psi(t)$的时间中心是 t_0,时宽是 Δ_t,$\psi(t)$的频谱 $\Psi(\Omega)$的频率中心是 Ω_0,带宽是 Δ_Ω,由小波的基础理论可知 $\psi\left(\frac{t}{a}\right)$的时间中心是 at_0,但时宽变成 $a\Delta_t$,$\psi\left(\frac{t}{a}\right)$频谱 $a\Psi(a\Omega)$的频

率中心变为Ω_0/a，带宽变成Δ_Ω/a。

定义基本小波$\psi(t)$的品质因数：$Q=\Delta_\Omega/\Omega_0$=带宽/中心频率，则对于$\psi\left(\frac{t}{a}\right)$有

$$\text{带宽/中心频率}=\frac{\Delta_\Omega/a}{\Omega_0/a}=\Delta_\Omega/\Omega_0=Q \tag{11.4}$$

即小波变换具有恒Q性质。小波变换的恒Q性质还可以理解为，基本小波$\psi(t)$的时宽-带宽积是$\Delta_t\Delta_\Omega$，$\psi\left(\frac{t}{a}\right)$的时宽-带宽积仍是$\Delta_t\Delta_\Omega$，与$a$无关。

由于小波变换的恒Q性质，小波变换提供了一个在时、频平面上可调的分析窗口。因为小波变换的恒Q性质，$\psi(a\Omega)$在不同的a值下，分析窗的面积保持不变，即时、频分辨率可以随分析任务的需要作调整。

信号中的高频成分往往对应时域中的快变成分，如陡峭的前沿、后沿、尖脉冲等。对这一类信号分析时，则要求时域分辨率要好，以适应快变成分间隔短的需要，对频域的分辨率则可以放宽，时、频分析窗也应处在高频端的位置。与此相反，低频信号往往是信号中的慢变成分，对这类信号分析时一般希望频率的分辨率要好，而时间的分辨率可以放宽，同时分析的中心频率也应移到低频处。显然，小波变换的特点可以自动满足这些客观实际的需要。

总结上述小波变换的特点可知：当用较小的a对信号作高频分析时，实际上是用高频小波对信号做细致观察；当用较大的a对信号作低频分析时，实际上是用低频小波对信号做概貌观察。如上面所述，小波变换的这一特点既符合对信号作实际分析时的规律，也符合人们的视觉特点。

小波变换还存在以下优点：

① 小波分解可以覆盖整个频域（提供了一个数学上完备的描述）；

② 小波变换通过选取合适的滤波器，可以极大地减小或去除所提取信号的不同特征之间的相关性；

③ 小波变换具有“变焦”特性，在低频段可用高频率分辨率和低时间分辨率（宽分析窗口），在高频段可用低频率分辨率和高时间分辨率（窄分析窗口）；

④ 小波变换可以由快速算法实现。

11.2.1 连续小波变换及性质

1. 连续小波变换的定义

将任意$L^2(R)$空间中的函数$x(t)$在基本小波下展开，称这种展开为函数$x(t)$的连续小波变换（Continue Wavelet Transform，CWT），表达式为

$$\mathrm{WT}_x(a,b)=\langle x(t),\psi_{a,b}(t)\rangle=\frac{1}{\sqrt{a}}\int x(t)\psi^*\left(\frac{t-b}{a}\right)\mathrm{d}t \tag{11.5}$$

式中，a，b和t均是连续变量，信号$x(t)$的小波变换$\mathrm{WT}_x(a,b)$是a和b的函数，b是时移，a是尺度因子。$\psi(t)$又称为基本小波，或母小波。$\psi_{a,b}(t)$是母小波经移位和伸缩所产生的一组函数，称之为小波基函数，或简称小波基，因此小波变换又可以解释为待分析信号与一组小波基的内积。

2. 连续小波变换的性质

(1) 线性

一个多分量信号的小波变换等于各个分量的小波变换之和，若$x(t)=x_1(t)+x_2(t)$，则$\mathrm{WT}_x=\mathrm{WT}_{x_1}+\mathrm{WT}_{x_2}$。

(2) 时移不变性

若$x(t)$的小波变换是$\mathrm{WT}_x(a,b)$，那么$x(t-\tau)$的小波变换是$\mathrm{WT}_x(a,b-\tau)$。

(3) 伸缩共变性

如果 $x(t)$ 的小波变换是 $\mathrm{WT}_x(a,b)$，令 $y(t)=x(\lambda t)$，则 $\mathrm{WT}_y(a,b)=\frac{1}{\sqrt{\lambda}}\mathrm{WT}_x(\lambda a,\lambda b)$。

(4) 微分性质

如果 $x(t)$ 的小波变换是 $\mathrm{WT}_x(a,b)$，令 $y(t)=\frac{\mathrm{d}x(t)}{\mathrm{d}t}=x'(t)$，则 $\mathrm{WT}_y(a,b)=\frac{\partial}{\partial b}\mathrm{WT}_x(a,b)$。

(5) 冗余度

连续小波变换把一维信号变换到二维空间，因此小波变换中存在多余的信息，称之为冗余度。因此小波变换的逆变公式不是唯一的。度量冗余度的量称为重建核，它反映了小波变换的冗余性。

11.2.2 离散小波变换及性质

1. 离散小波变换的定义

离散小波变换是对基本小波的尺度和平移进行离散化。在图像处理中，常采用二进小波作为小波变换函数，即使用 2 的整数次幂进行划分。令 $a=a_0^j$，$j\in Z$，可实现对 a 的离散化。若 $j=0$，则 $\psi_{j,b}(t)=\psi(t-b)$。欲对 b 离散化，最简单的方法是将 b 均匀抽样，如令 $b=kb_0$，b_0 的选择应保证能由 $\mathrm{WT}_x(j,k)$ 来恢复出 $x(t)$。当 $j\neq0$ 时，将 a 由 a_0^{j-1} 变成 a_0^j 时，即将 a 扩大了 a_0 倍，这时小波 $\psi_{j,k}(t)$ 的中心频率比 $\psi_{j-1,k}(t)$ 的中心频率下降了 a_0 倍，带宽也下降了 a_0 倍。因此，这时对 b 抽样的间隔也可相应地扩大 a_0 倍。由此可以看出，当尺度 a 分别取 $a_0^0,a_0^1,a_0^2,\cdots$ 时，对 b 的抽样间隔可以取 $a_0^0b_0,a_0^1b_0,a_0^2b_0,\cdots$，这样，对 a 和 b 离散化后的结果

$$\begin{aligned}\psi_{j,k}(t)&=a_0^{-j/2}\psi[a_0^{-j}(t-ka_0^jb_0)]\\&=a_0^{-j/2}\psi(a_0^{-j}t-kb_0)\qquad j,k\in Z\end{aligned}\tag{11.6}$$

对给定的信号 $x(t)$，式(11.5)的连续小波变换可变成离散栅格上的小波变换，即

$$\mathrm{WT}_x(j,k)=\int x(t)\psi_{j,k}^*(t)\mathrm{d}t\tag{11.7}$$

此式称为离散小波变换(Discrete Wavelet Transform，DWT)。需要强调的是，这一离散化都是针对连续的尺度参数和连续平移参数的，而不是针对时间变量 t 的。

2. 离散小波变换的方法

离散小波变换可以被表示成由低通滤波器和高通滤波器组成的“一棵树”，原始信号通过这样的一对滤波器进行的分解称为一级分解，信号的分解过程可以迭代，进行多级分解。如果对信号的高频分量不再分解，而对低频分量连续进行分解，就得到许多分辨率较低的低频分量，形成一棵比较大的分解树，这种树称为小波分解树。分解级数的多少取决于要被分析的数据和用户的需要。小波分解树表示只对信号的低频分量进行连续分解。如果不仅对信号的低频分量连续进行分解，而且对高频分量也进行连续分解，这样不仅可得到许多分辨率较低的低频分量，而且也可得到许多分辨率较低的高频分量。这样分解得到的树称为小波包分解树，这种树是一个完整的二进制树。

11.3 几种常用的小波及特性

与标准的傅里叶变换比较，小波选择的灵活性很大，许多函数都可以用作小波，所以小波函数具有多样性。因此在实际应用中就会产生一个问题，就是如何选择最优的小波，因为同一个问

题用不同的小波分析会有不同的结果。目前主要是通过用小波分析方法处理信号的结果与理论结果的误差来判定小波基的好坏，由此决定小波基。

本节将介绍几种常用的小波变换及其性质。

11.3.1 Haar 小波

Haar 小波来自于数学家 Haar 于 1910 年提出的 Haar 正交函数集，它是一个具有紧支撑的正交小波函数，它的支撑域在 $t\in[0,1]$范围内的单个矩形波，其定义为

$$\psi(t)=\begin{cases}1, & 0\leqslant t<1/2\\ -1, & 1/2\leqslant t<1\\ 0, & \text{其他}\end{cases}\tag{11.8}$$

$\psi(t)$的傅里叶变换为

$$\Psi(\Omega)=\mathrm{j}\,\frac{4}{\Omega}\sin^2\left(\frac{\Omega}{4}\right)\mathrm{e}^{-\mathrm{j}\Omega/2}\tag{11.9}$$

程序 11.1 为 Haar 小波时域和频域波形的 MATLAB 程序，Haar 小波的时域和频域波形图如图 11.1 所示。

【程序 11.1】 Haar.m

```
i=20;                                    %迭代次数
wav = 'Haar';                            %使用 Haar 小波
[phi,g1,xval] = wavefun(wav,i);
subplot(1,2,1);
plot(xval,g1,'-b','LineWidth',1.5);
xlabel('t/s');
ylabel('幅度');
g2=fft(g1);
g3=abs(g2);                              %返回 g2 的绝对值
subplot(1,2,2);
plot(g3);
xlabel('f/Hz');
ylabel('幅度');
```

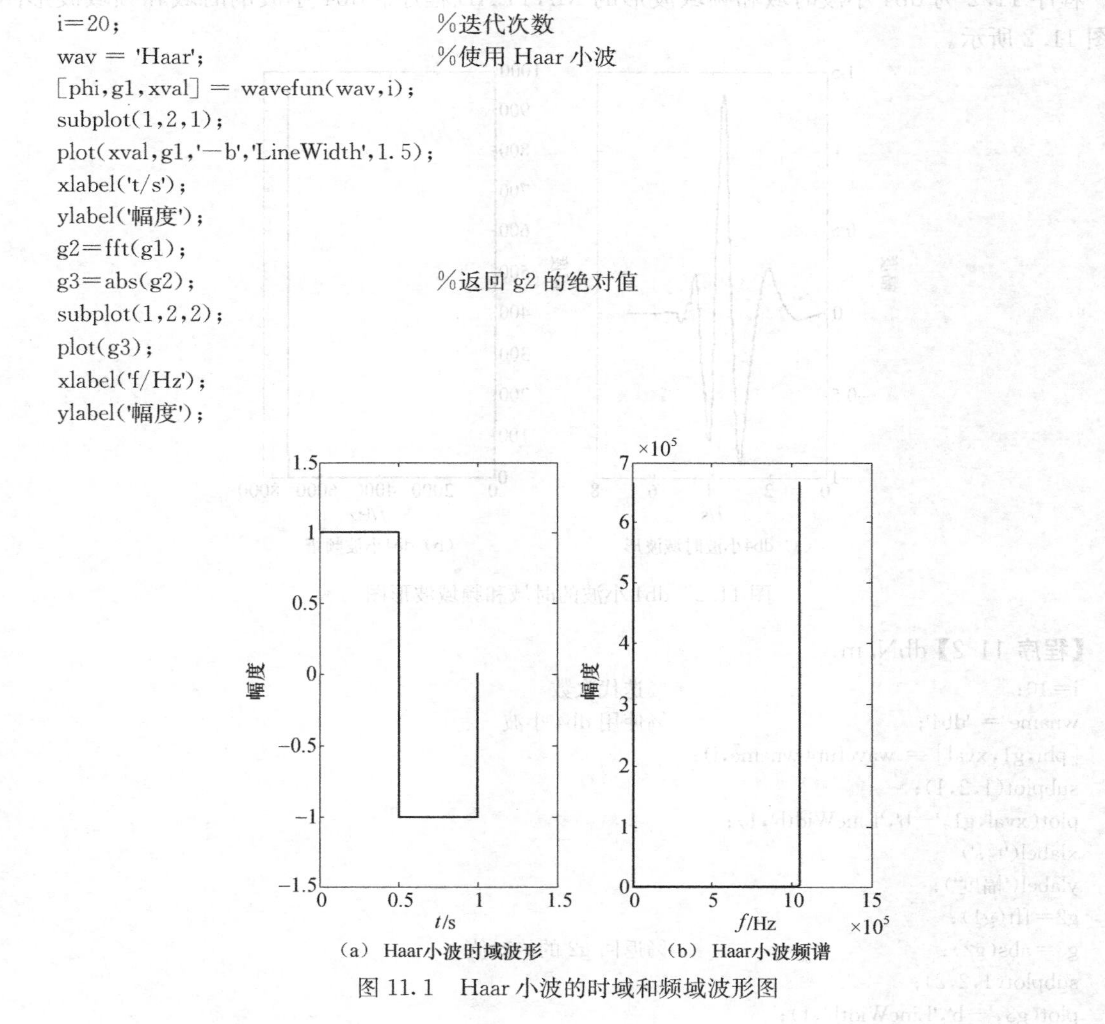

(a) Haar小波时域波形　(b) Haar小波频谱

图 11.1　Haar 小波的时域和频域波形图

Haar 小波在时域上不是连续的，作为小波基来讲，性能不是特别好，这使得其在实际应用中受到很多限制，但是它也有许多优点：

① Haar 小波在时域是紧支撑的；

② 计算比较简单；

③ 取 $a=2^j, j \in Z^+, b \in Z$，在这个多分辨率系统中 Haar 小波属于正交小波；

④ Haar 小波是对称的，系统的单位抽样响应若具有对称性，则该系统具有线性相位，这对于去除相位失真是非常有利的。Haar 小波是目前唯一一个既具有对称性又是有限支撑的正交小波。

11.3.2 Daubechies(dbN)小波

Daubechies 小波简称 dbN，N 是小波的阶数。当 $N=1$ 时，db1 即是 Haar 小波，dbN 小波是正交小波，并且是紧支撑的。尺度函数 $\varphi(t)$ 的支撑范围在 $t=0 \sim (2N-1)$，$\psi(t)$ 的支撑范围在 $(1-N) \sim N$。小波 $\psi(t)$ 具有 N 阶消失矩，$\Psi(\Omega)$ 在 $\Omega=0$ 处具有 N 阶零点。但除了 $N=1$ 外，dbN 小波是非对称的，其相应的滤波器组属共轭正交镜像滤波器组。dbN 没有明确的表达式(除了 $N=1$ 之外)。

程序 11.2 为 db4 小波时域和频域波形的 MATLAB 程序。db4 小波的时域和频域波形图如图 11.2 所示。

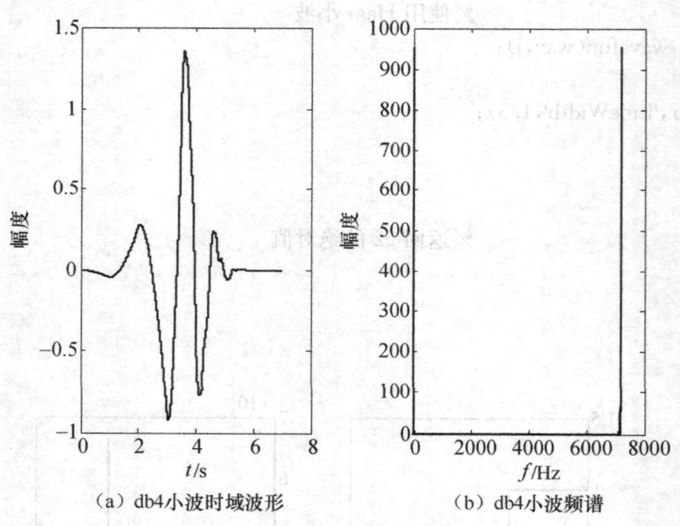

图 11.2 db4 小波的时域和频域波形图

【程序 11.2】 dbN.m

```
i=10;                                          %迭代次数
wname = 'db4';                                 %使用 db4 小波
[phi,g1,xval] = wavefun(wname,i);
subplot(1,2,1);
plot(xval,g1,'-b','LineWidth',1);
xlabel('t/s')
ylabel('幅度');
g2=fft(g1);
g3=abs(g2);                                    %返回 g2 的绝对值
subplot(1,2,2);
plot(g3,'-b','LineWidth',1);
```

```
xlabel('f/Hz')
ylabel('幅度')
```

dbN 小波常用来分解和重构信号，作为滤波器使用。程序 11.3 为 db4 小波分解重构滤波器的 MATLAB 程序，波形如图 11.3 所示。

【程序 11.3】 dbNFilter.m

```
wname = 'db4';
[Lo_D,Hi_D,Lo_R,Hi_R] = wfilters(wname);        %计算该小波的 4 个滤波器
subplot(2,2,1);
stem(Lo_D);                                    %划分离散序列数据
subplot(2,2,2);
stem(Hi_D);
subplot(2,2,3);
stem(Lo_R);
subplot(2,2,4);
stem(Hi_R);
```

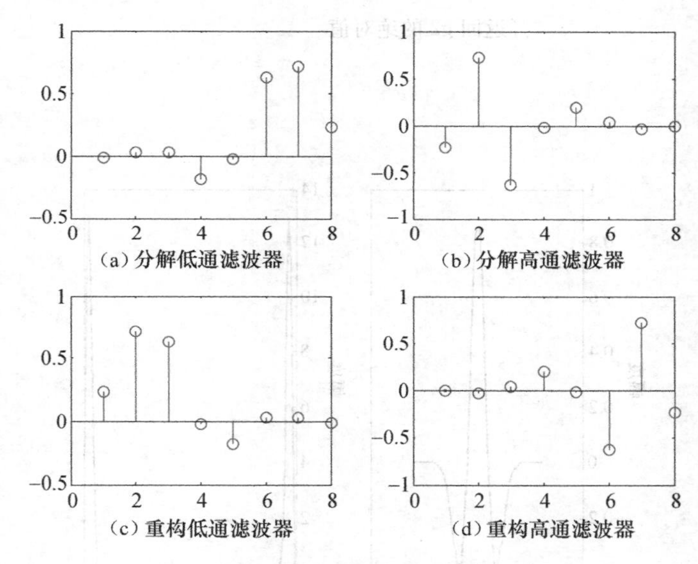

图 11.3　db4 小波分解和重构滤波器

dbN 小波具有以下特点：

① 在时域是有限支撑的，即 $\psi(t)$ 长度有限；

② 在频域 $\Psi(\Omega)$ 在 $\Omega=0$ 处有 N 阶零点；

③ $\psi(t)$ 和它的整数位移正交归一，即 $\int \psi(t)\psi(t-k)\mathrm{d}t = \delta_k$；

④ 小波函数 $\psi(t)$ 可以由所谓"尺度函数" $\varphi(t)$ 求出来。尺度函数 $\varphi(t)$ 为低通函数，长度有限，支撑域在 $t=0\sim(2N-1)$ 范围内。

11.3.3　Mexican Hat(Marr)小波

Mexican Hat 小波的中文名字为"墨西哥草帽"小波，又称 Marr 小波。它定义为

$$\psi(t)=c(1-t^2)\mathrm{e}^{-t^2/2} \tag{11.10}$$

式中，$c=\frac{2}{\sqrt{3}}\pi^{1/4}$，其傅里叶变换为

$$\Psi(\Omega)=\sqrt{2\pi}c\Omega^2\mathrm{e}^{-\Omega^2/2} \tag{11.11}$$

该小波是由一高斯函数的二阶导数所得到的，它沿着中心轴旋转一周所得到的三维图形犹如一顶草帽，故由此而得名。

程序 11.4 为 Mexican Hat 小波时域和频域波形的 MATLAB 程序，其波形及其频谱如图 11.4所示。

【程序 11.4】Marr.m

```
d=-6;h=6;                          %设置时域长度
n=100;                             %设置频域长度
[g1,x]=mexihat(d,h,n);             %墨西哥草帽小波
subplot(1,2,1);
plot(x,g1,'-b','LineWidth',1);
xlabel('t/s')
ylabel('幅度');
g2=fft(g1);
g3=(abs(g2));                      %返回 g2 的绝对值
subplot(1,2,2);
plot(g3);
xlabel('f/Hz')
ylcbel('幅度')
```

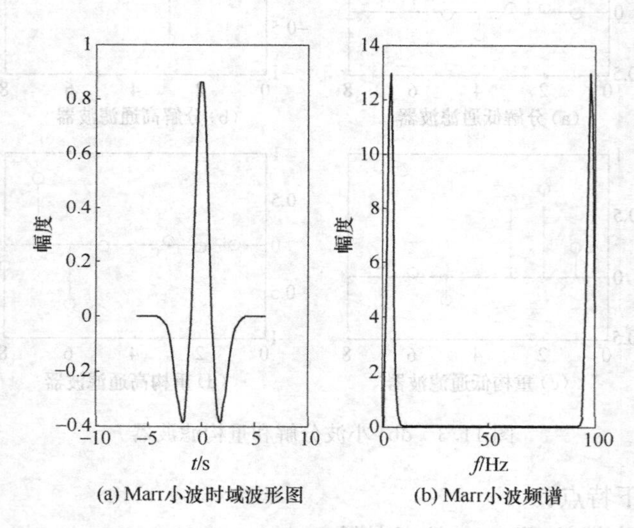

(a) Marr小波时域波形图 (b) Marr小波频谱

图 11.4 Marr 小波的时域和频域波形图

墨西哥草帽函数在时间域与频率域都有很好的局部化，并且满足$\int_R \psi(t)\mathrm{d}t=0$。由于它不存在尺度函数，所以小波函数不具有正交性。但是它是对称的，可用于连续小波变换。由于该小波在 $\Omega=0$ 处有二阶零点，因此满足容许条件，且该小波比较接近人眼视觉的空间响应特征。

11.3.4 Morlet 小波

Morlet 小波定义为

$$\psi(t)=\mathrm{e}^{-t^2/2}\mathrm{e}^{\mathrm{i}\Omega t} \tag{11.12}$$

其傅里叶变换为

$$\Psi(\Omega)=\sqrt{2\pi}\mathrm{e}^{-(\Omega-\Omega_0)^2/2} \tag{11.13}$$

它是一个具有高斯包络的单频率复正弦函数。考虑到待分析的信号一般是实信号，所以在

MATLAB 中将式(11.12)改造为

$$\psi(t)=\mathrm{e}^{-t^2/2}\cos\Omega_0 t \tag{11.14}$$

并取 $\Omega_0=5$。该小波不是紧支撑的,理论上讲 t 可取 $-\infty\sim+\infty$。但是当 $\Omega_0=5$,或再取更大的值时,$\psi(t)$ 和 $\Psi(\Omega)$ 在时域和频域都具有很好的集中。

Morlet 小波没有尺度函数 $\varphi(t)$,而且不是正交的,也不是双正交的,可用于连续小波变换。但该小波是对称的,是应用较为广泛的一种小波。

程序 11.5 为 Morlet 小波时域和频域波形的 MATLAB 程序,其波形及其频谱如图 11.5 所示。

【程序 11.5】 Morlet.m

```
d=-6;h=6;                                  %设置时域长度
n=100;                                     %设置频域长度
[g1,x]=morlet(d,h,n);                      %Morlet 小波
subplot(2,2,1);
plot(x,g1,'-r','LineWidth',1.5);
xlabel('t/s')
ylabel('幅度');
g2=fft(g1);
g3=abs(g2);                                %返回 g2 的绝对值
subplot(2,2,2);
plot(g3);
xlabel('f/Hz')
ylabel('幅度')
```

其中,调用函数 morlet()的源程序如下:

```
function [out1,out2] = morlet(LB,UB,N,flagGUI)    %设置时域及取点长度
out2 = linspace(LB,UB,N);                         %根据函数设置进行线性等分
out1 = exp(-(out2.^2)/2) .* cos(5 * out2);
```

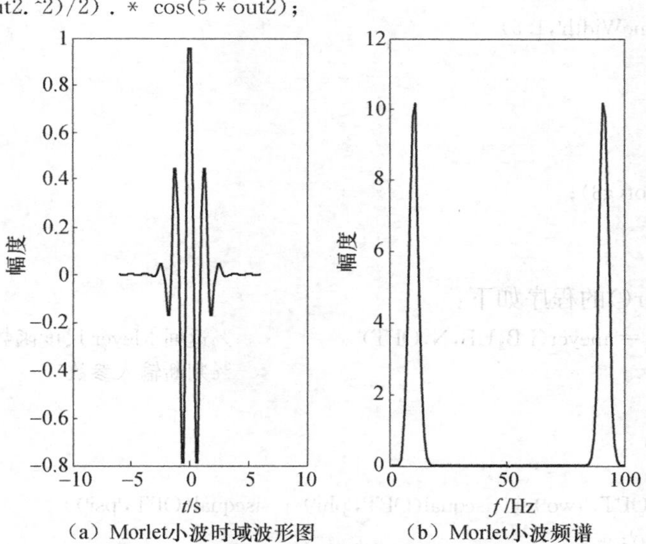

(a) Morlet小波时域波形图　　(b) Morlet小波频谱

图 11.5　Morlet 小波的时域波形图和频域波形图

11.3.5　Meyer 小波

Meyer 小波的小波函数和尺度函数都是在频率域中进行定义的,其定义为

$$\psi(\Omega)=\begin{cases}(2\pi)^{-\frac{1}{2}}\exp\dfrac{\mathrm{j}\Omega}{2}\sin\left(\dfrac{\pi}{2}v\left(\dfrac{3}{2\pi}|\Omega|-1\right)\right) & \dfrac{2\pi}{3}\leqslant\Omega\leqslant\dfrac{4\pi}{3}\\ (2\pi)^{-\frac{1}{2}}\exp\dfrac{\mathrm{j}\Omega}{2}\cos\left(\dfrac{\pi}{2}v\left(\dfrac{3}{2\pi}|\Omega|-1\right)\right) & \dfrac{4\pi}{3}\leqslant\Omega\leqslant\dfrac{8\pi}{3}\\ 0 & |\Omega|\notin\left[\dfrac{2\pi}{3},\dfrac{8\pi}{3}\right]\end{cases}\tag{11.15}$$

其中，$v(a)$为构造 Meyer 小波的辅助函数，具有

$$v(a)=a^4(35-84a+70a^2-20a^3)\quad a\in[0,1]\tag{11.16}$$

$$\varphi(\Omega)=\begin{cases}(2\pi)^{-\frac{1}{2}} & |\Omega|\leqslant\dfrac{2\pi}{3}\\ (2\pi)^{-\frac{1}{2}}\cos\left(\dfrac{\pi}{2}v\left(\dfrac{3}{2\pi}|\Omega|-1\right)\right) & \dfrac{2\pi}{3}\leqslant\Omega\leqslant\dfrac{4\pi}{3}\\ 0 & |\Omega|>\dfrac{4\pi}{3}\end{cases}\tag{11.17}$$

Meyer 小波不是紧支撑的，但它收敛的速度很快，且

$$|\psi(t)|\leqslant C_n(1+|t|^2)^{-n}\tag{11.18}$$

无限可微。

程序 11.6 为 Meyer 小波时域和频域波形的 MATLAB 程序，其波形及其频谱如图 11.6 所示。

【程序 11.6】 Meyer. m

```
d=-6;h=6;                                  %设置时域长度
n=128;                                     %设置频域长度
[g1,x]=meyer(d,h,n,'psi');                 %Meyer 小波
subplot(2,1,1),
plot(x,g1,'-r','LineWidth',1.5)
xlabel('t/s')
ylabel('幅度');
g2=fft(g1);
g3=abs(g2);
subplot(2,1,2),plot(g3);
xlabel('f/Hz')
ylabel('幅度')
```

其中，调用函数 meyer()的程序如下：

```
function varargout = meyer(LB,UB,N,OPT)    %返回 Meyer 尺度函数和小波函数
switch nargin                              %判断输入参数
  case 3
    OPT = 'two';
  case 4
    if ~(isequal(OPT,'two') || isequal(OPT,'phi') || isequal(OPT,'psi'))
      OPT = 'two';
    end
end
tmp = log(N)/log(2);
if tmp ~= fix(tmp)
    error(message('Wavelet:FunctionArgVal:Invalid_PowerVal'))
end
tmp = UB-LB;
```

```
if tmp<0
    error(message('Wavelet:FunctionArgVal:Invalid_BoundVal'))
end
lint = (UB-LB)/2/pi;                                    %变换区域范围
    x= (-N:2:N-2)/(2 * lint);
    xa= abs(x);

if isequal(OPT,'phi') || isequal(OPT,'two')             %调用尺度函数 phi
    int1 = find((xa < 2 * pi/3));
    int2 = find((xa >= 2 * pi/3) & (xa < 4 * pi/3));
    phihat = zeros(1,N);                                %对 phi 进行傅里叶变换
    phihat(int1) = ones(size(int1));
    phihat(int2) = cos(pi/2 * meyeraux(3/2/pi * xa(int2)-1));     %meyeraux=35 * x^4-84 * x^5+
                                                                  %70 * x^6-20 * x^7
    [phi,t] = instdfft(phihat,LB,UB);                   %对 phi 进行非标准化的反傅里叶变换
end

if isequal(OPT,'psi') || isequal(OPT,'two')             %调用小波函数 psi
    int1 = find((xa >= 2 * pi/3) & (xa <4 * pi/3));
    int2 = find((xa >= 4 * pi/3) & (xa < 8 * pi/3));
    psihat = zeros(1,N);                                %对 psi 进行傅里叶变换
    psihat(int1) = exp(1i * x(int1)/2). * sin(pi/2 * meyeraux(3/2/pi * xa(int1)-1));
    psihat(int2) = exp(1i * x(int2)/2). * cos(pi/2 * meyeraux(3/4/pi * xa(int2)-1));
    [psi,t] = instdfft(psihat,LB,UB);                   %对 psi 进行非标准化的反傅里叶变换
end

switch OPT                                              %设置输出参数
    case 'psi' , varargout = {psi,t};
    case 'phi' , varargout = {phi,t};
    otherwise , varargout = {phi,psi,t};
end
```

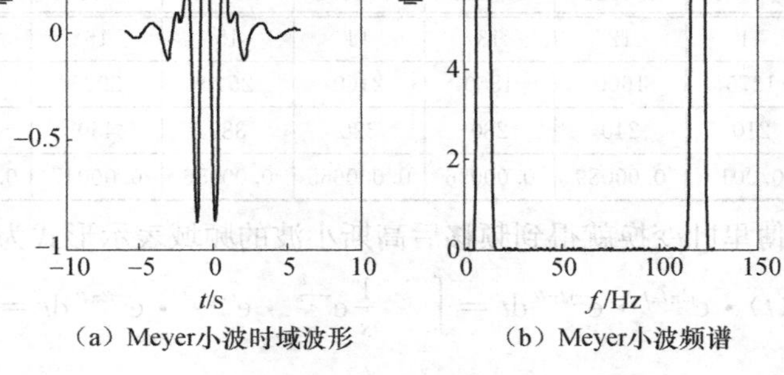

(a) Meyer小波时域波形　　(b) Meyer小波频谱

图 11.6　Meyer 小波的时域波形图和频域波形图

11.4 小波变换在语音信号处理中的应用

11.4.1 小波分析在语音信号预处理的应用及 MATLAB 实现

在对语音信号进行特征提取时，为了使特征更接近声音的本质，需要在预处理阶段构造临界频带滤波器组。小波变换可以通过调整尺度因子和平移因子来满足不同的分辨率要求，很适合构造语音信号临界频带滤波器组。下面以高斯小波为例，给出利用构造临界频带滤波器组的 MATLAB 程序。

高斯小波定义为 $\Psi(t)=\dfrac{1}{2\sqrt{\pi\alpha}}e^{-\frac{t^2}{4\alpha}}$，$\alpha>0$

令 $\alpha=\dfrac{1}{2}$，得 $\Psi_1(t)=\dfrac{1}{\sqrt{2\pi}}e^{-\frac{t^2}{2}}$，归一化后得到 $\Psi_2(t)=e^{-\frac{t^2}{2}}$，对 $\Psi_2(t)$ 做尺度变换

$$\Psi_s(t)=\frac{1}{s}\Psi_2\left(\frac{t}{s}\right)=\frac{1}{s}e^{-\frac{t^2}{2s^2}} \tag{11.19}$$

其中，s 为尺度因子，改变 s 可以改变小波频窗的宽度，在窗口形状不变的情况下，若小波的频窗中心频率为 0Hz，而感兴趣的频率成分为 f_0，可以通过将 $\Psi_s(t)$ 乘以频移因子 $e^{j2\pi f_0 t}$，把频窗中心移到 f_0。

临界带宽的概念在本书第 2 章有过介绍。临界带宽是随中心频率而变的，被掩蔽的纯音频率(即临界带的中心频率)越高，临界带宽也越宽，但二者的变化关系并不是一种线性关系，在 20～16000Hz 范围内的频率可以划分为 24 个临界频带，这里根据系统要求选取对应话音的 16 个频带，如表 11.1 所示，临界频带的单位是 Bark，f_i 是中心频率，Δf 是带宽。

根据以上原则，由 16 个临界频带中心频率确定出小波频窗的中心 f_0，然后选择适当的尺度因子 s，这样就完成了高斯小波滤波器组的设计。

尺度因子 s 选择标准遵循以下原则：

① 相邻小波频窗要有一定的重叠，经多次实验选取重叠交叉点值为 0.8；

② 小波频窗的宽度与对应的带宽相一致。

最终确定的 s 值如表 11.1 所示。

表 11.1 16 个临界频带的中心频率、带宽及 s 值的映射关系

Bark 号	3	4	5	6	7	8	9	10
f_i/Hz	250	350	455	570	700	845	1000	1175
Δf_i/Hz	100	100	110	120	140	150	160	190
s 值	0.0021	0.0021	0.0019	0.00173	0.0015	0.00141	0.00132	0.00113
Bark 号	11	12	13	14	15	16	17	18
f_i/Hz	1375	1600	1860	2160	2510	2925	3425	4050
Δf_i/Hz	210	240	280	320	380	450	550	700
s 值	0.001	0.00089	0.00076	0.000665	0.00056	0.00047	0.000388	0.000303

对 $\Psi_s(t)e^{j2\pi f_0 t}$ 做傅里叶变换就得到频移后高斯小波的频域表示形式为

$$\Psi(f)=\int_{-\infty}^{+\infty}\Psi_s(t)\cdot e^{j2\pi f_0 t}\cdot e^{-j2\pi ft}dt=\int_{-\infty}^{+\infty}\frac{1}{s}e^{-\frac{t^2}{2s^2}}\cdot e^{j2\pi f_0 t}\cdot e^{-j2\pi ft}dt=\sqrt{2\pi}e^{-2\pi^2 s^2(f-f_0)^2} \tag{11.20}$$

由于计算机只能处理离散信号，所以要将 $\Psi(f)$ 离散化。设 $f_s=1/T_s$ 为采样频率，N 为补零后的长度，这里为 256 个样点，则有离散化后的公式为

$$\Psi(N-i)=\Psi(i-1)=\Psi\left(i\cdot\frac{f_s}{N}\right)\quad i=1,2,\cdots,\frac{N}{2} \tag{11.21}$$

对输入原始语音信号进行小波变换，即式(11.22)，其中 $X(l)$ 为原始输入语音 $x(t)$ 的频谱

$$W(l)=\Psi(l)\cdot X(l) \tag{11.22}$$

式(11.22)的小波变换实质是带通滤波，提取了以 f_0 为中心频率，小波 $\Psi_s(t)$ 带通特性所确定的信息。

程序 11.7 为构造单个高斯滤波器的 MATLAB 程序。

【程序 11.7】 GaussFilter2160.m

```
f12=linspace(0,4449,4450);                                  %设置频域范围
B12=2*pi*pi*0.000665*0.000665.*(f12-2160).*(f12-2160);      %中心频率为2160Hz的高斯
                                                            %小波滤波器,s=0.000665
G12=exp(-B12);
plot(f12,G12,'b')
xlabel('f/Hz');
ylabel('幅度')
```

程序 11.8 为根据临界带宽构造出由 16 个滤波器组成的滤波器组的 MATLAB 程序。

【程序 11.8】 GaussFilter.m

```
f1=linspace(100,451,4450);                                  %第一个滤波器,设置频域范围
B1=2*pi*pi*0.0021*0.0021.*(f1-250).*(f1-250);               %中心频率为250Hz的高斯小波滤波器,
                                                            %s=0.0021
G1=exp(-B1);

f2=linspace(0,4449,4450);                                   %第二个滤波器
B2=2*pi*pi*0.0021*0.0021.*(f2-350).*(f2-350);
G2=exp(-B2);

f3=linspace(0,4449,4450);                                   %第三个滤波器
B3=2*pi*pi*0.0019*0.0019.*(f3-455).*(f3-455);
G3=exp(-B3);

f4=linspace(0,4449,4450);                                   %第四个滤波器
B4=2*pi*pi*0.00173*0.00173.*(f4-570).*(f4-570);
G4=exp(-B4);

f5=linspace(0,4449,4450);                                   %第五个滤波器
B5=2*pi*pi*0.0015*0.0015.*(f5-700).*(f5-700);
G5=exp(-B5);

f6=linspace(0,4449,4450);                                   %第六个滤波器
B6=2*pi*pi*0.00141*0.00141.*(f6-845).*(f6-845);
G6=exp(-B6);

f7=linspace(0,4449,4450);                                   %第七个滤波器
B7=2*pi*pi*0.00132*0.00132.*(f7-1000).*(f7-1000);
G7=exp(-B7);

f8=linspace(0,4449,4450);                                   %第八个滤波器
B8=2*pi*pi*0.00113*0.00113.*(f8-1175).*(f8-1175);
G8=exp(-B8);

f9=linspace(0,4449,4450);                                   %第九个滤波器
B9=2*pi*pi*0.001*0.001.*(f9-1375).*(f9-1375);
```

```
G9=exp(-B9);
f10=linspace(0,4449,4450);                                    %第十个滤波器
B10=2*pi*pi*0.00089*0.00089.*(f10-1600).*(f10-1600);
G10=exp(-B10);
f11=linspace(0,4449,4450);                                    %第十一个滤波器
B11=2*pi*pi*0.00076*0.00076.*(f11-1860).*(f11-1860);
G11=exp(-B11);
f12=linspace(0,4449,4450);                                    %第十二个滤波器
B12=2*pi*pi*0.000665*0.000665.*(f12-2160).*(f12-2160);
G12=exp(-B12);
f13=linspace(0,4449,4450);                                    %第十三个滤波器
B13=2*pi*pi*0.00056*0.00056.*(f13-2510).*(f13-2510);
G13=exp(-B13);

f14=linspace(0,4449,4450);                                    %第十四个滤波器
B14=2*pi*pi*0.00047*0.00047.*(f14-2925).*(f14-2925);
G14=exp(-B14);

f15=linspace(0,4449,4450);                                    %第十五个滤波器
B15=2*pi*pi*0.000388*0.000388.*(f15-3425).*(f15-3425);
G15=exp(-B15);

f16=linspace(0,4449,4450);                                    %第十六个滤波器
B16=2*pi*pi*0.000303*0.000303.*(f16-4050).*(f16-4050);
G16=exp(-B16);

plot(f1,G1,'b',f2,G2,'b',f3,G3,'b',f4,G4,'b',f5,G5,'b',f6,G6,'b',f7,G7,'b',f8,G8,'b',f9,G9,'b',f10,
G10,'b',f11,G11,'b',f12,G12,'b',f13,G13,'b',f14,G14,'b',f15,G15,'b',f16,G16,'b')
xlabel('f/Hz');
ylabel('幅度')
```

程序 11.7 和程序 11.8 的结果如图 11.7 和图 11.8 所示。

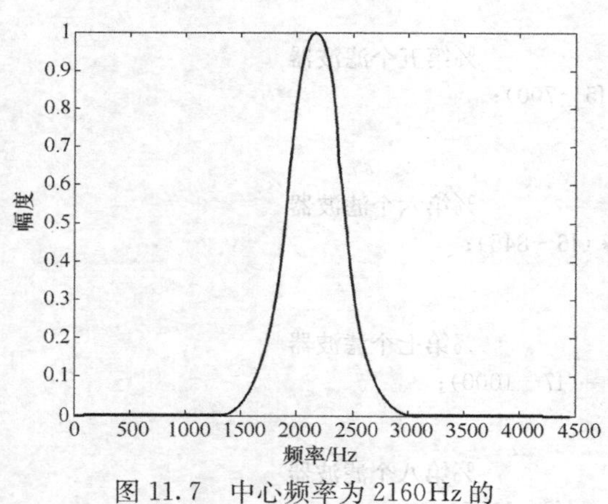

图 11.7 中心频率为 2160Hz 的单个高斯小波滤波器

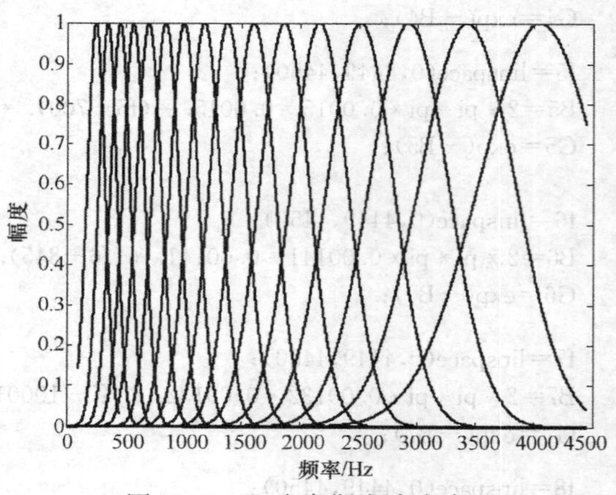

图 11.8 16 个高斯小波滤波器组成的临界带滤波器组

由于小波的尺度因子和平移因子可以灵活选择，因此利用小波构造滤波器也是非常简单方便的。

11.4.2 小波分析在语音去噪中的应用及 MATLAB 实现

由于信号在小波域内其能量主要集中在有限的几个系数中，而噪声的能量却分布于整个小波域内，因此经小波分解后，信号的小波变换系数要大于噪声的小波变换系数。可以找到一个合适的数作为阈值，当小波系数小于该阈值时，认为这时的小波系数主要是由噪声产生的。当小波系数大于该阈值时，则认为其主要是由信号引起的，选择一个合适的阈值，对小波系数进行阈值处理，就可以达到去除噪声而保留有用信号的目的。

小波去噪方法包括 3 个基本的步骤：对含噪声信号进行小波变换；对变换得到的小波系数进行某种处理，以去除其中包含的噪声；对处理后的小波系数进行小波逆变换，得到去噪后的信号。本节使用 ddencmp 函数获取全局默认阈，利用 wdencmp 实现小波去噪方法，并给出其 MATLAB 程序。本程序选用 db4 小波和 Haar 小波。

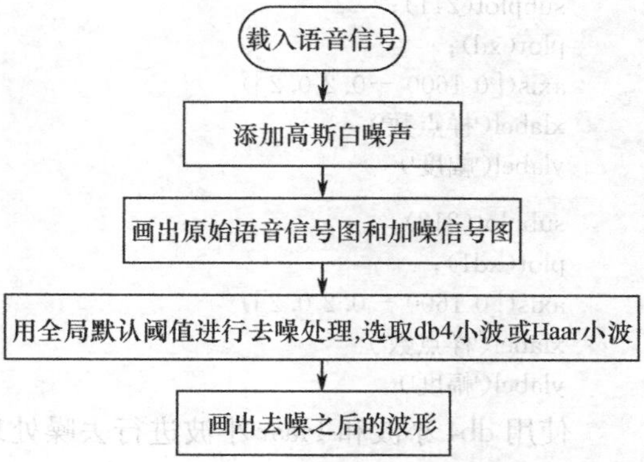

程序流程图如图 11.9 所示。

载入语音信号

添加高斯白噪声

画出原始语音信号图和加噪信号图

用全局默认阈值进行去噪处理，选取db4小波或Haar小波

画出去噪之后的波形

图 11.9 小波变换去噪流程图

程序 11.9 为小波去噪的 MATLAB 程序。

【程序 11.9】 Denoising. m

```
clc;
clear all;
sound=wavread('wu.wav');                              %载入语音信号
count1=length(sound);                                 %加入高斯白噪声
noise=0.02*randn(1,count1);
for i=1:count1
signal(i)=sound(i);
end
for i=1:count1
y(i)=signal(i)+noise(i);
end

[thr,sorh,keepapp]=ddencmp('den','wv',signal);        %获取全局阈值
xd=wdencmp('gbl',signal,'db4',3,thr,sorh,keepapp);    %用全局默认阈值进行去噪处理，选用 db4 小波
xd1=wdencmp('gbl',signal,'haar',3,thr,sorh,keepapp)   %用全局默认阈值进行去噪处理，选用 Haar 小波

snr=0;
Ps1=sum(sum((signal-mean(mean(signal))).^2));        %原始信号能量
Pn1=sum(sum((signal-xd).^2));                         %噪声能量
snr1=10*log10(Ps1/Pn1);                               %使用 db4 小波去噪后的信噪比
Ps2=sum(sum((signal-mean(mean(signal))).^2));
Pn2=sum(sum((signal-xd1).^2));
snr2=10*log10(Ps2/Pn2);                               %使用 Haar 小波去噪后的信噪比

figure
subplot(211);plot(signal);                            %画出原始信号
axis([0 1600 -0.2 0.2])
xlabel('样点数')
ylabel('幅度')
```

```
subplot(212);
plot(y);
axis([0 1600 -0.2 0.2])                              %画出含噪信号
xlabel('样点数')
ylabel('幅度')
figure(2)
subplot(211);
plot(xd);                                            %画出 db4 小波去噪后的波形
axis([0 1600 -0.2 0.2])
xlabel('样点数')
ylabel('幅度')

subplot(212);
plot(xd1);                                           %画出 Haar 小波去噪后的波形
axis([0 1600 -0.2 0.2])
xlabel('样点数')
ylabel('幅度')
```

使用 db4 小波和 Haar 小波进行去噪处理，得到了较好的结果。经程序 11.9 计算得出，使用 db4 小波进行处理后的信噪比为 snr1=16.1dB，Haar 小波处理后的信噪比 snr2=12.9dB，前者优于后者。去噪后的波形如图 11.10 所示，db4 小波去噪后，波形显示更为平滑，这是因为 Haar 小波在时域上不是平滑的，而 db4 小波的时域波形是平滑的，因此使用 db4 小波去噪失真程度较小。

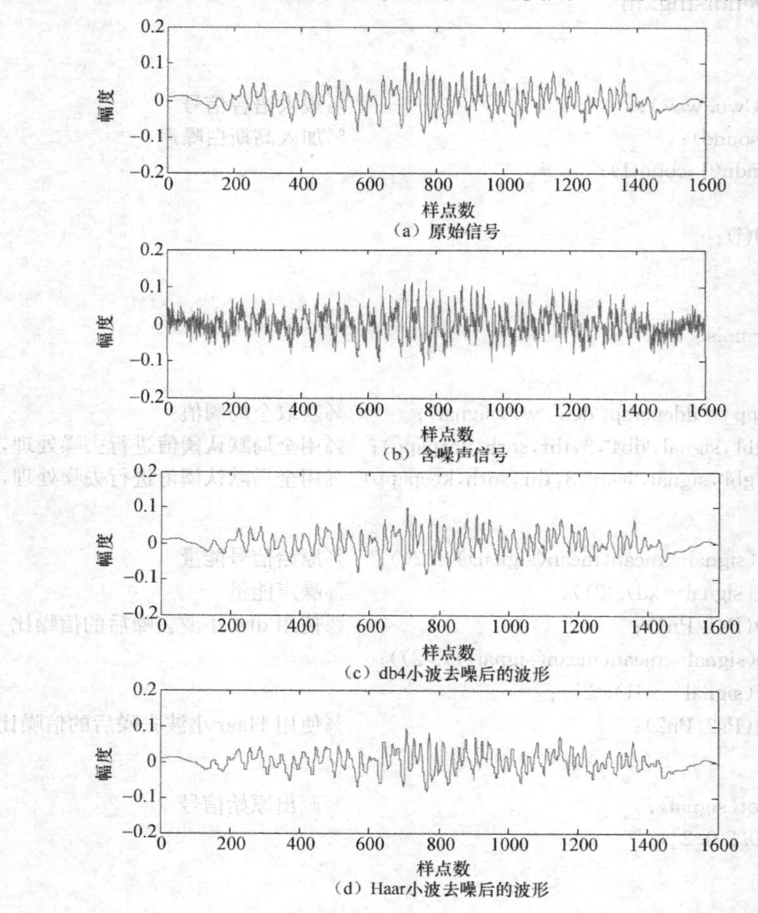

图 11.10　小波去噪的带噪语音波形及去噪后的波形

习　题　11

11.1　简述傅里叶变换、短时傅里叶变换及小波变换之间的异同。

11.2　简述 Haar 小波和 dbN 小波的关系。

11.3　本章小波分析在语音去噪的应用部分，使用的去噪方法是用 ddencmp 函数获取全局默认阈值，然后使用 wdencmp 函数，并选取 db4 小波，对信号进行去噪处理。请仿照书中的 MATLAB 程序，实现以下功能：

(1) 使用 db4 小波对加噪信号进行 3 层分解。

(2) 分别使用硬阈值和软阈值对分解后的信号进行处理，计算出不同阈值下的信噪比，并用 MATLAB 作出其图形。

11.4　已知小波尺度函数 $\varphi(t)=\begin{cases}1 & 0\leqslant t\leqslant 1/2\\ 0 & \text{其他}\end{cases}$，其小波函数可以表示为 $\psi(t)=\sum g_n\varphi_{-1,n}(t)$，其中 $h_n=\langle\varphi(t),\varphi_{-1,n}(t)\rangle=\sqrt{2}\int_0^{\infty}\varphi(t)\varphi(2t-n)\mathrm{d}t$，$g_n=(-1)^n h_n$，试推导小波函数 $\psi(t)$ 的数学表达式。

11.5　设 $\{V_j, j\in Z\}$ 是依尺度函数 $\varphi(x)$ 的多分辨率分析，$\varphi(x)=\begin{cases}1 & 0\leqslant x\leqslant 1\\ 0 & \text{其他}\end{cases}$，请利用 Haar 尺度关系式，将信号 $f(x)=2\varphi(4x)+2\varphi(4x-1)+\varphi(4x-2)-\varphi(4x-3)$ 分解为 w_1, w_0, v_0 分量。

11.6　改变小波的伸缩因子 a 可以改变小波时窗的宽度；在窗口形状不变的情况下，若小波的频窗中心为 0Hz，而感兴趣的频率成分为 $\omega_1=2\pi f_1$，可以通过将 $\psi(t)$ 乘以频移因子 $\mathrm{e}^{\mathrm{j}\omega_1 t}=\mathrm{e}^{\mathrm{j}2\pi f_1 t}$，把频窗中心移到 f_1。用 $\psi(t)\mathrm{e}^{\mathrm{j}2\pi f_1 t}$ 对信号 $x(t)$ 进行小波变换，可以表示为：$\mathrm{WT}_x=\langle x(t),\psi(t)\mathrm{e}^{\mathrm{j}2\pi f_1 t}\rangle=x(t)*\psi(t)\mathrm{e}^{\mathrm{j}2\pi f_1 t}$。其实质是带通滤波，即提取了以 f_1 为中心频率，小波 $\psi(t)$ 带通特性所确定的信息。

(1) 根据以上理论，用高斯小波构造出中心频率为 100Hz 的带通滤波器，并用 MATLAB 作出其图形。

(2) 使用高斯小波，构造出中心频率分别为 200Hz、300Hz、400Hz，带宽均为 100Hz 的滤波器组，并用 MATLAB 作出其图形。

第12章　人工神经网络及在语音信号处理中的应用

长期以来，人们一直期盼着通过对人类神经系统的研究，发明一种效仿人脑信息处理模式的智能型计算机。构造人工神经网络就是希望通过类似于人类神经元模型，在信号处理上使计算机具有近似人类的智能。因此，由大量简单处理单元互相连接而构成的人工神经网络信息处理系统应运而生。

人工神经网络与传统的语音信号处理是不同的。传统的语音信号处理系统只是一种符号化系统，是对语音信号进行符号(序列)串行处理，与人的感知过程有很大的差别。而人工神经网络是由大量简单处理单元(称之为神经元或节点)广泛的互相连接而组成的一个并行处理网络系统。虽然每个神经元的结构和功能十分简单，但大量神经元构成的网络系统对知识的存储方式是分布式的，这种分布式并行处理的特性，使得神经网络具有很强的自组织和自学能力以及很高的容错力和健壮性，这些特点与人对语言的感知和理解过程有相似性，所以它可以更好地应用于语音信号处理。

本章将简单介绍人工神经网络模型的基础及几种在语音信号处理中常用的神经网络模型，并给出其应用实例。

12.1　人工神经网络简介

人工神经网络(Artificial Neural Network，ANN)是用模拟生物神经元的某些基本功能元件(即人工神经元)，按各种不同的连接方式组成的一个网络。在一定程度上反映了人脑功能的若干基本属性，是一种更接近于人的认知过程的计算模型。

1943年，美国科学家Pitts和MeCulloch按照生物神经元的结构和工作原理，构造出了第一个抽象和简化了的神经网络数学模型，简称M-P模型，这是人类最早期对脑功能进行模仿。20世纪50年代，以Rosenblatt为代表的感知器模型的提出，第一次使人工神经网络的研究走向高潮并付诸实际。1958年计算机学家Frank Rosenblatt发表了一篇有名的文章，提出了一种具有3层网络特性的神经网络结构，称为“感知器”(Perceptron)。这或许是世界上第一个真正优秀的人工神经网络，这一神经网络是用一台lBM704计算机模拟实现的。1960年，Widrow和Hoff提出了ADALINE(ADApture LInear NEuron)网络模型，这是第一个真正意义上的神经网络，是自适应控制的理论基础。

1982年至1986年，Hopfield提出了神经网络集体运算理论框架，推动了当时神经网络的发展。1984年，Hinton等人提出了Boltzmann机模型，并说明了多层网络是可被训练的。1986年在Rumelhart和McClelland的合著中提出了多层网络Back-Propagation法或称Error Propagation法，这就是后来著名的BP(Back-Propagation)算法。20世纪90年代以来，人工神经网络进入快速发展时期。Narendra和Parthasarathy提出了一种推广的动态神经网络系统及其连接权的学习算法，并提出了动态BP参数在线调节方法。1995年，Jenkins等人研究了光学神经网络，建立了光学神经网络系统等。

目前研究学者已提出上百种人工神经网络模型，尽管它们并不是人脑生物神经网络的真实写照，但令人欣慰的是，这些简化模型的确能反映出人脑的许多基本特性，如自适应性、自组织性和很强的学习能力。它们在模式识别、系统辨识、自然语言理解、智能机器人、信号处理、自动控制、组合优化、预测预估、故障诊断、医学与经济学等领域已成功地解决了许多现代计算机难以解决的实际问题，表现出良好的智能特性。

12.2 人工神经网络构成

人工神经网络由神经元、网络拓扑、学习算法三者构成。它在结构上与目前广泛使用的Von Neumann 机不同，组成网络的大量神经元集体的、并行的活动可得到预期的处理结果，且运算速度快。同时，人工神经网络具有非常强的学习功能，神经元之间的连接权及网络的结构可通过学习获得。

12.2.1 神经元

生物神经元是组织的基本单元，是神经系统结构与功能的单位。据估计，人类大脑大约包含有 1.4×10^{11} 个神经元，每个神经元与约 $10^3\sim10^5$ 个其他神经元相连接，构成一个极为庞大而复杂的网络，即生物神经网络。图 12.1 给出了一个典型生物神经元的简化示意图。

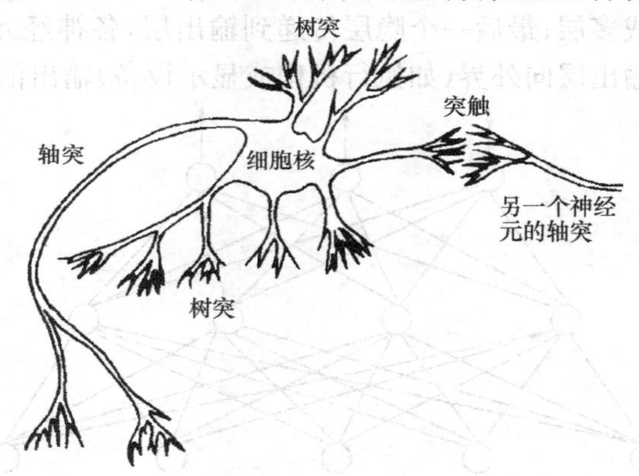

图 12.1 生物神经元简化示意图

生物神经网络中各神经元之间连接的强弱，按照外部的激励信号作自适应变化，而每个神经元又随着接收到的多个激励信号的综合结果呈现出兴奋或抑制状态。大脑的学习过程就是神经元之间连接强度随外部激励信息作自适应变化的过程，大脑处理信息的结果由各神经元状态的整体效果确定。

人工神经元是神经网络的基本计算单元，一般是一种包含多个输入和一个输出的非线性单元，可以有反馈输入和阈值参数，同时能够与其他神经元连接。在人工神经网络中，神经元常被称为“处理单元”，有时从网络的观点出发常把它称为“节点”。人工神经元是对生物神经元的一种形式化描述，它对生物神经元的信息处理过程进行抽象，并用数学语言予以描述。为了对生物神经元的结构和功能进行模拟，采用模型图的方式，将人工神经元模型结构表示出来，如图 12.2 所示。

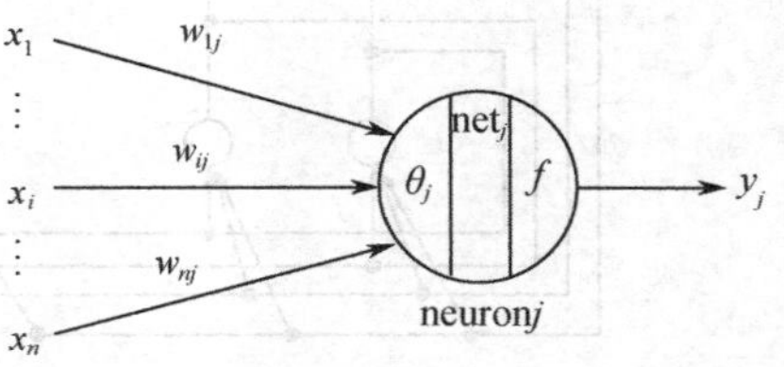

图 12.2 人工神经元模型结构

其中，$x_1,x_2,\cdots,x_n$ 为其他神经元轴突输出，即该神经元的输入向量；$w_{1j},w_{2j},\cdots,w_{nj}$ 表示其他神经元与该神经元 n 个突触的连接强度，即权值向量，其每个元素的值可正可负，分别表示兴奋性突触和抑制性突触；θ 为神经元阈值，如果神经元输入向量的加权和大于 θ,则该神经元被激活,所以输入向量的加权值也被称为激活值。其输出 y_j 与 n 个输入 $x_1, x_2, \cdots, x_n$ 的关系可表示为

$$y_j = f(u) \tag{12.1}$$

$$u = \sum_{i=1}^{n} w_{ij}(t) x_i(t) - \theta_j \tag{12.2}$$

其中,$f(u)$表示神经元的输入与输出的函数,称为神经元激活函数(Activation),该函数为非线性函数,如阶跃函数或 Sigmoid 函数。

12.2.2 网络拓扑

神经元之间的连接方式不同,网络的拓朴结构也不同。根据神经元之间连接方式,可将神经网络结构分为层次型结构和互连型结构。

1. 层次型结构

具有层次型结构的神经网络将神经元按功能分成若干层,如输入层、中间层(也称为隐层)和输出层,各层顺序相连,如图 12.3 所示。输入层各神经元负责接收来自外界的输入信息,并传递给中间各隐层神经元;隐层是神经网络的内部信息处理层,负责信息变换,根据信息变换能力的需要,隐层可设计为一层或多层;最后一个隐层传递到输出层,各神经元的信息经进一步处理后即完成一次信息处理,由输出层向外界(如执行机构或显示设备)输出信息处理结果。

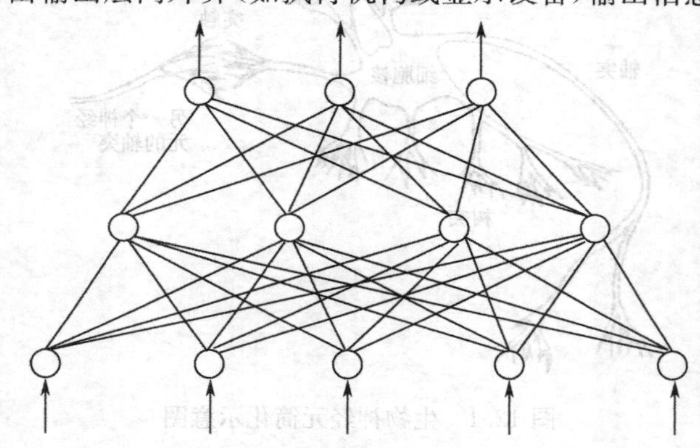

图 12.3 层次型网络结构示意图

2. 互连型结构

对于互连型网络结构,网络中任意两个节点之间都可能存在连接路径,因此可以根据网络中节点的互连程度将互连型网络结构细分为两种情况:全互连型(见图 12.4)和局部互连型(见图 12.5)。

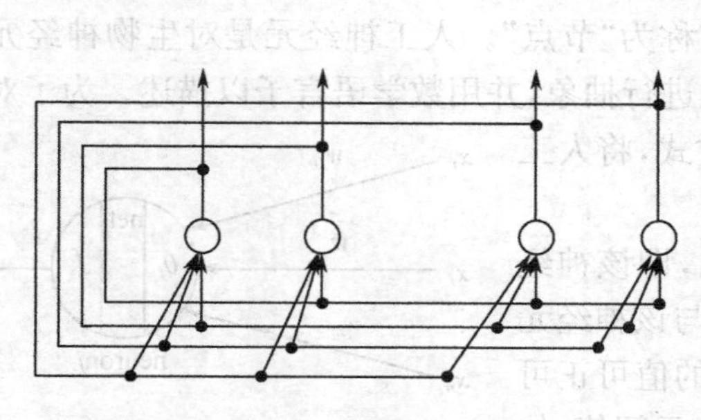

图 12.4 全互连型网络结构示意图

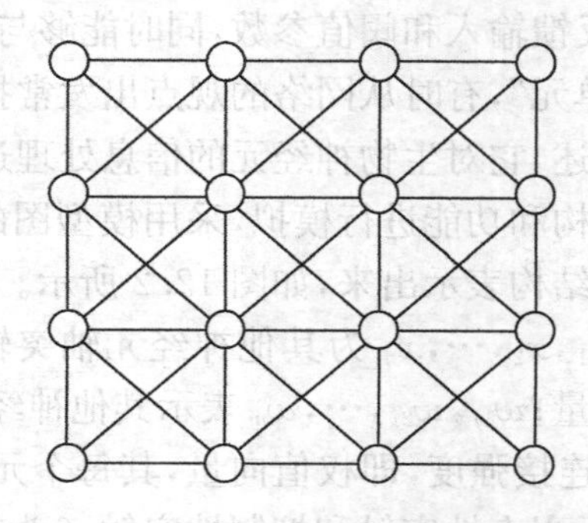

图 12.5 局部互连型网络结构示意图

根据神经网络内部信息的传递方向，可将神经网络分为两种类型：前馈神经网络和反馈神经网络。

前馈神经网络中，各个节点之间的连接服从以下两点要求：①同层之间不连接；②处于相邻层的节点之间可进行连接。该网络没有记忆功能，其输出只由当前输入、网络参数和结构决定。典型的前馈神经网络有多层感知器（Multi-layer Perceptron，MLP）及学习矢量量化（Learning Vector Quantization，LVQ）网络等。

反馈型网络中，所有节点都具有信息处理功能，而且每个节点既可以从外界接收输入，同时又可以向外界输出。

12.2.3 网络的学习算法

为了使神经网络对一组输入矢量产生希望的输出矢量，就要进行学习，学习过程是应用一系列输出矢量，通过事先确定的算法逐步调整网络的权值，以达到预期的目标。

神经网络的学习方式可分为有监督学习、无监督学习和强化学习3类。

有监督学习是在有人为监督的情况下进行学习的方式，如图12.6所示。这种学习方式，人为地给定了与所有输入x对应的输出的“正确答案”，即期望输出y，用于学习过程的输入/输出的集合称为训练样本集；神经网络会根据一定的学习规则判定每一次的学习结果，即实际输出o与期望输出y的误差e，以此决定网络是否需要再次学习，并根据误差信号调整学习进程，使网络实际输出与期望输出的误差随着学习反复进行而逐渐减小，直至达到要求的性能指标为止。如后面将要提到的径向基神经网络的学习算法即属于有监督学习。

无监督学习不存在人为干预，是靠神经网络本身完成的，如图12.7所示。

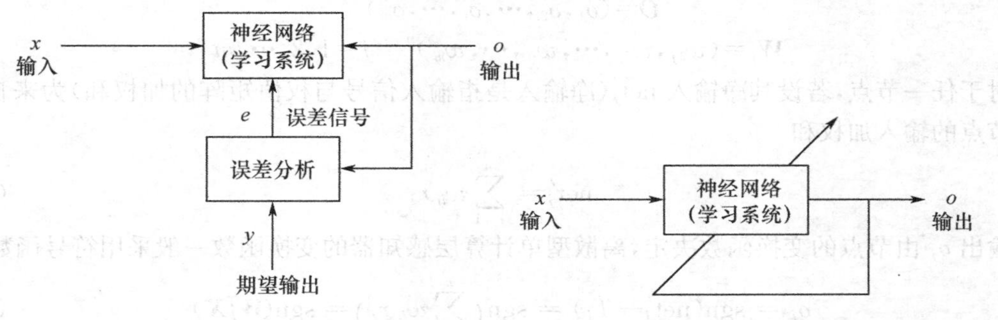

图12.6 有监督学习方式　　图12.7 无监督学习方式

由于没有提供“正确信息”作为校正，无监督学习则是根据输入的信息，结合其特有的网络结构和学习规则来调节自身的参数或结构，从而使网络的输出反映输入的某种固有特性。如后面将要提到的自组织特征映射神经网络的学习算法即属于无监督学习。

强化学习介于上述两种学习方式之间，如图12.8所示。

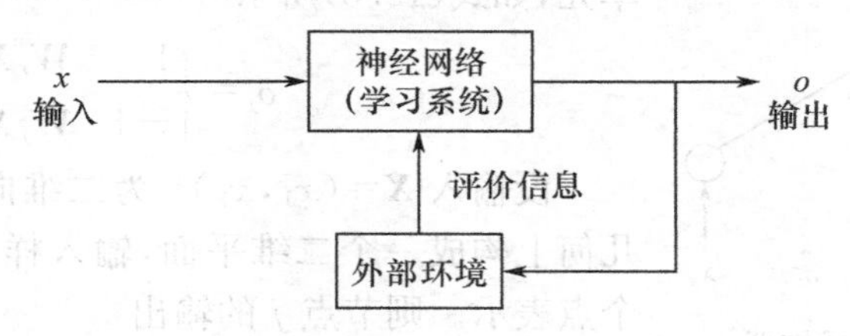

图12.8 强化学习方式

这种学习方式，外部环境对学习后的输出结果只给出评价信息（奖或惩），而不给出正确答案。神经网络学习系统通过强化那些受奖励的行为来改善自身的性能。

12.3 几种神经网络模型及其算法

12.3.1 单层感知器

1. 单层感知器模型

感知器是一种前馈神经网络，是神经网络中的一种典型结构。感知器具有分层结构，信息从输入层进入网络，逐层向前传递至输出层。根据感知器神经元变换函数、隐层数及权值调整规则的不同，可以形成具有各种功能特点的神经网络。

单层感知器是指只有一层处理单元的感知器，如果包括输入层在内，应为两层。其拓扑结构如图 12.9 所示。

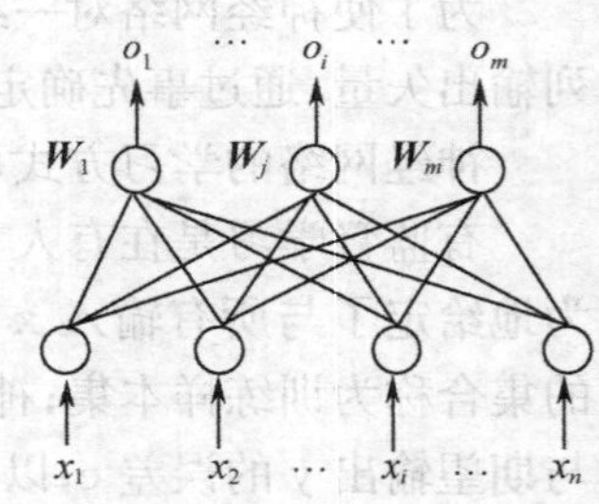

图 12.9 单层感知器

图中输入层也称为感知层，有 n 个神经元节点，这些节点只负责引入外部信息，自身无信息处理能力，每个节点接收一个输入信号，n 个输入信号构成输入列向量 $\boldsymbol{X}$。输出层也称为处理层，有 m 个神经元节点，每个节点均具有信息处理能力，m 个节点向外部输出处理信息，构成输出列向量 $\boldsymbol{O}$。两层之间的连接权值用权值列向量 $\boldsymbol{W}_j$ 表示，m 个权向量构成单层感知器的权值矩阵 $\boldsymbol{W}$。3 个列向量分别表示为

$$\boldsymbol{X}=(x_1,x_2,\cdots,x_i,\cdots,x_n)^{\mathrm{T}}$$

$$\boldsymbol{O}=(o_1,o_2,\cdots,o_i,\cdots,o_m)^{\mathrm{T}}$$

$$\boldsymbol{W}_j=(w_{1j},w_{2j},\cdots,w_{ij},\cdots,w_{nj})^{\mathrm{T}}\quad j=1,2,\cdots,m$$

对于任一节点，若设其净输入 net'_j（净输入是指输入信号与权值矩阵的加权和）为来自输入层各节点的输入加权和

$$\mathrm{net}'_j=\sum_{i=1}^{n}w_{ij}x_i \tag{12.3}$$

输出 o_j 由节点的变换函数决定，离散型单计算层感知器的变换函数一般采用符号函数

$$o_j=\mathrm{sgn}(\mathrm{net}'_j-T_j)=\mathrm{sgn}\Big(\sum_{i=0}^{n}w_{ij}x_i\Big)=\mathrm{sgn}(\boldsymbol{W}_j^{\mathrm{T}}\boldsymbol{X}) \tag{12.4}$$

一个最简单的单计算节点感知器具有分类功能。其分类原理是将分类知识存储于感知器的权向量（包含了阈值）中，由权向量确定的分类判决界面将输入模式分为两类。

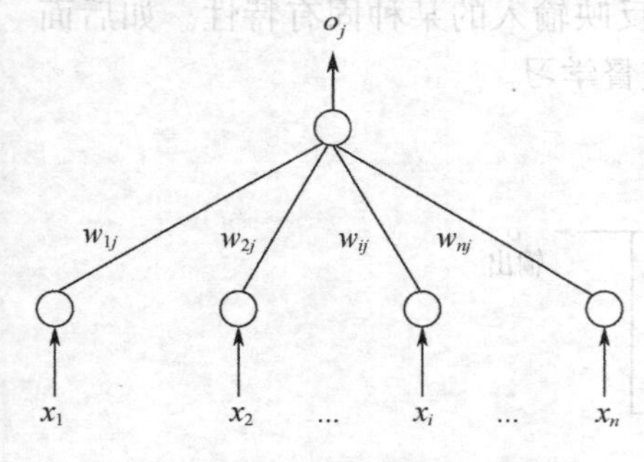

图 12.10 单计算节点感知器

如图 12.10 所示为单层感知器模型，实际上就是一个 M-P 神经元模型。由于采用了符号变换函数，又称为符号单元，如式(12.5)所示

$$o_j=\begin{cases}1 & \boldsymbol{W}_j^{\mathrm{T}}\boldsymbol{X}>0\\-1 & \boldsymbol{W}_j^{\mathrm{T}}\boldsymbol{X}<0\end{cases} \tag{12.5}$$

设输入 $\boldsymbol{X}=(x_1,x_2)^{\mathrm{T}}$ 为二维向量，则两个输入分量在几何上构成一个二维平面，输入样本可以用该平面上的一个点表示。则节点 j 的输出

$$o_j=\begin{cases}1 & w_{1j}x_1+w_{2j}x_2-T_j>0\\-1 & w_{1j}x_1+w_{2j}x_2-T_j<0\end{cases} \tag{12.6}$$

由方程

$$w_{1j}x_1+w_{2j}x_2-T_j=0 \tag{12.7}$$

确定的直线为二维输入样本空间上的一条分界线。

由感知器权值和阈值确定的直线方程规定了分界线在样本空间的位置，从而也确定了如何将输入样本分为两类。

设输入 $\boldsymbol{X}=(x_1,x_2,x_3)^{\mathrm{T}}$ 为三维向量，则 3 个输入分量在几何上构成一个三维空间。节点 j 的输出为

$$o_j=\begin{cases}1 & w_{1j}x_1+w_{2j}x_2+w_{3j}x_3-T_j>0\\-1 & w_{1j}x_1+w_{2j}x_2+w_{3j}x_3-T_j<0\end{cases} \tag{12.8}$$

由方程

$$w_{1j}x_1+w_{2j}x_2+w_{3j}x_3-T_j=0 \tag{12.9}$$

确定的平面为三维输入样本空间上的一个分界平面。

同样，由感知器权值和阈值确定的平面方程规定了分界平面在样本空间的方向与位置，从而也确定了如何将输入样本分为两类。

若输入推广到 n 维空间，输入 $\boldsymbol{X}=(x_1,x_2,\cdots,x_n)^{\mathrm{T}}$，则 n 个输入分量在几何上构成一个 n 维空间。由方程

$$w_{1j}x_1+w_{2j}x_2+\cdots+w_{nj}x_n-T_j=0 \tag{12.10}$$

可定义一个 n 维空间上的超平面。此平面可将输入样本分为两类。

2. 单层感知器的学习算法

考虑输出只有一个神经元的情况，单层感知器的学习算法包括以下步骤。

① 设置变量和参量

$$\boldsymbol{X}(n)=[1,x_1(n),x_2(n),\cdots,x_m(n)] \tag{12.11}$$

其中，$\boldsymbol{X}(n)$ 为输入向量，也可以看成是训练样本，n 表示学习步的序号，m 表示节点个数。

$$\boldsymbol{W}(n)=[b(n),w_1(n),w_2(n),\cdots,w_m(n)] \tag{12.12}$$

② 初始化 $\boldsymbol{W}(0)$：给权值向量的各个分量赋一个较小的随机非零值，置 $n=0$。

③ 输入一组样本，$\boldsymbol{X}(n)=[1,x_1(n),x_2(n),\cdots,x_m(n)]$ 并给出它的期望输出 $d(n)$。

④ 计算实际输出 $y(n)$。

$$y(n)=f\Big(\sum_{i=0}^{m}w_i(n)x_i(n)\Big) \tag{12.13}$$

⑤ 求出期望输出和实际输出并得到误差 e。

$$e=d(n)-y(n) \tag{12.14}$$

根据误差判断目前输出是否满足条件，若满足条件则算法结束，否则将 n 值增加 1，并用下式调整权值

$$\boldsymbol{W}(n+1)=\boldsymbol{W}(n)+\eta[d(n)-y(n)]\boldsymbol{X}(n) \tag{12.15}$$

其中，η 为学习率。

回到步骤③，进入下一轮计算。

12.3.2 多层感知器

当类别不能用一超平面完善分割时，需用更复杂结构的感知器，即所谓的“多层感知器(Multi-Layer Perception，MLP)”。和单层感知器一样，多层感知器 MLP 也是一种人工神经网络，但是单层感知器只能处理线形问题，对复杂的问题只能粗略近似表示。而多层感知器是建立

在单层感知器基础上的，并使用输入与输出之间的多层加权进行连接，因此可用于处理一些非线性问题。MLP 的结构基本类似于一套级联的感知器，其中每一个处理单元都有一个相对复杂的输出函数，从而增强了网络的性能。

1. MLP 网络模型

多层感知器的结构由一个输入层、一个以上的隐层和一个输出层组成。所有的连接均为相邻层节点之间的连接，同层之间不连接。输入层不作任何运算，只是将每个输入量分配到各个输入节点。如图 12.11 所示为一个三层 MLP 网络模型。

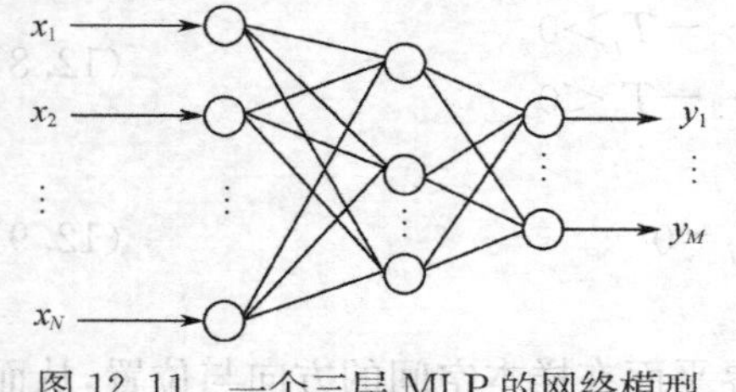

图 12.11 一个三层 MLP 的网络模型

虽然普遍情况下中间层只有一层，但理论上可以存在任意数量的中间层。这些中间层有时是被隐含的，并不直接连接到输出。在某些情况下，在输入变量之间存在许多相互依赖的关系，并且问题的复杂度很高。这时，一个附加的层可以有助于减少所需要的总的权数。在实践中，在任何拓扑中都很少用到 2 个以上的隐含层。

2. MLP 训练算法

对于多层感知器，Werbos 曾于 1974 年提出，并且由 Rumelher 等人的工作而得到完善和推广的一种学习算法，即著名的 BP(Back-Propagation)算法，它是一种修正连接权的算法。所以 MLP 的训练大都采用这种反向传播算法。下面简单介绍用于 MLP 训练的 BP 算法。

训练分两步，第一步是计算 MLP 的输出值；第二步是用 BP 算法更新网络的连接权值。具体步骤如下：

假定有 N 个输入节点，M 个输出节点。

① 设置初始权值及阈值，即设所有的权值及节点的阈值为一个小的随机数。

给定新的输入值 $x_1, x_2, \cdots, x_N$ 及相应的理想输出信号 $d_1, d_2, \cdots, d_M$，i 表示某一类。

$$d_i = \begin{cases} 1 & x \in i \\ 0 & x \notin i \end{cases} \tag{12.16}$$

② 计算当输入 $x_1, x_2, \cdots, x_N$ 通过网络时的实际输出值 $y_1, y_2, \cdots, y_M$。

对于网络中任意节点 j，它的输出的计算步骤为

$$u_j = \sum_{i=1}^{N} w_{ij} x_i - \theta_j \tag{12.17}$$

$$y_j = f(u_j) = \frac{1}{1+\exp(-u_j)} \tag{12.18}$$

其中，u_j 是加权后的输入与节点 j 的阈值的总和；θ_j 是节点 j 的阈值；网络中节点非线性的传输关系采用 Sigmoid 函数。

③ 修正每个权值和阈值。从输入节点开始逐步向前递推，直到第一层。

$$w_{ij}(t+1) = w_{ij}(t) + \eta \delta_j x_i \tag{12.19}$$

$$\theta_j(t+1) = \theta_j(t) + \eta \delta_j \tag{12.20}$$

其中，$w_{ij}(t)$为时刻 t 从节点 i(输出节点或隐节点)到节点 j(隐节点或输入节点)的权。x_i 为第 i 个输入节点上的输入信号或第 i 个隐节点上的输出信号。η 为增益因子或收敛因子，是一个表示学习速率的常数，一般 $0<\eta<1$。δ_j 为节点 j 的权值校正因子。

当节点 j 是输出节点时，理想输出明确，所以 δ_j 可以由下式求得

$$\delta_j = y_j(1-y_j)(d_j - y_j) \tag{12.21}$$

当节点 j 是隐含节点时，理想输出不明确，δ_j 定义为

$$\delta_j = x_j(1-x_j)\sum_k \delta_k w_{jk} \tag{12.22}$$

其中，d_j 和 y_j 分别是输出节点 j 的理想输出和实际输出，k 是隐含节点 j 上一层的全部节点数。

④ 转移到步骤②重复进行，直到各 w_{ij}，θ_j 稳定为止。

反向误差传播算法虽然可以很精确地实现函数的逼近和模式的分类，但是从本质上讲，BP 算法仍然是一种梯度算法，因此不可避免地存在局部最小点问题。此外，算法的训练速度慢，网络结构特别是隐层和隐节点的数目的选取尚无理论上的指导。

12.3.3 径向基函数神经网络

径向基函数（Radial Basis Function，RBF）神经网络是另一类常用的 3 层前馈网络，也可用于函数逼近及分类。与 BP 网络相比，RBF 网络不仅有生理学基础，而且结构更简洁，学习速度也更快。

1. **RBF 神经网络的结构**

RBF 神经网络的结构与多层前向网络结构类似，同许多 BP 网络一样，它也是一种 3 层静态前向网络，其拓扑结构如图 12.12 所示。

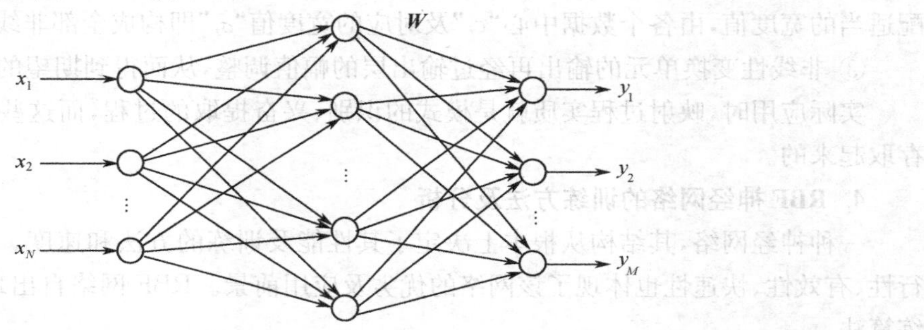

图 12.12　RBF 网络拓扑结构

第一层为输入层，由信号源节点组成；第二层为隐层，其单元数视所描述问题的需要而定；第三层为输出层，它对输入模式的作用作出响应。

构成 RBF 网络的基本思想是：用径向基函数作为隐单元的“基”构成隐层空间，这样就将输入矢量直接（而不是通过权连接）映射到隐层空间，当径向基函数的中心点确定以后，这种映射关系也就确定了。而隐层空间到输出层空间的映射是线性的，即网络的输出是隐单元输出的线性加权和。

2. **RBF 神经网络的映射关系**

RBF 网络的映射关系由两部分组成（设输入维数为 N，隐单元数为 P，输出维数为 M）。

(1) 从输入空间到隐层空间的非线性变换

第 i 个隐单元输出

$$h_i = g\left(\frac{\| \boldsymbol{X} - \boldsymbol{C}_i \|}{\sigma_i}\right) \quad 1 \leqslant i \leqslant P \tag{12.23}$$

其中，$g(\cdot)$ 为隐单元的变换函数（即径向基函数），它是一种局部分布的对中心点径向对称衰减的非负非线性函数，一般取为 Gauss 函数，即

$$g(x) = \exp\left(-\frac{x}{\sigma}\right) \tag{12.24}$$

$\|\cdot\|$ 表示范数，通常取 2 范数。

$\boldsymbol{X}$ 为 N 维输入向量，即 $\boldsymbol{X} = (x_1, x_2, \cdots, x_N)^{\mathrm{T}}$，$\boldsymbol{C}_i = (c_i^1, c_i^2, \cdots, c_i^N)^{\mathrm{T}}$，$c_i^k$ 表示第 i 个中心对应

的第 k 个输入的分量；σ_i 为第 i 个非线性变换单元的宽度。

(2) 从隐层空间到输出层空间的线性合并

第 j 个输出

$$y_j = \sum_{i=1}^{P} h_i w_{ij} \qquad 1 \leqslant j \leqslant M \tag{12.25}$$

其中，w_{ij} 为第 i 个隐单元与第 j 个输出之间的连接权，M 为输出维数，P 为隐单元数。

3. RBF 神经网络的映射机理

如式(12.24)，非线性变换单元取 Gauss 函数，则：

① 非线性变换单元仅仅对"中心"附近的输入敏感，随着与"中心"距离的加大，非线性变换单元的输出减少到很小的值，表现为一种"局部敏感性"。

② 而减小的快慢由宽度决定，即 σ 越大，减少得越慢，反之 σ 越小，则减小得越快。

"中心"$\boldsymbol{C}$ 代表了比较集中的一组数据的中心值，而这组数据就构成了一个"类"，这样 $\boldsymbol{C}$ 代表了输入数据的一种模式。用于神经网络学习的样本数据含有有限个不同的模式，各模式对应不同的中心值。现在可以采用一定的数学方法，从输入数据中提取代表不同模式的数据中心，并分配适当的宽度值，由各个数据中心"c_i"及对应的宽度值"σ_i"即构成全部非线性变换单元。

③ 非线性变换单元的输出再经过输出层的幅值调整，从而得到期望的输出。

实际应用时，映射过程实质就是模式的识别、兴奋提取的过程，而这些模式在学习中提取并存取起来的。

4. RBF 神经网络的训练方法及分析

一种神经网络，其结构从根本上决定了其性能及训练的方法和速度。而训练算法本身的可行性、有效性、快速性也体现了该网络的优劣及应用前景。RBF 网络自出现以来，形成了多种训练算法。

算法的分类与决定网络结构特点的参数构成有关。由前面对 RBF 网络的拓扑结构和映射关系的分析可知，RBF 的网络参数由 3 部分构成：中心、半径和权值。隐层的中心和宽度代表了样本空间模式及各中心的相对位置，完成的是从输入空间到隐层空间的非线性映射。必须明确，RBF 网络的核心是隐层的设计，中心的选取合适与否将从根本上影响 RBF 网络的最终性能。所完成的任务不同，决定了参数的训练方法和策略也就不同。

RBF 神经网络是一种性能良好的前馈网络。不仅具有最佳逼近性能，同时训练方法快速易行，不存在局部最优问题。这些优点给 RBF 神经网络的应用奠定了良好的基础。尽管如此，RBF 神经网络也有一些问题需要解决。

(1) 如何确定网络激发函数的中心

目前许多方法都从聚类出发，在仿真研究中发现 RBF 神经网络的中心对 RBF 神经网络的学习速度及性能有较大影响，网络训练结果对聚类中心非常敏感。

(2) 设计快速有效的优化算法训练 RBF 神经网络

优化算法是网络实时运行的需要，目前已有的优化方法存储量大，运算较慢，所以需要快速的迭代算法。

(3) 如何确定隐层节点数

对于前馈神经网络这是一个比较普遍的难题。隐层节点数过多或过少都对网络学习不利，不少研究人员尝试研究隐层节点数与网络性能之间的关系，以及依据不同原理动态改变隐层节点数量的方法，在一些领域取得了成功的应用，但是从总体上来说，尚无具有普遍意义的结论或方法。

5. **RBF 神经网络的全监督训练算法**

全监督算法是基于 Mooky 与 Darken 算法的基本思想提出的，该算法的基本思路是将网络的所有参数调整过程作为一个监督学习的过程，同时加以调整，以达到性能指标最小。

RBF 神经网络的性能指标为

$$E_i=\frac{1}{2}(\hat{y}_i-y_i)^2 \quad i\leqslant 1,2,\cdots,N \tag{12.26}$$

式中，$\hat{y}_i$ 为对应第 i 个输入向量的期望输出值，y_i 为第 i 个输入向量的实际输出值，N 为样本数。若将所有的待求参数，即 RBF 网络的中心 $\boldsymbol{C}=[c_1,c_2,\cdots,c_h]_{p\times h}$、宽度 $\boldsymbol{\sigma}=[\sigma_1,\sigma_2,\cdots,\sigma_h]_{h\times 1}$ 和连接向量 $\boldsymbol{W}=[w_{11},\cdots,w_{ij},\cdots,w_{ho}]_{h\times o}$ 构成一个集合 $Z=\{\boldsymbol{W},\boldsymbol{C},\boldsymbol{\sigma}\}$，将性能指标作为最优目标函数

$$\min_Z E_i=\frac{1}{2}(\hat{y}_i-y_i)^2 \tag{12.27}$$

来调整参数，则 RBF 网络的学习过程可以看作一个求多变量函数的无约束极小值的过程。因此，整个网络的学习过程只有一个监督学习的过程。特别是中心的学习过程也是一个监督学习的过程，从而避免了常规算法中非监督学习引起的隐层节点中心对初始值敏感的问题。

RBF 网络参数的维数分别为：中心，$\boldsymbol{C}=[c_1,c_2,\cdots,c_h]$ 为 $p\times h$ 维；宽度，$\boldsymbol{\sigma}=[\sigma_1,\sigma_2,\cdots,\sigma_h]_{h\times 1}$ 为 $h\times 1$ 维；权值，$\boldsymbol{W}=[w_{11},\cdots,w_{ij},\cdots,w_{ho}]$ 为 $h\times o$ 维。因此，Z 的元素数为 $(n+o+1)\times h$。

下面采用基于梯度下降的误差纠正算法，具体算法步骤：

(1) 初始化

任意指定 w_i,T_i,σ_i 值，预置允许误差，预置学习步长 η_1,η_2,η_3。

(2) 循环，直至达到允许误差或指定重复次数

① 计算 $e_j,j=1,2,\cdots,N$

$$e_j=d_j-f(x_j)=d_j-\sum_{i=1}^{M}w_i\cdot G(x_j,T_i) \tag{12.28}$$

② 计算输出单元的权值的改变量

$$\frac{\partial E(n)}{\partial w_i(n)}=-\frac{1}{N}\sum_{j=1}^{N}e_j\exp\left(\frac{-\|x_j-T_i\|^2}{2\sigma_i^2}\right) \tag{12.29}$$

改变权值

$$w_i(n+1)=w_i(n)-\eta_1\frac{\partial E(n)}{\partial w_i(n)} \tag{12.30}$$

③ 计算隐单元的中心的改变量

$$\frac{\partial E(n)}{\partial T_i(n)}=-\frac{w_i}{N\sigma_i^2}\sum_{j=1}^{N}e_j\exp\left(\frac{-\|x_j-T_i\|^2}{2\sigma_i^2}\right)\cdot(x_j-T_i) \tag{12.31}$$

改变中心

$$T_i(n+1)=T_i(n)-\eta_2\frac{\partial E(n)}{\partial T_i(n)} \tag{12.32}$$

④ 计算函数半径的改变量

$$\frac{\partial E(n)}{\partial \sigma_i(n)}=-\frac{w_i}{N\sigma_i^3}\sum_{j=1}^{N}e_j\exp\left(\frac{-\|x_j-T_i\|^2}{2\sigma_i^2}\right)\cdot(\|x_j-T_i\|^2) \tag{12.33}$$

改变宽度

$$\sigma_i(n+1)=\sigma_i(n)-\eta_3\frac{\partial E(n)}{\partial \sigma_i(n)} \tag{12.34}$$

⑤ 计算误差

$$E=\frac{1}{2N}\sum_{j=1}^{N}e_j^2 \tag{12.35}$$

12.3.4 自组织特征映射神经网络

自组织特征映射神经网络(Self-Organizing Feature Maps,SOFM)是基于无监督学习方式的神经网络的一种重要类型。它能够通过其输入样本学会检测其规律性和输入样本相互之间的关系,并且根据这些输入样本的信息自适应调整网络,使调整后的网络对以后输入的响应与输入样本相适应。自组织网络结构上属于层次型网络,有多种类型,其共同特点是都具有竞争层。最简单的网络结构具有一个输入层和一个竞争层,如图 12.13 所示。

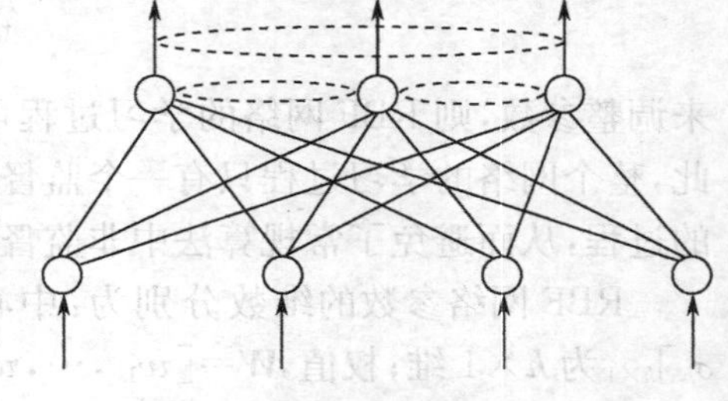

图 12.13 自组织网络的典型结构

其中,靠下方一层为输入层,靠上方一层为竞争层。输入层负责接收外界信息并将输入模式向竞争层传递,起"观察"作用;竞争层负责对该模式进行"分析比较",找出规律以正确归类。这种功能是通过下面要介绍的竞争机制实现的。

1. **SOFM 神经网络结构和原理**

SOFM 网络具有输入层和输出层两层。输入层模拟感知外界输入信息的视网膜,输出层模拟作出响应的大脑皮层。输入层各神经元通过权矢量将外界信息汇集到输出层的各神经元。输入层的节点数与输入模式的维数相等;输出层也是竞争层,其神经元排列有一维线阵、二维平面阵和三维栅格阵,常见的是前两种类型,结构图如图 12.14所示。

二维平面阵具有大脑皮层的形状,是 SOFM 网络最典型的组织形式。输出层的每个神经元同它周围的其他神经元侧向连接,排列成棋盘状平面。每个输入神经元与输出神经元之间有可变权值连接,且每个输出神经元都有一个拓扑邻域,这个邻域可以为正方形或六边形,也可以是其他形状。如图 12.15 所示。Nc 是时间 t 的函数,随着 t 的增加,Nc 的面积按比例缩小,最后只剩下一个神经元或一组神经元,它们反映一类样本的属性。

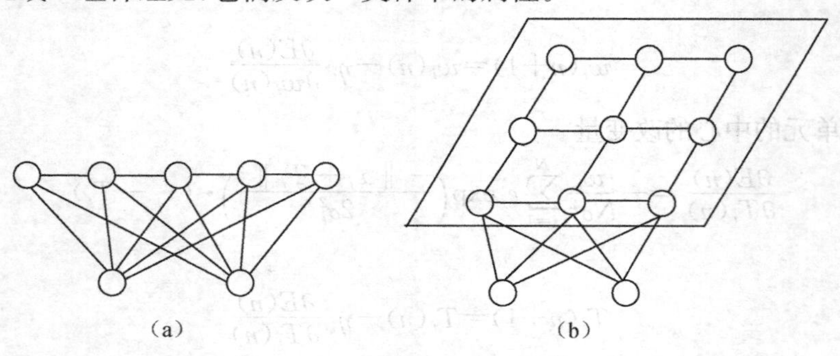

图 12.14 SOFM 神经元排列方式

SOFM 网络的运行分训练和工作两个阶段,采取无监督竞争学习方式。在训练阶段,对某个输入模式(矢量),输出层会有某个节点(神经元)产生最大响应,此节点即称为获胜节点。在训练开始阶段,获胜节点的位置是不确定的,当输入模式类别改变时,获胜节点也会改变。获胜节点周围的节点因侧向相互兴奋作用产生较大响应,于是获胜节点及其邻域内的所有节点所连接的权矢量均向输入矢量的方向作不同的调整,调整力度依赖邻域内各节点距获胜节点的远近而

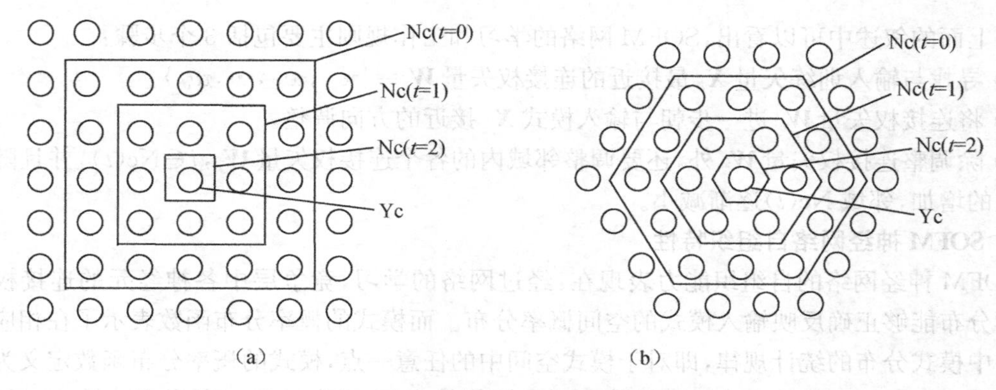

图 12.15 Nc(t)的形状和变化情况

逐渐衰减。SOFM 网络通过自组织方式，用大量训练样本调整网络的权值，最后使输出层各节点对特定输入模式类敏感。当两个输入模式类的特征接近时，代表这两类的节点位置也靠近，从而在输出层形成能够反映输入模式类分布情况的有序特征图。SOFM 训练结束后，网络输出层各节点对某个模式类将产生最大响应，实际上起到将此模式自动归类的作用。

2. **SOFM 神经网络的算法实现**

假设输出层采用二维平面阵的形式，输入训练矢量集为$\{\boldsymbol{X}_1,\boldsymbol{X}_2,\cdots,\boldsymbol{X}_n\}$，矢量维数为 k，连接权矢量为$\boldsymbol{W}=\{\boldsymbol{W}_1,\boldsymbol{W}_2,\cdots,\boldsymbol{W}_m\}$；网络有 k 个输入节点，m 个输出节点，输入节点到输出节点的权值为 w_{jl}，$l\in[1,k]$，$j\in[1,m]$，即权矢量 $\boldsymbol{W}_j$ 的第 l 个分量，输入矢量 $\boldsymbol{X}_i$ 与权矢量 $\boldsymbol{W}_j$ 之间的失真测度常采用欧式距离的平方，其表达式为

$$d(\boldsymbol{X}_i,\boldsymbol{W}_j)=\sum_{l=1}^{k}(x_{il}-w_{jl})^2 \tag{12.36}$$

有了上面的假设，基本的 SOFM 算法的步骤可以表示如下：

① 权值初始化：权值向量赋予[0,1]区间内的随机值，记作 $w_{jl}(0)$，其唯一的要求是对于不同的神经元 $j(j=1,2,\cdots,m)$，权值向量的值 $w_{jl}(0)$要有明显的差别，其中 m 为神经元总数，确定学习率 $\eta(t)$的初始值 $\eta(0)(0<\eta(t)<1)$，确定邻域 Nc(t)的初始值 Nc(0)。邻域 Nc(t)是指在以步骤③中确定的获胜神经元 j^* 为中心、包含若干神经元的区域范围。这个区域可以是任何形状，但一般来说是均匀对称的，最典型的是正方形或圆形区域。确定总迭代次数为 T。

② 信息取样，输入训练矢量 $\boldsymbol{X}_i=\{x_{i1},x_{i2},\cdots,x_{ik}\}$，$i\in[1,n]$，$\boldsymbol{X}_i$ 以并行方式输入到每一个神经元。

③ 计算测度，得出竞争获胜的神经元。在 SOFM 的实际应用中，计算输入训练矢量与输出节点的权矢量间的失真 d_j 作为测度，选择最小失真的节点(神经元)j^* 为获胜节点(神经元)。

$$d_{j^*}=\min_{1\leqslant j\leqslant m}(d_j)=\min_{1\leqslant j\leqslant m}\left\{\sum_{l=1}^{k}[x_{il}(t)-w_{jl}(t)]^2\right\} \tag{12.37}$$

④ 权值向量更新，对节点 j^* 及其邻域内的节点的连接权值按式(12.38)进行更新

$$w_{jl}(t+1)=w_{jl}(t)+\eta(t)[x_{il}(t)-w_{jl}(t)] \quad 1\leqslant i\leqslant n, j\in \mathrm{Nc}(t) \tag{12.38}$$

其中，$\eta(t)$为第 t 次迭代的学习速率，也是时间的单调递减函数，且 $0\leqslant\eta(t)\leqslant1$；邻域 Nc($t$)为 j^* 的一个欧式邻域，且是时间的单调递减函数。

⑤ 将下一个输入训练矢量提供给网络的输入层，返回步骤③，直到 n 个训练矢量全部输入一遍。

⑥ 更新学习速率 $\eta(t)$及邻域 Nc(t)。

⑦ 令 $t=t+1$，返回步骤②，直至 $t=T$ 为止。

从上面的叙述中可以看出，SOFM 网络的学习和工作规则主要包括 3 个步骤：

① 寻找与输入训练矢量 $\boldsymbol{X}_i$ 最接近的连接权矢量 $\boldsymbol{W}_c=\{w_{c1},w_{c2},\cdots,w_{ck}\}$。

② 将连接权矢量 $\boldsymbol{W}_c$ 进一步朝与输入模式 $\boldsymbol{X}_i$ 接近的方向调整。

③ 除调整连接权矢量 $\boldsymbol{W}_c$ 外，还要调整邻域内的各个连接权矢量 $\boldsymbol{W}_j$，$j\in \mathrm{Nc}(t)$，并且随着迭代次数的增加，邻域 $\mathrm{Nc}(t)$ 逐渐减小。

3. **SOFM 神经网络自组织特性**

SOFM 神经网络的自组织能力表现在：经过网络的学习，竞争层中各神经元的连接权向量的空间分布能够正确反映输入模式的空间概率分布。而模式的概率分布函数表示了在相应的模式空间中模式分布的统计规律，即对于模式空间中的任意一点，模式的概率分布函数定义为在这一点上模式出现的可能性大小。如果给定了由网络输入层 N 个神经元所形成的模式空间的模式概率分布函数，即预先知道了输入模式的分布情况，则通过对按给定的概率分布函数产生的输入模式的学习，网络竞争层各神经元连接权向量的空间分布密度将与给定的输入模式的概率分布趋于一致。换句话说，学习后的网络连接权向量的空间分布将符合输入模式的空间概率分布，这些连接权向量可作为这类输入模式的最佳参考向量。作为网络这一特性的逆应用，当一组输入模式的规律分布情况未知时，可以通过让网络对这组输入模式进行学习，最后由网络的连接权向量的空间分布把这组输入模式的规律分布情况表现出来。

12.4 神经网络在语音信号处理中的应用

12.4.1 RBF 神经网络在语音识别中的应用及 MATLAB 实现

1. **RBF 神经网络在语音识别中的应用**

本节主要描述基于 RBF 神经网络的语音识别实验过程及 RBF 神经网络的识别性能。图 12.16为语音识别流程，图中的实线表示语音识别的训练过程，虚线为语音识别的测试过程，即识别过程。

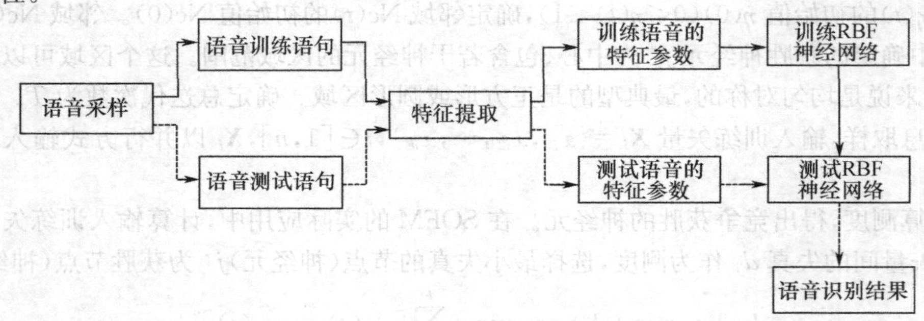

图 12.16　语音识别流程框图

(1) 实验数据

在实验中，直接把由采样系统得到的语音数据文件作为处理对象，且实验所采用的语音样本均为孤立词。

(2) 网络结构

实验中输入向量由语音的特征参数构成，作为 RBF 网络的输入端。网络输入层节点数应与输入模式向量的维数一致，在本节实验仿真中，特征维数统一为 1024。

网络的隐层节点数的选取没有统一的标准。隐层节点数太少，网络的分类效果不好；节点数太多,会增加训练的复杂性。当训练样本词汇量不大时,可用训练词汇数作为隐层节点数,即网络中隐层节点数根据识别词汇量变化。例如对 10 个词汇的实验,网络结构中隐节点定为 10 个。

网络隐层设置一个偏置,其值固定为 1,这个偏置因子也要和各个输出节点连接起来,参与权值训练。输入层到隐层之间为全连接,权值固定为 1。

(3) 网络训练

按照前面介绍的全监督训练算法,在基于 RBF 神经网络的语音识别系统上进行仿真实验,测试 RBF 神经网络的性能。

进入神经网络输入端的每个词的语音特征参数的维数为 1024,即设定输入层节点数为 1024,接下来训练语音特征训练网络的中心、半径和连接权值,训练方法采用梯度下降算法,根据单词分类号不断地修改网络权值直到满足预先设置的误差精度。实验中设置网络学习步长均为 0.001,最大学习次数为 1000。

(4) 网络识别

RBF 神经网络模型确定后,将测试集的单个词输入网络分别进行识别测试。每输入一个词的 1024 维特征矢量,经过隐层、输出层的计算后就可以得到每个词的分类号,将这个分类号与输入特征矢量自带的分类号比较,相等则识别正确,反之,识别错误。最后将识别正确的个数与所有待识别单词数做比值即可得到最终的识别率。

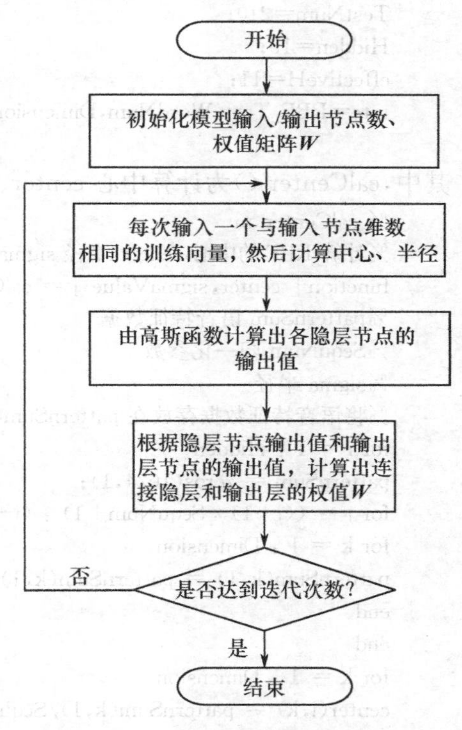

图 12.17 RBF 模型训练流程图

2. RBF 神经网络的 MATLAB 实现

由前面章节可知,RBF 模型的设计包括结构设计和参数设计。结构设计主要解决如何确定网络隐节点数的问题。参数设计一般需考虑包括 3 种参数:各基函数的中心和半径,以及输出节点的权值 ***W***。学习算法流程图如图 12.17所示。

RBF 模型的训练由主程序 RBF.m 实现,将经过一系列预处理之后的语音信号作为模型输入,通过函数 function calCenter()从输入数据中计算具有代表性的中心,作为初始的类;接着通过函数 function RBF_Train()训练网络,函数 function gaussian()计算出各隐层节点的输出,为下一步计算隐层到输出层的权值 ***W*** 做准备;最后,函数 function trainWeights()得到模型的权值 ***W***,直到完成所有迭代,程序停止。

程序 12.1 为 RBF 神经网络识别算法的 MATLAB 程序。

【程序 12.1】RBF.m

```
%径向基神经网络识别的主程序
%通过调用 calCenter()、RBF_Train()实现计算中心 center、半径 sigma、权值 W
%通过调用 RBF_Test()输出正确识别率
close all;
clear;
clc;

filename=textread('C:\Users\k\Documents\MATLAB\train9ren\train.txt','%s'); %读取数据
TrainNum=length(filename);                          %训练数据个数
WordNum=10;                                         %词数
```

```
Dimension=1024;                                         %特征参数个数
SequNum=27;                                             %归一化参数
for i=1: TrainNum
File=filename{i,1};
FileName=strcat('C:\Users\k\Documents\MATLAB\train9ren\',File);
fid=fopen(FileName,'r');
feat=fscanf(fid,'%f');
feature(i,:)=feat;
fclose(fid); end
[ center,sigmaValue ]= calCenter(TrainNum,feature,WordNum,Dimension,SequNum);
                                                        %计算中心、半径
W=RBF_Train(TrainNum,feature,Dimension,WordNum,center,sigmaValue,SequNum);
                                                        %训练 RBF 网络
TestNum=210;                                            %测试数据个数
Hidden=10;                                              %隐层节点数
effectiveH=11;
rate=RBF_Test(WordNum,Dimension,Hidden,effectiveH,center,sigmaValue,W,TestNum);
                                                        %测试 RBF 网络
```

其中,calCenter ()为计算中心 center、半径 sigma 的函数,其 MATLAB 程序如下:

```
% calCenter.m
%计算 RBF 的中心 center、半径 sigma
function [ center,sigmaValue ] = calCenter( TrainNum,inputPattern,Hidden,Dimension,SequNum )
%patternSum 语音特征数据
%SequNum 归一化参数
%sigma 半径
%将语音特征数据存放在 patternSum()
for i = 1 : Hidden                                          %对每个隐节点迭代
patternSum = zeros(1024,1);                                 %初始化存放语音特征的变量
for j = ((i-1) * SequNum+1) : (i-1) * SequNum+SequNum       %对 SequNum 整数倍迭代
for k = 1 : Dimension                                       %对维数迭代
patternSum(k,1) = patternSum(k,1) + inputPattern(j,k);      %语音特征数据
end
end
for k = 1 : Dimension                                       %对维数迭代
center(i,k) = patternSum(k,1)/SequNum;                      %计算中心
end
sigmaTemp=0.0;                                              %初始化半径中间值
for nn = ((i-1) * SequNum+1) : (i-1) * SequNum+SequNum
for k = 1 : Dimension                                       %对维数迭代
sigmaTemp = sigmaTemp + (inputPattern(nn,k)-center(i,k)) * (inputPattern(nn,k)-center(i,k));
end
end
sigmaValue(i) = sigmaTemp/SequNum;                          %计算半径
if(sigmaValue(i)==0)                                        %保证 sigmaValue 不为零
sigmaValue(i) = 1;
end
end
```

其中,RBF_Train ()为训练 RBF 网络的函数,其 MATLAB 函数如下:

```
%RBF_Train.m
%RBF 训练过程
```

```
%计算权值 W
Function
[W]=RBF_Train( TrainNum,inputPattern,Dimension,WordNum,center,sigmaValue,SequNum,
      centerOutput )
%TrainNum 训练次数
%Dimension 特征维数
%Hidden 隐节点数
%WordNum 识别词数
%SequNum 归一化参数
Hidden=WordNum;
%开始训练 RBF 网络
for i = 1 : TrainNum                    %对训练数据个数迭代
for j = 1 : Dimension                   %对维数迭代
input(j) = inputPattern(i,j);
end
for k = 1 : WordNum                     %对词数迭代
centerOutput(i,k) = gaussian(input,k,Dimension,center,sigmaValue); %径向基函数选用高斯函数
end
for j = 1 : Hidden                      %对每个隐节点迭代
output(i,j) =0;
end
T=floor((i+SequNum-1)/SequNum);
output(i,T) = 1;
end
W= trainWeights(Hidden,WordNum,TrainNum,centerOutput,output);    %计算权值 W
disp('Training done. ')
end
```

其中,gaussian ()为径向基函数,其 MATLAB 程序如下:

```
% gaussian. m
%高斯函数
function [ tmp ] = gaussian( input,c,Dimension,center,sigmaValue )
%input 为函数输入,tmp 为函数输出
tmp=0;
for i = 1 : Dimension
tmp = tmp+(input(i)-center(c,i)) * (input(i)-center(c,i));
end
tmp = (-tmp/(2 * sigmaValue(c)));
tmp = exp(tmp);
end
```

其中,trainWeights()为计算权值的函数,其 MATLAB 函数如下:

```
%trainWeights. m
%计算权值矩阵 W,隐层节点输出 V,输出层节点输出 Y
function [W]= trainWeights( Hidden,WordNum,TrainNum,centerOutput,output )
effectiveH = Hidden+1;
for n = 1 : WordNum                          %对词数迭代
Y = zeros(TrainNum, 1);                      %存放 p 个模式下输出层各个节点的输出值
V = zeros(TrainNum, effectiveH);             %存放 p 个模式各自隐节点输出值
%存放权值
if(TrainNum ~= effectiveH)
VT = zeros(effectiveH ,TrainNum);
```

```
end
for i = 1 : TrainNum                          %对训练数据个数迭代
for j = 1 : Hidden                            %对每个隐节点迭代
V(i,j) = centerOutput(i,j);                   %为 V 中第(i,j)个元素赋值,求得 V
VT(j,i) = V(i,j);
end
V(i,j+1) = 1;
VT(j+1,i) = 1;
Y(i,1) = output(i,n);                         %求得 Y
end
VTV = VT * V;
VTVinv = inv(VTV);                            %求逆矩阵 VTVinv
VTY = VT * Y;
W(n,:) = VTVinv * VTY;                        %计算权值 W
end
end
```

RBF 模型的测试由主程序 RBF_Test.m 实现,读取训练好的中心 center、半径 sigma、权值 W,输入测试集对网络进行测试,将测试结果与原始数据标签作对比,判断测试结果的正确性,直到识别完成所有数据并输出识别率,程序停止。

程序 12.2 为 RBF 神经网络语音识别测试的 MATLAB 程序。

【程序 12.2】RBF_Test.m

```
function [rate] = RBF_Test(WordNum,Dimension,Hidden,effectiveH,center,sigmaValue,W,TestNum)
%max 识别结果
%seq 数据标签
%correct 识别正确个数
%error 识别错误个数
%开始测试 RBF 网络
%输入训练好的中心 center、半径 sigma、权值 W
rate = 0;
correct = 0;
error = 0;
for j = 1 : WordNum
for k = 1 : effectiveH
weight(j,k) = W(j,k);                                              %读取权值 W
end
end
%读取测试数据
FilenameSeq=textread('C:\Users\k\Documents\MATLAB\test7ren\test.txt','%s');
Len=length(FilenameSeq);
for i = 1 :2: Len
File=FilenameSeq{i,1};
FileName=strcat('C:\Users\k\Documents\MATLAB\hlxRBF\test7ren\',File);
fid1=fopen(FileName,'r');
test_feat=fscanf(fid1,'%f');
fclose(fid1);
seq=str2num(FilenameSeq{i+1,1});                                   %读取数据标签
%对测试数据进行识别测试
for j = 1 : Hidden
TestCenterOutput(j) = gaussian(test_feat,j,Dimension,center,sigmaValue); %计算隐层输出
```

```
end
for k = 1 : WordNum
Testoutput(k)=0.0;
for m = 1 : Hidden
Testoutput(k) =Testoutput(k) + weight(k,m) * TestCenterOutput(m); %计算加权和
end
Testoutput(k) =Testoutput(k) + weight(k,Hidden+1);
Testy(k) = sigmoid(Testoutput(k));                              %计算输出层输出
end
max=0;
for l = 1 :(WordNum-1)
if(Testy(l+1) > Testy(max+1))                                   %选出最大的输出作为识别结果
max = l;
end
end
if(max == seq)                                                  %判断识别结果是否正确
correct = correct + 1;
else
error = error + 1;
end
end
rate = correct * 100/(correct+error);                           %计算识别率
fprintf('correct rate: %f%',rate); %输出识别率
end
```

其中,sigmoid ()为计算输出层输出的函数,其 MATLAB 程序如下:

```
% sigmoid.m
%sigmoid 函数计算公式
function [ y ] = sigmoid( x )
y = 2.0/(1.0+exp(-x))-1.0;
end
```

12.4.2 自组织神经网络在语音编码中的应用及 MATLAB 实现

1. SOFM 神经网络在语音编码中的应用

(1) G.728 标准编码算法原理

G.728 标准算法中编码器部分的原理框图如图 12.18 所示。其工作原理是:首先将速率为 64kbit/s 的 A 律或 μ 律 PCM 输入信号转换成均匀量化的 PCM 信号,接着由 5 个连续的语音样点 $u_s(5n)$,$u_s(5n+1)$,…,$u_s(5n+4)$组成一个 5 维语音矢量 $\boldsymbol{s}(n)=[u_s(5n), u_s(5n+1), \cdots, u_s(5n+4)]$。激励码书中共有 1024 个 5 维的码矢量。对于每个输入语音矢量,编码器利用合成分析方法从码书中搜索出最佳码矢量,然后将 10bit 的码矢标号通过信道传送给解码器。

(2) 直接矢量量化方法在 G.728 编码算法中的应用

在上述 LD-CELP 算法中,为了便于介绍,将 LD-CELP 原理图简化为图 12.19。

这里激励码书中的 1024 个码字一次一个地通过由综合滤波器和感觉加权滤波器组成的级联滤波器,然后与归一化的目标矢量进行比较,选出均方误差最小的激励码字。然而级联滤波器的滤波运算在整个编码过程中所占的运算量比较大,因此采用直接矢量量化思想应用到 LD-CELP 语音编码算法中。具体原理如图 12.20 所示。

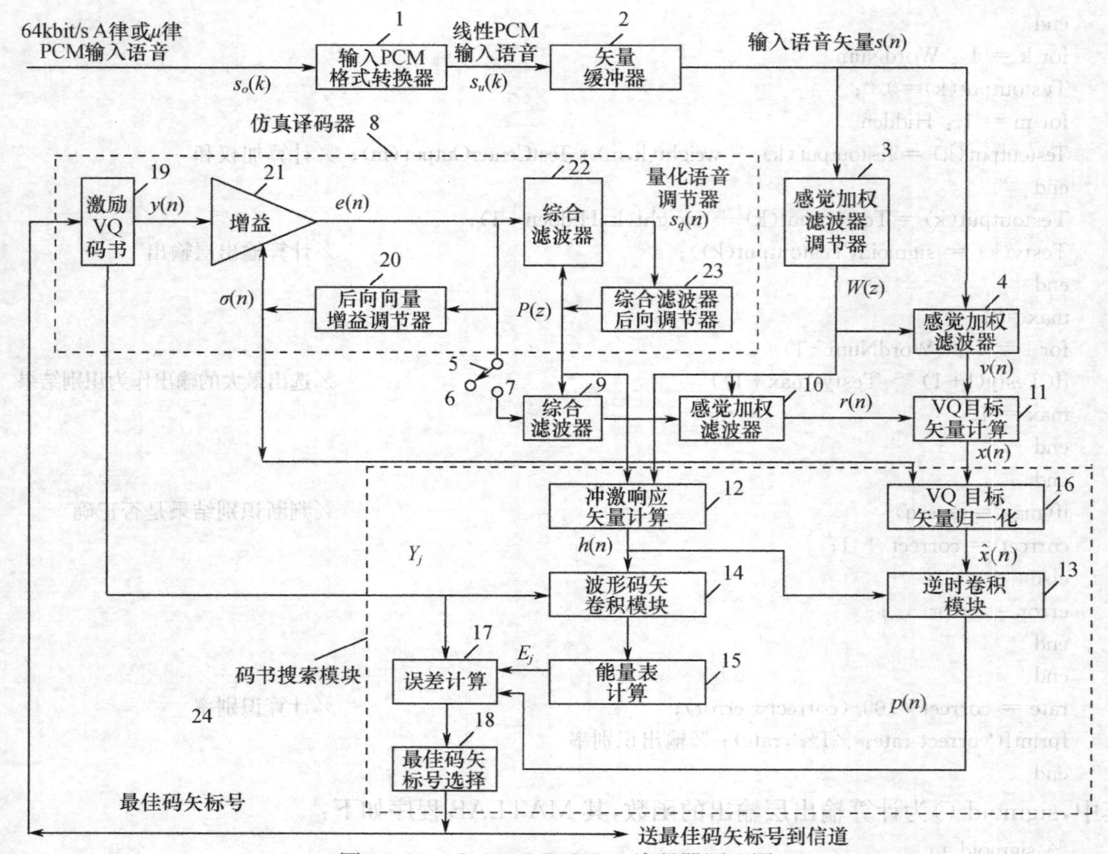

图 12.18　G.728 LD-CELP 编码器原理图

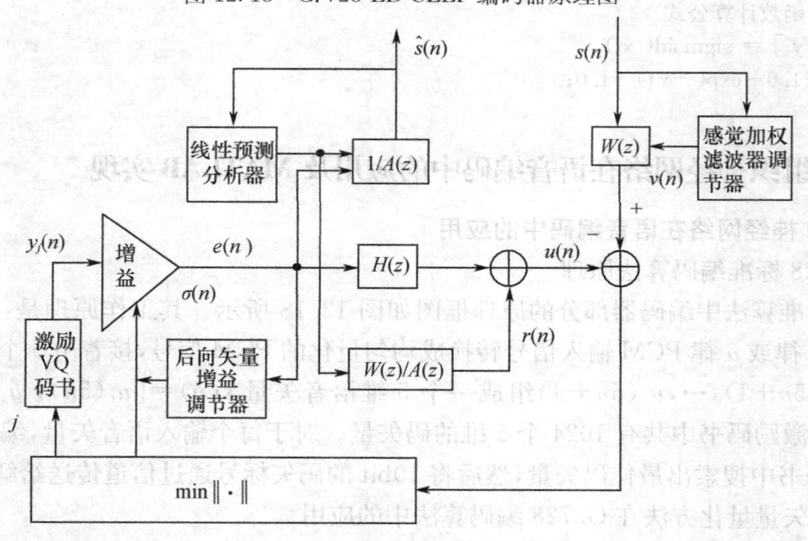

图 12.19　LD-CELP 简化原理框图

(3) SOFM 神经网络在 G.728 编码算法中的应用

SOFM 神经网络和矢量量化器两者之间有着非常相似的地方，因此可以替代矢量量化方法用于 G.728 编码算法中。其原理如下：

SOFM 神经网络由许多神经元构成，它们排列成一个一维或者二维的阵列，通过学习后，阵列中的每个神经元对于矢量空间的某个小空间中的矢量最为敏感，当输入此小空间内的矢

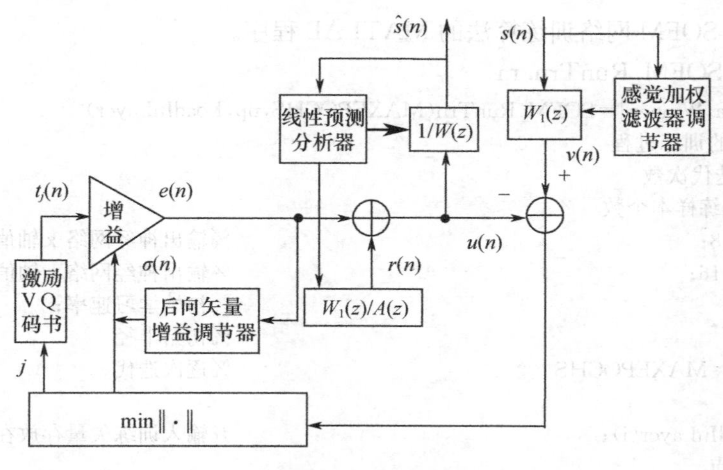

图 12.20　直接矢量量化 LD-CELP 原理

量时，该神经元的输出达到最大可能输出值，而其他神经元的输出为最低可能值。在这一方面，SOFM 神经网络与矢量量化器非常相似，即对于每一分量都具有连续变化值的高维输入矢量，两者的输出都可以用一个离散的标点来表示。对于前者，这是最小误差或距离的质心的标点；对于后者，则是最大输出神经元在阵列中所处位置的标号。此外，两者都对输入矢量所包含的信息进行了压缩，而且能够反映输入矢量在空间中的概率分布密度。所以利用 SOFM 网络是可以进行矢量量化的。

矢量量化中，码书设计是核心问题。利用 SOFM 网络设计码书时，SOFM 网络由一个输入层和一个输出层组成，输出层的节点是一个二维阵列，它们中的每个神经元是输出样本的代表，每个输入样本模式通过权值和输出层的每个节点相连。该网络的输入节点个数和码书维数相同，输出节点个数等于码书大小。每个输入节点通过可变权值与输出节点相连，训练结束后，所有的权值就构成码书。其具体的实现过程即 SOFM 的实现过程，在前面章节中已经介绍过了。

2. **SOFM 神经网络的 MATLAB 实现**

按照前面介绍的 SOFM 模型的训练算法，它无须规定所要求的输出（即教师信号），只要足够的输入矢量加入以后，输入层与输出层之间的连接会自动形成聚类中心。SOFM 模型训练流程图如图 12.21 所示。

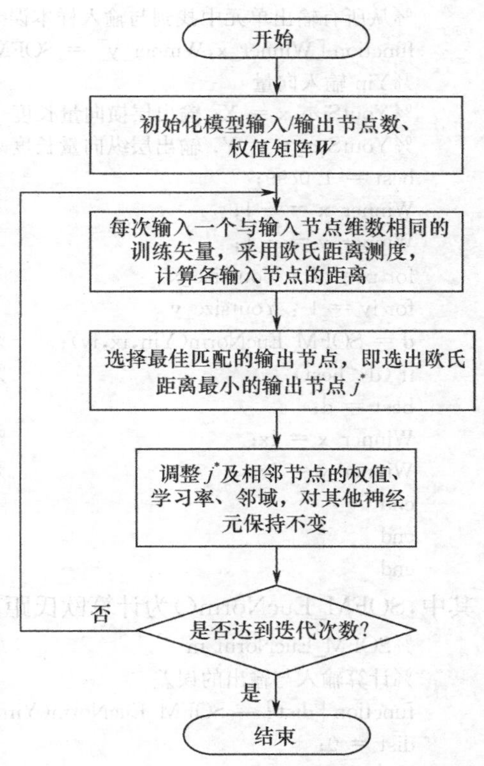

图 12.21　SOFM 模型训练流程图

SOFM 模型的训练由主程序 SOFM_RunTrn.m 实现，将经过一系列预处理之后的语音信号作为模型输入，初始化权值矩阵 **W** 后，通过函数 function SOFM_FindWinner()、function SOFM_EucNorm()欧氏距离测度，计算出与输入最佳匹配的输出，找到网络的获胜节点，接着通过函数 function SOFM_Train()调整获胜节点相邻节点的权值，其他神经元的权值保持不变，同时函数 function SOFM_AdaptParms()更新邻域半径和学习速率，直到达到预定的迭代次数，停止迭代。

程序 12.3 为 SOFM 网络训练算法的 MATLAB 程序。

【程序 12.3】 SOFM_RunTrn. m

```
function [R,eta,Winner]=SOFM_RunTrn(MAXEPOCHS,np,LoadInLayer)
%SOFM 网络的训练过程
%epoch 当前迭代次数
%np 每一批训练样本个数
YoutSize_x = 8;                                    %输出神经网络 x 轴值
YoutSize_y = 16;                                   %输出神经网络 y 轴值
eta=0.5;                                           %初始学习速率;
R=3;                                               %初始半径
while epoch<=MAXEPOCHS                             %逐次迭代
for i = 1 : np
Yin(i) = LoadInLayer(i);                           %输入训练矢量存放在 Yin()中
%找到获胜节点
[WinnerTemp_x,WinnerTemp_y]= SOFM_FindWinner(Yin(i),YoutSize_x ,YoutSize_y );
W = SOFM_Train(WinnerTemp_x,WinnerTemp_y,R,eta);  %更新权值
end
epoch = epoch+1;
[R,eta] = SOFM_AdaptParms(epoch,R);                %更新学习速率和领域半径
end
```

其中,SOFM_FindWinner()为寻找获胜节点的函数,其 MATLAB 程序如下:

```
% SOFM_FindWinner. m
%从所有输出单元中找到与输入样本误差最小的单元,即获胜节点
function [Winner_x,Winner_y] = SOFM_FindWinner(Yin,Youtsize_x,Youtsize_y,)
%Yin 输入向量
%YoutSize_x = X; 输出层横向量长度
%YoutSize_y = Y; 输出层纵向量长度
best = 1.0e99;
Winner_x = -1;
Winner_y = -1;
for ix = 1 : Youtsize_x
for iy = 1 : Youtsize_y
d = SOFM_EucNorm(Yin,ix,iy);       %计算输出单元与输入数据之间的误差
if (d<best)                        %找到误差最小的输出单元即获胜节点
best = d;
Winner_x = ix;                     %记录获胜节点的横坐标
Winner_y = iy;                     %记录获胜节点的纵坐标
end
end
end
```

其中,SOFM_EucNorm()为计算欧氏距离的函数,其 MATLAB 程序如下:

```
%SOFM_EucNorm. m
%计算输入与输出的误差
function [dist] = SOFM_EucNorm(Yin,ix,iy)
dist = 0;
for i = 1 : Yinsize
dist = dist + (W(ix,iy,k) - Yin(i)) * (W(ix,iy,k) - Yin(i));     %欧氏距离
dist= sqrt(dist);
end
end
```

其中，SOFM_Train ()为更新权值 W 的函数，其 MATLAB 程序如下：

```
% SOFM_Train.m
%更新获胜节点相邻节点的权值矩阵 W
function [W] = SOFM_Train(Winner_x,Winner_y,t,R)
YinSize=5;                                              %输入层维数
for ix = Winner_x-R : Winner_x+R                        %R 为邻域半径
if ((ix>=0)&&(ix<YoutSize_x))
for iy = Winner_y-R : Winner_y+R
if ((iy>=0)&&(iy<YoutSize_y))
for k = 1 : YinSize
W(ix,iy,k) = SOFM_SetParms(YoutSize_x,YoutSize_y) + eta * (Yin(k) - W(ix,iy,k));
                                                        %eta 为学习率
end
end
end
end
end
```

其中，SOFM_AdaptParms ()为更新邻域半径和学习速率的函数，其 MATLAB 程序如下：

```
% SOFM_AdaptParms.m
%更新邻域半径和学习速率，在不同的阶段按照不同的形式更新
function [R ,eta] = SOFM_AdaptParms(t,R)
if (R>0)
if (t<500)                                  %当迭代次数小于 500 时为排序阶段
R=4 * exp(-1.0/200 * t);                    %邻域半径按指数形式更新
else                                        %当迭代次数大于等于 500 时为收敛阶段
R=ceil(1-1.0/2000 * t);                     %邻域半径按线性形式更新
disp(['New neighborhood Radius=' num2str(R)])
end
end
if (t<500)                                  %当迭代次数小于 500 时为排序阶段
eta=0.5 * exp(-1.0/120 * t);                %学习率按指数形式更新
else                                        %当迭代次数大于等于 500 时为收敛阶段
eta=0.1 * (1-1.0/2000 * t);                 %学习率按线性形式更新
end
if (eta<ETAMIN)
eta = ETAMIN;                               %若学习率小于最小值则等于最小值
end
end
```

习　题　12

12.1　对语音信号进行处理时，人工神经网络与传统串行处理方法相比其优势是什么？

12.2　什么是人工神经网络？构成人工神经网络的基本要素是什么？

12.3　人工神经网络的网络拓扑有哪几种？各有什么特点？

12.4　人工神经网络的学习方式有哪几种？各有什么特点？

12.5　什么是感知器？什么是多层前馈网络？怎样利用 BP 学习算法对多层感知器的权值进行训练估计？

12.6　某单计算节点感知器有 3 个输入。给定 3 对训练样本为

$$\boldsymbol{X}_1=(-1,1,-2,0)^{\mathrm{T}}\quad d_1=-1$$

$$X_2=(-1,0,1.5,-0.5)^T \quad d_2=-1$$

$$X_3=(-1,-1,1,0.5)^T \quad d_3=1$$

设初始权向量$W(0)=(0.5,1,-1,0)^T$，$\eta=0.1$。注意，输入向量中第一个分量x_0恒等于-1，权向量中第一个分量为阈值，试根据感知器的学习规则训练该感知器。

12.7 什么是径向基神经网络？它与BP神经网络有什么区别与联系？

12.8 人口分类是人口统计中的一个重要指标。通过分析历史资料，得到1999年12月国内10个地区的人口出生比例情况如表12.1所示。

表12.1 人口出生比例

男/%	0.5512	0.5123	0.5087	0.5001	0.6012	0.5298	0.5000	0.4965	0.5103	0.5003
女/%	0.4488	0.4877	0.4913	0.4999	0.3988	0.4702	0.5000	0.5035	0.4897	0.4997

用表12.1中的数据作为网络的输入样本$X=(x_1,x_2)$，x_1代表男性出生比例，x_2代表女性出生比例，设计一个SOFM网对输入数据进行分类。要求该网络的竞争层结构为3×4平面，试编写MATLAB程序实现该分类任务。

第13章 独立分量分析及在语音信号处理中的应用

独立分量分析(Independent Component Analysis,ICA)是在20世纪90年代后期逐渐发展起来的一种高效盲信号分离方法。它主要用来从混合数据中提取出原始的独立信号,其含义是把信号分解成若干个互相独立的成分。与传统的信号处理技术主分量分析(Principal Component Analysis,PCA)和因子分析(Factor Analysis,FA)相比,ICA能利用高于二阶的统计信息而正确实现源信号的分离和恢复,从而能更加全面地揭示数据间的本质结构。基于ICA的盲信号分离算法在语音信号处理领域中有广泛的应用前景,在鸡尾酒会上有多人同时说话,如何将这些话语分辨出来是盲源分离最早研究的课题。ICA在混叠语音信号盲分离上已得到了很好的应用,通过ICA能使原本相互混叠的语音信号相互剥离,以实现语音识别的预处理。

13.1 基础理论

13.1.1 ICA的定义与数学模型

1. 线性瞬时混合ICA的无噪数学模型

线性瞬时混合无噪ICA基本数学模型如图13.1所示。N个独立的源信号$s_1(t),s_2(t),\cdots,s_N(t)$,构成一个列向量$\boldsymbol{s}(t)=[s_1(t),s_2(t),\cdots,s_N(t)]^{\mathrm{T}}$,经过线性系统$\boldsymbol{A}$混合在一起,$\boldsymbol{A}$为$M\times N$维矩阵,得到$M$个观测信号$\boldsymbol{x}(t)=[x_1(t),x_2(t),\cdots,x_M(t)]^{\mathrm{T}}$,观测信号与源信号之间的关系为

$$x_i(t)=\sum_{j=1}^{N}a_{ij}s_j(t) \quad i=1,2,\cdots,M \tag{13.1}$$

写成向量的形式

$$\boldsymbol{x}(t)=\boldsymbol{A}\boldsymbol{s}(t) \tag{13.2}$$

其中,$\boldsymbol{s}(t)$和$\boldsymbol{A}$都是未知的,只有观测信号$\boldsymbol{x}(t)$已知。

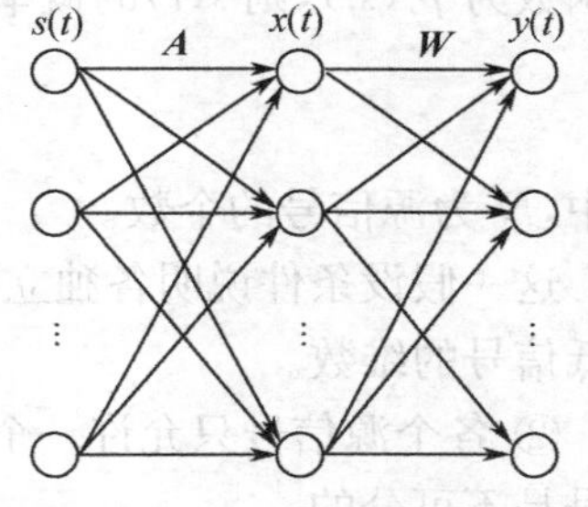

图13.1 线性混合无噪ICA模型

ICA的目标就是要估计一个分离矩阵$\boldsymbol{W}$,使得

$$\boldsymbol{y}(t)=\boldsymbol{W}\boldsymbol{x}(t) \tag{13.3}$$

式中,$\boldsymbol{y}(t)$为源信号的一个估计,其各个分量尽可能独立,且逼近于$\boldsymbol{s}(t)$。

2. 线性瞬时混合ICA的含噪模型

在实际情况下,观测信号中往往含有噪声,当存在噪声时,估计分离(解混合)矩阵$\boldsymbol{W}$就更加困难,因此过去的绝大部分研究都集中于无噪声模式。而在实际中,观测信号中往往存在着各种各样的噪声,这些噪声可能来自于传感器,也可能来自于信号源,还可能来自于所用模型的不精确性。根据噪声存在的不同形式,可有不同的含噪ICA模型。

(1) 噪声为信号源噪声时的ICA模型

信号源噪声是直接添加到独立成分即信号源上的噪声,其ICA的含噪模型为

$$\boldsymbol{x}(t)=\boldsymbol{A}(\boldsymbol{s}(t)+\boldsymbol{n}(t)) \tag{13.4}$$

其中,$\boldsymbol{n}(t)$为噪声信号。

若直接考虑噪声的独立成分，即令 $\tilde{s}_i(t)=s_i(t)+n_i(t)$，则式(13.4)可变为

$$\boldsymbol{x}(t)=\boldsymbol{A}\tilde{\boldsymbol{s}}(t) \tag{13.5}$$

式(13.5)即为基本 ICA 模型，只是把噪声作为信号源中的一个独立成分，基本 ICA 的模型仍然有效，可以用任何估计 ICA 基本模型的方法来估计源信号。

(2) 噪声为传感器噪声时的 ICA 模型

假定噪声与源信号是相互独立的，且噪声为高斯白噪声，并且假设噪声是以加性噪声的形式存在，这其实也是一个非常现实的假设，因为加性噪声是信号处理中通常研究的标准形式，具有简单的噪声模型表达式。则 ICA 的含噪模型为

$$\boldsymbol{x}(t)=\boldsymbol{A}\boldsymbol{s}(t)+\boldsymbol{n}(t) \tag{13.6}$$

如果将噪声信号当作一个独立的源信号，则上述含噪瞬时混合模型可以认为是观测信号个数小于源信号个数的情况，即 $M<N$。这种情况称为"欠定"(Under Determined)ICA 问题；与此相反，当 $M>N$ 时，称为"超定"(Over Determined)ICA 问题。

13.1.2 ICA 的基本假设、不确定性及求解过程

1. ICA 的基本假设

盲源分离是指从若干观测到的多个信号的混合信号中恢复出无法直接观测到的原始信号的方法。通常观测信号来自一组传感器的输出，其中每一个传感器接收到多个原始信号的一组混合。如果按照以下几个基本条件来解决盲源分离问题，则称之为独立分量分析。

① 各源信号 $s_i(t)$ 均为 0 均值、实随机变量，源信号之间统计独立。若每个源信号的概率密度函数为 $p_i(s_i)$，则 $s(t)$ 的概率密度函数 $p_s(s)$ 为

$$p_s(s)=\prod_{i=1}^{N}p_i(s_i) \tag{13.7}$$

其中，N 为源信号的个数。

这一假设条件说明各独立分量之间是不相关的，可以使用 PCA 对数据进行白化预处理，以降低信号的维数。

② 各个源信号只允许一个具有高斯分布。若具有高斯分布的源信号个数超过一个，则各源信号是不可分的。

这个假设条件保证了混合信号的可分离性，服从高斯分布的信号是相互对称的，若每一个信号都服从高斯分布，根据中心极限定理，这些信号的线性组合也是服从高斯分布的，从而难以分离。

2. ICA 的不确定性

ICA 中 $\boldsymbol{y}(t)=\boldsymbol{W}\boldsymbol{x}(t)=\boldsymbol{W}\boldsymbol{A}\boldsymbol{s}(t)$ 是对源信号的估计，其分离矩阵 $\boldsymbol{W}$ 称为混合矩阵 $\boldsymbol{A}$ 的伪逆。这是因为所估计的分离矩阵并不是 $\boldsymbol{A}^{-1}$，而是满足 $\boldsymbol{W}\boldsymbol{A}=\boldsymbol{P}\boldsymbol{I}$，$\boldsymbol{P}$ 是一置换阵，$\boldsymbol{I}$ 是单位阵，这就带来了 ICA 解的不确定性，即原始信号与分离信号的顺序以及原始信号与分离信号的幅度可以是不同的。

(1) 能量不确定性

ICA 无法确定各源信号 s_i 的能量，这是由于

$$\boldsymbol{x}=\boldsymbol{A}\boldsymbol{s}=\sum_i\left(\frac{1}{a_i}\boldsymbol{A}_i\right)(s_ia_i) \tag{13.8}$$

如果 s_i 乘以任何非零复因子 a_i，而混合矩阵 $\boldsymbol{A}$ 的第 i 列各元素均乘以 a_i^{-1}，则不论各 a_i 取任何值观测信号均不变，因此由观测信号来分离各源信号时存在幅度的不确定性。为了消除幅值

不确定性，可约定各源信号具有单位方差，但是经方差单位化后，对于实幅值信号，可能还存在正负符号的不确定性，这种情况处理起来非常简单，只需给对应分量信号幅值乘以－1即可。

(2) 排列顺序的不确定性

式(13.8)可以写为

$$\boldsymbol{x}(t)=\boldsymbol{A}\boldsymbol{s}(t)=\boldsymbol{A}\boldsymbol{P}\boldsymbol{P}^{-1}\boldsymbol{s}(t) \tag{13.9}$$

其中，$\boldsymbol{P}$ 为一个置换阵，即 $\boldsymbol{P}$ 的每一行每一列只有一个元素为1，其余为0。可以把 $\boldsymbol{P}^{-1}\boldsymbol{s}(t)$ 看作一个独立的信号源，把 $\boldsymbol{AP}$ 看作一个混合矩阵，由它们来得到观测信号。所以很难确定恢复出来的信号是 $\boldsymbol{P}^{-1}\boldsymbol{s}(t)$ 还是 $\boldsymbol{s}(t)$。

上面的两种不确定性在实际问题研究中并不重要，因为分离出来的源信号很容易依据工程背景和先验知识确定具体的信号源。另外，对分离出的源信号也可进一步采用其他方法进行处理。

3. ICA 的求解过程

ICA 的目标是求一个变换阵 $\boldsymbol{W}$，使得 $\boldsymbol{y}(t)=\boldsymbol{W}\boldsymbol{x}(t)$ 与 $\boldsymbol{s}(t)$ 对应。ICA 的求解过程包括3步：第一步是预处理，通常包括去均值和白化两步。信号去均值比较简单，它的目的是为了简化 ICA 过程，信号的白化处理一般是对观测信号的协方差进行特征值分解，其作用是使白化信号的各个分量二阶不相关。第二步是建立目标函数，该目标函数可以反映输出信号各个分量的独立性。第三步是确立学习算法，优化目标函数，实现盲信号分离。

13.1.3 ICA 中信号的预处理

在使用 ICA 算法对信号进行分离之前通常需对信号进行预处理。通过对信号进行预处理，可以使 ICA 算法更加简单、稳定、可靠。ICA 算法的预处理包括对信号进行中心化和白化。

(1) 信号的中心化

信号的中心化即通过对信号减去其均值，使信号的均值为0。设信号为 $\boldsymbol{x}$，其均值为 $E[\boldsymbol{x}]$，则中心化过程为 $\boldsymbol{x}=\boldsymbol{x}-E[\boldsymbol{x}]$，这时信号的均值为0。

(2) 信号的白化

信号的白化即在信号的中心化之后对信号进行线性变换，使变换后信号的各分量互不相关且各分量的方差为1。设中心化后的信号为 $\boldsymbol{x}$，白化后的信号为 $\tilde{\boldsymbol{x}}$，则有

$$E[\tilde{\boldsymbol{x}}\tilde{\boldsymbol{x}}^{\mathrm{T}}]=\boldsymbol{I} \tag{13.10}$$

可以看出，白化信号既要求信号不相关，又要求能量归一化，即归一化的不相关，因此白化信号的统计特性比不相关要强。一般可以利用对信号的协方差矩阵进行特征值分解来实现对信号的白化，设矩阵 $\boldsymbol{V}$ 是由 $\boldsymbol{x}$ 的协方差矩阵 $E[\boldsymbol{x}\boldsymbol{x}^{\mathrm{T}}]$ 的特征向量组成的正交矩阵，$\boldsymbol{D}=\mathrm{diag}(d_1,\cdots,d_n)$ 是由与 $E[\boldsymbol{x}\boldsymbol{x}^{\mathrm{T}}]$ 的特征向量对应的特征值组成的对角矩阵，则白化过程可描述为

$$\tilde{\boldsymbol{x}}(t)=\boldsymbol{V}\boldsymbol{D}^{-1/2}\boldsymbol{V}^{\mathrm{T}}\boldsymbol{x}(t) \tag{13.11}$$

令 $\boldsymbol{U}=\boldsymbol{V}\boldsymbol{D}^{-1/2}\boldsymbol{V}^{\mathrm{T}}$，$\boldsymbol{U}$ 称为观测信号的白化矩阵，则有

$$\tilde{\boldsymbol{x}}(t)=\boldsymbol{U}\boldsymbol{x}(t) \tag{13.12}$$

为白化后的混合信号。将 $\boldsymbol{x}=\boldsymbol{A}\boldsymbol{s}$ 代入式(13.12)，并令 $\tilde{\boldsymbol{A}}=\boldsymbol{U}\boldsymbol{A}$，则有

$$\tilde{\boldsymbol{x}}(t)=\boldsymbol{U}\boldsymbol{A}\boldsymbol{s}(t)=\tilde{\boldsymbol{A}}\boldsymbol{s}(t) \tag{13.13}$$

式中，$\tilde{\boldsymbol{A}}$ 为全局混合矩阵。

由于 $E[\tilde{\boldsymbol{x}}\tilde{\boldsymbol{x}}^{\mathrm{T}}]=E[\tilde{\boldsymbol{A}}\boldsymbol{s}\boldsymbol{s}^{\mathrm{T}}\tilde{\boldsymbol{A}}^{\mathrm{T}}]=\tilde{\boldsymbol{A}}E[\boldsymbol{s}\boldsymbol{s}^{\mathrm{T}}]\tilde{\boldsymbol{A}}^{\mathrm{T}}=\boldsymbol{I}$，因而矩阵 $\tilde{\boldsymbol{A}}$ 一定是正交矩阵。若把 $\tilde{\boldsymbol{x}}(t)$ 看作新的观测信号，那么对信号的白化就使原来的混合矩阵 $\boldsymbol{A}$ 简化为一个新的正交矩阵 $\tilde{\boldsymbol{A}}$。对于 $N\times N$ 的混合矩阵 $\boldsymbol{A}$，采用 ICA 算法需估计 N^2 个参数，而对新的混合矩阵 $\tilde{\boldsymbol{A}}$，由于它是正交矩

阵，只需估计 $N(N-1)/2$ 个参数。所以，白化过程使 ICA 问题的工作量几乎减少了一半。此外，当观测信号的数目大于源信号的数目时，经过白化处理可使观测信号的数目等于源信号的数目，实现信号的降维。

为了更形象地说明白化和 ICA 的原理，对两个独立的均匀分布的源信号 s_1 和 s_2 进行混合、白化和 ICA 处理，图 13.2 分别给出了这两个源信号的变量密度分布图和经过 3 种变换后的变量密度分布图。

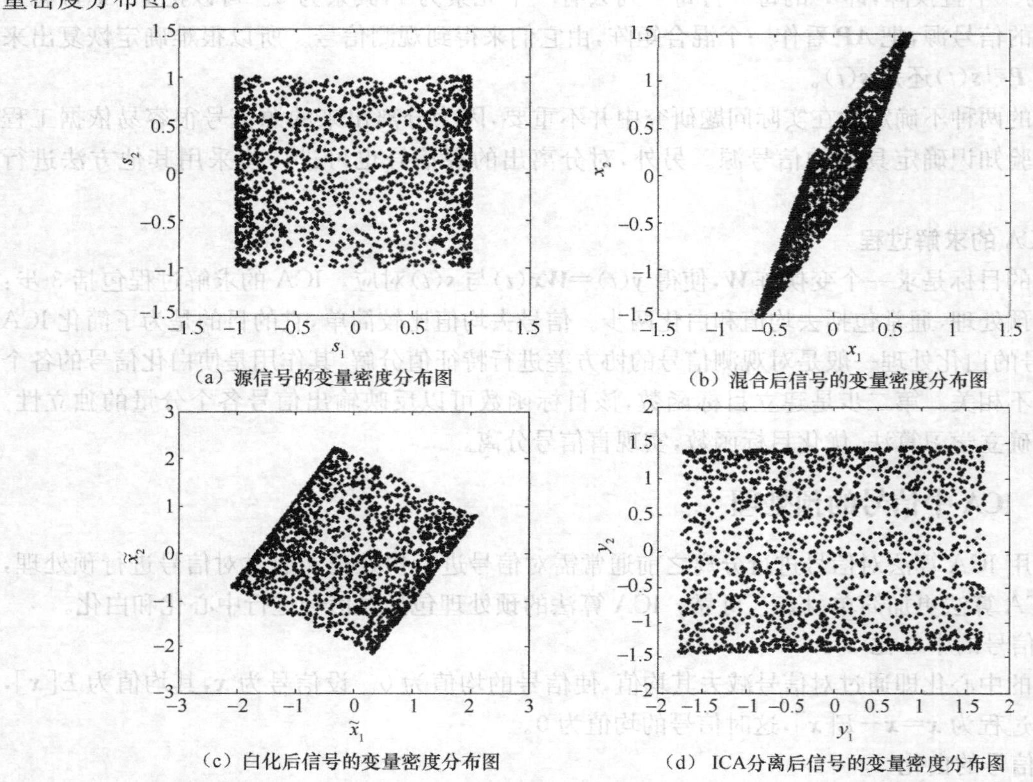

图 13.2　均匀分布混合信号的 3 种基本变换

从图 13.2 中可以看出，两个源信号 s_1 和 s_2 为独立、不相关的两个成分，由于成分间相互独立，其散点图均匀分布在一个正方形内；混合使各成分之间相关性和独立性变差，其散点图呈菱形；白化处理使各成分不相关，白化信号 $\tilde{x}_1$ 和 $\tilde{x}_2$ 正交，其散点图呈方形，但相对源信号的散点图旋转了一个角度，说明白化后信号仍是两个独立源信号的线性混合，其独立性比混合信号有所提高；ICA 把信号分离为两个独立的成分，其散点图呈方形。由于不相关是统计独立的前提条件，所以通过白化处理大大减小了 ICA 的复杂度，提高了 ICA 算法的效率。

程序 13.1 为均匀分布混合信号的 3 种基本变换的 MATLAB 程序。

【程序 13.1】 Principle. m

```
%均匀分布混合信号的三种基本变换
clear
t=0:0.05:100;                          %产生时间信号
s1=sin(0.5*t);                          %第一个源信号
s2=2*rand(size(s1))-1;                  %第二个源信号
s=[s1;s2];                              %将两个源信号放到一个矩阵中
aorig=rand(size(s,1));                  %产生混合矩阵
mixedsig=aorig*s;                       %混合观测信号
```

```
ms1=mixedsig(1,:);
ms2=mixedsig(2,:);
whitesig=whitening(mixedsig);              %白化处理
figure                                     %第一个图形
plot(s1,s2,'k.')                           %源信号的变量密度分布图
axis([-1.5,1.5,-1.5,1.5])                  %处理坐标轴
figure                                     %第二个图形
plot(ms1,ms2,'k.')                         %混合后信号的变量密度分布图
axis([-1.5,1.5,-1.5,1.5])
figure                                     %第三个图形
wis1= whitesig(1,:)
wis2= whitesig(2,:)
plot(wis1, wis2,'k.')                      %白化后信号的变量密度分布图
axis([-3,3,-3,3])
icasig=FASTICA(mixedsig)                   %调用 FSATICA 函数
is1=icasig(1,:);
is2=icasig(2,:);
figure                                     %第四个图形
plot(is1,is2,'k.')                         %ICA 分离后信号的变量密度分布图
axis([-2,2,-2,2])
```

其中,whitening()为白化处理函数,其 MATLAB 程序如下:

```
%whitening.m
%白化处理
function [whitesig,whiteningmatrix]=whitening(mixedsig)
% 输入 mixedsig 是混合信号
% 输出 whitsig 白化信号,whiteningmatrix 是白化矩阵
omixedsig=zeros(size(mixedsig));                                %产生初值
mixedmean=mean(mixedsig')';                                     %混合信号的均值
omixedsig=mixedsig-mixedmean*ones(1,length(mixedsig));          %去均值处理
covariancematrix=cov(omixedsig',1);
[e,d]=eig(covariancematrix);
eigenvalues=flipud(sort(diag(d)));
whiteningmatrix=inv(sqrt(d))*e';                                %求得白化矩阵
dewhiteningmatrix=e*sqrt(d);
whitesig=whiteningmatrix*mixedsig;                              %白化处理
```

FASTICA()为 FASTICA 算法的函数,在程序 13.3 中提供。

13.1.4 ICA 的目标函数

ICA 的目的是由观测信号得到源信号的估计,这里需要一个估计方法,即确定目标函数 $L(\boldsymbol{W})$,当 $\boldsymbol{W}$ 使目标函数达到最大或最小值时,$\boldsymbol{W}$ 即为 ICA 的解,可以认为 $\boldsymbol{y}(t)=\boldsymbol{W}\boldsymbol{x}(t)$ 即为源信号的估计。ICA 的主要目标函数有非高斯性最大化目标函数、互信息量最小化目标函数、最大似然估计目标函数等。

1. 非高斯性最大化目标函数

由中心极限定理可知,在一定条件下,独立的随机变量之和的分布趋向于高斯分布,独立随机变量之和比原始的任意一个更接近于高斯分布。因此,判断分量之间独立性问题即为计算分量之间的非高斯性最大化问题。

为了简单起见,假定所有的独立成分具有相同的分布。对独立成分的估计可以通过寻找混

合变量的合适的线性组合方式来解决。用 $\boldsymbol{y}=\boldsymbol{W}^{\mathrm{T}}\boldsymbol{x}=\boldsymbol{W}^{\mathrm{T}}\boldsymbol{A}\boldsymbol{s}$ 来表示该组合,$\boldsymbol{W}$ 是一个待定的变量,若 $\boldsymbol{W}$ 是 $\boldsymbol{A}$ 的逆矩阵,那么该线性组合就是源信号的一种估计,而事实上 $\boldsymbol{W}$ 不可能等于矩阵 $\boldsymbol{A}$ 的逆矩阵,但可以对它进行近似估计,使它逼近于 $\boldsymbol{A}$ 的逆矩阵。

令 $\boldsymbol{z}=\boldsymbol{A}^{\mathrm{T}}\boldsymbol{W}$,则 $\boldsymbol{y}=\boldsymbol{W}^{\mathrm{T}}\boldsymbol{x}=\boldsymbol{W}^{\mathrm{T}}\boldsymbol{A}\boldsymbol{s}=\boldsymbol{z}^{\mathrm{T}}\boldsymbol{s}$,由中心极限定理,$\boldsymbol{z}^{\mathrm{T}}\boldsymbol{s}$ 比任何一个 $\boldsymbol{s}$ 更接近于高斯分布,因此可把 $\boldsymbol{W}$ 看作最大化非高斯 $\boldsymbol{W}^{\mathrm{T}}\boldsymbol{x}$ 的一个向量,该向量对应于 $\boldsymbol{z}$,则有 $\boldsymbol{W}^{\mathrm{T}}\boldsymbol{x}=\boldsymbol{z}^{\mathrm{T}}\boldsymbol{s}$ 对应于其中的一个独立成分,即最大化 $W^{\mathrm{T}}\boldsymbol{x}$ 的非高斯性,就可得到一个独立成分为源信号的一个估计。

为了在 ICA 估计中使用非高斯性,必须对一个随机变量的非高斯性进行度量,非高斯性的度量方法有以下两种。

(1) 峰度(kurtosis)

假定 y 是零均值的随机变量,则 y 的峰度 $\mathrm{kurt}(y)$ 可定义为

$$\mathrm{kurt}(y)=E[y^4]-3(E[y^2])^2 \tag{13.14}$$

实际中,为了简单化,还可以进一步假定 y 已经被标准化,其方差为 1,即 $E[y^2]=1$。则 $\mathrm{kurt}(y)$ 可简化为 $E[y^4]-3$。高斯变量的峰度为 0,大部分非高斯随机变量,峰度为非零值。峰度为负的随机变量为次高斯(Subgaussian)的,峰度为正的随机变量为超高斯(Supergaussion)的。

峰度具有下列性质

$$\begin{gathered}\mathrm{kurt}(x_1+x_2)=\mathrm{kurt}(x_1)+\mathrm{kurt}(x_2)\\ \mathrm{kurt}(ax)=a^4\,\mathrm{kurt}(x)\end{gathered} \tag{13.15}$$

其中,x_1 和 x_2 为随机变量,a 为常数。

由于峰度可以用样本数据的四阶矩来估计,并且峰度具有上述的线性特点,峰度或其绝对值已在 ICA 和相关领域被广泛地应用于非高斯性的度量。

(2) 负熵(negentropy)

在具有单位方差的所有随机变量中,高斯变量具有极大熵。这意味着熵可以用来作为非高斯性的一种度量。一个密度为 $f(y)$ 的随机向量的微分熵定义为

$$H(y)=-\int f(y)\log f(y)\mathrm{d}y \tag{13.16}$$

负熵的概念来自于微分熵,输出 y 的负熵定义为

$$J(y)=H(y_{\mathrm{gauss}})-H(y) \tag{13.17}$$

其中,y_{gauss} 是与 y 的协方差矩阵相同的高斯随机向量。

设 N 是 y 的维数,y 的协方差矩阵为 Σ,则

$$H(y_{\mathrm{gauss}})=\frac{1}{2}\log|\det\Sigma|+\frac{N}{2}[1+\log 2\pi] \tag{13.18}$$

根据负熵的定义,可以看出负熵的值总是非负的,只有当随机变量 y 为高斯分布时,负熵为 0。且在等方差的约束条件下,随机变量的非高斯性越强,其负熵值越大。

使用负熵作为非高斯性度量的优点在于它具有严格的统计理论。但负熵作为非高斯性度量的最大问题是其计算非常困难。若由定义来估计负熵,则首先需对随机变量的概率密度函数进行估计。在实际中,可以采用负熵的近似来进行估计。

经典的负熵近似估计方法是使用高阶累积量,其负熵近似表示为

$$J(y)\approx\frac{1}{12}E[y^3]^2+\frac{1}{48}\mathrm{kurt}(y)^2 \tag{13.19}$$

当随机变量 y 具有零均值和单位方差时,这种负熵的近似就转变为峰度。这种估计会带来非鲁棒性问题,对负熵更合理的估计可以基于最大熵原理,使用任意两个非二次函数 $G_1(y)$ 和

$G_2(y)$，使 $G_1(y)$ 是奇函数，$G_2(y)$ 为偶函数，得到负熵的估计

$$J(y) \approx k_1[E\{G_1(y)\}]^2 + k_2[E\{G_2(y)\} - E\{G_2(v)\}]^2 \tag{13.20}$$

式中，k_1、k_2 是正常数，v 是 0 均值单位方差的高斯变量。

若仅使用一个非二次函数 G，则负熵的近似变为

$$J(y) \propto [E\{G(y)\} - E\{G(v)\}]^2 \tag{13.21}$$

在实际中，下面的非二次函数 G 的选择已被证实是有效的

$$\begin{aligned} G_1(y) &= \frac{1}{a_1}\log\cosh a_1 y \\ G_2(y) &= -\exp(-y^2/2) \end{aligned} \tag{13.22}$$

式中，a_1 是常数，取值范围 $1 \leqslant a_1 \leqslant 2$。

2. ICA 的最大似然目标函数

最大似然估计是统计学中非常重要的一种参数估计方法，它的目标是由观测数据样本来估计样本的真实概率密度。在 ICA 中，最大似然估计是利用观测信号 $\boldsymbol{x}(t) = [x_1(t), x_2(t), \cdots, x_M(t)]^{\mathrm{T}}$ 来对 $x(t)$ 的概率密度函数的参数模型中的参数作出估计。

已知源信号 $\boldsymbol{s}(t)$ 的概率密度函数为 $p_s(\boldsymbol{s})$，$\hat{p}_x(\boldsymbol{x})$ 是对观测向量 $\boldsymbol{x}(t)$ 的概率密度函数的估计，由 $\boldsymbol{x}(t) = \boldsymbol{A}\boldsymbol{s}(t)$，根据线性变换下两个概率密度函数相等的关系，$p_s(\boldsymbol{s})$ 与 $\hat{p}_x(\boldsymbol{x})$ 之间满足

$$\hat{p}_x(\boldsymbol{x}) = \frac{p_s(\boldsymbol{s})}{|\det \boldsymbol{A}|} = \frac{p_s(\boldsymbol{A}^{-1}\boldsymbol{x})}{|\det \boldsymbol{A}|} \tag{13.23}$$

则随机向量 $\boldsymbol{x}(t)$ 的似然函数为

$$L(\boldsymbol{A}) = E[\log \hat{p}_x(\boldsymbol{x})] = \int p_x(\boldsymbol{x}) \log p_s(\boldsymbol{A}^{-1}\boldsymbol{x}) \mathrm{d}x - \log|\det \boldsymbol{A}| \tag{13.24}$$

观测数据的样本数有限，式(13.24)的集合平均用有限个样本的平均来近似取代，且当分离矩阵 $\boldsymbol{W} = \boldsymbol{A}^{-1}$ 时，对数似然函数为

$$L(\boldsymbol{W}) \approx \frac{1}{n}\sum_{i=1}^{n} \log p_s(\boldsymbol{W}\boldsymbol{x}) + \log|\det \boldsymbol{W}| \tag{13.25}$$

其中，n 为观测数据的样本数，最大化该似然函数就可获得分离矩阵 $\boldsymbol{W}$ 的最佳估计。

需要注意的是，要计算最大似然目标函数，需预先知道各信号源的概率密度函数即 $P_s(s)$，若没有关于源信号概率密度函数的先验知识，则还需进行假设或在学习过程中予以确定。

3. 互信息量最小化目标函数

互信息量可以用来度量两个变量的概率密度函数的相似性，对 ICA 估计的另一种方法是基于信息理论的最小化互信息估计方法，利用熵的概念，定义 m 个随机变量 $y_i(i=1,\cdots,m)$ 的互信息为

$$I(y) = \sum_{i=1}^{m} H(y_i) - H(y) \tag{13.26}$$

由 $y = \boldsymbol{W}\boldsymbol{x}$，可得

$$I(y) = \sum_{i=1}^{m} H(y_i) - H(x) - \log|\det \boldsymbol{W}| \tag{13.27}$$

互信息是对相关性的一种自然测量，它等价于联合分布 $f(y)$ 和其边界密度乘积之间的 K-L 散度。互信息总是非负的，只有当变量是统计独立时才为零。互信息考虑了变量的整个相关性结构，$\boldsymbol{y}$ 各分量的统计独立性越高，则相应 $\boldsymbol{y}$ 的熵就越大，所含信息也越多，以互信息作为 ICA 的目标函数，就是使输出信号 $\boldsymbol{y}$ 的互信息最小化，它的优点是对 $\boldsymbol{y}$ 中各分量的排序和幅度比例变化具有不变性。

4. **目标函数的等价性**

在信息理论下，上面提到的3种目标函数之间存在着本质的联系，在一定条件下是等价的。下面首先推导互信息 $I(\boldsymbol{y})$ 与负熵 $J(\boldsymbol{y})$ 之间的关系

$$I(\boldsymbol{y}) = \sum_{i=1}^{m} H(y_i) - H(\boldsymbol{y}) \tag{13.28}$$

而

$$\begin{gathered} J(\boldsymbol{y}) = H_G(\boldsymbol{y}) - H(\boldsymbol{y}) \\ \sum_{i=1}^{m} J(y_i)) = \sum_{i=1}^{m} H_G(y_i) - \sum_{i=1}^{m} H(y_i) \end{gathered} \tag{13.29}$$

由式(13.29)得

$$\begin{gathered} H(\boldsymbol{y}) = H_G(\boldsymbol{y}) - J(\boldsymbol{y}) \\ \sum_{i=1}^{m} H(y_i) = \sum_{i=1}^{m} H_G((y_i) - \sum_{i=1}^{m} J(y_i) \end{gathered} \tag{13.30}$$

将式(13.28)代入式(13.30)得

$$I(\boldsymbol{y}) = J(\boldsymbol{y}) - \sum_{i=1}^{m} J(y_i) - H_G(\boldsymbol{y}) + \sum_{i=1}^{m} H_G(y_i) \tag{13.31}$$

又由于

$$\begin{aligned} H_G(\boldsymbol{y}) &= \frac{m}{2}\log(2\pi e) + \frac{1}{2}\log[\det(E[\boldsymbol{y}\boldsymbol{y}^{\mathrm{T}}])] \\ \sum_{i=1}^{m} H_G(y_i) &= \frac{1}{2}\sum_{i=1}^{m}[\log(2\pi e) + \log(E[y_i^2])] \\ &= \frac{m}{2}\log(2\pi e) + \frac{1}{2}\log\Big[\prod_{i=1}^{m} E[y_i^2]\Big] \end{aligned} \tag{13.32}$$

将式(13.32)代入式(13.31)得

$$I(\boldsymbol{y}) = J(\boldsymbol{y}) - \sum_{i=1}^{m} J(y_i) + \frac{1}{2}\log\frac{\prod_{i=1}^{m} E[y_i^2]}{\det(E[\boldsymbol{y}\boldsymbol{y}^{\mathrm{T}}])} \tag{13.33}$$

式(13.33)中右边第三项是个常数项，特别是当 y 是一组正交归一的数据时，式(13.33)变为

$$I(\boldsymbol{y}) = J(\boldsymbol{y}) - \sum_{i=1}^{m} J(y_i) \tag{13.34}$$

因此最小化 $\boldsymbol{y}$ 各个分量的互信息等价于最大化 $\boldsymbol{y}$ 各个分量的负熵之和。

接下来推导互信息 $I(\boldsymbol{y})$ 与最大似然估计 $L(\boldsymbol{y})$ 之间的关系。

由式(13.24)可知随机向量 $\boldsymbol{x}(t)$ 的似然函数为

$$L(\boldsymbol{A}) = E[\log\hat{p}_x(\boldsymbol{x})] = \int p_x(\boldsymbol{x})\log p_s(\boldsymbol{A}^{-1}\boldsymbol{x})\mathrm{d}\boldsymbol{x} - \log|\det\boldsymbol{A}| \tag{13.35}$$

将 $\boldsymbol{y}=\boldsymbol{W}\boldsymbol{x}=\boldsymbol{A}^{-1}\boldsymbol{x}$ 代入式(13.35)，得

$$\begin{aligned} L(\boldsymbol{W}) &= \int p_x(\boldsymbol{x})\log p_s(\boldsymbol{y})\mathrm{d}\boldsymbol{x} + \log|\det\boldsymbol{W}| \\ &= \int\Big[\log p_s(\boldsymbol{y}) - \log\frac{p_x(\boldsymbol{x})}{|\det\boldsymbol{W}|}\Big]p_x(\boldsymbol{x})\mathrm{d}\boldsymbol{x} + \int p_x(\boldsymbol{x})\log p_x(\boldsymbol{x})\mathrm{d}\boldsymbol{x} \\ &= \int p_y(\boldsymbol{y})\log\frac{p_s(\boldsymbol{y})}{p_y(\boldsymbol{y})}\mathrm{d}\boldsymbol{y} - H(\boldsymbol{x}) \\ &= -\mathrm{K}[p_y(y) \mid p_s(y)] - H(\boldsymbol{x}) \end{aligned} \tag{13.36}$$

式中，K[·]表示 K-L 散度，观测信号的熵 $\boldsymbol{H}(\boldsymbol{x})$ 与参数 $\boldsymbol{W}$ 无关，因此最大化似然函数等价于最小化 $P_y(y)$ 和 $P_s(y)$ 之间的 K-L 散度。由 K-L 散度的定义，并考虑源信号统计独立的假设，可得

$$\mathrm{K}[p_y(y) \mid p_s(\boldsymbol{y})] = I(y) + \int p_y(\boldsymbol{y})\log\left[\prod_{i=1}^{m} p_{y_i}(y_i) \Big/ \prod_{i=1}^{m} p_{s_i}(s_i)\right]\mathrm{d}\boldsymbol{y} \tag{13.37}$$

当输出的各个分量的边缘概率密度函数等于各源信号的概率密度函数时，最大化对数似然函数等价于最小化互信息。

因此，从信息论的角度考虑，上述 3 种目标函数是等价的。

13.1.5 ICA 性能评价参数

为了评价各种 ICA 算法的性能，可以用下面几个性能指标。

(1) 输出信号 y_i 的均方误差 MSE_i

输出信号的均方误差可以定义为

$$\mathrm{MSE}_i = \frac{1}{N}\sum_{i=1}^{N}[y_i(t) - s_i(t)]^2 \tag{13.38}$$

式中，N 是数据长度，可以根据 MSE_i 的变化曲线来评价算法的分离特性。

(2) 输出信噪比 SNR_i

输出信号的信噪比定义为

$$\mathrm{SNR}_i = 10\lg\left[\frac{\sum_{i=1}^{N} s_i^2(t)}{\sum_{i=1}^{N}[y_i(t) - s_i(t)]^2}\right] \tag{13.39}$$

利用信噪比作为评价函数，可以估计期望信号与噪声的能量比值。

(3) 相似系数 ξ_{ij}

相似系数 ξ_{ij} 是描述估计信号与源信号相似性的参数，定义为

$$\xi_{ij} = \xi(y_i, s_j) = \frac{\left|\sum_{i=1}^{N} y_i(t)s_j(t)\right|}{\sqrt{\sum_{i=1}^{N} y_i^2(t)\sum_{j=1}^{N} s_j^2(t)}} \tag{13.40}$$

相似系数抵消了分离结果在幅度上存在的差异，从而避免了幅度不确定性的影响。当 $\xi_{ij}=0$ 时，y_i 与 s_j 相互独立，说明它们不相关，分离失败；当 $\xi_{ij}=1$ 时，$y_i=cs_j$（c 为常数）。在实际中，只要 ξ_{ij} 接近于 1，则可认为分离效果比较好。

(4) 性能指数 PI

性能指数定义为

$$\mathrm{PI} = \frac{1}{2N}\sum_{i=1}^{n}\left[\left(\sum_{k=1}^{n}\frac{|g_{ik}|}{\max_j|g_{ij}|} - 1\right) + \left(\sum_{k=1}^{n}\frac{|g_{ki}|}{\max_j|g_{ji}|} - 1\right)\right] \tag{13.41}$$

式中，$\boldsymbol{G}$ 为 $N\times N$ 的全局传输矩阵，即 $\boldsymbol{G}=\boldsymbol{WA}$，在实际中其实是一个置换阵，$g_{ij}$ 为 $\boldsymbol{G}$ 中的元素，$\max_j|g_{ij}|$ 表示 $\boldsymbol{G}$ 的第 i 行元素绝对值中的最大值，$\max_j|g_{ji}|$ 表示第 j 列元素的绝对值中的最大值。当 PI=0 时，分离出的信号与源信号波形完全相同。在实际中，PI 值越小分离效果较好。

13.2 经典 ICA 算法

在建立了目标函数后，需对目标函数进行优化，使目标函数达到最小（或最大）。在已有的无

噪 ICA 学习算法中，都是利用了源信号统计独立的假设，比较典型的方法包括自然梯度法、信息最大化方法、快速 ICA 方法等。

13.2.1 自然梯度算法

自然梯度算法是由 A. Cichocki 提出的，后经 S. Amari 等人进一步发展，成为最基本的 ICA 算法之一。

算法选择最大似然目标函数

$$L(\boldsymbol{W}) = -\ln|\det\boldsymbol{W}| - \sum_{i=1}^{n} E[\ln p_i(y_i)] \tag{13.42}$$

其中，$p_i(y_i)$是 y_i 的概率密度函数。

对目标函数使用相对梯度，得

$$\Delta\boldsymbol{W}(k) = \boldsymbol{W}(k+1) - \boldsymbol{W}(k) = -\alpha(k)\frac{\partial L(\boldsymbol{W})}{\partial \boldsymbol{W}} \tag{13.43}$$

其中，$\alpha(k)$为第 k 步迭代的学习速率。

由于$\dfrac{\partial \ln|\det\boldsymbol{W}|}{\partial \boldsymbol{W}} = \boldsymbol{W}^{-\mathrm{T}}$，并且 $y_i(t) = \sum_{j=1}^{N} w_{ij} x_j(t)$（$j$ 为源信号的个数），式(13.43)变为

$$\Delta\boldsymbol{W}(k) = \alpha(k)[\boldsymbol{W}^{-\mathrm{T}}(k) - f[\boldsymbol{y}(k)]\boldsymbol{x}^{\mathrm{T}}(k)] \tag{13.44}$$

对式(13.44)使用自然梯度，得到

$$\begin{aligned}\Delta\boldsymbol{W}(k) &= \alpha(k)[\boldsymbol{W}^{-\mathrm{T}}(k) - f[\boldsymbol{y}(k)]\boldsymbol{x}^{\mathrm{T}}(k)]\boldsymbol{W}^{\mathrm{T}}(k)\boldsymbol{W}(k) \\ &= \alpha(k)[\boldsymbol{I} - f[\boldsymbol{y}(k)]\boldsymbol{y}^{\mathrm{T}}(k)]\boldsymbol{W}(k)\end{aligned} \tag{13.45}$$

式(13.45)即为自然梯度的学习算法，其中 $f(\boldsymbol{y})$是非线性函数。非线性函数的选择在自然梯度算法中是非常关键的一步，非线性函数的选择公式如下

(1) $f(\boldsymbol{y}) = 2\tanh(\boldsymbol{y})$

式(13.45)变为

$$\Delta\boldsymbol{W}(k) = \alpha(k)[\boldsymbol{I} - 2\tanh(\boldsymbol{y}(k))\boldsymbol{y}^{\mathrm{T}}(k)]\boldsymbol{W}(k) \tag{13.46}$$

此非线性函数适用于超高斯的独立成分。

(2) $f(\boldsymbol{y}) = \boldsymbol{y} + \tanh(\boldsymbol{y})$

式(13.45)变为

$$\Delta\boldsymbol{W}(k) = \alpha(k)[\boldsymbol{I} - \boldsymbol{y}(k)\boldsymbol{y}^{\mathrm{T}}(k) - \tanh(\boldsymbol{y}(k))\boldsymbol{y}^{\mathrm{T}}(k)]\boldsymbol{W}(k) \tag{13.47}$$

此非线性函数仍适用于超高斯的独立成分。

(3) $f(\boldsymbol{y}) = \boldsymbol{y} - \tanh(\boldsymbol{y})$

式(13.45)变为

$$\Delta\boldsymbol{W}(k) = \alpha(k)[\boldsymbol{I} - \boldsymbol{y}(k)\boldsymbol{y}^{\mathrm{T}}(k) + \tanh(\boldsymbol{y}(k))\boldsymbol{y}^{\mathrm{T}}(k)]\boldsymbol{W}(k) \tag{13.48}$$

此非线性函数适用于次高斯的独立成分。

(4) $f(\boldsymbol{y}) = -2\tanh(\boldsymbol{y}) + 2\tanh(\boldsymbol{y}+b) - 2\tanh(\boldsymbol{y}-b)$

式(13.45)变为

$$\Delta\boldsymbol{W}(k) = \alpha(k)[\boldsymbol{I} + 2\tanh(\boldsymbol{y}(k))\boldsymbol{y}^{\mathrm{T}}(k) - 2\tanh(\boldsymbol{y}(k)+b)\boldsymbol{y}^{\mathrm{T}}(k) - 2\tanh(\boldsymbol{y}(k)-b)\boldsymbol{y}^{\mathrm{T}}(k)]\boldsymbol{W}(k) \tag{13.49}$$

式中，b 为常数，当 $b=0$ 时，具有超高斯特性，当 $b>1$ 时，具有次高斯特性，在实际中可选择 $b=0$ 或 $b=2$ 来改变其超高斯性和次高斯特性。

(5) $f(\boldsymbol{y})=\text{sgn}(\boldsymbol{y})|\boldsymbol{y}|^{q-1}$

式(13.45)变为

$$\Delta \boldsymbol{W}(k)=\alpha(k)[\boldsymbol{I}-\text{sgn}(\boldsymbol{y})|\boldsymbol{y}|^{q-1}\boldsymbol{y}^{\mathrm{T}}(k)]\boldsymbol{W}(k) \tag{13.50}$$

其中,q 为任意大于 0 的实数。当 $q<2$ 时,具有次高斯特性,当 $q>2$ 时,具有超高斯特性。

实践证明,自然梯度算法的分离效果很好,它已经成为一种标准的学习算法为人们所接受,算法的主要问题是收敛速度较慢,且算法的收敛性依赖于学习速率参数 $\alpha(k)$ 的选择。

13.2.2 信息最大化法

信息最大化算法是由 A. Bell 提出的,是一种基于信息论的前向反馈自组织神经网络的算法,其结构框图如图 13.3 所示。其基本原理是引入非线性函数 $g(\cdot)$,使得新向量 $\boldsymbol{y}=g(\boldsymbol{u})$ 的熵最大化等价于 $\boldsymbol{x}$ 各分量独立性的最大化,从而构成各分量独立性判据,INFORMAX 算法根据这一判据调节 $\boldsymbol{W}$,最终使 $\boldsymbol{x}$ 各分量相互独立,实现源信号分离。

图 13.3 中,$x_1, x_2, \cdots, x_m$ 为混合信号,$u_1, u_2, \cdots, u_m$ 是源信号的估计,$y_1, y_2, \cdots, y_m$ 为源信号的恢复,$g(\cdot)$ 为单调有界非线性输出函数,它们之间的关系为

$$\boldsymbol{u}=\boldsymbol{W}\boldsymbol{x} \tag{13.51}$$

$$\boldsymbol{y}=g(\boldsymbol{u}) \tag{13.52}$$

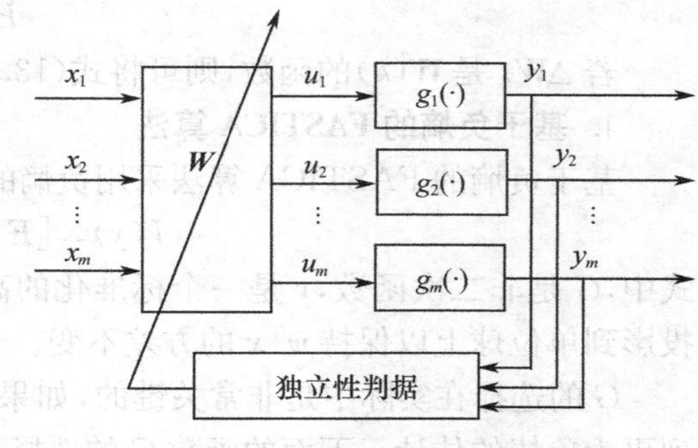

图 13.3 信息最大化算法结构框图

则

$$f_y(\boldsymbol{y})=\frac{f_x(\boldsymbol{x})}{|\boldsymbol{J}|} \tag{13.53}$$

其中,$\boldsymbol{J}$ 为雅可比变换式的绝对值,可简化为

$$\boldsymbol{J}=(\det \boldsymbol{W})\prod_{I=1}^{n}\frac{\partial y_i}{\partial u_i} \tag{13.54}$$

设 g 函数为

$$g(\boldsymbol{u})=\frac{1}{1+\mathrm{e}^{-u}} \tag{13.55}$$

则

$$\boldsymbol{H}(\boldsymbol{y})=-E[\ln f_y(\boldsymbol{y})]=E[\ln|\boldsymbol{J}|]-E[\ln f_x(\boldsymbol{x})] \tag{13.56}$$

对式(13.56)求梯度得

$$\Delta \boldsymbol{w} \propto \frac{\partial \boldsymbol{H}}{\partial \boldsymbol{W}}=\frac{\partial}{\partial \boldsymbol{W}}\ln|\boldsymbol{J}|=\frac{\partial}{\partial \boldsymbol{W}}\ln|\det \boldsymbol{W}|+\frac{\partial}{\partial \boldsymbol{W}}\ln\prod_{i=1}^{N}\left|\frac{\partial y_i}{\partial u_i}\right|=[\boldsymbol{W}^{\mathrm{T}}]^{-1}+(1-2\boldsymbol{y})\boldsymbol{x}^{\mathrm{T}} \tag{13.57}$$

对式(13.57)使用自然梯度得修正公式

$$\Delta \boldsymbol{w} \propto [[\boldsymbol{W}^{\mathrm{T}}]^{-1}+(1-2\boldsymbol{y})\boldsymbol{x}^{\mathrm{T}}]\boldsymbol{W}^{\mathrm{T}}\boldsymbol{W}=\boldsymbol{W}+\mu[I+(1-2\boldsymbol{y})\boldsymbol{u}^{\mathrm{T}}]\boldsymbol{W} \tag{13.58}$$

其中,μ 为步长因子,它的选择非常重要,当选取比较合适的步长时,能使算法较好地收敛。

13.2.3 快速 ICA 算法(FASTICA)

FASTICA 算法是由芬兰学者 A. Hyvarinen 等人首先提出的,当时提出的是基于四阶累计量的固定点算法,后又对算法进行了进一步的改进,提出了一种基于负熵的 ICA 固定点算法。由于这一算法相比较批处理和自适应处理,具有更快的收敛速度,因此又被称为“快速 ICA 算法”(FASTICA 算法)。

FASTICA 算法具有以下特点：

① 需要对原始的观测信号进行白化预处理；

② 收敛速度快；

③ 与自然梯度算法相比，无须步长因子；

④ 可以逐个估计独立分量，从而减小计算量。

固定点算法是对一组给定数据的递推计算，本身属于批处理，但是其计算思路的导出和自适应处理有关。在基于梯度法的自适应处理方法中，令 $\boldsymbol{W}(k)$ 是第 k 次迭代时处理器的权重矢量，J_k 是第 k 次迭代时优化的目标函数，则

$$\begin{aligned}\boldsymbol{W}(k+1)&=\boldsymbol{W}(k)+\Delta\boldsymbol{W}_k\\ \Delta\boldsymbol{W}_k&\propto\frac{\partial J_k}{\partial\boldsymbol{W}(k)}\end{aligned}\tag{13.59}$$

那么，当进入稳态时，有

$$E[\Delta\boldsymbol{W}_k]=0\tag{13.60}$$

若 $\Delta\boldsymbol{W}_k$ 是 $\boldsymbol{W}(k)$ 的函数，则可将式(13.60)表示成固定点的迭代算式。

1. 基于负熵的 FASTICA 算法

基于负熵的 FASTICA 算法采用负熵的近似作为其目标函数，定义为

$$J(\boldsymbol{y})\propto[E\{G(\boldsymbol{y})\}-E\{G(\boldsymbol{v})\}]^2\tag{13.61}$$

式中，G 是非二次函数，$\boldsymbol{v}$ 是一个标准化的高斯随机向量。标准化过程在这里是必需的，它将 $\boldsymbol{w}$ 投影到单位球上以保持 $\boldsymbol{w}^{\mathrm{T}}\boldsymbol{x}$ 的方差不变。

G 的选择在实际中是非常关键的，如果选择 G 随自变量增大不是增大太快的函数，就能得到更为鲁棒的估计。下面的函数 G 的选择已被证实是有效的

$$\begin{aligned}G_1(u)&=\frac{1}{a_1}\log\cosh(a_1u)\\ G_2(u)&=-\frac{1}{a_1}\exp(-u^2/2)\\ G_3(u)&=\frac{1}{4}u^4\end{aligned}\tag{13.62}$$

式中，a_1 为常数，取值范围 $1\leqslant a_1\leqslant 2$，通常取 $a_1=1$。

考虑相应的标准化过程，令 $E[(\boldsymbol{w}^{\mathrm{T}}\boldsymbol{x})^2]=\|\boldsymbol{w}\|=1$，对式(13.61)采用梯度算法，得到如下算法

$$\begin{cases}\Delta\boldsymbol{w}\propto\gamma E[\boldsymbol{x}g(\boldsymbol{w}^{\mathrm{T}}\boldsymbol{x})]\\ \boldsymbol{w}=\boldsymbol{w}/\|\boldsymbol{w}\|\end{cases}\tag{13.63}$$

式中，$\gamma=E[(\boldsymbol{w}^{\mathrm{T}}x)]-E[G(\boldsymbol{v})]$，$g$ 是函数 G 的导数，为非线性函数。

则 g 可以在下面的几个函数中选择

$$\begin{aligned}g_1(u)&=\tanh(a_1u)\\ g_2(u)&=u\exp(-u^2/2)\\ g_3(u)&=u^3\end{aligned}\tag{13.64}$$

由式(13.63)，可得到一个不动点迭代公式

$$\begin{cases}\boldsymbol{w}=E[\boldsymbol{x}g(\boldsymbol{w}^{\mathrm{T}}\boldsymbol{x})]\\ \boldsymbol{w}=\boldsymbol{w}/\|\boldsymbol{w}\|\end{cases}\tag{13.65}$$

式(13.65)所定义的迭代，其鲁棒性并不理想，需要对其进行调整，根据拉格朗日条件，在约束条件 $E[(\boldsymbol{w}^{\mathrm{T}}\boldsymbol{x})^2]=\|\boldsymbol{w}\|=1$ 下，$E[G(\boldsymbol{w}^{\mathrm{T}}\boldsymbol{x})]$ 在下式的梯度为零点处得到

$$E[\boldsymbol{x}g(\boldsymbol{w}^{\mathrm{T}}\boldsymbol{x})]+\beta\boldsymbol{w}=0 \tag{13.66}$$

令 $\boldsymbol{F}=E[\boldsymbol{x}g(\boldsymbol{w}^{\mathrm{T}}\boldsymbol{x})]+\beta\boldsymbol{w}$，采用牛顿法求解式(13.66)方程，求得其梯度为

$$\frac{\partial \boldsymbol{F}}{\partial \boldsymbol{w}}=E[\boldsymbol{x}\boldsymbol{x}^{\mathrm{T}}g'(\boldsymbol{w}^{\mathrm{T}}\boldsymbol{x})]+\beta\boldsymbol{I} \tag{13.67}$$

式(13.67)中有求逆过程，为了简化迭代过程，令

$$E[\boldsymbol{x}\boldsymbol{x}^{\mathrm{T}}g'(\boldsymbol{w}^{\mathrm{T}}\boldsymbol{x})]\approx E[\boldsymbol{x}\boldsymbol{x}^{\mathrm{T}}]E[g'(\boldsymbol{w}^{\mathrm{T}}\boldsymbol{x})]=E[g'(\boldsymbol{w}^{\mathrm{T}}\boldsymbol{x})]\boldsymbol{I} \tag{13.68}$$

则可得到近似的牛顿迭代算法

$$\boldsymbol{w}=\boldsymbol{w}-\{E[\boldsymbol{x}g(\boldsymbol{w}^{\mathrm{T}}\boldsymbol{x})]+\beta\boldsymbol{w}\}/\{E[g'(\boldsymbol{w}^{\mathrm{T}}\boldsymbol{x})]+\beta\} \tag{13.69}$$

进一步简化式(13.69)，令两边同乘以 $\beta+E[g'(\boldsymbol{w}^{\mathrm{T}}\boldsymbol{x})]$，得到

$$\boldsymbol{w}=E[\boldsymbol{x}g(\boldsymbol{w}^{\mathrm{T}}\boldsymbol{x})]-E[g'(\boldsymbol{w}^{\mathrm{T}}\boldsymbol{x})]\boldsymbol{w} \tag{13.70}$$

则基于负熵的 FASTICA 算法的迭代公式为

$$\boldsymbol{w}(k)=E[\boldsymbol{x}g(\boldsymbol{w}(k-1)^{\mathrm{T}}\boldsymbol{x})]-E[g'(\boldsymbol{w}(k-1)^{\mathrm{T}}\boldsymbol{x})]\boldsymbol{w}(k-1) \tag{13.71}$$

2. 基于峰度的 FASTICA 算法

峰度是一种经典的非高斯性的度量方法，又称为四阶累积量，它的定义为

$$\mathrm{kurt}(S_i)=E[S_i^4]-3(E[S_i^2])^2 \tag{13.72}$$

它具有如下性质：

$$\begin{aligned}&\mathrm{kurt}(x_1+x_2)=\mathrm{kurt}(x_1)+\mathrm{kurt}(x_2)\\&\mathrm{kurt}(ax_1)=a^4\,\mathrm{kurt}(x_1)\end{aligned} \tag{13.73}$$

目标函数定义为

$$\mathrm{kurt}(\boldsymbol{w}^{\mathrm{T}}\hat{\boldsymbol{x}})=E[(\boldsymbol{w}^{\mathrm{T}}\hat{\boldsymbol{x}})^4]-3E[(\boldsymbol{w}^{\mathrm{T}}\hat{\boldsymbol{x}})^2]^2 \tag{13.74}$$

由于观察信号 $\hat{\boldsymbol{x}}$ 已经预白化，所以式(13.74)可简化为

$$\mathrm{kurt}(\boldsymbol{w}^{\mathrm{T}}\hat{\boldsymbol{x}})=E[(\boldsymbol{w}^{\mathrm{T}}\hat{\boldsymbol{x}})^4]-3\|\boldsymbol{w}\|^4 \tag{13.75}$$

对式(13.74)目标函数求梯度，得

$$\boldsymbol{w}=E[\hat{\boldsymbol{x}}(\boldsymbol{w}^{\mathrm{T}}\hat{x})^3]-3\|\boldsymbol{w}\|^2\boldsymbol{w} \tag{13.76}$$

考虑到约束条件 $\|\boldsymbol{w}\|=1$，算法的迭代公式为

$$\boldsymbol{w}(k)=E[\hat{\boldsymbol{x}}(\boldsymbol{w}(k-1)^{\mathrm{T}}\hat{\boldsymbol{x}})^3]-3\boldsymbol{w}(k-1) \tag{13.77}$$

其中，$\boldsymbol{w}(k)$为 k 次迭代后矩阵中与第 i 个源信号相对应的某一行向量，当相邻两次 $\boldsymbol{w}(k)$无变化或变化很小时，即可认为迭代过程结束。每次迭代后都要对 $\boldsymbol{w}(k)$进行归一化处理，即令 $\boldsymbol{w}(k)=\dfrac{\boldsymbol{w}(k)}{\|\boldsymbol{w}(k)\|}$，以确保分离的结果具有单位能量。

13.3 ICA 在语音信号处理中的应用及 MATLAB 实现

基于 ICA 的盲信号分离算法在语音信号处理领域中有着广泛的应用前景，本节主要介绍 INFORMAX算法和 FASTICA 算法在语音盲信号分离中的应用及其 MATLAB 实现。

13.3.1 INFORMAX 算法在语音盲信号分离中的应用及 MATLAB 实现

1. 算法步骤

根据 INFORMAX 算法的迭代公式，给出该算法的实现步骤：

① 初始化 $\boldsymbol{w}(0)$，选择函数 $g(u)$，设定 μ；

② 对观测信号去均值和白化；

③ 令 $w(k)=w(k-1)+\mu(I+\varphi)w(k-1)$；

④ 令 $w(k)=\dfrac{w(k)}{\| w(k) \|}$；

⑤ 若 $|w(k)^{T}w(k-1)|$ 收敛于1，停止迭代，输出矢量 $w(k)$，否则令 $k=k+1$，返回第③步，继续迭代。

2. 算法 MATLAB 实现

本实验选取 ICALAB for Signal Processing 提供的两个语音信号，如图 13.4(a)所示，语音信号采样频率 $f_s=8\text{kHz}$，数据长度 $M=5000$。原始语音信号经过随机混合矩阵混合后，得到混合语音信号如图 13.4(b)所示。对混合语音信号采用 INFORMAX 算法进行分离，INFORMAX 算法分离语音信号如图 13.4(c)所示。

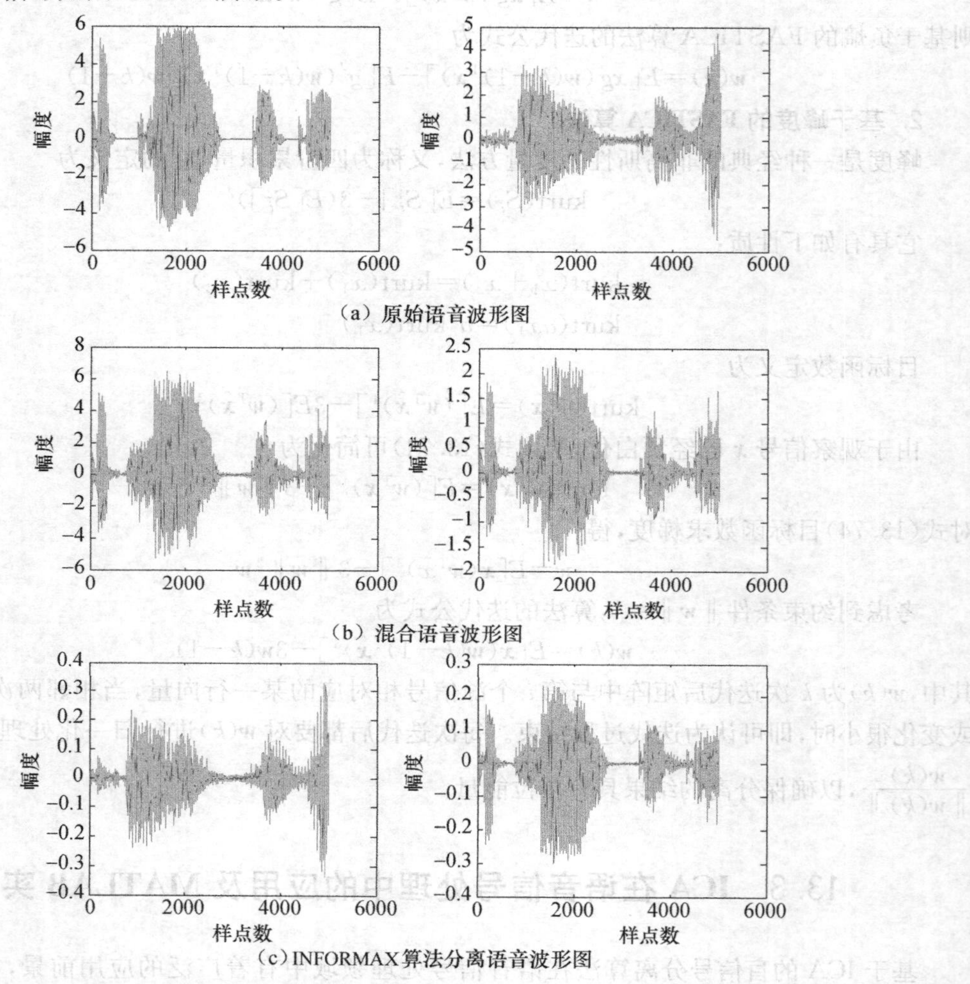

(a) 原始语音波形图

(b) 混合语音波形图

(c) INFORMAX 算法分离语音波形图

图 13.4 原始语音、混合语音及 INFORMAX 算法分离语音波形图

程序 13.2 为 INFORMAX 算法分离语音的 MATLAB 程序。

【程序 13.2】 INFORMAXspeech.m

```
%INFORMAX 算法分离混合语音
clear
load('E:\数据\Speech4.mat')                %加载语音
s1=Speech4(1,:);                            %第一个语音
```

```
s2=Speech4(3,:);                      %第二个语音
figure                                %第一个图形
subplot(121)                          %建立子图
plot(s1)                              %第一个语音波形图
xlabel('样点数')
ylabel('幅度')
subplot(122)                          %建立子图
plot(s2)                              %第二个语音波形图
xlabel('样点数')
ylabel('幅度')
s=[s1;s2];                            %将两个源信号放到一个矩阵中
aorig=rand(size(s,1));                %产生混合矩阵
mixedsig=aorig * s;                   %混合观测信号
ms1=mixedsig(1,:);
ms2=mixedsig(2,:);
figure                                %第二个图形
subplot(121)
plot(ms1)                             %第一个混合语音信号波形图
xlabel('样点数')
ylabel('幅度')
subplot(122)
plot(ms2)                             %第二个混合语音信号波形图
xlabel('样点数')
ylabel('幅度')
icasig=INFOMAXICA(mixedsig,0.0001,0.0001,1000)     %调用 FASTICA 函数
is1=icasig(1,:);
is2=icasig(2,:);
figure                                %第三个图形
subplot(121)
plot(is1)                             %第一个分离语音信号波形图
xlabel('样点数')
ylabel('幅度')
subplot(122)
plot(is2)                             %第二个分离语音信号波形图
xlabel('样点数')
ylabel('幅度')
```

其中,INFOMAXICA()为信息最大化算法函数,其 MATLAB 程序如下:

```
%INFOMAXICA.m
% INFOMAXICA 算法
function [unmixedsig,W,WQ]=INFOMAXICA(mixedsig,miu,error,Maxdiedaicishu)
%输入:mixedsig 为混合信号,miu 为学习率,error 为 W 的误差,Maxdiedaicishu 为最大迭代次数
%输出:W 为分离矩阵,unmixedsig 为分离出的信号,WQ 为解混矩阵
[mixedsig_white,Q]=whitening(mixedsig);  %调用 whitening 函数
X = mixedsig_white;                      %得到白化后语音信号
daxiao=size(X);                          %语音信号的个数
W=rand(daxiao(1),daxiao(1));             %产生初值
for k=1:daxiao(1)
    W(k,:)=W(k,:)/sum(W(k,:));           %归一化处理
end
%算法迭代
```

```
maxdiedaicishu=Maxdiedaicishu;                %最大迭代次数
diedaicishu=0;                                %迭代次数赋初值
Wold=W;
for i=1:maxdiedaicishu
    diedaicishu=diedaicishu+1;
    if diedaicishu>maxdiedaicishu
        break;
    end
    y=Wold*X;
    gy=1-2./(1+exp(-y));
    gyy=gy*y';
    Wzeng=miu*(eye(size(gyy))+gyy)*Wold;
      W=W+Wzeng;
        if sum(sum(abs(Wold-W)))<error
          Wold=W;
          break;
      end
      Wold=W;
end
  unmixedsig=W*Q*mixedsig;                    %恢复信号
    WQ=W*Q;                                   %解混矩阵
```

13.3.2 FASTICA 算法在语音盲信号分离中的应用及 MATLAB 实现

1. 算法步骤

根据迭代公式，可以得到 FASTICA 算法估计一个独立成分的实现步骤：

① 对数据 $\boldsymbol{x}$ 进行中心化和白化；

② 选择一个具有单位方差的初始权向量 $\boldsymbol{w}$；

③ 令 $\boldsymbol{w}(k)=E[\hat{\boldsymbol{x}}(\boldsymbol{w}(k-1)^{\mathrm{T}}\hat{\boldsymbol{x}})^3]-3\boldsymbol{w}(k-1)$；

④ 令 $\boldsymbol{w}=\boldsymbol{w}/\|\boldsymbol{w}\|$；

⑤ 判断是否收敛，若不收敛，返回第③步。

对于多个独立成分的估计，只需重复上面的几个步骤即可，为了确保每次估计的是不同的分量，需要在每次提取出一个分量后，在数据中去除已估计出来的独立成分，重复这个步骤，直到估计出所有的独立成分。

2. 算法 MATLAB 实现

本实验选取 ICALAB for Signal Processing 提供的两个语音信号，如图 13.5(a)所示，语音信号采样频率 $f_s=8\text{kHz}$，数据长度 $M=5000$。原始语音信号经过随机混合矩阵混合后，得到混合语音信号如图 13.5(b)所示。对混合语音信号采用 FASTICA 算法进行分离，FASTICA 算法分离语音信号如图 13.5(c)所示。

程序 13.3 为 FASTICA 算法分离语音的 MATLAB 程序。

【程序 13.3】 FASTICAspeech.m

```
%FASTICA 算法分离混合语音
clear
load('E:\数据\Speech4.mat')                   %加载语音
s1=Speech4(1,:);                              %第一个语音
s2=Speech4(2,:);                              %第二个语音
figure                                        %第一个图形
```

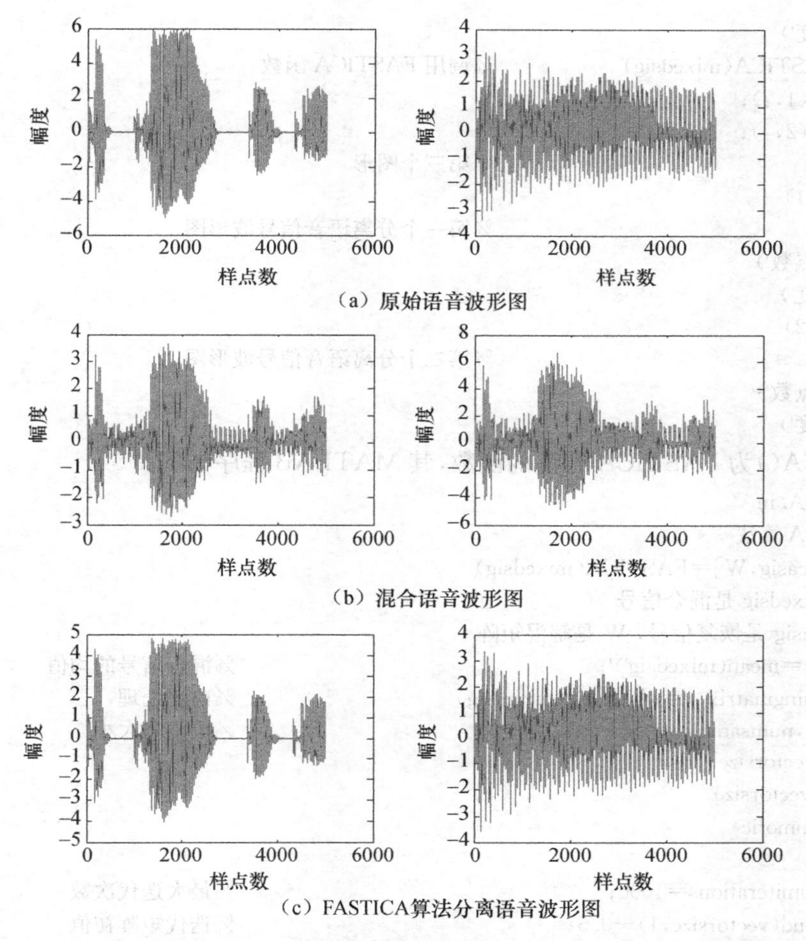

(a) 原始语音波形图

(b) 混合语音波形图

(c) FASTICA算法分离语音波形图

图 13.5 原始语音、混合语音及 FASTICA 算法分离语音波形图

```
subplot(121)                              %建立子图
plot(s1)                                  %第一个语音波形图
xlabel('样点数')
ylabel('幅度')
subplot(122)                              %建立子图
plot(s2)                                  %第二个语音波形图
xlabel('样点数')
ylabel('幅度')
s=[s1;s2];                                %将两个源信号放到一个矩阵中
aorig=rand(size(s,1));                    %产生混合矩阵
mixedsig=aorig * s;                       %混合观测信号
ms1=mixedsig(1,:);
ms2=mixedsig(2,:);
figure                                    %第二个图形
subplot(121)
plot(ms1)                                 %第一个混合语音信号波形图
xlabel('样点数')
ylabel('幅度')
subplot(122)
plot(ms2)                                 %第二个混合语音信号波形图
xlabel('样点数')
```

```
ylabel('幅度')
icasig=FASTICA(mixedsig)                %调用 FASTICA 函数
is1=icasig(1,:);
is2=icasig(2,:);
figure                                  %第三个图形
subplot(121)
plot(is1)                               %第一个分离语音信号波形图
xlabel('样点数')
ylabel('幅度')
subplot(122)
plot(is2)                               %第二个分离语音信号波形图
xlabel('样点数')
ylabel('幅度')
```

其中,FASTICA()为 FASTICA 算法的函数,其 MATLAB 程序如下:

```
%FASTICA.m
%FASTICA 算法
function [icasig,W]=FASTICA(mixedsig)
% 输入 mixedsig 是混合信号
% 输出 icasig 是恢复信号, W 是解混矩阵
mixedmean=mean(mixedsig')';                              %混合信号的均值
[x, whiteningmatrix ]=whitening(mixedsig)               %白化处理
[vectorsize,numsamples]=size(x);                        %矩阵的大小
b=zeros(vectorsize);
numofic=vectorsize
for r=1:numofic
    i=1;
    maxnumiterations=1000;                              %最大迭代次数
    w=rand(vectorsize,1)-0.5;                           %迭代矩阵初值
    w=w/norm(w);
    while i<=maxnumiterations+1
        w=w-b*b'*w;
        w=w/norm(w);
        w=(x*((x'*w).^3))/numsamples-3*w;
        w=w-w'*w*w;
        w=w/norm(w);
        i=i+1;
    end
W(r,:)=w'*whiteningmatrix;                              %解混矩阵
b(:,r)=w;
    end
icasig=W*mixedsig+(W*mixedmean)*ones(1,numsamples); %恢复源信号
```

习题 13

13.1 请给出 ICA 的数学模型。

13.2 ICA 用于盲信号分离的前提条件是什么?

13.3 ICA 的预处理包括哪些?白化的作用是什么?

13.4 ICA 的不确定性指的是什么?

13.5 给定一个随机向量 x,证明该随机向量仅存在一个对称半正定的白化矩阵。

13.6　ICA 的目标函数有哪些？它们之间有什么关系？

13.7　如何评价 ICA 的性能？

13.8　试编写 MATLAB 程序实现自然梯度算法，并用于语音盲信号分离。

13.9　峰度具有以下性质

$$\mathrm{kurt}(x_1+x_2)=\mathrm{kurt}(x_1)+\mathrm{kurt}(x_2)$$

$$\mathrm{kurt}(ax)=a^4\,\mathrm{kurt}(x)$$

请用下面两种方法证明该性质：

(1) 利用公式的代数运算。

(2) 利用累积量的一般性定义。

13.10　经典 ICA 的算法有哪些？

13.11　证明：若独立成分的概率密度为 p_i，并且有

$$g_i(s_i)=\frac{\partial}{\partial s_i}\log p_i(s_i)=\frac{p_i'(s_i)}{p_i(s_i)}$$

将独立成分估计 $y_i=\boldsymbol{w}_i^{\mathrm{T}}\boldsymbol{x}$ 的约束确定为不相关且具有单位方差，若该概率密度 p_i 对于所有的 i 满足下面的条件，那么极大似然估计器是局部一致的。

$$E\{s_i g_i(s_i)-g_i'(s_i)\}>0$$

13.12　假设数据服从 ICA 数据模型，并且能精确地计算其数学期望，在此假设条件下对 FASTICA 算法的收敛性进行证明。

第14章 语音质量评价和可懂度评价

14.1 语音质量与可懂度

质量只是语音信号众多属性当中的一个，可懂度是另一种属性，这两种属性并不等效。由于这个原因，就有了不同的评估方法用来估计语音的质量和可懂度。质量在本质上是高度主观的且很难被可靠地估计。部分原因是不同的测听者有着不同的自身标准，这就导致了测听者之间的评级得分的巨大差异。质量评价是估计说话人"如何"发出一段话语，并且得知一些诸如自然度、刺耳度和沙哑度等属性。质量拥有太多的属性以致不能一一列举，根据实际的目的我们只需要知道语音质量的几个属性。可懂度评价是估计说话人说了"什么"，比如说出的单词的意思或内容。不同于质量，语音可懂度不是主观的，并且通过向测听者展示语音材料(句子、单词等)和让他们分辨词汇可以很容易地被测量。通过计算单词和音素的正确识别数量可以量化可懂度。

我们还不能完全理解语音可懂度和语音质量的关系，部分原因是我们无法得知质量和可懂度在声学上的关系。语音可以被很好地理解，即使在质量很差的情况下。例如使用少量(3～6个)正弦波合成的语音和使用少量(4个)调制噪声频带合成的语音，正弦波语音给人的感觉是很机械的，但却有很高的可懂度。相反，有时语音有很好的质量，但却不能完全地被理解。例如，语音在IP(VoIP)网络中传输或者在传输过程中产生了大量的丢包。在接收端，由于某些词的丢失在语音感知时就产生了干扰，会降低语音的可懂度。然而，剩余的词的质量还是很好的。正如这些例子所阐释的，在估计语音质量和语音可懂度时需要不同的方法。

14.2 语音质量的主观评价方法

主观评价方法是基于一组测听者对原始语音与合成语音进行对比试听，然后根据某种事先规定好的尺度标准来对失真语音划分等级的，主要反映的是测听者主观上对语音质量或者可懂度的一种感知。主观评价分为语音质量的主观评价和语音可懂度的主观评价，常见的语音质量主观评价方法是平均意见得分MOS(Mean Opinion Score)。另外，还有判断满意度测量DAM(Diagnostic Acceptability Measure)，它是对语音质量，例如样本自身的感知质量、背景情况及其他因素进行的多维测量。

MOS是一个在电话网络中已经使用了数十年的测试，它用来得到用户对网络质量的观点和感受。从历史角度来看，MOS曾是一个主观的测量方法，测听者在一个安静的房间中对他们感知到的通话质量评分。ITU-T P.800建议说话者应该在30～120m^{3}的安静房间中发音，且回响时间要少于500ms，最好在200～300ms之间。测量IP语音(Voice over IP，VoIP)是更为客观的，它是基于IP网络的表现和性能的计算。ITU-T PESQ P.862标准定义这个计算。此外，由于手机制造业技术的进步，在VoIP网络中3.9分的MOS得分实际上要比以前的主观评分4.0以上的得分听起来好。

在多媒体(如音频、语音电话或者视频)中，尤其是当编解码器用于压缩带宽需求时，MOS产生一个感知质量的数值表示，该数值是来自用户对压缩或者传输之后接收到的媒体的感知。

MOS方法是对语音质量的整体满意度进行打分，采用5级评分标准，每个测听者从5个等级中根据自己对测试语音的感觉来选择相应的分数，然后根据所有测听者的平均得分便是被测语音的 MOS 评分。

MOS 测试需要经历两个阶段，即训练和估计。在训练阶段，测听者听取一系列的参考信号，比如高质量的、差的以及一些中间的判断类别。这一阶段是非常重要的，它能够规范所有测听者的质量评级主观范围。在估计阶段，对测试信号进行主观测听，并且为信号的质量评级。表 14.1给出了 MOS 得分标准与对应的语音质量级别。

表 14.1　MOS 得分标准

MOS 得分	质量级别	失真级别
5	优	不觉察
4	良	刚有觉察
3	中	有觉察且稍觉可厌
2	差	有明显觉察且可厌但可忍受
1	坏	不可忍受

MOS 得分中，质量等级优表示：测听语音与原始的纯净语音几乎没有区别，如果不进行详细的比对是感觉不到什么差别的；质量级别良表示：测听语音稍有失真，不刻意去听是感觉不到的；质量等级为中表示：测听语音有一些能够察觉的失真，但总体上还是可以听清楚语音的；质量级别差表示：测听语音与原始的纯净语音相比有相对较多的失真，测听者会感觉到疲劳；质量级别坏表示：测听的语音质量相当差，正常人无法忍受。

MOS 的方法又分为 3 种，即绝对等级评价 ACR(Absolute Category Rating)、失真等级评价 DCR(Degradation Category Rating)及相对等级评价 CCR(Comparison Category Rating)。ACR 主要是通过 MOS 对语音质量进行主观评价。这时，测听者在没有参考语音的情况下听失真语音，之后对该语音进行 1～5 分的评分。由于不需要参考语音，所以 ACR 评价方法相对灵活。但是因为人对不同的声音有着不同的喜好，以至于这种灵活性产生了不公平性。DCR 主要是通过失真平均意见评分 DMOS(Degradation Mean Opinion Score)来实现对语音质量的主观评价。该方法需要测听者对失真语音评分前就已经熟悉了参考语音，然后再将失真语音与参考语音之间的差异通过一定的标准描述出来。DCR 一般在汽车噪声、街道噪声或者其他说话人干扰等噪声背景下评价语音质量。噪声的数量与类型将直接影响着失真等级的评定。CCR 方法在对语音进行主观评价时，一般采用相对平均意见评分 CMOS(Comparison Mean Opinion Score)。CCR 与 DCR 类似，但不同的是，CCR 方法是随机播放参考语音和失真语音的，以至于测听者无法辨别参考语音和失真语音。测听者只能基于上一个语音来评定当前语音的优劣。CCR 方法允许处理后的语音即失真语音有高于参考语音的评价。因此，它能够对具有语音增强功能及噪声抑制功能的编码器进行评价，也能够对两种未知编码器性能的好坏进行比较。其中，ACR 评价方法目前被 ITU 采用于主观评价标准中且在国内外得到了广泛的使用。

压缩和解压系统数字信号处理通常用于语音通信当中，并且可以配置节约带宽。但是在语音质量和带宽节约之间存在一个权衡的关系。最好的编解码器要最好的节约带宽，同时产生最少的语音质量的下降。带宽可以定量测量，虽然语音质量的估计可以通过测试系统测量，但是语音质量却需要去解释。表 14.2 是不同编解码器的平均意见得分。

表 14.2 不同编解码器的平均意见得分

编解码器	数据速率(kbit/s)	平均意见得分(MOS)
G.723.1 r53	5.3	3.65
G.723.1 r63	6.3	3.9
G.729a	8	3.7
G.729	8	3.92
GSM FR	12.2	3.5
GSM EFR	12.2	3.8
AMR	12.2	4.14
iLBC	15.2	4.14
G.728	16	3.61
G.726 ADPCM	32	3.85
G.711 (ISDN)	64	4.1

当计划一个 VoIP 的部署时需要考虑的一个因素是:特定编码器的 MOS 与带宽的关系。例如,G.711,数据速率是 64kbit/s,达到了最大的 MOS 得分 4.1,然而 G.729,数据速率只有 8kbit/s,MOS 得分却达到了 3.9。比起 G.711,G.729 被压缩了八倍之多,然而语音质量仍很好。

14.3 语音可懂度的主观评价方法

常见的语音可懂度主观评价方法是判断韵字测试 DRT(Diagnostic Rhyme Test),此外还有的方法是按照听懂的单词占所有单词的个数来计算的,比如 100 个单词听懂了 75 个,则主观可懂度为 0.75 或者 75%。可懂度是语音信号的一个重要属性。发展和设计一个可靠并且有效的语音可懂度测试并不像想象的那么简单,因为需要考虑几个因素。

(1) 所有主要的语音音素都要有好的表现

所有的或者几乎所有的基础语音音素都应该在测试项目列表中表示出来。在理想的情况下,测试项目中的音素发生的相对频率应该反映通信语音中的音素分布。这种需求就确保可懂度测试将会产生一个得分来反映实际的通信情况。它解决的是有效性问题。

(2) 测试列表应具有相等的难度

为了广泛的测试,尤其是在几种算法都需要在不同的条件下测试的情况下,这就需要大量的测试列表。防止测听者在某种程度上"学习"或者记忆语音材料或者语音材料的呈现顺序时是很有必要的。一个测试列表可能包括 10 个句子或者 50 个单音节的词,需要多个测试列表。测试材料应该分组到这些测试列表当中,每一个测试列表应该具有相等的识别难度。

(3) 上下文信息的控制

众所周知,放在句子中的单词比起孤立的单词有更高的可懂度。这是因为当测听者辨别句子中的单词时可以根据上下文的信息。没有必要识别句子中所有的词来得知意思。人类测听者可以使用有关语言的高级知识(比如语义、语用学、语法等)来填补这些"空"。对于句子而言,为了使每一个列表都有相同的可懂度,控制每一个列表中的上下文信息是很有必要的。

许多语音测试都是基于不同的语音材料,这些测试通常分为 3 种类别,而这 3 种类别是根据语音材料的选择而划分的:①识别音节组成的毫无意义的语音组合,例如"apa""aka";②识别以孤立方式(脱离上下文)表示的单一意思的词(例如"bar""pile")或者以连接词格式表示的词;③识别单词之间包含所有上下文信息的有意义的句子。每一个测试都有其优点和缺点,这取决于应用。

在大部分的测试(无意义音节测试、单词测试和句子测试)中,语音可懂度被量化为一系列能够被正确识别的单词或者音节的百分比。百分比可懂度通常被用于估计固定的语音或噪声等级。然而,这样的可懂度评价方法从本质上是被地板效应或者天花板效应所局限的。例如,假如估计被两个不同算法增强的语音的可懂度,我们得到的两种算法的百分比得分都在90%以上,但却没有办法得知究竟是哪一种算法更好,这便是天花板效应。因此,在一些情况下估计语音可懂度需要的是一种不同的且更可靠的评价方法,这种方法对于语音或者噪声等级是不敏感的且不受地板效应和天花板效应的影响。

语音接受阈 SRT(Speech Reception Threshold)在测量语音可懂度方面可以被用于替代百分比得分。无论在安静环境下还是噪声环境下都可以测量出 SRT。在安静环境下,SRT 被定义为表示等级或者强度等级,此时测听者识别单词的准确率是50%。通过在从低到高的不同的强度等级的语音材料的表示和强度表现图可以得到 SRT。在强度表现图中,我们规定50%这个点对应着 SRT。

当在噪声环境下,SRT 被定义为信噪(S/N)等级,此时测听者识别单词的准确率是50%。通过从消极信噪等级(如-10dB S/N)到积极信噪等级(如10dB S/N)的不同信噪等级语音的表示和得到一个信噪等级表示图可以得到 SRT。从这个图中,我们也规定50%点处对应其 SRT。显然,小的消极的信噪等级值意味着表现差,而大的积极的信噪等级值则意味着表现好。信噪表现函数是S形单调递增的,如图14.1所示。

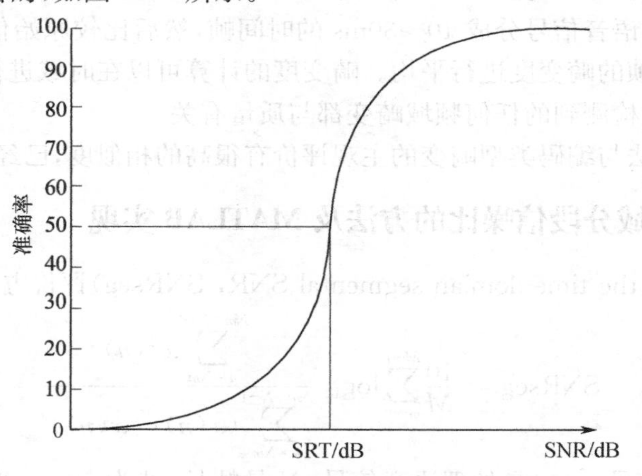

图14.1　典型信噪表现函数图

SRT 的测量需要估计强度表现函数。然而,由于在不同的强度等级和信噪等级需要不断重复地做测试,这就需要耗费大量的时间才能获得强度表现函数和信噪表现函数。此外,为了得到50%点,信噪等级的范围仍是不清楚的。这就需要一个更实际更有效的方法来获得到 SRT。幸运的是,存在这样一个算法且它是基于自适应心理物理程序。

这个程序是自适应的,它会根据测听者的反应系统地调节信噪等级或者安静条件下的强度等级。该程序也被称为 up-down 程序。语音材料最初是在高信噪等级条件下被提出的。如果测听者能够准确地识别出给出的单词,那么信噪等级就会减少一个固定的数值(即2dB),直到测听者不再识别出给出的单词。然后,信噪等级会增加相同的数值直到测听者不再识别出单词。这个过程的不断进行需要大量的实验跟踪信噪等级的改变。信噪等级从增加到减少或者从高到低的变化、从减少到增加的变化被称为反转。最初的两个反转通常被忽略，以减少最初点的偏差。最后 8 个反转的中间点做平均就得到了 SRT。除了改变信噪等级，同样的程序可以用来得到安静环境下的 SRT，我们系统地改变了声音强度等级。信噪等级或者强度等级增加还是减少的那个量称为步长，它需要仔细地选择。选择步长过大可能会使数据错误地置于相对于 50%点的位置；步长太小又需要较长的时间来汇集数据。固定的步长(2～4dB)被认为是较好的。

DRT 得分方法是广泛地用来估计语音可懂度的一种测试方法。DRT 测试中韵词的选择不仅是首个不同的辅音，而且还有首个音素的不同的独特性质。大量的实验表明 DRT 测试是可靠的，当测听人数在 8～10 人时，DRT 总的得分标准误差大约是 1%。DRT 也对多种形式的信号退化很敏感，包括噪声掩蔽。一般情况下，DRT 得分在 95%以上被认为其语音可懂度为优，得分在 85%～94%为良，得分在 75%～84%为中，得分在 65%～75%为差，而得分在 65%以下则认为可懂度坏得无法接受。

14.4 语音质量客观评价方法

语音质量的主观评价提供了对语音的可靠评价指标。然而，这些方法费时，同时需要对听者进行训练。基于这些原因，一些研究人员开始探求客观的评价方法。理想情况下，客观评价算法需要在没有原始语音的情况下对语音进行评价。需要结合不同的处理过程的知识，包括低层处理和高层处理。理想的方法所得到的评价结果应与主观评价相一致。

现有的评价方法局限于要知道原始的语音信号，并且多数只能模拟低层的处理过程。尽管有这些局限性，一些评价方法与主观评价有很高的相似度。

在实现时，首先将语音信号分成 10～30ms 的时间帧，然后比较原始信号与处理信号之间的畸变度。将所有语音帧的畸变度进行平均。畸变度的计算可以在时域进行，也可以在频域进行。对于频域的方法，假设检测到的任何频域畸变都与质量有关。

一些客观评价方法与编码类型畸变的主观评价有很高的相似度，已经应用在编码领域。

14.4.1 时域和频域分段信噪比的方法及 MATLAB 实现

时域分段信噪比(the time-domian segmental SNR, SNRseg)评价方法计算如下

$$\text{SNRseg} = \frac{10}{M}\sum_{m=0}^{M-1}\log_{10}\frac{\sum_{n=Nm}^{Nm+N-1}x^2(n)}{\sum_{n=Nm}^{Nm+N-1}(x(n)-\hat{x}(n))^2} \tag{14.1}$$

式中，$x(n)$纯净语音信号，$\hat{x}(n)$是处理语音信号，N 是帧长(选为 30ms，当采样率为 8kbit/s 时，采样点数为 240)，M 是信号的帧数。该方法存在的问题之一是在语音信号的静音期，原始信号的能量非常小，使时域分段信噪比产生大的负值，使整个的测量结果产生偏差。所采用的补救方法是通过去除掉静音帧或在计算均值时，只考虑 SNRseg 在[−10,35]dB 范围内的帧。

加权频带分段信噪比(the frequency-weighted segmental SNR, fwSNRseg)计算如下

$$\text{fwSNRseg} = \frac{10}{M}\sum_{m=0}^{M-1}\frac{\sum_{j=1}^{N}w(j,m)\log_{10}\dfrac{x(j,m)^2}{(x(j,m)-\hat{X}(j,m))^2}}{\sum_{j=1}^{N}W(j,m)} \tag{14.2}$$

式中，$W(j,m)$是第 j 个频带的权重，K 是频带数，M 是信号的总的帧数，$X(j,m)$是第 m 帧中第 j 个频带的纯净信号的临界频带大小(激励谱)，$\hat{X}(j,m)$是相同频带中的处理信号相应的频谱绝

对值。式(14.2)分子中的信噪比项被限定在[－10,35]dB。为了估计动态范围的影响,也可以限定SNR范围为[－15,20]、[－15,25]、[－15,30]、[－15,35]dB。选择[－10,35]dB有两个原因:①为了方便地比较前面的SNRseg方法,需要限定相同的范围;②选择这一范围是为了与一些研究中的语音的动态范围往往超过30dB相一致。程序14.1是频域加权分段信噪比方法的MATLAB代码。

【程序14.1】 FrequencyWeightedSNRseg.m

```
functionfwseg_dist=FrequencyWeightedSNRseg(cleanFile, enhancedFile);
%---------------------------------------------------------------------------
% 此函数实现式(14.2)中的加权频带分段信噪比的语音质量评价算法
% 首先将信号通过临界频带滤波器,将语音分为13个或25个频带,
%计算每个频带的信噪比。在对没个频带的信噪比加权和归一化
%    权值 W=[0.0030.0030.0030.0070.0100.0160.0160.0170.0170.022
%    0.0270.0280.0300.0320.0340.0350.0370.0360.0360.0330.0300.0290.0270.0260.026 ]
%
%  使用方法:  fwSNRseg=FrequencyWeightedSNRseg(cleanFile.wav, enhancedFile.wav)
%          cleanFile.wav - clean input file in .wav format
%          enhancedFile  - enhanced output file in .wav format
%          fwSNRseg         - computed frequency weighted SNRseg in dB
%          Note that large numbers of fwSNRseg are better.
%  调用例子:  fwSNRseg =FrequencyWeightedSNRseg('clean.wav','enhanced.wav')
%---------------------------------------------------------------------------
ifnargin~=2
fprintf('USAGE: fwSNRseg=FrequencyWeightedSNRseg  (cleanFile.wav, enhancedFile.wav)\n');
fprintf('For more help, type: FrequencyWeightedSNRseg\n\n');
return;
end
[data1, Srate1, Nbits1]= wavread(cleanFile);
[data2, Srate2, Nbits2]= wavread(enhancedFile);
if ( Srate1~= Srate2) | ( Nbits1~= Nbits2)
    error( '清晰语音和增强语音的长度必须一致! \n');
end
len= min( length( data1), length( data2));
data1= data1( 1: len)+eps;
data2= data2( 1: len)+eps;
wss_dist_vec= fwseg( data1, data2,Srate1);
fwseg_dist=mean(wss_dist_vec);
%---------------------------------------------------------------------------
function distortion = fwseg(clean_speech, processed_speech,sample_rate)
%---------------------------------------------------------------------------
% 检查清晰语音和增强语音的长度是否一致.
%---------------------------------------------------------------------------
clean_length        = length(clean_speech);
processed_length    = length(processed_speech);
if (clean_length ~= processed_length)
disp('错误: 清晰语音和增强语音的长度必须一致.');
return
end
winlength     = round(30 * sample_rate/1000);          %以采样点数表示的窗长
skiprate      = floor(winlength/4);                    %以采样点数表示的窗移
```

```
max_freq      = sample_rate/2;                          %最大带宽
num_crit      = 25;                                     %临界带数量
USE_25=1;
n_fft         = 2^nextpow2(2 * winlength);
n_fftby2      = n_fft/2;                                % FFT size/2
gamma=0.2;
% ---------------------------------------------------------------
%定义临界带滤波（中心频率和带宽以 Hz 表示）
% ---------------------------------------------------------------
cent_freq(1)  = 50.0000;    bandwidth(1)   = 70.0000;
cent_freq(2)  = 120.000;    bandwidth(2)   = 70.0000;
cent_freq(3)  = 190.000;    bandwidth(3)   = 70.0000;
cent_freq(4)  = 260.000;    bandwidth(4)   = 70.0000;
cent_freq(5)  = 330.000;    bandwidth(5)   = 70.0000;
cent_freq(6)  = 400.000;    bandwidth(6)   = 70.0000;
cent_freq(7)  = 470.000;    bandwidth(7)   = 70.0000;
cent_freq(8)  = 540.000;    bandwidth(8)   = 77.3724;
cent_freq(9)  = 617.372;    bandwidth(9)   = 86.0056;
cent_freq(10) = 703.378;    bandwidth(10) = 95.3398;
cent_freq(11) = 798.717;    bandwidth(11) = 105.411;
cent_freq(12) = 904.128;    bandwidth(12) = 116.256;
cent_freq(13) = 1020.38;    bandwidth(13) = 127.914;
cent_freq(14) = 1148.30;    bandwidth(14) = 140.423;
cent_freq(15) = 1288.72;    bandwidth(15) = 153.823;
cent_freq(16) = 1442.54;    bandwidth(16) = 168.154;
cent_freq(17) = 1610.70;    bandwidth(17) = 183.457;
cent_freq(18) = 1794.16;    bandwidth(18) = 199.776;
cent_freq(19) = 1993.93;    bandwidth(19) = 217.153;
cent_freq(20) = 2211.08;    bandwidth(20) = 235.631;
cent_freq(21) = 2446.71;    bandwidth(21) = 255.255;
cent_freq(22) = 2701.97;    bandwidth(22) = 276.072;
cent_freq(23) = 2978.04;    bandwidth(23) = 298.126;
cent_freq(24) = 3276.17;    bandwidth(24) = 321.465;
cent_freq(25) = 3597.63;    bandwidth(25) = 346.136;
W=[   %声学指数权值
0.0030.0030.0030.0070.0100.0160.0160.0170.0170.0220.0270.0280.0300.0320.0340.0350.0370.
0360.0360.0330.0300.0290.0270.0260.026];
if USE_25==0                                            %使用 13 个频带
   % ----- 将临界频带连在一起----------------
   k=2;
   cent_freq2(1)=cent_freq(1);
bandwidth2(1)=bandwidth(1)+bandwidth(2);
W2(1)=W(1);
for i=2:13
        cent_freq2(i)=cent_freq2(i-1)+bandwidth2(i-1);
bandwidth2(i)=bandwidth(k)+bandwidth(k+1);
W2(i)=0.5*(W(k)+W(k+1));
        k=k+2;
end
sumW=sum(W2);
bw_min        = bandwidth2 (1);                         %最小临界带数
```

```
else
sumW=sum(W);
bw_min=bandwidth(1);
end
% ---------------------------------------------------------------------
% 设置临界带滤波。这里使用的是高斯滤波。同时，
% 每个临界带滤波权重的和相同。小于-30dB的滤波设置为零
% ---------------------------------------------------------------------
min_factor = exp (-30.0 / (2.0 * 2.303));  %-30dB滤波点
if USE_25==0
num_crit=length(cent_freq2);
for i = 1:num_crit
        f0 = (cent_freq2 (i) / max_freq) * (n_fftby2);
        all_f0(i) = floor(f0);
bw = (bandwidth2 (i) / max_freq) * (n_fftby2);
norm_factor = log(bw_min) - log(bandwidth2(i));
        j = 0:1:n_fftby2-1;
crit_filter(i,:) = exp (-11 *(((j - floor(f0)) ./bw).^2) + norm_factor);
crit_filter(i,:) = crit_filter(i,:).*(crit_filter(i,:) >min_factor);
end
else
for i = 1:num_crit
        f0 = (cent_freq (i) / max_freq) * (n_fftby2);
        all_f0(i) = floor(f0);
bw= (bandwidth (i) / max_freq) * (n_fftby2);
norm_factor = log(bw_min) - log(bandwidth(i));
        j = 0:1:n_fftby2-1;
crit_filter(i,:) = exp (-11 *(((j - floor(f0)) ./bw).^2) + norm_factor);
crit_filter(i,:) = crit_filter(i,:).*(crit_filter(i,:) >min_factor);
end
end
num_frames = clean_length/skiprate-(winlength/skiprate); %帧数
start       = 1;                                            % 起始点
window      = 0.5*(1 - cos(2*pi*(1:winlength)'/(winlength+1)));
forframe_count = 1:num_frames
   % ---------------------------------------------------------------------
   % (1) 得到加窗的清晰和增强语音帧
   % ---------------------------------------------------------------------
clean_frame = clean_speech(start:start+winlength-1);
processed_frame = processed_speech(start:start+winlength-1);
clean_frame = clean_frame.*window;
processed_frame = processed_frame.*window;
   % ---------------------------------------------------------------------
   % (2) 计算清晰和增强语音帧的频谱
   % ---------------------------------------------------------------------
clean_spec      = abs(fft(clean_frame,n_fft));
processed_spec = abs(fft(processed_frame,n_fft));
    % normalize spectra to have area of one
    %
clean_spec=clean_spec/sum(clean_spec(1:n_fftby2));
processed_spec=processed_spec/sum(processed_spec(1:n_fftby2));
```

```
%-----------------------------------------------------------------------------------------
% (3) 计算滤波带输出能量
%-----------------------------------------------------------------------------------------
clean_energy=zeros(1,num_crit);
processed_energy=zeros(1,num_crit);
error_energy=zeros(1,num_crit);
W_freq=zeros(1,num_crit);
for i = 1:num_crit
clean_energy(i) = sum(clean_spec(1:n_fftby2) ...
    .* crit_filter(i,:)');
processed_energy(i) = sum(processed_spec(1:n_fftby2) ...
    .* crit_filter(i,:)');
error_energy(i)=max((clean_energy(i)-processed_energy(i))^2,eps);
W_freq(i)=(clean_energy(i))^gamma;
end
SNRlog=10*log10((clean_energy.^2)./error_energy);
fwSNR=sum(W_freq.*SNRlog)/sum(W_freq);        %Eq.(14-2)
distortion(frame_count)=min(max(fwSNR,-10),35);
start = start + skiprate;
end
```

14.4.2 基于 LPC 客观评价方法及 MATLAB 实现

在大多数情况下,基于线性预测编码(Linear Predictive Coding,LPC)客观评价方法估计原输入信号与处理信号之间的谱包络差异。有 3 种不同的基于 LPC 的客观评价方法:对数似然估计比(the Log Likelihood Ratio, LLR)、the Itakura-Saito(IS)和倒谱距离(the CEPstrum distance,CEP)评价方法。这 3 种方法都是估计纯净信号和处理信号的谱包络之间的差异,且都是通过 LPC 模型计算的。LLR 评价方法定义如下

$$d_{\mathrm{LLR}}(\boldsymbol{a}_p,\boldsymbol{a}_c)=\log\left(\frac{\boldsymbol{a}_p\boldsymbol{R}_c\boldsymbol{a}_p^{\mathrm{T}}}{\boldsymbol{a}_c\boldsymbol{R}_c\boldsymbol{a}_c^{\mathrm{T}}}\right) \tag{14.3}$$

其中,$\boldsymbol{a}_c$ 是纯净语音信号的 LPC 向量,$\boldsymbol{a}_p$ 是处理语音信号的 LPC 向量,$\boldsymbol{R}_c$ 是纯净语音信号的自相关矩阵。只有最小的 95%的帧 LLR 值被用来计算平均 LLR 值。分段的 LLR 值被限制在[0,2]之间以进一步减小离群值。

IS 评价方法定义为

$$d_{\mathrm{IS}}(\boldsymbol{a}_p,\boldsymbol{a}_c)=\frac{\sigma_c^2}{\sigma_p^2}\left(\frac{\boldsymbol{a}_p\boldsymbol{R}_c\boldsymbol{a}_p^{\mathrm{T}}}{\boldsymbol{a}_c\boldsymbol{R}_c\boldsymbol{a}_c^{\mathrm{T}}}\right)+\log\left(\frac{\sigma_c^2}{\sigma_p^2}\right)-1 \tag{14.4}$$

其中,σ_c^2 和 σ_p^2 分别是纯净信号和处理信号的 LPC 增益。IS 值被限制在[0,100]之间以减小离群值。

倒谱距离评价方法是估计两个谱之间的对数谱距离,且计算为

$$d_{\mathrm{CEP}}(\boldsymbol{c}_c,\boldsymbol{c}_p)=\frac{10}{\log_{10}}\sqrt{2\sum_{R=1}^{p}[c_c(k)-c_p(k)]^2} \tag{14.5}$$

其中,$\boldsymbol{c}_c$ 和 $\boldsymbol{c}_p$ 分别是纯净语音信号和处理语音信号的倒谱系数向量。倒谱距离被限制在[0,10]的范围内以减小离散值。

程序 14.2 是基于 LLR 的可懂度客观评价方法的 MATLAB 实现。

【程序 14.2】 LLR.m

```
functionllr_mean=LLR(cleanFile, enhancedFile);
```

```
% ------------------------------------------------------------------------
%  此函数实现式(14.3)所示的基于LLR的可懂度客观评价方法
%   使用方法： llr= LLR (cleanFile.wav, enhancedFile.wav)
%           cleanFile.wav - clean input file in .wav format
%           enhancedFile   - enhanced output file in .wav format
%           llr            - computed likelihood ratio
%           注意LLR方法的输出值限制在[0, 2].
%  调用例子： llr = LLR ('clean.wav','enhanced.wav')
% ------------------------------------------------------------------------
ifnargin~=2
fprintf('USAGE: llr= LLR (cleanFile.wav, enhancedFile.wav)\n');
fprintf('For more help, type: help LLR\n\n');
return;
end
alpha=0.95;
[data1, Srate1, Nbits1]= wavread(cleanFile);
[data2, Srate2, Nbits2]= wavread(enhancedFile);
if ( Srate1~= Srate2) | ( Nbits1~= Nbits2)
error( 'The two files do not match! \n');
end
len= min( length( data1), length( data2));
data1= data1( 1: len)+eps;
data2= data2( 1: len)+eps;
IS_dist= llr( data1, data2,Srate1);
IS_len= round( length( IS_dist) * alpha);
IS= sort(IS_dist);
llr_mean= mean( IS( 1: IS_len));
function distortion = llr(clean_speech, processed_speech,sample_rate)
% ------------------------------------------------------------------------
%检查清晰语音和增强语音的长度是否一致.
% ------------------------------------------------------------------------
clean_length       = length(clean_speech);
processed_length   = length(processed_speech);
if (clean_length ~= processed_length)
disp('Error: Both Speech Files must be same length.');
return
end
winlength    = round(30 * sample_rate/1000); %240;          % 以采样点数表示的窗长
skiprate     = floor(winlength/4);                           % 以采样点数表示的窗移
ifsample_rate<10000
   P          = 10;                                          % LPC 阶数
else
   P=16;                                                     % 依据采样频率变化
end
% ------------------------------------------------------------------------
% 对每一帧输入语音,计算LLR
% ------------------------------------------------------------------------
num_frames = clean_length/skiprate-(winlength/skiprate);     %帧数
start       = 1;                                             %起始采样点
window      = 0.5 * (1 - cos(2 * pi * (1:winlength)'/(winlength+1)));
forframe_count = 1:num_frames
```

```
    % --------------------------------------------------------------------
    % (1) 得到加窗的清晰语音和增强语音
    % --------------------------------------------------------------------
clean_frame = clean_speech(start:start+winlength-1);
processed_frame = processed_speech(start:start+winlength-1);
clean_frame = clean_frame. * window;
processed_frame = processed_frame. * window;
    % --------------------------------------------------------------------
    % (2) 计算自相关和 LPC 系数
    % --------------------------------------------------------------------
    [R_clean, Ref_clean, A_clean] = ...
lpcoeff(clean_frame, P);
    [R_processed, Ref_processed, A_processed] = ...
lpcoeff(processed_frame, P);
    % --------------------------------------------------------------------
    % (3) 基于自相关和 LPC 系数计算 LLR
    % --------------------------------------------------------------------
numerator     = A_processed * toeplitz(R_clean) * A_processed';
denominator = A_clean * toeplitz(R_clean) * A_clean';
distortion(frame_count) = min(2,log(numerator/denominator));
start = start + skiprate;
end
function [acorr, refcoeff, lpparams] = lpcoeff(speech_frame, model_order)
    % --------------------------------------------------------------------
    % (1) 计算自相关
    % --------------------------------------------------------------------
winlength = max(size(speech_frame));
for k=1:model_order+1
R(k) = sum(speech_frame(1:winlength-k+1) ...
            . * speech_frame(k:winlength));
end
    % --------------------------------------------------------------------
    % (2)杜宾递推
    % --------------------------------------------------------------------
    a = ones(1,model_order);
E(1)=R(1);
for i=1:model_order
a_past(1:i-1) = a(1:i-1);
sum_term = sum(a_past(1:i-1). * R(i:-1:2));
rcoeff(i)=(R(i+1) - sum_term) / E(i);
a(i)=rcoeff(i);
a(1:i-1) = a_past(1:i-1) - rcoeff(i). * a_past(i-1:-1:1);
E(i+1)=(1-rcoeff(i) * rcoeff(i)) * E(i);
end
acorr     = R;
refcoeff = rcoeff;
lpparams = [1 -a];
```

14.4.3 语音质量的感知评价方法(PESQ)及 MATLAB 实现

20 世纪 90 年代中后期,在感知模型基础上针对之前一些方法对传输情况评价不准确的现象，ITU 发起了一场语音评价方法的竞赛，ITU 在 2001 年采用了 PAMS 的延时校准方法及 PSQM99 的感知模型，最后形成了 PESQ 方法。在众多的客观评价方法中，PESQ 是在计算上最为复杂的。其计算如下：原始的纯信号和退化信号首先被置于相同的标准测听等级且经过一个滤波器的滤波，这些信号因为时间延迟要进行时间校准，然后通过一个听觉转换器的处理得到响度谱。原始信号和退化信号在响度上的差别通过时间和频率的计算和平均可以产生主观质量评级预测。PESQ 产生一个 1.0～4.5 的得分，得分越高表示质量越好。来自互联网语音协议的应用中，大量的测试条件通过使用 PESQ 评价方法与主观测听测试达到了极高的相关度（$r>0.92$）。PESQ 评价方法的结构如图 14.2 所示。

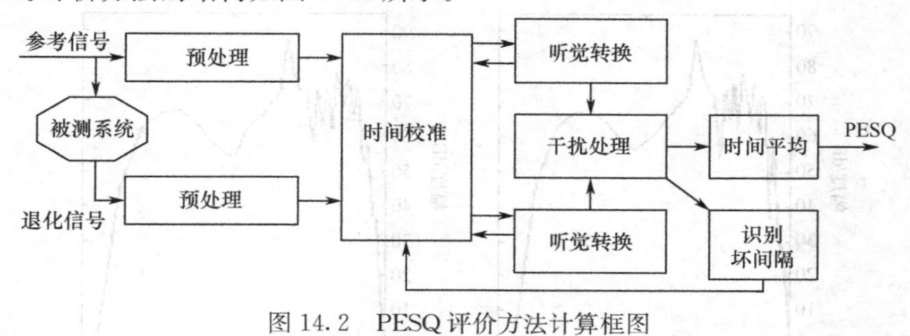

图 14.2　PESQ 评价方法计算框图

下面分别介绍各个模块的功能。

1. 预处理

由于事先并不知道测试系统的增益，因电话类型不同而有不同的增益，因此有必要将原始信号和下降信号调整到一个标准的听力水平。增益根据带通信号的均方根值来计算，将这一增益用于原始信号和下降信号，即将这一信号乘以一个比例值。

2. 时间校准

时间校准模块通过适当的延迟，使送入感知模块的原始信号与下降信号对齐。

延迟的粗略估计：以 4ms 的分辨率计算原始信号和下降信号包络的自相关。信号的包络基于归一化的帧能量值，由下式计算：$\log(\max(E_k/\mathrm{ET},1))$，其中 E_k 是 4ms 帧 k 的能量，ET 是由语音活动检测决定的门限。

话语分片和对齐：估计的延迟用于将原始信号分成一些子片断，称为话语。进一步的精准用以下两步完成：

① 基于包络的延迟估计；

② 64ms 的时长进行相关计算，最大的相关值的位置决定了延迟。

3. 感知模型

图 14.2 中的听觉转换将信号经过一系列的变换，变为感知的响度，响度谱的计算步骤如下：

① Bark 谱的估计。

② 基于 32ms 的汉明窗计算其 FFT，据此计算其功率谱。

③ 将 Bark 频带的功率谱相加，得到其 Bark 谱的估计。

④ 频率均衡，为了补偿滤波效果，需计算平均的 Bark 谱与原始的 Bark 谱的比值，然后将原始的 Bark 谱乘以这一比值，并限制在[－20,20]dB 的范围。

⑤ 增益均衡。为了补偿短时增益的变化，需要计算原始信号与下降信号听觉能量的比值。所谓的听觉能量是指在 Bark 域中，只有当能量高于某个听觉阈值才包括在计算中，即只包括能听见的部分。该比值被限制在某个区间，并由一个一阶的低通滤波进行平滑 $H(z)=0.8+0.2\cdot z^{-1}$。下降的信号要乘以这个因子。

⑥ 响度谱的计算。经过滤波补偿和短时增益补偿，原始和下降的 Bark 谱分别按照下式的 Zwicker 定律，变换到一个响度尺度

$$S(b)=S_1*\left[\frac{p_0(b)}{0.5}\right]^{\gamma}*\left[\left[0.5+0.5*\frac{B_x'(b)}{p_0(b)}\right]^{\gamma}-1\right] \tag{14.6}$$

其中，S_1 是响度比例因子，$p_0(b)$ 是 Bark 域 b 的绝对听觉域值，$B_x'(b)$ 中 Bark 谱的频率补偿，指数 γ 当 $b\geqslant 4$ 时为 0.23，当 $b<4$ 时略有提高。下降信号的响度谱记为 $\overline{S}(b)$，也用类似的方法计算，其中 $B_x'(b)$ 是下降信号 Bark 谱的频率补偿。

图 14.3 和图 14.4 表示响度谱计算过程中的两个阶段。

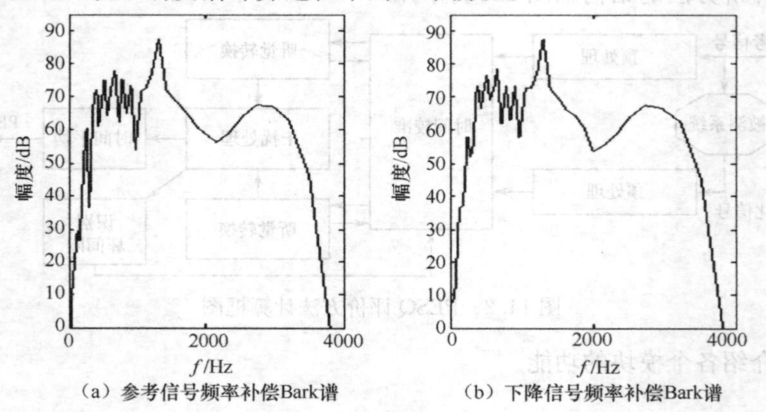

图 14.3　经频率补偿后修正的 Bark 谱

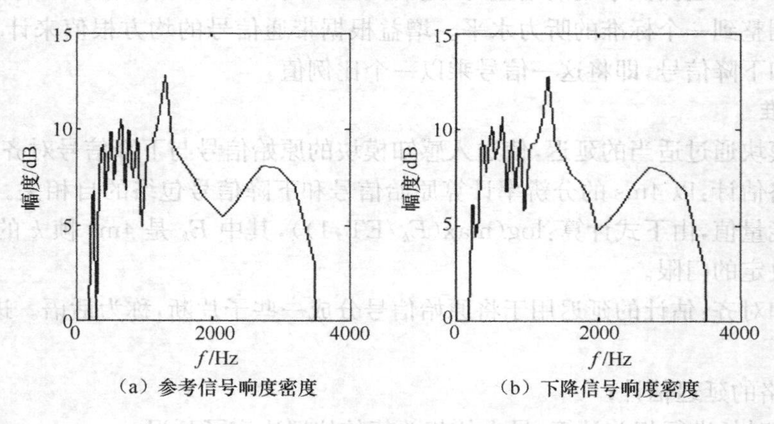

图 14.4　原始信号和下降信号的响度谱

⑦ 扰动计算及在时间和频率上的平均。参考信号和下降信号的差值为

$$r_n(b)=S_n(b)-\overline{S}_n(b) \tag{14.7}$$

其中，下标代表时间帧号，$r_n(b)$ 表示原始的波动密度。PESQ 算法区别对待正波动值和负波动值。正波动和负波动对感知的影响不同。正波动表明加入了噪声，负波动表示谱受损或丢失。与增加的成分不同，由于掩蔽效应，丢失的成分不容易被感知到。因此，对于正波动和负波动分别加上不同的权值。

掩蔽效应体现为

$$m_n(b)=0.25\min\{S_n(b),\overline{S}_n(b)\} \tag{14.8}$$

据此，可以得到一个新的扰动密度

$$D_n(b)=\begin{cases} r_n(b)-m_n(b) & r_n(b)>m_n(b) \\ 0 & r_n(b)\leqslant m_n(b) \\ r_n(b)+m_n(b) & r_n(b)<-m_n(b) \end{cases} \tag{14.9}$$

非对称因子由下式计算

$$\mathrm{AF}_n(b)=\begin{cases} 0 & \{[\overline{B}_n(b)+c]/[B_n(b)+c]\}^{1.2}<3 \\ 12 & \{[\overline{B}_n(b)+c]/[B_n(b)+c]\}^{1.2}>12 \\ \left(\dfrac{\overline{B}_n(b)+c}{B_n(b)+c}\right)^{1.2} & \text{其他情况} \end{cases} \tag{14.10}$$

其中，$B_n(b)$和$\overline{B}_n(b)$分别表示参考信号和下降信号的 Bark 谱；常数 c 设置为 $c=50$。用以上因子计算非对称的分布密度

$$\mathrm{DA}_n(b)=\mathrm{AF}_n(b)\cdot D_n(b)\quad 1\leqslant b\leqslant 42 \tag{14.11}$$

其中，$\mathrm{DA}_n(b)$代表非对称的扰动密度。图 14.5 为所观察帧的扰动及不对称处理后的扰动的估计。非对称扰动与对称扰动相差一个比例因子 12。

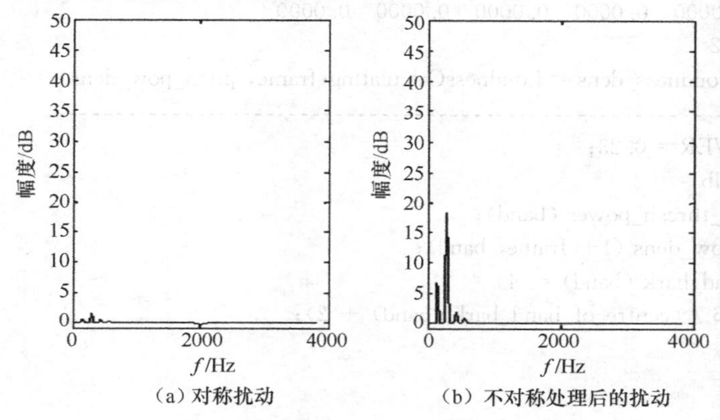

图 14.5　由响度谱得到的对称和非对称的帧扰动

最后，扰动密度和非对称扰动密度在频域按以下公式求和

$$D_n=\left(\sum_{b=1}^{N_b}W_b\right)^{1/2}\left(\sum_{b=1}^{N_b}[\mid D_n(b)\mid W_b]^2\right)^{1/2} \tag{14.12}$$

$$\mathrm{DA}_n=\sum_{b=1}^{N_b}\mid \mathrm{DA}_n(b)\mid W_b \tag{14.13}$$

其中，权值 W_b 是 Bark 带的宽度。式(14.12)和式(14.13)称为帧的扰动。随后，将帧的扰动进行语音活动时间上的平均，得到 PESQ 值。

对所选取的帧计算的响度谱 MATLAB 代码如程序 14.3，输入为所选取的帧的标号及经过补偿的 Bark 谱。

【程序 14.3】LoudnessCalculating. m

```
functionloudness_dens =LoudnessCalculating(...
frame, pitch_pow_dens)
globalabs_thresh_powerSlNbcentre_of_band_bark
% -----------------------------------------------------------------
%    此函数实现式(14.6)所表示的响度计算
% 使用方法:  loudness_dens = LoudnessCalculating (frame, pitch_pow_dens)
%            frame - frame index
%            pitch_pow_dens   - Bark spectral
```

```
%  程序中用到的参数：
%  Sl = 0.1866
%  centre_of_band_bark =
%  [0.0787  0.3163  0.6366  0.9612  1.2905  1.6242  1.9626  2.3056  2.6534
%  3.0059  3.3632  3.7254  4.0924  4.4645  4.8415  5.2236  5.6109  6.0033
%  6.4009  6.8038  7.2120  7.6256  8.0446  8.4691  8.8992  9.3349  9.7763
%  10.2234  10.6762  11.1350  11.5996  12.0701  12.5467  13.0294  13.5182  14.0133
%  14.5146  15.0222  15.5362  16.0567  16.5838  17.1174]
%  abs_thresh_power =
%  1.0e+007 *
%  5.1286  0.2455  0.0071  0.0005  0.0001  0.0000  0.0000  0.0000
%  0.0000  0.0000  0.0000  0.0000
%  0.0000  0.0000  0.0000  0.0000  0.0000  0.0000  0.0000  0.0000  0.0000
%  0.0000  0.0000  0.0000
%  0.0000  0.0000  0.0000  0.0000  0.0000  0.0000  0.0000  0.0000  0.0000
%  0.0000  0.0000  0.0000
%  0.0000  0.0000  0.0000  0.0000  0.0000  0.0000
%  Nb  =  42
%  调用例子：loudness_dens =LoudnessCalculating(frame, pitch_pow_dens)
%-------------------------------------------------------------------------
ZWICKER_POWER= 0.23;
for band = 1: Nb
threshold = abs_thresh_power (band);
input = pitch_pow_dens (1+ frame, band);
if (centre_of_band_bark (band) < 4)
        h =  6 / (centre_of_band_bark (band) + 2);
else
        h = 1;
end
if (h > 2)
        h = 2;
end
    h = h^ 0.15;
modified_zwicker_power = ZWICKER_POWER * h;
if (input > threshold)
loudness_dens (band) = ((threshold / 0.5)^modified_zwicker_power)... %10.44
              * ((0.5 + 0.5 * input / threshold)^modified_zwicker_power- 1);
else
loudness_dens (band) = 0;
end
loudness_dens (band) = loudness_dens (band) * Sl;
endend
if (h > 2)
        h = 2;
end
    h = h^ 0.15;
modified_zwicker_power = ZWICKER_POWER * h;
if (input > threshold)
loudness_dens (band) = ((threshold / 0.5)^modified_zwicker_power)... %10.44
              * ((0.5 + 0.5 * input / threshold)^modified_zwicker_power- 1);
else
```

```
loudness_dens (band) = 0;
end
loudness_dens (band) = loudness_dens (band) * Sl;
end
```

14.5 语音可懂度客观评价方法

由于可懂度与质量的不同性质,它们的客观评价方法也有所不同。语音可懂度的客观评价近年来引起了重视,研究人员在现在质量评价算法的基础上进行改进或提出了新的可懂度评价算法。

14.5.1 加权频带信噪比评价方法及 MATLAB 实现

在评价语音可懂度时,计算分段频带信噪比的计算方法与评价语音质量时的方法一样,只是此时权重选为清晰语音,MATLAB 代码见程序 14.4。

【程序 14.4】 FWSNRseg.m

```
functionfwseg_dist= FWSNRseg(cleanFile, enhancedFile);
%%---------------------------------------------------------------
%  此函数实现式(14.2)中的加权频带分段信噪比的语音质量评价算法
%  首先将信号通过临界频带滤波器,将语音分为 13 个或 25 个频带,
% 计算每个频带的信噪比。在对没个频带的信噪比加权和归一化
%  每个频带的权重选为清晰语音在对应频带的能量指数。W_freq(i)=(clean_energy(i))^gamma;
%  使用方法:  fwSNRseg=FWSNRseg(cleanFile.wav, enhancedFile.wav)
%           cleanFile.wav - clean input file in .wav format
%           enhancedFile   - enhanced output file in .wav format
%           fwSNRseg        - computed frequency weighted SNRseg in dB
%           Note that large numbers of fwSNRseg are better.
%  调用例子:  fwSNRseg =FWSNRseg('clean.wav','enhanced.wav')
ifnargin~=2
fprintf('USAGE: fwSNRseg=FWSNRseg(cleanFile.wav, enhancedFile.wav)\n');
fprintf('For more help, type: help FWSNRseg\n\n');
return;
end
[data1, Srate1, Nbits1]= wavread(cleanFile);
[data2, Srate2, Nbits2]= wavread(enhancedFile);
if ( Srate1~= Srate2) | ( Nbits1~= Nbits2)
error( 'The two files do not match! \n');
end
len= min( length( data1), length( data2));
data1= data1( 1: len)+eps;
data2= data2( 1: len)+eps;
wss_dist_vec= fwseg( data1, data2,Srate1);
fwseg_dist=mean(wss_dist_vec);
%---------------------------------------------------------------
function distortion = fwseg(clean_speech, processed_speech,sample_rate)
%---------------------------------------------------------------
% 全局变量
global gamma;
gamma=1; %可以调整 gamma 值
%---------------------------------------------------------------
```

```
% 检查清晰语音和增强语音的长度是否一致
% -----------------------------------------------------------------------
clean_length        = length(clean_speech);
processed_length    = length(processed_speech);
if (clean_length ~= processed_length)
disp('Error: Files  must have same length.');
return
end
winlength   = round(30 * sample_rate/1000);          %以采样点数表示的窗长
skiprate    = floor(winlength/4);                     % 以采样点数表示的窗移
max_freq    = sample_rate/2;                          %最大带宽
num_crit    = 25;                                     %临界带数量
USE_25=1;
n_fft       = 2^nextpow2(2 * winlength);
n_fftby2    = n_fft/2;                                % FFT size/2
% -----------------------------------------------------------------------
%定义临界带滤波 (中心频率和带宽以 Hz 表示)
% -----------------------------------------------------------------------
cent_freq(1)  = 50.0000;   bandwidth(1)  = 70.0000;
cent_freq(2)  = 120.000;   bandwidth(2)  = 70.0000;
cent_freq(3)  = 190.000;   bandwidth(3)  = 70.0000;
cent_freq(4)  = 260.000;   bandwidth(4)  = 70.0000;
cent_freq(5)  = 330.000;   bandwidth(5)  = 70.0000;
cent_freq(6)  = 400.000;   bandwidth(6)  = 70.0000;
cent_freq(7)  = 470.000;   bandwidth(7)  = 70.0000;
cent_freq(8)  = 540.000;   bandwidth(8)  = 77.3724;
cent_freq(9)  = 617.372;   bandwidth(9)  = 86.0056;
cent_freq(10) = 703.378;   bandwidth(10) = 95.3398;
cent_freq(11) = 798.717;   bandwidth(11) = 105.411;
cent_freq(12) = 904.128;   bandwidth(12) = 116.256;
cent_freq(13) = 1020.38;   bandwidth(13) = 127.914;
cent_freq(14) = 1148.30;   bandwidth(14) = 140.423;
cent_freq(15) = 1288.72;   bandwidth(15) = 153.823;
cent_freq(16) = 1442.54;   bandwidth(16) = 168.154;
cent_freq(17) = 1610.70;   bandwidth(17) = 183.457;
cent_freq(18) = 1794.16;   bandwidth(18) = 199.776;
cent_freq(19) = 1993.93;   bandwidth(19) = 217.153;
cent_freq(20) = 2211.08;   bandwidth(20) = 235.631;
cent_freq(21) = 2446.71;   bandwidth(21) = 255.255;
cent_freq(22) = 2701.97;   bandwidth(22) = 276.072;
cent_freq(23) = 2978.04;   bandwidth(23) = 298.126;
cent_freq(24) = 3276.17;   bandwidth(24) = 321.465;
cent_freq(25) = 3597.63;   bandwidth(25) = 346.136;
if USE_25==0   % use 13 bands
    % ------ 将临界频带连在一起-----------------
    k=2;
    cent_freq2(1)=cent_freq(1);
bandwidth2(1)=bandwidth(1)+bandwidth(2);
for i=2:13
        cent_freq2(i)=cent_freq2(i-1)+bandwidth2(i-1);
bandwidth2(i)=bandwidth(k)+bandwidth(k+1);
```

```
        k=k+2;
    end
    bw_min      = bandwidth2 (1);                    %最小临界频带
    else
    bw_min=bandwidth(1);
    end
    % ---------------------------------------------------------------
    % 设置临界带滤波。这里使用的是高斯滤波。同时,
    % 每个临界带滤波权重的和相同。小于-30dB的滤波设置为零
    % ---------------------------------------------------------------
    min_factor = exp (-30.0 / (2.0 * 2.303));       % -30dB滤波点
    if USE_25==0
    num_crit=length(cent_freq2);
    for i = 1:num_crit
            f0 = (cent_freq2 (i) / max_freq) * (n_fftby2);
            all_f0(i) = floor(f0);
    bw = (bandwidth2 (i) / max_freq) * (n_fftby2);
    norm_factor = log(bw_min) - log(bandwidth2(i));
            j = 0:1:n_fftby2-1;
    crit_filter(i,:) = exp (-11 * (((j - floor(f0)) ./bw).^2) + norm_factor);
    crit_filter(i,:) = crit_filter(i,:). *(crit_filter(i,:) >min_factor);
    end
    else
    for i = 1:num_crit
            f0 = (cent_freq (i) / max_freq) * (n_fftby2);
            all_f0(i) = floor(f0);
    bw = (bandwidth (i) / max_freq) * (n_fftby2);
    norm_factor = log(bw_min) - log(bandwidth(i));
            j = 0:1:n_fftby2-1;
    crit_filter(i,:) = exp (-11 * (((j - floor(f0)) ./bw).^2) + norm_factor);
    crit_filter(i,:) = crit_filter(i,:). *(crit_filter(i,:) >min_factor);
    end
    end
    num_frames = clean_length/skiprate-(winlength/skiprate);        % 帧数
    start      = 1;                                                % 出发点
    window      = 0.5 *(1 - cos(2 *pi *(1:winlength)'/(winlength+1)));
    forframe_count = 1:num_frames
      % ---------------------------------------------------------------
      % (1)得到加窗的清晰和增强语音帧
      % ---------------------------------------------------------------
    clean_frame = clean_speech(start:start+winlength-1);
    processed_frame = processed_speech(start:start+winlength-1);
    clean_frame = clean_frame. * window;
    processed_frame = processed_frame. * window;
      % ---------------------------------------------------------------
      % (2)计算清晰和增强语音帧的频谱
      % ---------------------------------------------------------------
    clean_spec      = abs(fft(clean_frame,n_fft));
    processed_spec = abs(fft(processed_frame,n_fft));
    % 区域内频谱归一化
    clean_spec=clean_spec/sum(clean_spec(1:n_fftby2));
```

```
processed_spec=processed_spec/sum(processed_spec(1:n_fftby2));
%   ----------------------------------------------------------------
% (3) 计算滤波带输出能量
%   ----------------------------------------------------------------
clean_energy      =zeros(1,num_crit);
processed_energy=zeros(1,num_crit);
error_energy      =zeros(1,num_crit);
W_freq            =zeros(1,num_crit);
for i = 1:num_crit
clean_energy(i) = sum(clean_spec(1:n_fftby2) ...
    .* crit_filter(i,:)');
processed_energy(i) = sum(processed_spec(1:n_fftby2) ...
        .* crit_filter(i,:)');
 error_energy(i)=max((clean_energy(i)-processed_energy(i))^2,eps);
W_freq(i)=(clean_energy(i))^gamma;
end
SNRlog=10*log10((clean_energy.^2)./error_energy);
SNRlog_lim = min(max(SNRlog,-15),15);   % limit between [-15, 15]
Tjm   = (SNRlog_lim+15)/30;
    AI     =    max(0,sum(W_freq.*Tjm)/sum(W_freq));  %公式(14.5)
distortion(frame_count)=AI ;
start = start + skiprate;
end;
```

14.5.2 归一化协方差评价方法(NCM)及 MATLAB 实现

NCM(Normalize Covariance Measure)评价方法是基于清晰语音(输入)和增强语音(输出)的包络信号之间的协方差。NCM 评价方法计算如下:清晰语音带通滤波为跨越信号带宽的 K 个频带,K 通常取值 20。基于希尔伯特变换计算每一频带的包络并且下采样到 25Hz,从而限制了包络调制频率为 0~12.5Hz。$x_i(t)$为清晰(探测)信号的第 i 个频带的下采样包络,$y_i(t)$为增强(响应)信号的下采样包络。在第 i 个频带的归一化方差计算为

$$r_i=\frac{\sum_t(x_i(t)-m_i)(y_i(t)-n_i)}{\sqrt{\sum_t(x_i(t)-m_i)^2}\sqrt{\sum_i(y_i(t)-n_i)^2}} \tag{14.14}$$

其中,$x_i(t)$和 $y_i(t)$分别为清晰(探测)信号的第 i 个频带的下采样包络和增强(响应)信号的下采样包络。m_i 和 n_i 分别是 $x_i(t)$和 $y_i(t)$包络的均值。r_i 的值的范围$|r_i|\leqslant 1$,r_i 值接近于 1 表明清晰语音和增强信号是线性相关的,然而 r_i 接近于 0 将表明清晰和增强信号是不相关的。其中每一个频带的信噪比为

$$\mathrm{SNR}_i=10\log_{10}\left(\frac{r_i^2}{1-r_i^2}\right) \tag{14.15}$$

每一频带的 TI 是使用下列的公式在 0 和 1 之间通过线性映射信噪比来计算的

$$\mathrm{TI}_i=\frac{\mathrm{SNR}_i+15}{30} \tag{14.16}$$

最后,传输指数在所有频带平均以产生 NCM 指数

$$\mathrm{NCM}=\frac{\sum_{i=1}^K W_i\times \mathrm{TI}_i}{\sum_{i=1}^K W_i} \tag{14.17}$$

这里,W_i 是 K 个频带中的每一频带的权值。分母项包括了归一化目标。

不同的语料，权值不同，程序 14.5 是归一化协方差评价方法的 MATLAB 实现，其中权值选为清晰语音的指数。

【程序 14.5】 NCM. m

```
functionncm_cov_weighted= NCM( c_f, n_f, noise_f)
%--------------------------------------------------------------------------
%     该函数实现式(14.17)所示的 NCM 指数计算
%    使用方法:  ncm=NCM(c_f. wav, n_f. wav, noise_f. wav)
%             c_f. wav - wav 格式的清晰语音文件
%             n_f. wav   - wav 格式的增强语音文件
%             noise_f. wav        -噪声文件。是增强语音与清晰语音的差
%             NCM 的取值范围 [0, 1].
%   调用举例:  ncm = NCM('clean. wav','enhanced. wav','noise. wav')
%--------------------------------------------------------------------------
global M_CHANNELS
pw=1; %
x_c= wavread(c_f);
x_n= wavread(n_f);
nse= wavread( noise_f);                              %噪声信号
x= x_c;   % clean signal
y= x_n;   % noisy signal
z= nse;   % noise signal
%    CONSTANT
F_SIGNAL      =    8000;                             %原信号采样率
F_ENVELOPE     =    25;                              %包络信号的采样率。也可以为:100,200,400,800

%    DEFINE BAND EDGES
M_CHANNELS     =    20;
% BAND            =       Band;
BAND            =       Get_Band(M_CHANNELS);
%    SUM IN CASE INPUTS ARE STEREO
if size(x,2) == 2, x = x*[0.5 0.5]'; end
if size(y,2) == 2, y = y*[0.5 0.5]'; end
%    NORMALIZE LENGTHS
Lx             =    length(x);
Ly              =    length(y);
Lnse           =    length(nse);
maxL=max(Lx,Ly);
maxL=max(maxL,Lnse);
x      =    [x ; zeros(maxL-Lx,1)];
y      =    [y ; zeros(maxL-Ly,1)];
nse    =    [nse ; zeros(maxL-Lnse,1)];
%    GENERATE BANDPASS FILTERS
for a = 1:M_CHANNELS,
    [B_bpA_bp]           =       butter( 4 , [BAND(a) BAND(a+1)]*(2/F_SIGNAL) );
%        fprintf('[%d] %d %d\n',a,BAND(a),BAND(a+1));
    X_BANDS( : , a )     =       filter( B_bp , A_bp , x );
    Y_BANDS( : , a )     =       filter( B_bp , A_bp , y );
    N_BANDS( : , a )     =       filter( B_bp , A_bp , nse);    %噪声信号
end
%    CALCULATE HILBERT ENVELOPES, resampled at 25HZ
```

```
analytic_x          =     hilbert( X_BANDS );
X                   =     abs(analytic_x );
X                   =    resample( X , F_ENVELOPE , F_SIGNAL );
analytic_y          =     hilbert( Y_BANDS );
Y                   =     abs(analytic_y );
Y                   =    resample( Y , F_ENVELOPE , F_SIGNAL );
analytic_n          =     hilbert( N_BANDS );
NOISE                    =     abs(analytic_n );
NOISE                    =    resample( NOISE , F_ENVELOPE , F_SIGNAL );
% -----------------------------------------------------------------
% --- 依据清晰语音包络的均方根计算权值-----
[Ldx, pp]=size(X);
p=pw;
wghts=zeros(M_CHANNELS,1);

for i=1:M_CHANNELS
wp=norm(X(:,i),2)/sqrt(Ldx);
wghts(i)=wp^p;   % p=1
end;
% ---计算归一化的协方差 ---
for k= 1: M_CHANNELS
x_tmp= X( :, k);
y_tmp= Y( :, k);
lambda_x= norm(x_tmp- mean( x_tmp))^2;
lambda_y= norm(y_tmp- mean( y_tmp))^2;
lambda_xy= sum( (x_tmp- mean( x_tmp)). * ...
        (y_tmp- mean(y_tmp)));
ro2( k)= (lambda_xy^ 2)/ (lambda_x * lambda_y);
asnr( k)= 10 * log10( (ro2( k)+ eps)/ (1- ro2( k)+ eps));               % 公式(14.15)
ifasnr( k)< -15
asnr( k)= -15;
elseifasnr( k)> 15
asnr( k)= 15;
end
    TI( k)= (asnr( k)+ 15)/ 30;                                         %公式(14.16)
end
ncm_cov_weighted= wghts' * TI(:)/sum(wghts);                           %公式(14.17)
% -----------------------------------------------------------------
function BAND = Get_Band(M);
%    此函数用于设置带通滤波的边界
A                         =    165;
a                         =    2.1;
K                         =    1;
L                         =    35;
CF = 300;
x_100       =     (L/a) * log10(CF/A + K);
% CF = 8000;
CF = 3400;
x_8000     =     (L/a) * log10(CF/A +K);
LX                        =    x_8000 - x_100;
x_step                    =    LX / M;
```

```
x                    =    [x_100:x_step:x_8000];
if length(x) == M, x(M+1) = x_8000; end
BAND                 =    A * (10.^(a * x/L) - K);
```

14.5.3 短时清晰度指数评价方法(AI-ST)及 MATLAB 实现

这个方法是语音可懂度指数 SII(Speech Intelligibility Index)方法的一个简化版本,是在一帧一帧的基础上运算的。该方法在很多方面不同于传统的 SII 方法:①它不需要输入测听者的听阈;②不用计算上掩蔽扩散;③不需要输入语音信号和掩蔽信号的长时平均谱等级。AI-ST 评价方法将信号分成短(30ms)数据段,计算每一段的 AI 值,然后平均所有帧的 AI 值。计算公式为

$$\mathrm{AI}-\mathrm{ST}=\frac{1}{M}\sum_{m=0}^{M-1}\frac{\sum_{j=1}^{K}W(j,m)T(j,m)}{\sum_{j=1}^{K}W(j,m)} \tag{14.18}$$

其中,M 是信号总的数据段个数,$W(j,m)$是第 m 帧第 j 个频带的权重,且

$$T(j,m)=\frac{\mathrm{SNR}(j,m)+15}{30} \tag{14.19}$$

$$\mathrm{SNR}(j,m)=10\log_{10}\frac{\hat{x}(j,m)^2}{D(j,m)^2} \tag{14.20}$$

其中,$D(j,m)$表示在混合之前获得的按比例缩放的掩蔽信号的临界频带谱,$\hat{X}(j,m)$表示增强信号的第 j 个临界频带中频谱的大小。式(14.20)的 SNR 项被限定为[−15,15]dB,通过使用式(14.19)在 0~1 之间线性映射每一频带的值。

频带权重为清晰语音的 p 次幂,$p=1$,见式(14.21),可以针对不同的语料,对 p 进行优化。

$$W(j,m)=X(j,m)^p \tag{14.21}$$

程序 14.6 是短时清晰度指数评价方法的 MATLAB 实现。

【程序 14.6】AIST.m

```
functionfwseg_dist_noise_AI= AIST(cleanFile, enhancedFile,noiseFile)
%----------------------------------------------------------------------
% 该函数实现式(14.18)所示的短时清晰度指数评价方法(AI-ST)
%   使用方法:  ai_st=AIST  (clean.wav, enhanced.wav, noise.wav)
%           clean.wav - wav 格式的清晰语音
%           enhanced.wav   - wav 格式的增强语音
%           noise.wav        - wav 格式的噪声,是含噪语音减去清晰语音
%           输出值的范围 [0, 1].
%  调用举例:  ai_st = AIST('clean.wav','enhanced.wav','noise.wav')
%----------------------------------------------------------------------
ifnargin~=3
fprintf('USAGE: ai_st=AIST(cleanFile.wav, enhancedFile.wav,noiseFile)\n');
fprintf('For more help, type: help AIST\n\n');
return;
end
[data0, Srate0, Nbits0]= wavread(noiseFile);
[data1, Srate1, Nbits1]= wavread(cleanFile);
[data2, Srate2, Nbits2]= wavread(enhancedFile);
if ( Srate0~= Srate1) | ( Nbits0~= Nbits1)|( Srate1~= Srate2) | ( Nbits1~= Nbits2)
error( 'The three files do not match! \n');
```

```
end
len= min(min(length(data0), length( data1)), length( data2));
data0= data0( 1: len)+eps;
data1= data1( 1: len)+eps;
data2= data2( 1: len)+eps;
wss_dist_vec_noisy= fwseg_noise( data0,  data1, data2,Srate1);
fwseg_dist_noise_AI=mean(wss_dist_vec_noisy);
%---------------------------------------------------------------------
function distortion = fwseg_noise(noise_speech, clean_speech, processed_speech,sample_rate)
% ---------------------------------------------------------------------
% 检查噪声,清晰语音,增强语音的长度是否一致
% ---------------------------------------------------------------------
noise_length        = length(noise_speech);
clean_length        = length(clean_speech);
processed_length    = length(processed_speech);
if (noise_length ~= clean_length | clean_length ~= processed_length)
disp('Error: Files   must have same length.');
return
end
% ---------------------------------------------------------------------
% Global Variables
Len=30;
% ---------------------------------------------------------------------
winlength     = round(Len * sample_rate/1000);    % 以采样点数表示的窗长
skiprate      = floor(winlength/4);               % 以采样点数表示的窗移
max_freq      = sample_rate/2;                    % 最大带宽
num_crit      = 25;                               % 临界频带数量
USE_25=1;
n_fft         = 2^nextpow2(2 * winlength);
n_fftby2      = n_fft/2;                          % FFT size/2
gamma=1;                                          % power exponent
% ---------------------------------------------------------------------
%定义临界带滤波 (中心频率和带宽以 Hz 表示)
% ---------------------------------------------------------------------
cent_freq(1)  = 50.0000;   bandwidth(1)  = 70.0000;
cent_freq(2)  = 120.000;   bandwidth(2)  = 70.0000;
cent_freq(3)  = 190.000;   bandwidth(3)  = 70.0000;
cent_freq(4)  = 260.000;   bandwidth(4)  = 70.0000;
cent_freq(5)  = 330.000;   bandwidth(5)  = 70.0000;
cent_freq(6)  = 400.000;   bandwidth(6)  = 70.0000;
cent_freq(7)  = 470.000;   bandwidth(7)  = 70.0000;
cent_freq(8)  = 540.000;   bandwidth(8)  = 77.3724;
cent_freq(9)  = 617.372;   bandwidth(9)  = 86.0056;
cent_freq(10) = 703.378;   bandwidth(10) = 95.3398;
cent_freq(11) = 798.717;   bandwidth(11) = 105.411;
cent_freq(12) = 904.128;   bandwidth(12) = 116.256;
cent_freq(13) = 1020.38;   bandwidth(13) = 127.914;
cent_freq(14) = 1148.30;   bandwidth(14) = 140.423;
cent_freq(15) = 1288.72;   bandwidth(15) = 153.823;
cent_freq(16) = 1442.54;   bandwidth(16) = 168.154;
cent_freq(17) = 1610.70;   bandwidth(17) = 183.457;
```

```
cent_freq(18) = 1794.16;    bandwidth(18) = 199.776;
cent_freq(19) = 1993.93;    bandwidth(19) = 217.153;
cent_freq(20) = 2211.08;    bandwidth(20) = 235.631;
cent_freq(21) = 2446.71;    bandwidth(21) = 255.255;
cent_freq(22) = 2701.97;    bandwidth(22) = 276.072;
cent_freq(23) = 2978.04;    bandwidth(23) = 298.126;
cent_freq(24) = 3276.17;    bandwidth(24) = 321.465;
cent_freq(25) = 3597.63;    bandwidth(25) = 346.136;
%-----------------------------------------------------------------------
% 设置临界带滤波。这里使用的是高斯滤波。同时，
% 每个临界带滤波权重的和相同。小于－30dB 的滤波设置为零
%-----------------------------------------------------------------------
bw_min        = bandwidth (1);                                   % 最小临界频带
min_factor = exp (-30.0 / (2.0 * 2.303));                        % -30 dB 滤波点
for i = 1:num_crit
    f0 = (cent_freq (i) / max_freq) * (n_fftby2);
    all_f0(i) = floor(f0);
bw = (bandwidth (i) / max_freq) * (n_fftby2);
norm_factor = log(bw_min) - log(bandwidth(i));
    j = 0:1:n_fftby2-1;
crit_filter(i,:) = exp (-11 *(((j - floor(f0)) ./bw).^2) + norm_factor);
crit_filter(i,:) = crit_filter(i,:).*(crit_filter(i,:)>min_factor);
end
%-----------------------------------------------------------------------
num_frames = clean_length/skiprate-(winlength/skiprate);   %帧数
start         = 1;                                         %起始点
window        = 0.5*(1 - cos(2*pi*(1:winlength)'/(winlength+1)));
forframe_count = 1:num_frames
    %-------------------------------------------------------------------
% (1)得到加窗的清晰和增强语音帧
    %-------------------------------------------------------------------
clean_frame       = clean_speech(start:start+winlength-1);
processed_frame   = processed_speech(start:start+winlength-1);
noise_frame       = noise_speech(start:start+winlength-1);
clean_frame       = clean_frame.*window;
processed_frame   = processed_frame.*window;
noise_frame       = noise_frame.*window;
    %-------------------------------------------------------------------
    %(2)计算清晰和增强语音帧的幅度谱
    %-------------------------------------------------------------------
clean_spec      = abs(fft(clean_frame,n_fft));
processed_spec = abs(fft(processed_frame,n_fft));
noise_spec      = abs(fft(noise_frame,n_fft));
    %-------------------------------------------------------------------
    % (3) 计算滤波带输出能量
    %-------------------------------------------------------------------
clean_energy       = zeros(1,num_crit);
processed_energy = zeros(1,num_crit);
noise_energy       = zeros(1,num_crit);
W_freq             = zeros(1,num_crit);
for i = 1:num_crit
```

```
clean_energy(i)        = sum(clean_spec(1:n_fftby2)...
            .* crit_filter(i,:)');
processed_energy(i) = sum(processed_spec(1:n_fftby2)...
            .* crit_filter(i,:)');
noise_energy(i)        = sum(noise_spec(1:n_fftby2)...
            .* crit_filter(i,:)');
W_freq(i)=(clean_energy(i))^gamma;   % 公式(14.21)
end
SNRlog       = 20*log10(processed_energy./noise_energy); %公式(14.20)
SNRlog_lim = min(max(SNRlog,-15),15);
Tjm    = (SNRlog_lim+15)/30;                       %公式(14.19)
AI    =   max(0,sum(W_freq.*Tjm)/sum(W_freq));
distortion(frame_count)=AI;
start = start + skiprate;
end
```

习 题 14

14.1　什么是语音质量？什么是语音的可懂度？

14.2　常用的质量主观评价方法有哪些？常用的客观评价方法有哪些？

14.3　常用的可懂度主观评价方法有哪些？常用的客观主价方法有哪些？

14.4　根据式(14.2)，参考程序 14.1 计算语音的质量。

14.5　根据复倒谱的计算公式 $c(m)=a_m+\sum_{k=1}^{m-1}\frac{k}{m}c(k)a_{m-k}, 1\leqslant m\leqslant p$，写出根据 LPC 系统计算复倒谱的 MATLAB 函数 function [cep]=lpc2cep(a)，其中 a 为 LPC 系数向量，cep 为复倒谱系数向量。

14.6　根据式(14.3)，参考程序 14.2 及复倒谱的计算函数，计算语音质量的客观评价值。

14.7　PESQ 算法包括哪些主要模块？各模块的主要功能是什么？

14.8　基于 MATLAB 中数字滤波器的频率响应函数 freqz，画出 NCM 评价算法中所用的巴特沃斯带通滤波器的波形。

14.9　基于 MATLAB 中数字滤波器的频率响应函数 freqz，画出 AI—ST 评价算法中所用的高斯带通滤波器的波形。

14.10　基于程序 14.6 AI-ST 方法计算可懂度，为了进行比较，改写式(14.19)，将 SNR 限定为[−15,20]、[−15,25]、[−15,30]、[−15,35]和[−10,35]dB，并改写相应的代码。

附录A 专业术语缩写英汉对照表

缩写	英文名称	中文名称
	A	
ACELP	Algebraic Code Excited Linear Prediction	代数码激励线性预测
ACR	Absolute Category Rating	绝对等级评价
ADALINE	Adaptive Linear Neuron	自适应线性神经元
ADM	Adaptive Delta Modulation	自适应增量调制
ADPCM	Adaptive Differential Pulse Code Modulation	自适应差分脉冲编码调制
AMDF	Average Magnitude Difference Function	平均幅度差函数
AMR-NB	Adaptive Multi-Rate Narrowband	自适应多速率窄带
AMR-WB	Adaptive Multi-Rate Wideband	自适应多速率宽带
ANN	Artificial Neural Network	人工神经网络
APC	Adaptive Predictive Coding	自适应预测编码
APCM	Adaptive Pulse Code Modulation	自适应脉冲编码调制
APVQ	Adaptive Predictive Vector Quantization	自适应预测矢量量化
AR	Auto Regressive	自回归
ARMA	Auto Regressive Moving Average	自回归滑动平均
	B	
BP	Back-Propagation	反向传播
BSD	Bark Spectral Distortion	Bark谱失真
	C	
CCITT	International Telegraph and Telephone Consultative Committee	国际电报电话咨询委员会
CCR	Comparison Category Rating	相对等级评价
CELP	Code Excited Linear Prediction	码激励线性预测
CNG	Comfort Noise Generator	舒适噪声生成器
CS-ACELP	Conjugate Structure-Algebraic Code Excited Linear Prediction	共轭结构代数码激励线性预测
CTS	Concept-To-Speech	从概念到语音
CVSD	Continuously Variable Slop Delta Modulation	连续可变斜率增量调制
CWT	Continue Wavelet Transform	连续小波变换
	D	
DAM	Diagnostic Acceptability Measure	判断满意度测量
DCR	Degradation Category Rating	失真等级评价
DCT	Discrete Cosine Transform	离散余弦变换
DDBHMM	Duration Distribution Based Hidden Markov Model	基于段长分布的隐马尔可夫模型

DDN	Digital Data Network	数字数据网
DEC	Digital Equipment Corporation	数字设备公司
DFT	Discrete Fourier Transform	离散傅里叶变换
DM	Delta Modulation	增量调制
DP	Dynamic Programming	动态规划
DPCM	Differential Pulse Code Modulation	差分脉冲编码调制
DRT	Diagnostic Rhyme Test	判断韵字测试
DSP	Digital Signal Processing	数字信号处理
	Digital Signal Processor	数字信号处理器
DTW	Dynamic Time Warping	动态时间弯折(规整)
DTX	Discontinuous Transmission	不连续传输
DWT	Discrete Wavelet Transform	离散小波变换
	E	
ECU	Error Concealment Units	差错隐藏单元
EVRC	Enhanced Variable Rate Codec	增强型可变速率编码器
	F	
FA	Factor Analysis	因子分析
FD-PSOLA	Frequency Domain-Pitch Synchronous Overlap Add	频域基音同步叠加
FFT	Fast Fourier Transform	快速傅里叶变换
FIR	Finite Impulse Response	有限冲激响应
FSK	Frequency Shift Keying	频移键控信号
	G	
GPS	Global Position System	全球定位系统
3GPP	3rd Generation Partnership Project	第三代合作伙伴计划
GSM	Global System for Mobile communication	全球移动通信系统
	H	
HMM	Hidden Markov Model	隐马尔可夫模型
	I	
ICA	Independent Component Analysis	独立分量分析
IDFT	Inverse Discrete Fourier Transform	离散傅里叶逆变换
IFFT	Inverse Fast Fourier Transform	快速傅里叶逆变换
IP	Internet Protocol	互联网协议
ISDN	Integrated Services Digital Network	综合服务数字网
ITS	Intention-To-Speech	从意向到语音
ITU-T	International Telecommunication Union-Telecommunication Sector	国际电信联盟-电信标准部
	K	
KLT	Karhunen-loéve transform	卡亨南-洛维变换
	L	
LAR	Log Area Ratios	对数面积比

LD-CELP	Low-Delay Code-Excited Linear Prediction	低延时码激励线性预测
LPC	Linear Predictive Coding	线性预测编码
LPCC	Linear Predictive Cepstral Coefficient	线性预测倒谱系数
LPC-PSOLA	Linear Predictive Coding-Pitch Synchronous Overlap Add	线性预测基音同步叠加
LSF	Linear Spectrum Frequency	线谱频率
LSP	Linear Spectral Pair	线谱对
LTP	Long-Term Prediction	长时预测
LVQ	Learning Vector Quantization	学习矢量量化
	M	
MA	Moving Average	滑动平均
MELPC	Mixed Excitation Linear Prediction Coding	混合激励线性预测编码
MLP	Multi-layer perceptron	多层感知器
MFCC	Mel-Frequency Cepstrum Coefficient	Mel 频率倒谱系数
MIPS	Million Instructions Per Second	百万条指令/秒
MMSE	Minimum Mean Square Error	最小均方误差
MPE-LPC	Multi Pulse Excited-LPC	多脉冲激励线性预测编码
MOPS	Million Operations Per Second	百万次操作/秒
MOS	Mean Opinion Score	平均意见得分
MOS-LQO	Mean Opinion Score-Listening Quality Objective	平均意见得分-客观听觉质量
	N	
NNR	Nearest Neighbor Rule	最近邻法
NCM	Normalize Covariance Measure	归一化协方差评价方法
	P	
PARCOR	Partial Correlation Coefficient	部分相关系数
PCA	Principal Component Analysis	主分量分析
PCM	Pulse Code Modulation	脉冲编码调制
PDA	Personal Digital Assistant	个人数字助理
PESQ	Perceptual Evaluation of Speech Quality	感知语音质量评价
PLP	Perceptual Linear Prediction	感知线性预测
PSELP	Pitch Synchronous Excited Linear Prediction	基音同步激励线性预测
PSOLA	Pitch Synchronous Overlap Add	基音同步叠加
	Q	
QCELP	Qualcomm Code Excited Linear Prediction	Qualcomm 公司的码激励线性预测
	R	
RBF	Radial Basis Function	径向基函数
RBM	Restricted Boltzmann Machines	受限玻耳兹曼机
RC	Reflection Coefficient	反射系数
RDA	Rate Decision Algorithm	速率判决算法
RELP	Residual Excited Linear Prediction	残差激励线性预测
RMS	Root Mean Square	均方根

RNN	Recurrent Neural Network	递归神经网络
RPE-LPC	Regular Pulse Excited-LPC	规则脉冲激励线性预测编码
	S	
SB-ADPCM	Sub Band-ADPCM	子带自适应差分脉码调制
SOFM	Self-Organizing Feature Maps	自组织特征映射
SDC	Spectral Domain Constrained	频域约束
SII	Speech Intelligibility Index	语音可懂度指数
SS	Spectral Subtraction	谱减
SLT	Statistical Learning Theory	统计学习理论
SMV	Selectable Mode Vocoder	可选模式声码器
SNR	Signal Noise Ratio	信噪比
SONN	Self-Organizing Neural Network	自组织神经网络
SRT	Speech Reception Threshold	语音接收阈
STC	Sinusoidal Transform Coding	正弦变换编码
SVM	Support Vector Machine	支持向量机
	T	
TC	Transform Code	变换编码
TCP	Transmission Control Protocol	传输控制协议
TDC	Time Domain Constrained	时域约束
TDNN	Time Delay Neural Network	时间延迟神经网络
TD-PSOLA	Time Domain-PSOLA	时域基音同步叠加
TFI	Time Frequency Interpolation	时频插值
TI	Texas Instruments	美国德克萨斯仪器公司
TTS	Text To Speech	文本到语音
	V	
VAD	Voice Activity Detector	话音激活检测器
VMR-WB	Variable-Rate Multimode Wideband	变速率多模式宽带
VoIP	Voice over Internet Protocol	网络电话
VQ	Vector Quantization	矢量量化
VSELP	Vector Sum Excited Linear Predictive Coding	矢量和激励线性预测编码
	W	
WCDMA	Wideband Code Division Multiple Access	宽带码分多址
WF	Wiener Filter	维纳滤波器
WPT	Wavelet Packet Transformation	小波包变换
	Z	
ZCPA	Zero-Crossing with Peak-Amplitudes	过零峰值幅度

附录B 程序索引

【程序 2.1】sanjiaobopinpu.m	三角波及其频谱图
【程序 2.2】yuputu.m	“我到北京去”的语谱图
【程序 2.3】yingshe.m	语音样本的相空间重构
【程序 3.1】gaopintisheng.m	高频提升程序
【程序 3.2】juxing.m	矩形窗及其频谱
【程序 3.3】haming.m	汉明窗及其频谱
【程序 3.4】nengliang.m	不同矩形窗长 N 时的短时能量函数
【程序 3.5】fudu.m	不同矩形窗长 N 时的短时平均幅度函数
【程序 3.6】guoling.m	一句语音的短时平均过零率
【程序 3.7】zhuoyinzixiangguan.m	浊音的短时自相关函数
【程序 3.8】duanshizixiangguan.m	不同矩形窗长时的短时自相关函数
【程序 3.9】xiuzhengzixiangguan.m	不同矩形窗长时的修正短时自相关函数
【程序 3.10】zhongxinxuebo.m	中心削波前后修正自相关
【程序 3.11】AMDF.m	一段浊音信号及其 AMDF 函数
【程序 3.12】zuhepinghua.m	各种组合平滑算法
【程序 4.1】qingzhuoyinpinpu.m	加不同窗函数时的清浊音波形及频谱
【程序 4.2】Filerbank1.m	短时综合的低通滤波器组相加法
【程序 4.3】Filerbank2.m	短时综合的带通滤波器组相加法
【程序 4.4】ShortTimeAdd.m	短时综合的叠接相加法
【程序 4.5】Cepstrum.m	语音信号的倒谱
【程序 4.6】PitchDetect.m	基音检测
【程序 4.7】FormantDetect.m	共振峰检测
【程序 5.1】LPC_Levinson.m	求解线性预测系数 LPC
【程序 5.2】LPC_LSF_LSP.m	求解连续 20 帧语音信号的 LSP 与 LSF
【程序 5.3】LPC_LSF.m	线性预测系数 LPC 转换为线谱频率 LSF
【程序 5.4】LSF_LPC.m	线谱频率 LSF 转换为线性预测系数 LPC
【程序 5.5】LPC_LPCC.m	线性预测系数 LPC 转换为倒谱系数 LPCC
【程序 6.1】TrainCodebook.m	LBG 算法训练码书
【程序 7.1】G721.m	G.721 语音编码标准算法
【程序 9.1】MFCC.m	Mel 频率倒谱系数
【程序 9.2】SVM.m	支持向量机模型用于语音识别
【程序 10.1】Substract.m	谱减法语音增强算法
【程序 10.2】Wiener.m	维纳滤波语音增强算法
【程序 10.3】MMSE.m	最小均方误差语音增强算法
【程序 10.4】Subspace.m	子空间语音增强算法
【程序 10.5】FixedBeam.m	固定波束麦克风阵列语音增强算法
【程序 11.1】Haar.m	Haar 小波的时域和频域波形图
【程序 11.2】dbN.m	db4 小波的时域和频域波形图
【程序 11.3】dbNFilter.m	db4 小波分解和重构滤波器

【程序 11. 4】Marr. m　　Marr 小波的时域和频域波形图
【程序 11. 5】Morlet. m　　Morlet 小波的时域和频域波形图
【程序 11. 6】Meyer. m　　Meyer 小波的时域和频域波形图
【程序 11. 7】GaussFilter2160. m　　中心频率为 2160Hz 的高斯小波滤波器
【程序 11. 8】GaussFilter. m　　16 个高斯小波滤波器组成的临界带滤波器组
【程序 11. 9】Denoising. m　　小波去噪算法
【程序 12. 1】RBF. m　　径向基神经网络识别算法
【程序 12. 2】RBF_Test. m　　径向基神经网络测试程序
【程序 12. 3】SOFM_RunTrn. m　　自组织神经网络训练程序
【程序 13. 1】Principle. m　　均匀分布混合信号的三种基本变换
【程序 13. 2】INFORMAXspeech. m　　INFORMAX 算法分离混合语音
【程序 13. 3】FASTICAspeech. m　　FASTICA 算法分离混合语音
【程序 14. 1】FrequencyWeightedSNRseg. m　　基于加权频带分段信噪比的语音质量评价算法
【程序 14. 2】LLR. m　　基于 LLR 的可懂度客观评价方法
【程序 14. 3】LoudnessCalculating. m　　计算响度谱
【程序 14. 4】FWSNRseg. m　　可懂度加权频带信噪比评价方法
【程序 14. 5】NCM. m　　归一化协方差评价方法
【程序 14. 6】AIST. m　　短时清晰度指数评价方法

参考文献

[1] 赵力．语音信号处理(第2版)[M]．北京:机械工业出版社,2011.
[2] 蔡莲红,黄德智,蔡锐．语音技术基础与应用[M]．北京:清华大学出版社,2003.
[3] 胡航．语音信号处理[M]．哈尔滨:哈尔滨工业大学出版社,2009.
[4] 杨行峻,迟惠生等．语音信号处理[M]．北京:电子工业出版社,1995.
[5] 蔡莲红,黄德智,蔡锐．现代语音技术基础与应用[M]．北京:清华大学出版社,2003.
[6] SanjitK. Mitra(著),孙洪,余翔宇等(译)．数字信号处理(基于计算机的方法)[M]．北京:电子工业出版社,2005.
[7] 姚天任．数字语音处理[M]．武汉:华中科技大学出版社,2003.
[8] 易克初,田斌,付强．语音信号处理[M]．北京:国防工业出版社,2000.
[9] 王炳锡,屈单,彭煊．实用语音识别基础[M]．北京:机械工业出版社,2005.
[10] 韩纪庆,张磊,郑铁然．语音信号处理[M]．北京:清华大学出版社,2013.
[11] 王让定,柴佩琪．语音倒谱特征的研究[J]．计算机工程,2003,29(13):31～33.
[12] [美]L. R. 拉宾纳,R. W. 谢佛．语音信号数字处理[M]．北京:科学出版社,1983.
[13] Oppenheim AV, Schafer RW. Discrete-time Signal Processing, Englewood Cliffs, NJ: Prentice-Hall, 1989.
[14] 张刚,张雪英,马建芬．语音处理与编码[M]．北京:兵器工业出版社,2000.
[15] 孟飚．8kbit/s CS-ACELP语音编码算法的研究与实现[D]．太原:太原理工大学硕士学位论文,2003.
[16] 白国栋．自适应多速率宽带语音编码算法的仿真实现及研究[D]．太原:太原理工大学硕士学位论文,2008.
[17] 王炳锡,王洪．变速率语音编码[M]．西安:西安电子科技大学出版社,2004.
[18] 鲍长春．低比特率数字语音编码基础[M]．北京:北京工业大学出版社,2001.
[19] 温斌等．中低速率语音编码技术的发展及应用[J]．电信科学,1996(10):35～38.
[20] [美]J. D. 马卡尔等编著,娄乃英译．语音信号线性预测[M]．北京:中国铁道出版社,1987.
[21] Recommendation G729, Coding of Speech at 8kbit/s Using Conjugate-Structure Algebraic-Code-Excited Linear-Prediction (CS-ACELP) [S]. Geneva, Switzerland: ITU-T, March 1996.
[22] Recommendation P-862, Perceptual Evaluation of Speech Quality (PESQ)—An Objective Method for End-to-End Speech Quality Assessment of Narrowband Telephone Networks and Speech Codecs [S]. Geneva, Switzerland: ITU-T, 2001.
[23] Recommendation G. 721, A 32kbit/s Adaptive Differential Pulse-Code-Modulation (ADPCM) [S]. Red Books, CCITT, 1984.
[24] OdedGhitza. Auditory Models and Human Performance in Tasks Related to Speech Coding and Speech Recognition, IEEE Transactions on Speech and Audio Processing, 1994, 2(1): 13～131.
[25] Recommendation G. 722. 2, Wideband Coding of Speech at Around 16kbit/s Using Adaptive Multi-Rate Wideband (AMR-WB) [S]. ITU-T, 2003.
[26] TS 26. 190. Adaptive Multi-Rate Wideband Speech Codec: Transcoding functions [S]. 3GPP, 2001.
[27] 李娟．基音周期检测算法研究及在语音合成中的应用[D]．太原:太原理工大学硕士学位论文,2008.
[28] 柏静,韦岗．一种基于线性预测与自相关函数法的语音基音周期检测算法[J]．语音技术,2005, 43(4): 42～45.
[29] M. J. Ross, H. L. Shaffer, A. Cohen, etal. Average Magnitude Difference Function Pitch Extractor, IEEE

Trans. on Acoustics Speech and Signal Proc, 1974, 22(5): 353～362.

[30] 鲍长春,樊昌信．基于归一化互相关函数的基音检测算法[J]. 通信学报,1998, 19(10): 27～31.

[31] Yu-Min Zeng, Zhen-Yang Wu, Hai-Bin Liu, Lin Wu. Modified AMDF Pitch Detection Algorithm, Proceedings of the Second International Conference on Machine Learning and Cybernetics, November 2003, 1: 470～473.

[32] 王晓亚．倒谱在语音的基音和共振峰提取中的应用[J]. 无线电工程,2004,34(01):57～61.

[33] 朱维彬,吕士楠．基于语义的语音合成——语音合成技术的现状及展望[J]. 北京理工大学学报,2007,27(5):408～412.

[34] 陶建华,蔡莲红．计算机语音合成的关键技术及展望[J]. 计算机世界,2000,(3):20.

[35] 张后旗,俞振利,张礼和．基于 TD-PSOLA 算法的汉语普通话韵律合成[J]. 科技通报,2002,18(1):6～9.

[36] 刘建,郑方,邓箐,吴文虎．基于混合幅度差函数的基音提取算法[J]. 电子学报,2006,34(10):1925～1928.

[37] 方青,国辛纯,洪锐．TD-PSOLA 算法对基音频率和时长的控制[J]. 电子测量技术,2006,29(6):175～176.

[38] 赵晓群．数字语音编码[M]. 北京:机械工业出版社,2007.

[39] 李昌立,吴善培．数字语音——语音编码实用教程[M]. 北京:人民邮电出版社,2004.

[40] 胡征,杨有为．矢量量化原理与应用[M]. 西安:西安电子科技大学出版社,1988.

[41] 李凤莲,张雪英．ISP 与 LSP 的特性比较[J]. 太原理工大学学报,2008,(39):581～584.

[42] Stephen So, KuldipK. Paliwal. A comparative study of LPC parameter representations and quantisation schemes for wide-band speech coding[J]. Digital Signal Processing, 2007, 17(1), 114～137.

[43] Yuval Bistritz ,ShlomoPeller. Immittance Spectral Pairs (ISP) for speech Encoding. IEEE IntConfAcoust , 1993 (2) :9～12.

[44] 俞铁城．语音识别的发展现状[J]. 通信世界,2005(2):56～57.

[45] 拉宾纳．语音识别的基本原理[M]. 北京:清华大学出版社,2002.

[46] 郑方．非特定人连续数字识别方法与汉语语音数据库的研究[D]. 北京:清华大学硕士学位论文,1992.

[47] 白静,张雪英,侯雪梅．基于 RBF 神经网络的抗噪语音识别[J]. 计算机工程与应用,2007,43(22):28～30.

[48] Doh-Suk Kim, Soo-Yong Lee, Rhee M. Kil. Auditory Processing of Speech Signals for Robust Speech Recognition in Real World Noisy Environments, IEEE Transactions on Speech and Audio Processing, 1999, 7(1): 55～69.

[49] Rabiner L R. A Tutorial on Hidden Markov Model and Selected Applications in Speech Recognition, Proc. of the IEEE, 77(2), 1989: 257～286.

[50] BojanaGajic. Robust Speech Recognition Using Feature Based on Zero Crossing with Peak Amplitudes, ICASSP, 2003: 64～67.

[51] 赵姝彦．基于 ZCPA 和 DHMM 的孤立词语音识别系统[D]. 太原:太原理工大学硕士学位论文,2005.

[52] 焦志平．改进的 ZCPA 语音识别特征提取算法研究[D]. 太原:太原理工大学硕士学位论文,2005.

[53] 梁五洲．抗噪语音识别特征提取算法的研究[D]. 太原:太原理工大学硕士学位论文,2006.

[54] 杨行峻,郑君里．人工神经网络与盲信号处理[M]. 北京:清华大学出版社,2003.

[55] 张雄伟,陈亮,杨吉斌．现代语音处理技术及应用[M]. 北京: 机械工业出版社, 2007: 106～107.

[56] 许建华,张学工等译．统计学习理论[M]. 北京:电子工业出版社, 2004.

[57] 邓乃杨,田英杰．数据挖掘中的新方法——支持向量机[M]. 北京:科学出版社, 2004.

[58] Chang C C, Lin C J. Training v-Support Vector Classifiers: Theory and Algorithms[J]. Neural Computation, 2001, 13(9): 2119～2147.

[59] Müller K R, Mika S, Rtsch G, et al. An Introduction to Kernel-Based Learning Algorithms [J]. IEEE Transactions on Neural Networks, 2001, 12(2): 181～201.

[60] EnginAvci, DeryaAvci. Using Combination of Support Vector Machines for Automatic Analog Modulation Recognition [J]. Expert Systems with Applications, 2009, 36: 3956～3964.

[61] SuryannarayanaChandaka, AmitavaChatterjee, SugataMunshi. Support Vector Machines Employing Cross-Correlation for Emotional Speech Recognition [J]. Measurement, 2009, 42: 611～618.

[62] 靳晨升. 语音增强算法的研究[D]. 太原理工大学硕士论文, 2001.

[63] 欧世峰. 变换域语音增强算法的研究[D]. 吉林大学博士学位论文, 2009.

[64] H. Lev-Ari, Y. Ephraim. Extension of the signal subspace speech enhancement approach to colored noise [J]. IEEE Signal Processing Letters, 2003, 4(10): 104～106.

[65] 钟维保. 子空间增强算法[D]. 北京:中国科学院硕士学位论文, 2006.

[66] O. Hoshuyama, A. Sugiyama, A. Hirano. A robust adaptive beamformer for microphone arrays with a blocking matrix using constrained adaptive filters[J]. IEEE Transactions on Signal Processing, 1999, 47 (10): 2677～2684.

[67] I. A. McCowan, H. Bourlard. Microphone array post-filter based on noise field coherence[J]. IEEE Transactions on Speech and Audio Processing, 2003, 11(6):709～716.

[68] P. Comon. Independent component analysis, a new concept. IEEE Trans. on Signal Processing, 1994, 36: 287～314.

[69] A. Hyvariene. Independent component analysis. John Wiley and Sons, 2001, 13(45): 411～430.

[70] 9A. Hyvarinen, E. Oja. A fast fixed-point algorithm for independent component analysis. Neural Computation, 1997, 9(7): 1483～1492.

[71] E. Oja. Convergence of the symmetrical FASTICA algorithm. Proceedings of International Conference on Neural Information, 2002, 3: 1368～1372.

[72] 杨福生,洪波. 独立分量分析的原理与应用. 北京:清华大学出版社, 2006.

[73] 马建仓,牛奕龙,陈海洋. 盲信号处理. 北京:国防工业出版社, 2006.

[74] 周宗潭,董国华,徐昕,胡德文译. 独立成分分析. 北京:电子工业出版社, 2007.

[75] 胡广书. 现代信号处理教程. 北京:清华大学出版社, 2004.

[76] 飞思科技产品研发中心. 小波分析理论与 MATLAB7 实现. 北京:电子工业出版社, 2005.

[77] 韩力群. 人工神经网络教程. 北京:北京邮电大学出版社, 2006.

[78] 周开利,康耀红. 神经网络模型及其 MATLAB 仿真程序设计. 北京:清华大学出版社, 2005.

[79] 徐宇卓. 语音可懂度客观评价方法的研究[D]. 太原理工大学硕士学位论文, 2015.

[80] Loizou P. Speech Enhancement: Theory and Practice [M]. Boca Raton: Florida: CRC Press LLC, 2007.

[81] Ma J, Hu Y, Loizou PC. Objective measures for predicting speech intelligibility in noisy conditions based on new band-importance functions [J]. Journal of the Acoustical Society of America, 2009, 125 (5): 3387～3405.

反侵权盗版声明